제 2 판

확률 및 통계

최용갑 지음

KM 경문사

머 리 말

필자는 오랫동안 학부 및 대학원 강좌의 확률론과 수리통계학에 관한 여러 가지 교재들을 강의하면서 학부와 대학원 수준간의 교량적인 역할을 할 적절한 교재를 개발하는 것이 무엇보다 절실함을 느껴왔다. 마침내 이런 취지에 즈음하여, 본서의 참고문헌들을 주로 참조하면서 필자의 강의 경험을 기초로 하여 이 책을 펴내기로 결심하였다.

이 책의 내용에는 확률론 및 수리통계학 강좌를 이수함에 필요한 기초적인 이론을 시작으로 꼭 필요한 중요한 정리들을 포함하고 있어서 독자들에게 유용할 뿐만 아니라 이 책을 차근차근 꾸준히 공부하면 이해하기가 쉽도록 상세하게 설명되어 있다.

따라서 이 책을 체계적으로 처음부터 면밀히 분석하며 학습해 온 독자에게는 확률론 및 수리통계학에 관해서는 자신을 갖고 대학원 수준까지의 영역에도 연구와 학습에 큰 어려움 없이 잘 진행해 나갈 수 있을 것으로 보인다.

확률 이론은 통계학을 공부하는데 기초가 될 뿐만 아니라, 더욱이 확률론과 수리통계학은 이들의 학문을 활용하는 응용수학, 물리학, 의학, 공학, 농학, 사회과학 등 여러 분야에 걸쳐서 그들의 이론적인 근거를 제공하는 도구과목이라 해도 좋을 것이다.

이 책을 읽기 위해 필요한 기초 지식은 학부과정에서 이수한 미분적분학 내지는 기초통계학으로 족해 보이지만 담당교수의 강의가 곁들여지면 더욱 이 책의 내용을 이해하는 데 도움을 줄 것이다.

이 책을 가르침에 있어서 복잡한 증명이나 풀이가 요구되는 정리 혹은 예제들을 거의 생략하고, 간단하면서 중요한 내용들만 골라서 강의한다면 두 학기의 교재로 적합하리라 사료된다.

이 책이 나오기까지 원고의 타이핑과 교정, 연습문제 풀이 등에 많은 수고를 아끼지 않은 황교신 박사와 문희진 박사에게 충심으로 감사한다.

저자

차 례

제 1 장 확 률

제 2 장 확률변수와 확률분포

제 3 장 적률과 생성함수

제 4 장 확률벡터

제 5 장 특별한 분포

제 6 장 극한정리

제 7 장 표본적률과 그 분포

제 8 장 점추정과 구간추정

제 9 장 가설검정

확률 (Probability)

제 1 장

§1. 1 표본공간과 사상 (Sample Space and Event)

한 개의 동전을 던지는 실험을 생각하자. 일어날 수 있는 가능한 모든 결과는 표면 H (head)와 이면 T (tail)이다. 이 실험의 어떠한 수행에 있어서도 그 결과가 무엇이 될지는 모른다. 또한 이 동전은 원하는 만큼 얼마든지 던져질 수 있다. 이러한 모형은 **확률실험** (혹은 **통계적 실험**)의 한 예이다.

> **정의 1** **확률실험** (혹은 **통계적 실험**)은 다음 조건을 만족하는 실험을 말한다.
> (i) 실험의 모든 결과는 미리 알려져 있다.
> (ii) 실험의 어떠한 수행도 미리 알려져 있지 않은 하나의 결과를 낸다.
> (iii) 실험은 동일 조건하에서 반복된다.

확률론에서는 확률실험(random experiment)의 이 불확실성을 연구한다. 편리하게 하기 위하여, 이러한 확률실험을 집합

$$\Omega := \{\omega : \omega\text{는 확률실험으로부터 나온 모든 가능한 결과들}\}$$

에 대응시킨다.

Ω의 모든 부분 집합들의 집합을 Ω의 **멱집합**(power set)이라 부르고 2^{Ω}로 나타낸다. 집합들의 모임 (혹은 집합)을 **집합족**(family of sets)이라 부른다.

정의 2 Ω 의 부분 집합들의 족 $\mathscr{F}\ (\subset 2^{\Omega})$ 가 다음의 조건들

(i) $\Omega \in \mathscr{F}$,

(ii) 각각의 $A \in \mathscr{F}$ 에 대하여 $A^c \in \mathscr{F}$ (단, A^c 는 A 의 여집합이다),

(iii) $A_1,\ A_2,\ \cdots \in \mathscr{F}$ 에 대하여 $\bigcup_{i=1}^{\infty} A_i \in \mathscr{F}$

을 만족하면, $\mathscr{F}$ 를 Ω 의 부분집합들의 **σ-집합체**(σ-field) 혹은 **σ-집합대수**(σ-algebra) 라 부른다.

확률론에서 관심 있게 취급하는 σ-집합체는, Ω 대신에 수직선 $\mathbb{R}$ 의 부분집합들의 **Borel σ-집합체**이다. 이것은 모든 반폐구간들 $(a, b]$ 의 집합들에 의해 생성되는 σ-집합체를 뜻하고, $\mathscr{B}$ 로 나타낸다. 또, $\mathscr{B}$ 의 원소를 **Borel 집합**(Borel set)이라 부른다.

두 집합 A, B 에 대하여 $A \times B$ 를 **카테시안 곱**(Cartesian product)이라 부르고

$$A \times B = \{(a, b) : \text{순서쌍},\ a \in A,\ b \in B\}$$

으로 정의한다. 카테시안 곱의 잘 알려진 예는 n 차원 유클릿 공간 $\mathbb{R}^n$이다. 이것은 n 개의 수직선 $\mathbb{R}$ 의 카테시안 곱이다. 또, $\mathbb{R}^n$의 모든 부분집합들

$$\{(x_1, \cdots, x_n) :\ a_i < x_i \le b_i,\ i = 1, 2, \cdots, n\}$$

에 의해 생성되는 σ-집합체를 $\mathbb{R}^n$에 관한 **Borel σ-집합체**라 부르고 $\mathscr{B}_n$ 으로 나타낸다. 또, $\mathscr{B}_n$의 원소를 $\mathbb{R}^n$에 관한 **Borel 집합**이라 부른다.

정의 3 확률실험의 **표본공간**은 하나의 쌍 $(\Omega, \mathscr{F})$ 으로 정의한다. 여기서

(i) Ω 는 확률실험으로부터 나온 모든 가능한 결과들의 모임이고

(ii) $\mathscr{F}$ 는 Ω 의 부분집합들의 σ-집합체이다.

Ω의 원소 ω를 **표본점**(sample point)이라 부르고, σ-집합체 $\mathscr{F}$의 임의의 원소 A를 **사건**(event) 혹은 **사상**이라 부른다. 확률실험의 결과가 사상 A 안의 표본점 ω에 대응하면 사상 A가 **일어난다**고 말한다. 사상 A가 일어나지 않는 사상을 A의 **여사상**(complement)이라 부르고 A^c로 표시한다. 두 사상 A, B에 대하여

$$A \cup B = \{\omega : \omega \in A \text{ 또는 } \omega \in B\}$$

를 **합사상**(union)이라 부르고

$$A \cap B = \{\omega : \omega \in A \text{ 이고 } \omega \in B\}$$

를 **곱사상**(intersection)이라 부른다.

A와 B가 사상일 때 $A \cap B$도 사상인 이유는 다음과 같다. $\mathscr{F}$가 σ-집합체일 때, 가정에 의해 $A \in \mathscr{F}$이고 $B \in \mathscr{F}$이므로 $A^c \in \mathscr{F}$이고 $B^c \in \mathscr{F}$이다. 따라서 $A^c \cup B^c \in \mathscr{F}$이므로 $A \cap B = (A^c \cup B^c)^c \in \mathscr{F}$이기 때문이다.

확률실험에서 일어날 수 없는 사상을 **공사상**(null event)이라 부르고 $\varnothing$로 나타낸다. 사상 $A_1, A_2, \cdots$에 대하여

$$A_i \cap A_j = \varnothing \quad (i \neq j = 1,2,\cdots)$$

일 때, 즉 어느 두 개의 사상도 공통인 원소가 없을 때, $A_1, A_2, \cdots$은 **서로 배반 사상**들(mutually exclusive events)이라 부른다.

[예제 1] 한 개의 동전을 던진다고 하면 $\Omega = \{\omega : \omega = H, T\}$이다. 여기서 H는 표면(head), T는 이면(tail)을 나타낸다. $\mathscr{F}$를 Ω의 모든 부분집합들의 집합족이라 하면 $(\Omega, \mathscr{F})$는 하나의 표본공간이다. 왜냐하면 $\Omega = \{H, T\}$이고 $\mathscr{F} = \{\varnothing, \Omega, \{H\}, \{T\}\}$는 Ω의 부분집합들의 σ-집합체이기 때문이다.

주 의 1 기호 $\aleph =: x$ 혹은 $x := \aleph$의 의미는 $\aleph$를 x로 나타내는 것으로 한다.

[문제 1] $\Omega := (-\infty, \infty) =: \mathbb{R}$이라 두고 Ω의 모든 부분집합들의 집합족을 $\mathscr{F}$라 할 때, $(\Omega, \mathscr{F})$는 하나의 표본공간임을 보여라.

【정리 1】 (De Morgan 법칙) 사상 $A_1, \cdots, A_n$에 대하여 다음이 성립한다.

$$(A_1 \cup \cdots \cup A_n)^c = A_1^c \cap \cdots \cap A_n^c$$

【증명】 명백히 다음의 동치관계가 성립한다.

$$x \in \left(\bigcup_{i=1}^{n} A_i\right)^c \leftrightarrow x \notin \bigcup_{i=1}^{n} A_i \leftrightarrow {}^\forall i,\ x \notin A_i$$

$$\leftrightarrow {}^\forall i,\ x \in A_i^c \leftrightarrow x \in \bigcap_{i=1}^{n} A_i^c$$ □

[문제 2] 만약 $A_1 \supset A_2 \supset \cdots \supset A_n \supset \cdots \supset A$ 이면, 즉 $A_n \downarrow A$ 이면, $A_n^c \uparrow A^c$ 임을 보여라.

연습문제 1.1

1. Ω의 부분집합들의 가장 작은 σ-집합체는 무엇인가?

2. $(A-(A \cap B)) \cup B = A \cup B$ 임을 증명하여라.

3. 다음 집합들을 간단한 형태로 나타내고, 정리 1의 증명방법을 이용하여 그 결과들을 증명하여라.

   (i) $\bigcup_{n=1}^{\infty} \left[0, \frac{1}{n}\right]$　　(ii) $\bigcap_{n=1}^{\infty} \left[0, \frac{1}{n}\right]$

   (iii) $\bigcap_{n=1}^{\infty} \left(x-\frac{1}{n}, x\right]$　　(iv) $\bigcup_{n=1}^{\infty} \left[x, x+\frac{1}{n}\right)$

4. A 와 B가 어떤 σ-집합체 $\mathscr{F}$에 속하면 $B-A$ 도 $\mathscr{F}$에 속함을 보여라. 또 $A_1, A_2, \cdots$ 가 $\mathscr{F}$에 속하면 $\bigcap_{i=1}^{\infty} A_i$ 도 $\mathscr{F}$에 속함을 보여라.

5. $\mathbb{R}^n$의 부분집합 $\{(x_1, \cdots, x_n) : c_i < x_i < d_i,\ i = 1, 2, \cdots, n\}$ 은 $\mathbb{R}^n$에 관한 Borel 집합임을 증명하여라.

§1.2 확률 (Probability)

$(\Omega, \mathscr{F})$를 확률실험의 표본공간이라 하자. 이 절에서는 확률에 관한 집합함수를 정의하고 몇 가지 그의 성질들을 공부한다.

정의 1 $(\Omega, \mathscr{F})$를 표본공간이라 하자. $\mathscr{F}$상에서 정의된 집합함수 P가 다음 조건을 만족하면, P를 **확률측도**(probability measure) 혹은 간단히 **확률**(probability)이라 부른다.

(i) 모든 $A \in \mathscr{F}$에 대하여 $P(A) \geq 0$,

(ii) $P(\Omega) = 1$,

(iii) 서로 배반인 $A_i \in \mathscr{F}$ $(i = 1, 2, \cdots)$에 대하여

$$P\left(\bigcup_{i=1}^{\infty} A_i\right) = \sum_{i=1}^{\infty} P(A_i). \quad \text{(가산가법성(countable additivity))}$$

여기서 P가 $\mathscr{F}$상에서의 확률일 때, $(\Omega, \mathscr{F}, P)$를 **확률공간**(probability space)이라 말하고, $P(A)$를 **사상 A의 확률**이라 부른다.

【정리 1】 공사상 $\varnothing$의 확률은 0이다. 즉, $P(\varnothing) = 0$이다.

【증명】 사상 $A(\neq \varnothing)$에 대하여 $A \cup \varnothing = A$이고 A와 $\varnothing$는 서로 배반이므로 정의 1(iii)에 의하여 $P(A) = P(A \cup \varnothing) = P(A) + P(\varnothing)$. 따라서 만일 $B = \varnothing$이면 $P(B) = P(\varnothing) = 0$이다. □

주 의 정리 1의 역은 참이 아니다. 즉, 위의 증명에서 $P(B) = 0 \nRightarrow B = \varnothing$임을 밝히자. 임의의 $A \in \mathscr{F}$에 대하여 $P(A)$를 $P(A) := \frac{1}{6} l(A)$로 정의하고, $l(A)$를 A의 길이라 하자. 만일 $B = \{1\} \in \mathscr{F}$이면 $P(B) = 0$임이 분명하다. 그러나 $B = \{1\} \neq \varnothing$이다. 따라서 정리 1의 역이 성립하지 않는다.

【정리 2】 (유한 가법성(finitely additivity)) $(\Omega, \mathscr{F}, P)$를 확률공간이라 하자. 서로 배반인 $A_i \in \mathscr{F}$ $(i=1,2,\cdots,n)$에 대하여 다음 등식이 성립한다.

$$P\left(\bigcup_{i=1}^{n} A_i\right) = \sum_{i=1}^{n} P(A_i)$$

【증명】 $A_{n+1} = A_{n+2} = \cdots = \varnothing$이라 하면 가정에 의해 $A_i \in \mathscr{F}$ $(i=1,2,\cdots)$는 서로 배반사상들이고 $\bigcup_{i=1}^{\infty} A_i = \bigcup_{i=1}^{n} A_i$이다. 그런데 $P(A_{n+1}) = P(A_{n+2}) = \cdots = P(\varnothing) = 0$이므로 정의 1(iii)을 적용하면 다음 식이 얻어진다.

$$P\left(\bigcup_{i=1}^{n} A_i\right) = P\left(\bigcup_{i=1}^{\infty} A_i\right) = \sum_{i=1}^{\infty} P(A_i) = \sum_{i=1}^{n} P(A_i) + 0 \qquad \square$$

[예제 1] 한 개의 동전을 던지는 실험을 생각하자. 이 때 확률실험은 $\Omega = \{\omega : \omega = H, T\}$로 나타내진다. $\mathscr{F}$를 Ω의 모든 부분집합들의 집합족이라 하면 $(\Omega, \mathscr{F})$는 하나의 표본공간이다. $\mathscr{F}$ 상에서 정의된 집합함수 P를 다음과 같이 정의하자. $P(\varnothing) = 0$이고 $P(\Omega) = 1$이며 $0 \le p \le 1$에 대하여

$$P(\{H\}) = p, \quad P(\{T\}) = 1-p.$$

그러면, $(\Omega, \mathscr{F}, P)$는 하나의 확률공간이 된다. 왜냐하면, 앞의 정의 1에서 조건 (i), (ii)는 명백히 만족되고, $\mathscr{F} = \{\varnothing, \Omega, \{H\}, \{T\}\}$ 안의 서로 배반인 사상들에 대하여 조건 (iii)이 만족된다. 예를 들면, 서로 배반인 $\{H\}$, $\{T\}$에 대하여

$$P(\{H\} \cup \{T\}) = P(\Omega) = 1 = p + (1-p) = P(\{H\}) + P(\{T\})$$

따라서 $(\Omega, \mathscr{F}, P)$는 하나의 확률공간이다.

[예제 2] Ω를 양의 실수들의 구간 $(0, \infty)$이라 하고, $\mathscr{F}$를 Ω의 모든 부분집합들의 Borel σ-집합체 $\mathscr{B}$라 하자. 그러면 $(\Omega, \mathscr{F})$는 하나의 표본공간이다. $\mathscr{F}$ 상의 집합함수 P를 다음과 같이 정의하자.

$$P(I) = \int_I e^{-x} dx, \quad {}^\forall I \in \mathscr{I}$$

그러면, 임의의 $I \in \mathscr{I}$에 대하여 $P(I) \geq 0$이고 $P(\Omega) = \int_0^\infty e^{-x} dx = 1$이다. 서로 배반인 사상 $I_i \ (i = 1, 2, \cdots)$ 에 대하여

$$P\left(\bigcup_{i=1}^{\infty} I_i\right) = \int_{\bigcup_{i=1}^{\infty} I_i} e^{-x}\, dx = \sum_{i=1}^{\infty} \int_{I_i} e^{-x}\, dx = \sum_{i=1}^{\infty} P(I_i)$$

따라서 $(\Omega, \mathscr{I}, P)$는 하나의 확률공간이다.

이하의 진술에서는 확률공간 $(\Omega, \mathscr{I}, P)$ 상의 연산에 대해 논증하기로 한다.

【정리 3】 (확률 P는 단조(monotone)이고 감법적(subtractive)이다)
두 사상 A, B에 대하여 $A \subset B$라 하자. 그러면, $P(A) \leq P(B)$이고 $P(B-A) = P(B) - P(A)$이다.

【증명】 명백히 다음 사실들이 성립한다.

$A \subset B \implies B = A \cup (B-A)$이고 A와 $B-A$는 서로 배반이다.

$$\implies P(B) = P(A) + P(B-A) \geq P(A)$$

$$\implies P(B-A) = P(B) - P(A)$$

□

【따름정리 1】 사상 A에 대하여, $0 \leq P(A) \leq 1$이다.

【증명】 $\varnothing \subset A \subset \Omega$이므로 정리 1과 정리 3에 의하여

$$0 = P(\varnothing) \leq P(A) \leq P(\Omega) = 1$$

□

【정리 4】 (**가법공식**(additive formula)) 두 사상 A, B에 대하여 다음 등식이 성립한다.

$$P(A \cup B) = P(A) + P(B) - P(A \cap B)$$

【증명】
$$A \cup B = (A - B) \cup (B - A) \cup (A \cap B),$$
$$A = (A - B) \cup (A \cap B),$$
$$B = (B - A) \cup (A \cap B).$$

위의 등식들의 우변에 있는 항들은 서로 배반이다. 따라서 다음 등식이 성립한다.

$$\begin{aligned} &P(A) + P(B) - P(A \cap B) \\ &= \{P(A - B) + P(A \cap B)\} + \{P(B - A) + P(A \cap B)\} - P(A \cap B) \\ &= P(A - B) + P(B - A) + P(A \cap B) \\ &= P(A \cup B) \end{aligned}$$

□

【정리 5】 (**가산 준가법성** (countable subadditivity))

A_1, A_2, $\cdots \in \mathscr{F}$ 에 대하여, 다음 부등식이 성립한다.

$$P\left(\bigcup_{i=1}^{\infty} A_i\right) \le \sum_{i=1}^{\infty} P(A_i)$$

【증명】 정리 4에 의하여 $P(A_1 \cup A_2) \le P(A_1) + P(A_2)$이다. 수학적 귀납법을 써서 증명한다. 어떤 정수 $k \ge 2$에 대해

$$P(A_1 \cup A_2 \cup \cdots \cup A_k) \le P(A_1) + P(A_2) + \cdots + P(A_k)$$

가 성립한다고 하면, $k+1$ 일 때는 정리 4에 의해서

$$\begin{aligned} P((A_1 \cup A_2 \cup \cdots \cup A_k) \cup A_{k+1}) &\le P(A_1 \cup A_2 \cup \cdots \cup A_k) + P(A_{k+1}) \\ &\le P(A_1) + P(A_2) + \cdots + P(A_k) + P(A_{k+1}) \qquad (\because \text{귀납법 가정}) \end{aligned}$$

이 되므로 $k + 1$일 때도 성립한다. 위에서 $k \to \infty$이면 정리의 결론을 얻는다(이

절의 정리 9 참조). □

[문제 1] $\Omega=(0,\ \infty)$, $I_i := (i-1,\ i+1)$, $i=1, 2, \cdots$,라 하고, 표본공간 $(\Omega, \mathscr{F})$ 상의 확률 집합함수 $P(\cdot)$를

$$P(I) = \int_I e^{-x} dx, \ ^\forall I \in \mathscr{F}$$

로 정의할 때

$$\sum_{i=1}^{\infty} P(I_i) - P\left(\bigcup_{i=1}^{\infty} I_i\right)$$

의 값을 구하여라.

【정리 6】 A의 여사상 A^c에 대하여, $P(A^c) = 1 - P(A)$이다.

【증명】 A와 A^c는 서로 배반 사상이므로

$$1 = P(\Omega) = P(A \cup A^c) = P(A) + P(A^c)$$

$$\therefore \quad P(A^c) = 1 - P(A)$$

□

[문제 2] $A_1, \cdots, A_n \in \mathscr{F}$일 때 다음 부등식을 증명하여라.

$$P\left(\bigcap_{i=1}^{n} A_i\right) \geq \sum_{i=1}^{n} P(A_i) - (n-1)$$

【정리 7】 (**포제의 원리**(principle of inclusion and exclusion))

사상 $A_1, A_2, \cdots, A_n$ 에 대하여 다음 등식이 성립한다.

$$P\left(\bigcup_{i=1}^{n} A_i\right) = \sum_{i=1}^{n} P(A_i) - \sum_{i<j}^{n} P(A_i \cap A_j) + \sum_{i<j<l}^{n} P(A_i \cap A_j \cap A_l) - \cdots + (-1)^{n-1} P(A_1 \cap \cdots \cap A_n)$$

【증명】 수학적 귀납법으로 증명한다. $n=2$일 때는 정리 4에 의하여 성립한다. $n=k$일 때 위의 등식이 성립한다고 하고 $n=k+1$일 때 성립함을 보이자. 정리 4에 의하여 다음 식이 성립한다.

$$P\left(\left(\bigcup_{i=1}^{k} A_i\right) \cup A_{k+1}\right) = P\left(\bigcup_{i=1}^{k} A_i\right) + P(A_{k+1}) - P\left(\bigcup_{i=1}^{k} (A_i \cap A_{k+1})\right) \qquad (1)$$

(1)의 우변의 첫째항은 귀납법 가정에 의해

$$P\left(\bigcup_{i=1}^{k} A_i\right) = \sum_{i=1}^{k} P(A_i) - \sum_{i<j}^{k} P(A_i \cap A_j) + \sum_{i<j<l}^{k} P(A_i \cap A_j \cap A_l) - \cdots + (-1)^{k-1} P\left(\bigcap_{i=1}^{k} A_i\right) \qquad (2)$$

이고 (1)의 우변의 셋째항도 귀납법 가정에 의해

$$P\left(\bigcup_{i=1}^{k} (A_i \cap A_{k+1})\right) = \sum_{i=1}^{k} P(A_i \cap A_{k+1}) - \sum_{i<j}^{k} P(A_i \cap A_j \cap A_{k+1}) + \sum_{i<j<l}^{k} P(A_i \cap A_j \cap A_l \cap A_{k+1}) - \cdots + (-1)^{k-1} P\left(\bigcap_{i=1}^{k+1} A_i\right) \qquad (3)$$

이다. (2)와 (3)을 (1)에 대입하면

$$P\left(\bigcup_{i=1}^{k+1} A_i\right) = \sum_{i=1}^{k+1} P(A_i) - \sum_{i<j}^{k+1} P(A_i \cap A_j)$$
$$+ \sum_{i<j<l}^{k+1} P(A_i \cap A_j \cap A_l) - \cdots + (-1)^k P\left(\bigcap_{i=1}^{k+1} A_i\right)$$

이므로 $n = k+1$일 때도 준식은 성립한다. □

[문제 3] 임의의 $A, B, C \in \mathcal{F}$에 대하여 다음을 증명하여라.

$$P(A \cup B \cup C) = P(A) + P(B) + P(C) - P(A \cap B) - P(B \cap C)$$
$$- P(C \cap A) + P(A \cap B \cap C)$$

【정리 8】 **(Boole의 부등식)** $(\Omega, \mathcal{F}, P)$를 확률공간이라 하자. 두 사상 A, B에 대해, $P(A \cap B) \geq 1 - P(A^c) - P(B^c)$가 성립한다.

【증명】 Ω의 부분집합들에 관한 σ-집합체 $\mathcal{F}$의 정의에 의하여 다음이 성립한다.

$$A, B \in \mathcal{F} \Rightarrow A, B \subset \Omega$$
$$\Rightarrow A \cup B \subset \Omega$$

따라서 정리 3과 4에 의하여

$$P(\Omega) \geq P(A \cup B) = P(A) + P(B) - P(A \cap B)$$

이고 양변에 $P(\Omega)$를 더하고 이항하면

$$P(\Omega) - P(A) + P(\Omega) - P(B) \geq P(\Omega) - P(A \cap B)$$

이다. 따라서 정리 3에 의하여

$$P(\Omega - A) + P(\Omega - B) \geq 1 - P(A \cap B)$$
$$\therefore \quad P(A^c) + P(B^c) \geq 1 - P(A \cap B)$$ □

【정리 9】 (확률측도의 연속성) $\{A_n\}_{n=1}^{\infty}$ 을 사상들의 비감소열이라 하면, 즉 $A_n \in \mathscr{F}\ (n=1, 2, \cdots)$ 이고 $A_n \supset A_{n-1}\ (n=2, 3, \cdots)$ 이면,

$$\lim_{n\to\infty} P(A_n) = P\left(\lim_{n\to\infty} A_n\right)$$

이다.

【증명】 $A = \bigcup_{i=1}^{\infty} A_i$ 라 하면 $A \in \mathscr{F}$ 이고 $A \subset \Omega$ 이다.

$$\therefore A = A_n \cup \bigcup_{i=n}^{\infty} (A_{i+1} - A_i) \qquad \text{(서로 배반인 사상들의 합집합)}$$

따라서 확률의 가산가법성 (정의 1)에 의하여

$$P(A) = P(A_n) + \sum_{i=n}^{\infty} P(A_{i+1} - A_i) \tag{1}$$

이고 $n \to \infty$ 로 하면

$$P(A) = \lim_{n\to\infty} P(A_n) + \lim_{n\to\infty} \sum_{i=n}^{\infty} P(A_{i+1} - A_i) \tag{2}$$

이다. 따라서 만약 (2) 의 우변의 두 번째 항이 0 임을 보일 수 있으면

$$P\left(\lim_{n\to\infty} A_n\right) = P\left(\lim_{n\to\infty} \bigcup_{i=1}^{n} A_i\right) = P(A)$$

$$= \lim_{n\to\infty} P(A_n) + 0 \qquad \text{((2) 에 의해)}$$

이 되어 증명이 끝난다. 실제로 (1) 에 의해

$$1 \geq P(A) = P(A_n) + \sum_{i=n}^{\infty} P(A_{i+1} - A_i) \qquad \text{((1) 에 의해)}$$

$$= \left\{ P(A_1) + \sum_{i=1}^{n-1} P(A_{i+1} - A_i) \right\} + \sum_{i=n}^{\infty} P(A_{i+1} - A_i) \qquad \text{(정의 1 에 의해)}$$

$$\geq \sum_{i=1}^{n-1} P(A_{i+1} - A_i) + \sum_{i=n}^{\infty} P(A_{i+1} - A_i) = \sum_{i=1}^{\infty} P(A_{i+1} - A_i) \tag{3}$$

이고 $n \to \infty$ 이면 (3) 에 의해

$$1 \geq \sum_{i=1}^{\infty} P(A_{i+1} - A_i) + \lim_{n\to\infty} \sum_{i=n}^{\infty} P(A_{i+1} - A_i)$$

$$= \sum_{i=1}^{\infty} P(A_{i+1} - A_i) \qquad \text{((3) 에 의해)}$$

이다. 따라서

$$\lim_{n\to\infty} \sum_{i=n}^{\infty} P(A_{i+1} - A_i) = 0$$

이 성립한다. □

연습문제 1.2

1. 두 개의 동전을 던질 때, 그 결과가 순서쌍으로 주어진 확률실험 Ω 의 모든 부분집합들의 표본공간을 $(\Omega, \mathscr{F})$라 하고, $\mathscr{F}$ 상의 함수 P를

$$P(\varnothing) = 0, \; P(\Omega) = 1, \quad P(\omega) = \frac{1}{4}, \; \omega \in \Omega$$

로 정의하자. 이 경우, $(\Omega, \mathscr{F}, P)$는 하나의 확률공간임을 증명하여라.

2. 수 1에서 n 까지의 번호가 붙은 n개의 공이 주머니 안에 있다. 다음 확률들을 구하여라.

(1) 두 개의 공을 꺼낼 때, 공의 번호가 1, 2일 확률

(2) 세 개의 공을 꺼낼 때, 번호 1의 공이 포함 안될 확률

(3) 다섯 개의 공을 꺼낼 때, 그 안에 번호 1, 2, 3중 하나만 들어 있을 확률

3. $\Omega = \{x : x \geq 0$ 인 정수들$\}$이라 하고, $\mathscr{F}$를 Ω의 모든 부분집합들의 σ-집합체라 하자. $\mathscr{F}$상의 집합함수 P를 다음과 같이 정의할 때, 다음의 각 경우에 대해서 $(\Omega, \mathscr{F}, P)$는 확률공간인가?

(1) 각각의 $A \in \mathscr{F}$에 대해서

$$P(A) = \sum_{x \in A} \frac{e^{-\lambda} \lambda^x}{x!}, \quad \lambda > 0$$

(2) 각각의 $A \in \mathscr{F}$에 대해서

$$P(A) = \sum_{x \in A} p(1-p)^x, \quad 0 < p < 1$$

4. 위의 문제 3 에서 $A = \{x : x > 2$ 인 정수들$\}$, $B = \{x : x < 3$ 정수들$\}$, $C = \{x : 3 < x < 6$ 인 정수들$\}$ 이라 하자. 그러면 확률 $P(A), P(B), P(C)$, $P(A \cap B)$, $P(A \cup B)$, $P(A \cup B \cup C)$의 값을 각각 구하여라.

5. $\Omega := \{(x, y) : 0 < x \leq 1,\ 0 < y \leq 1\}$ 로부터 임의로 한 점이 택해진다고 하자. 두 집합 $A = \{(x, y) : x + y \geq 1\}$, $B = \{(x, y) : xy \geq 1/4\}$를 가정할 때, $P(A)$와 $P(B)$를 구하여라.

6. **(Bonferroni의 부등식)** 다음 부등식을 수학적 귀납법으로 증명하여라. 사상 $A_1, \cdots, A_n$에 대하여

$$\sum_{i=1}^{n} P(A_i) - \sum_{i<j}^{n} P(A_i \cap A_j) \leq P\left(\bigcup_{i=1}^{n} A_i\right)$$

7. $A_i \in \mathscr{F}\ (i = 1, 2, \cdots)$에 대해서 부등식 $P\left(\bigcap_{i=1}^{\infty} A_i\right) \geq 1 - \sum_{i=1}^{\infty} P(A_i^c)$을 증명하여라.

8. (**확률측도의 연속성**) $\{A_n\}_{n=1}^{\infty}$ 을 사상들의 비증가열이라 하자. 즉, $A_n \in \mathscr{F}\,(n = 1, 2, \cdots)$ 이고 $A_n \supset A_{n+1}\,(n = 1, 2, \cdots)$이라 하자. 이 때, 다음 등식이 성립함을 증명하여라.

$$\lim_{n\to\infty} P(A_n) = P\left(\lim_{n\to\infty} A_n\right)$$

9. 사상들 A, B, C에 대하여 $A \cap B \subset C$일 때, 다음 부등식이 성립함을 보여라.

$$P(C^c) \le P(A^c) + P(B^c)$$

10. $\{A, A_n\}_{n=1}^{\infty}$ 을 사상들이라 하고, $\lim_{n\to\infty} A_n = A$ 라 하자. 그러면 다음 등식이 성립함을 증명하여라.

$$P(A) = \lim_{n\to\infty} P(A_n)$$

§1.3 조건부 확률 (Conditional Probability)

정의 1 $(\Omega, \mathcal{F}, P)$를 확률공간이라 하자. 임의의 사상 A 에 대해서

$$P(A|B) = \frac{P(A \cap B)}{P(B)}, \quad P(B) > 0$$

으로 정의될 때, $P(A|B)$를 B가 주어진, A의 **조건부 확률**(conditional probability of A, given B)이라 부른다. 즉, 조건부 확률 $P(A|B)$는 B가 일어났다는 조건하에서 A가 일어날 확률을 뜻한다.

[예제 1] 두 개의 균질인 동전을 던진다고 하면 Ω는

$$\Omega = \{HH, HT, TH, TT\}$$

이다. 사상 A, B를 다음과 같이 정의하자.

A = {두 개의 동전이 같은 면이다},

B = {적어도 하나의 동전이 H이다}

그러면 $A = \{HH, TT\}$, $B = \{HH\} \cup \{HT\} \cup \{TH\}$ 이다.

$$\therefore \quad P(B) = \frac{3}{4}, \quad P(A \cap B) = \frac{1}{4}$$

한편, 조건부 확률 $P(A|B)$를 구하려면, B가 일어난다는 조건하에서는 $\{TT\}$는 일어나서는 안 되므로

$$P(A|B) = \frac{1}{3} = \frac{1/4}{3/4} = \frac{P(A \cap B)}{P(B)}$$

가 성립한다.

【정리 1】 $(\Omega, \mathcal{F}, P)$를 확률공간이라 하자. 사상 H에 대해 $P(H) > 0$ 이라 하고 임의의 사상 A에 대해 $P_H(A) = P(A|H)$로 정의하면, $(\Omega, \mathcal{F}, P_H)$는 하나의 확률공간이다.

【증명】 임의의 사상 $A \in \mathscr{F}$에 대해서 $P_H(A) = \dfrac{P(A \cap H)}{P(H)} \geq 0$ 이다. 또, $P_H(\Omega) = \dfrac{P(\Omega \cap H)}{P(H)} = 1$. 한편, 사상들 $A_1, A_2, \cdots$ 가 서로 배반이면 확률의 가산 가법성에 의하여 다음이 성립한다.

$$P_H\left(\bigcup_{i=1}^{\infty} A_i\right) = \frac{\sum_{i=1}^{\infty} P(A_i \cap H)}{P(H)} = \sum_{i=1}^{\infty} P_H(A_i)$$

따라서 $(\Omega, \mathscr{F}, P_H)$는 하나의 확률공간이다. □

【정리 2】 (**곱셈공식**(multiplication formula))

$A_1, A_2, \cdots, A_n \in \mathscr{F}$ 이고 $P\left(\bigcap_{i=1}^{n-1} A_i\right) > 0$ 이면 다음 등식이 성립한다.

$$P\left(\bigcap_{i=1}^{n} A_i\right) = P(A_1)P(A_2 \mid A_1)P(A_3 \mid A_1 \cap A_2) \cdots P\left(A_n \,\middle|\, \bigcap_{i=1}^{n-1} A_i\right)$$

【증명】 $0 < P\left(\bigcap_{i=1}^{n-1} A_i\right) \leq P\left(\bigcap_{i=1}^{n-2} A_i\right) \leq \cdots \leq P(A_1 \cap A_2) \leq P(A_1)$이므로 정리 2의 조건부 확률은 잘 정의된다. $n=2$일 때는 정의 1에 의해 명백하다. 수학적 귀납법으로 증명하자. 정리에서 주어진 결과가 $2 \leq k < n$인 정수 k에 대해 성립한다고 하면, $k+1$일 때는

$$\begin{aligned} P\left(\bigcap_{i=1}^{k+1} A_i\right) &= P\left(\bigcap_{i=1}^{k} A_i\right) P\left(A_{k+1} \,\middle|\, \bigcap_{i=1}^{k} A_i\right) && \text{(정의 1에 의해)} \\ &= P(A_1)P(A_2 \mid A_1)P(A_3 \mid A_1 \cap A_2) \\ &\quad \cdots P\left(A_k \,\middle|\, \bigcap_{i=1}^{k-1} A_i\right) P\left(A_{k+1} \,\middle|\, \bigcap_{i=1}^{k} A_i\right) && \text{(귀납법 가정에 의해)} \end{aligned}$$

가 되므로 $k+1$일 때도 성립한다. □

[예제 2] 하나의 항아리 안에 r 개의 붉은 공과 b 개의 검은 공이 들어 있다. 한 개의 공을 임의로 추출하여 그 색깔과 같은 색깔의 공을 c 개를 더하여 함께 다시 항아리 안에 넣는다. 이 과정을 n 회 반복할 때, 첫 번째 시행에서 붉은 색깔이 나올 확률과 두 번째 시행에서 붉은 색깔이 나올 확률은 같음을 보이고, 검은 공의 경우도 같은 현상임을 보여라.

【풀이】 $R_j\,(1 \le j \le n)$를 j 번째에 꺼집어 낸 공이 붉은 공일 사상이라 하고 $B_j\,(1 \le j \le n)$를 j 번째에 꺼집어 낸 공이 검은 공일 사상이라 하면

$$P(R_1) = \frac{r}{b+r}, \quad P(B_1) = \frac{b}{b+r}$$

이다. 또 $P(R_2)$를 계산하기 위해 우선

$$P(R_2|R_1) = \frac{r+c}{b+r+c}, \quad P(R_2|B_1) = \frac{r}{b+r+c}$$

임을 안다. 그런데

$$R_2 = (R_1 \cap R_2) \cup (B_1 \cap R_2)$$

이고

$$P(R_1 \cap R_2) = P(R_1)P(R_2|R_1) = \left(\frac{r}{b+r}\right)\left(\frac{r+c}{b+r+c}\right)$$

$$P(B_1 \cap R_2) = \left(\frac{b}{b+r}\right)\left(\frac{r}{b+r+c}\right)$$

이다. 각각의 i 에 대해 R_i 와 B_i 는 서로 배반이므로

$$\begin{aligned} P(R_2) &= P(R_1 \cap R_2) + P(B_1 \cap R_2) \\ &= \left(\frac{r}{b+r}\right)\left(\frac{r+c}{b+r+c}\right) + \left(\frac{b}{b+r}\right)\left(\frac{r}{b+r+c}\right) \\ &= P(R_1) \end{aligned}$$

이 성립한다. 한편, B_2 와 R_2 는 서로 배반이므로

$$P(B_2) = 1 - P(R_2) = \frac{b}{b+r} = P(B_1). \qquad \text{(앞의 식에서)}$$

□

【정리 3】 **(전 확률 공식**(total probability formula))

$(\Omega, \mathcal{F}, P)$를 확률공간이라 하고 사상 $H_i\ (i = 1, 2, \cdots)$가 Ω의 분할(partition) 이라 하자. 즉, $H_i \cap H_j = \varnothing\ (i \neq j)$ 이고 $\bigcup_{i=1}^{\infty} H_i = \Omega$ 라 하자. 모든 i 에 대해 $P(H_i) > 0$ 이면, 다음 등식이 성립한다.

$$P(B) = \sum_{i=1}^{\infty} P(H_i) P(B \mid H_i), \quad \forall B \in \mathcal{F}$$

【증명】 명백히 다음이 성립한다.

$$P(B) = P\left(\bigcup_{i=1}^{\infty} (H_i \cap B)\right) = \sum_{i=1}^{\infty} P(H_i \cap B) \qquad \text{(확률의 가산 가법성에 의해)}$$

$$= \sum_{i=1}^{\infty} P(H_i) P(B \mid H_i) \qquad \text{(정의 1에 의해)}$$

□

【정리 4】 **(베이즈의 공식**(Bayes' formula))

$(\Omega, \mathcal{F}, P)$ 를 확률공간이라 하자. 사상 $H_i\ (i = 1, 2, \cdots)$가 Ω 의 분할이고 $P(H_i) > 0$ 으로 가정하자. 만일 사상 B 에 대해 $P(B) > 0$ 이면, 다음 식이 성립한다.

$$P(H_j \mid B) = \frac{P(H_j) P(B \mid H_j)}{\sum_{i=1}^{\infty} P(H_i) P(B \mid H_i)}, \quad j = 1, 2, \cdots$$

【증명】 $j = 1, 2, \cdots$ 에 대해

$$P(B \cap H_j) = P(B) P(H_j \mid B) = P(H_j) P(B \mid H_j)$$

이므로 전 확률 공식에 의해서 위의 결과가 쉽게 얻어진다. □

[예제 3] 세 개의 기계 a, b, c가 각각 어떤 공장에서 생산품 전체의 50%,

30%, 20%를 생산한다. 이들 기계가 불량품을 생산할 비율은 각각 3%, 4%, 5% 이다.

(1) 한 제품이 임의로 선정되었을 때, 그것이 불량품일 확률은?

(2) 임의로 선정된 한 제품이 불량품일 때, 그것이 기계 a에 의해 생산된 것일 확률은?

【풀이】 임의로 선정된 한 제품이 불량품인 사상을 B라 하고

H_1을 기계 a의 생산품들의 사상,

H_2를 기계 b의 생산품들의 사상,

H_3을 기계 c의 생산품들의 사상

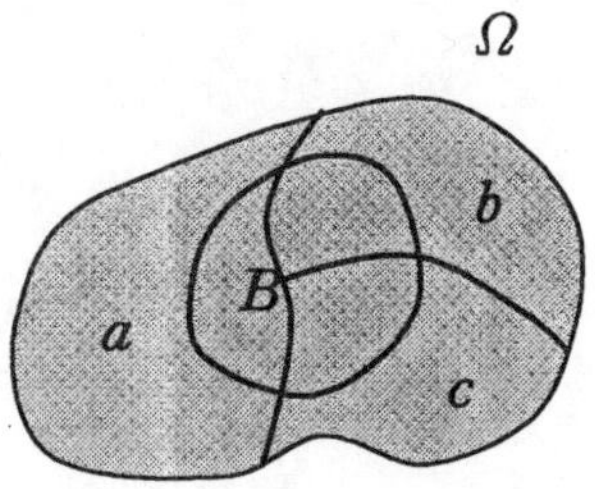

이라 하자.

(1) 전 확률 공식에 의하여

$$P(B) = \sum_{i=1}^{3} P(H_i)P(B|H_i)$$
$$= 0.5 \times 0.03 + 0.3 \times 0.04 + 0.2 \times 0.05$$
$$= 0.037$$

(2) 베이즈의 공식에 의하여

$$P(H_1|B) = \frac{P(H_1)P(B|H_1)}{\sum_{i=1}^{3} P(H_i)P(B|H_i)}$$
$$= \frac{0.5 \times 0.03}{0.037} = \frac{15}{37}$$

□

연습문제 1.3

1. 포커 게임에서 다섯 장의 카드를 임의로 한 벌 받는다. 사상 A, B를

   $A = \{$적어도 세 장이 스페이드이다$\}$, $B = \{$다섯장 모두 스페이드이다$\}$

   라 할 때, 조건부 확률 $P(B|A)$를 계산하여라.

2. 항아리 1에는 두 개의 검은 공과 한 개의 흰 공이 들어 있고, 항아리 2에는 한 개의 검은 공과 두 개의 흰 공이 들어 있으며, 항아리 3에는 세 개의 검은 공과 세 개의 흰 공이 들어 있다. 한 개의 주사위를 던져서 눈 1, 2, 3이 나오면 항아리 1이 택해지고 눈 4가 나오면 항아리 2가 택해지며 눈 5, 6이 나오면 항아리 3이 택해진다. 택해진 항아리로부터 임의로 한 공을 뽑는다. A를 흰 공이 뽑히는 사상이라 하고 U, V, W를 각각 택해진 항아리가 1, 2, 3인 사상이라 할 때 $P(A)$와 $P(V|A)$를 계산하여라.

3. 사상 A, B가 $P(A) = p_1 > 0$이고 $P(B) = p_2 > 0$, $p_1 + p_2 > 1$이면

   $$P(B|A) \geq 1 - \left(\frac{1-p_2}{p_1}\right)$$

   임을 보여라.

4. 한 상자 속에 한 장의 노란 카드와 A, B, C, D가 표기된 네 장의 빨간 카드가 들어 있다. 이러한 다섯 장의 카드 중에서 두 장을 임의로 비복원 추출한다고 하자.

   (1) 만일 카드 A가 뽑혔다면, 그 때 두 장이 모두 빨간 카드일 확률은 얼마인가?

   (2) 만일 적어도 한 장의 빨간 카드가 뽑혔다면, 그 때 두 장이 모두 빨간 카드일 확률은 얼마인가?

§1.4 사상들의 독립 (Independence of Events)

$(\Omega, \mathscr{F}, P)$를 확률공간이라 하고 $A, B \in \mathscr{F}$, $P(B) > 0$이라 하면, 곱셈공식에 의하여 $P(A \cap B) = P(B)P(A \mid B)$이다. 그런데 많은 확률실험에서 B에 의해 제공된 정보는 사상 A가 일어날 확률에 영향을 주지 않는 경우가 많다. 즉, $P(A \mid B) = P(A)$이다.

[예제 1] 두 개의 균질인 동전을 던진다고 가정하고, 사상 A, B를

A = {두번째 던진 것이 표면이다},
B = {첫번째 던진 것이 표면이다}

라 두자. 그러면 $\Omega = \{HH, HT, TH, TT\}$이고

$$P(A) = P(\{HH\}, \{TH\}) = \frac{1}{2},$$

$$P(B) = P(\{HH\}, \{HT\}) = \frac{1}{2},$$

$$P(A \mid B) = \frac{P(\{HH\})}{1/2} = \frac{1/4}{1/2} = \frac{1}{2} = P(A)$$

$$\therefore \quad P(A) = P(A \mid B) = \frac{P(A \cap B)}{P(B)}$$

즉,

$$P(A \cap B) = P(A)P(B)$$

위의 관계식 중에서 $P(A \mid B) = P(A)$의 의미는, 사상 B가 사상 A의 일어날 확률에 전혀 영향을 주지 않음을 뜻한다. 따라서 $P(A \cap B) = P(A)P(B)$는 사상 A와 사상 B가 독립적이라는 의미를 준다.

정의 1 두 사상 A, B에 대하여,

$$P(A \cap B) = P(A)P(B) \quad 즉,\ P(A|B) = P(A)$$

가 성립할 때, 두 사상 A와 B는 **독립**(independent)이라고 말한다.

이 정의로부터 다음 정리를 얻는다.

【정리 1】 두 사상 A, B가 독립이면 A와 B^c, A^c와 B, A^c와 B^c도 각각 독립이다.

【증명】 A^c와 B^c가 독립사상들임을 보이자.

$$\begin{aligned} P(A^c \cap B^c) &= 1 - P(A \cup B) \\ &= 1 - P(A) - P(B) + P(A \cap B) && \text{(가법공식에 의해)} \\ &= P(A^c) - P(B) + P(A)P(B) && \text{(가정에 의해)} \\ &= P(A^c)P(B^c) \end{aligned}$$

이므로 A^c와 B^c는 독립이다. 같은 방법으로 A와 B^c, A^c와 B도 독립임을 보일 수 있다. □

정의 2 $(\Omega, \mathscr{F}, P)$를 확률공간이라 하고 $A_1, A_2, \cdots, A_n \in \mathscr{F}$라 하자. 임의의 서로 다른 두 사상 A_i와 A_j에 대하여

$$P(A_i \cap A_j) = P(A_i)P(A_j), \quad \forall i \neq j$$

가 성립할 때, $A_1, A_2, \cdots, A_n$은 **쌍으로 독립**(pairwise independent)이라고 말한다.

독립사상에 대하여 훨씬 더 강하고 유용한 개념이 다음의 상호독립 혹은 완

전독립이다.

> **정의 3** $(\Omega, \mathscr{F}, P)$를 확률공간이라 하고 $\mathscr{U} \subset \mathscr{F}$ 라 하자. $\mathscr{U}$의 임의의 부분집합들의 족 $\{A_{i_1}, \cdots, A_{i_n}\}$에 대하여
> $$P(A_{i_1} \cap \cdots \cap A_{i_n}) = P(A_{i_1}) \cdots P(A_{i_n})$$
> 가 성립할 때, $\mathscr{U}$는 **상호독립** 혹은 **완전독립**(mutually independent or completely independent) (간단히, **독립**)이라고 말한다.

주 의 정의 3에 의하여, 사상 $A_1, A_2, \cdots, A_n$ 이 독립이기 위해서는

$$P(A_i \cap A_j) = P(A_i)P(A_j), \quad i \neq j; \ i, j = 1, 2, \cdots, n,$$

$$P(A_i \cap A_j \cap A_k) = P(A_i)P(A_j)P(A_k), \quad i \neq j \neq k; \ i, j, k = 1, 2, \cdots, n,$$

$$\cdots\cdots\cdots\cdots\cdots\cdots\cdots\cdots\cdots\cdots\cdots\cdots$$

$$P(A_1 \cap \cdots \cap A_n) = P(A_1) \cdots P(A_n)$$

이 성립해야 한다. 정의 3은 독립 사상들의 열 $\{A_n\}_{n=1}^{\infty}$ 의 경우로 확장될 수 있다. $A_1, A_2, \cdots, A_n$ 이 독립이면 쌍으로 독립이지만 그 역이 반드시는 참이 아님을 다음 예제에서 알 수 있다.

[예제 2] 확률실험 Ω를 $\Omega = \{\omega_1, \omega_2, \omega_3, \omega_4\}$라 하자. 각각의 사상 $\{\omega_i\}$, $i = 1, 2, 3, 4$, 가 일어날 확률을 $\frac{1}{4}$ 이라 하고

$$A = \{\omega_1, \omega_2\}, \ B = \{\omega_1, \omega_3\}, \ C = \{\omega_1, \omega_4\}$$

일 때, 사상 A, B, C 는 쌍으로 독립이지만 상호독립이 아님을 증명하여라.

【증명】 $P(A \cap B) = P\{\omega_1\} = \frac{1}{4} = \frac{1}{2} \times \frac{1}{2} = P(A)P(B)$. 같은 방법에 의해 $P(B \cap C) = P(B)P(C) = \frac{1}{4}$, $P(C \cap A) = P(C)P(A) = \frac{1}{4}$로 계산되어 A, B, C 는 쌍으로 독립이지만,

$$P(A\cap B\cap C)=P\{\omega_1\}=\frac{1}{4}\neq\frac{1}{2}\times\frac{1}{2}\times\frac{1}{2}=P(A)P(B)P(C)$$

이므로 A, B, C 는 상호독립 (혹은 완전독립)이 아니다. □

연습문제 1.4

1. $P(A)>0$ 일 때, 사상 A, B 가 독립이기 위한 필요충분조건은

$$P(B\mid A)=P(B)$$

임을 증명하여라.

2. 항아리 안에 네 개의 구슬이 있다. 한 개의 구슬은 기호 $A_1A_2A_3$ 로, 나머지 세 개의 구슬은 각각 기호 A_1, A_2, A_3 로 표시되어 있다. 임의로 한 개를 꺼낸다 하고, 사상 E_i $(i=1,2,3)$ 를

$$E_i=\{\text{꺼집어 낸 한 개의 구슬에서 } A_i \text{ 가 나타난다}\}$$

라 하고 $\mathcal{U}=\{E_1, E_2, E_3\}$ 라 하면, $\mathcal{U}$ 는 쌍으로 독립이지만 상호독립이 아님을 증명하여라.

3. 두 개의 주사위를 던진다 하고

$$\Omega=\{(i,j):\text{순서쌍},\quad i,j=1,2,\cdots,6\}$$

를 취하여 Ω 의 각 점이 일어날 확률을 $\frac{1}{36}$ 이라 한다. 사상 A, B, C 를

$$A=\{\text{처음 주사위의 눈이 } 1, 2, 3 \text{ 이다}\},$$

$$B=\{\text{처음 주사위의 눈이 } 3, 4, 5 \text{ 이다}\},$$

$$C=\{\text{두 눈의합이 } 9 \text{ 이다}\}$$

로 정의할 때, 사상 A, B, C는 쌍으로 독립이 아니고 상호독립도 아님을 증명하여라.

4. $\{A_n\}_{n=1}^{\infty}$가 독립사상들의 열이면 $\{A_n^c\}_{n=1}^{\infty}$도 독립사상들의 열임을 보여라.

확률변수와 확률분포

(Random Variables and Probability Distributions)

제 2 장

§2. 1 확률변수 (Random Variables)

확률실험 Ω의 표본점들은 대체로 숫자가 아닌 경우가 많이 있기 때문에 표본공간 $(\Omega, \mathscr{F})$ 상의 확률 P를 계산하기에 불편한 점이 많다. 예를 들면, 동전 던지기를 할 때 표본점은 표면 H와 이면 T이다. 함수 X를 $X(H) = 1, X(T) = 0$으로 정의하여 H, T 대신에 수 1, 0을 사용하면 확률, 확률분포 등을 계산하는데 편리해진다. 보통 위의 X를 **확률변수**라 부른다. 확률변수의 일반적인 정의를 알아보자.

> **정의 1** $(\Omega, \mathscr{F}, P)$를 확률공간, $\mathbb{R}$을 실수들의 집합이라 하자. $X : \Omega \to \mathbb{R}$가 하나의 함수이고 각각의 $x \in \mathbb{R}$에 대하여 $\{\omega \in \Omega : X(\omega) \leqq x\}$가 사상이면, 즉
>
> $$X^{-1}((-\infty, x]) := \{\omega \in \Omega : X(\omega) \leqq x\} \in \mathscr{F}$$
>
> 이면, X를 $(\Omega, \mathscr{F}, P)$ 상의 **확률변수**(random variable, 간단히 **rv**)라 부른다. 편의상 간단히, X를 **확률변수**라 부르기도 한다.

주 의 1 편리하게 하기 위하여 사상 $\{\omega \in \Omega : X(\omega) \leqq x\}$를 간단히 $\{X \leqq x\}$로 쓴다. 따라서 $\{a < X < b\}$는 사상 $\{\omega \in \Omega : a < X(\omega) < b\}$를 뜻한다. P는 $\mathscr{F}$ 상에서 정의된 집합함수이기 때문에, 만일 $\{X \leqq x\} \in \mathscr{F}$이면 확률 $P(\{X \leqq x\})$ 즉, $P\{X \leqq x\}$의 계산이 가능해진다. 그러므로 어떤 집합의 확률 P를 계산하기 위해서는 반

드시 그것이 $\mathscr{F}$의 원소, 다시 말해서, 사상이어야 함은 자명한 일이다.

[문제 1] $\Omega = [0, 1]$, $\mathscr{F} = 2^{\Omega}$라 하고 Ω상의 함수 X를

$$X(\omega) = \omega, \quad \omega \in [0, 1]$$

로 정의할 때, X가 확률변수임을 보여라.

【정리 1】 (**역상**(inverse image)**의 성질**) X, Y를 두 집합이라 하고 $f : X \to Y$를 함수, $A \subset X$, $B \subset Y$라 하자. f에 의한 A의 **상**(image)을

$$f(A) = \{f(x) : x \in A\}$$

로 정의하고, f에 의한 B의 **역상**(inverse image)을

$$f^{-1}(B) = \{x \in X : f(x) \in B\}$$

로 정의한다. $\{B_\gamma : \gamma \in \Gamma\}$를 Y의 부분집합들의 족이라 하면, 다음 성질들이 성립한다.

(1) $f^{-1}\left(\bigcup_{\gamma \in \Gamma} B_\gamma\right) = \bigcup_{\gamma \in \Gamma} f^{-1}(B_\gamma)$

(2) $f^{-1}\left(\bigcap_{\gamma \in \Gamma} B_\gamma\right) = \bigcap_{\gamma \in \Gamma} f^{-1}(B_\gamma)$

(3) $f^{-1}(B^c) = \left(f^{-1}(B)\right)^c$

정리 1의 증명은 Y.F. Lin과 S.Y. Lin (1974)의 공저 Set Theory (pp. 69), 혹은 C.C. Pinter (1971)의 저서 Set Theory (pp. 66) 등을 참조하기 바란다.

[예제 1] 한 개의 동전을 던지는 실험 $\Omega := \{\omega : \omega = H, T\}$의 모든 부분집합들의 $\sigma-$집합체가 $\mathscr{F} := \{\varnothing, \{H\}, \{T\}, \Omega\}$이면 $(\Omega, \mathscr{F})$는 하나의 표본공간이다. 함수 $X : \Omega \to \mathbb{R}$를, 각각의 $\omega \in \Omega$에 대하여

$$X(\omega) = \begin{cases} 1 & (\omega = H \text{ 일 때}) \\ 0 & (\omega = T \text{ 일 때}) \end{cases}$$

으로 정의하면, X 는 하나의 확률변수가 된다. 왜냐하면, 각각의 실수 x 에 대하여

$$X^{-1}((-\infty, x]) = \{\omega \in \Omega : X(\omega) \leq x\}$$

$$= \begin{cases} \varnothing & (x<0 \text{ 일 때}) \\ \{T\} & (0 \leq x < 1 \text{ 일 때}) \\ \Omega & (x \geq 1 \text{ 일 때}) \end{cases}$$

이므로 $X^{-1}((-\infty, x]) \in \mathscr{F}$ 이다. 그러므로 X 는 확률변수가 된다.

정의 2 임의의 집합 $A \subset \Omega$ 에 대하여 함수 $I_A : \Omega \to \mathbb{R}$ 가

$$I_A(\omega) = \begin{cases} 0 & (\omega \notin A \text{ 일 때}) \\ 1 & (\omega \in A \text{ 일 때}) \end{cases}$$

와 같이 정의될 때, I_A 를 A 의 **정의함수**(indicator function)라 부른다.

[예제 2] $(\Omega, \mathscr{F}, P)$ 를 확률공간이라 하자. 각각의 $A \subset \Omega$ 에 대하여, I_A 가 확률변수일 필요충분조건은 A 가 사상임을 증명하여라.

【증명】 각각의 실수 x 에 대하여

$$I_A^{-1}((-\infty, x]) = \{\omega \in \Omega : I_A(\omega) \leq x\}$$

$$= \begin{cases} \varnothing & (x<0 \text{ 일 때}) \\ A^c & (0 \leq x < 1 \text{ 일 때}) \\ \Omega & (x \geq 1 \text{ 일 때}) \end{cases}$$

이므로

$$I_A^{-1}((-\infty, x]) \in \mathscr{F} \leftrightarrow A \in \mathscr{F}$$

$$\therefore \ I_A : \text{확률변수} \leftrightarrow A \in \mathscr{F}$$

□

주 의 2 예제 2에서 $A \notin \mathscr{F}$이면 I_A는 확률변수가 아니다. 따라서 Ω상에서 확률변수가 아닌 실가함수가 존재한다.

【정리 2】 X가 $(\Omega, \mathscr{F}, P)$ 상의 확률변수일 필요충분조건은

$$X^{-1}(B) := \{\omega \in \Omega : X(\omega) \in B\} \in \mathscr{F}, \quad {}^\forall B \in \mathscr{B}$$

이다. 여기서 $\mathscr{B}$는 Borel σ-집합체이다.

【증명】 X가 $(\Omega, \mathscr{F}, P)$ 상의 확률변수이면 정의 1에 의해

$$X^{-1}((-\infty, x]) = \{\omega \in \Omega : X(\omega) \le x\} \in \mathscr{F}, \quad {}^\forall x \in \mathbb{R} \tag{1}$$

이다. 임의의 Borel 집합 B에 대하여, B는 반폐구간 $(-\infty, x]$들의 합집합이나 교집합 또는 차집합들의 가산 개의 연산에 의해 표현될 수 있어서, X에 의한 역상의 성질들을 이용하면 $X^{-1}(B) \in \mathscr{F}$임을 보여 줄 수 있다. 예를 들어, $B = (a, b]$이면 $B = (-\infty, b] - (-\infty, a] = (-\infty, b] \cap (-\infty, a]^c$이고

$$\begin{aligned}
X^{-1}(B) &= X^{-1}((-\infty, b] \cap (-\infty, a]^c) \\
&= X^{-1}((-\infty, b]) \cap X^{-1}((-\infty, a]^c) && \text{(역상의 성질에서)} \\
&= X^{-1}((-\infty, b]) \cap (X^{-1}(-\infty, a])^c && \text{(역상의 성질에서)} \\
&\in \mathscr{F} && \text{(식 (1)에 의해)}
\end{aligned}$$

이다. 역으로, 임의의 $B \in \mathscr{B}$에 대하여 $X^{-1}(B) \in \mathscr{F}$라 하자. Borel σ-집합체의 정의에 의하면, 각각의 $x \in \mathbb{R}$에 대해 $(-\infty, x] \in \mathscr{B}$이다. 따라서 가정에 의하여 $X^{-1}((-\infty, x]) \in \mathscr{F}$이므로 X는 $(\Omega, \mathscr{F}, P)$ 상의 확률변수이다. □

[문제 2] X가 확률변수일 필요충분조건은

$$\{\omega \in \Omega : X(\omega) < x\} \in \mathscr{F}, \quad {}^\forall x \in \mathbb{R}$$

임을 증명하여라.

연습문제 2.1

1. X가 $(\Omega, \mathscr{F}, P)$ 상에서 정의된 확률변수라 하자. 그러면 a, b가 상수일 때 $aX+b$도 $(\Omega, \mathscr{F}, P)$ 상의 확률변수임을 증명하여라.

2. 한 개의 동전을 두 번 던지는 확률실험 Ω를 생각하자. Ω의 모든 부분집합들의 $\sigma-$집합체를 $\mathscr{F}$라 하고, 함수 $X : \Omega \to \mathbb{R}$를

$$X(\omega) = \Omega \text{ 내의 표면의 수}$$

로 정의할 때, X는 확률변수임을 증명하여라.

3. X가 확률변수일 때, X^2 혹은 $|X|$도 확률변수인가? X가 음이 아닌 확률변수일 때, $\sqrt{X}$도 확률변수인가?

4. 한 개의 주사위를 5회 구른다. X를, 주사위의 면에 나타난 숫자의 합으로 정의할 때, $\{X=4\}$, $\{X=6\}$, $\{X=30\}$, $\{X \geq 29\}$의 사상들을 써 보아라.

5. $\Omega = [0, 1]$이라 하고, $\mathscr{F}$를 Ω의 모든 부분집합들의 Borel $\sigma-$집합체라 하자. Ω 상의 함수 X를 다음과 같이 정의한다.

$$X(\omega) = \begin{cases} \omega, & 0 \leqq \omega \leqq \dfrac{1}{2} \\ \omega - \dfrac{1}{2}, & \dfrac{1}{2} < \omega \leqq 1 \end{cases}$$

이 경우, X는 확률변수인가? 만일 X가 확률변수이면, 사상 $\{\omega : X(\omega) \in (1/4, 1/2)\}$은 무엇인가?

§2.2 확률변수의 분포함수

(Distribution Functions of Random Variables)

확률실험 Ω의 부분집합들에 관한 확률을 계산하는 데는 여러 가지로 어려운 점이 따르는 경우가 많이 있기 때문에, 확률변수 X에 의해서 유도된 확률 P_X를 수직선 $\mathbb{R}$의 부분집합에 대해 계산할 수 있도록 공식화하는 것이 필요하다.

> **【정리 1】** X를 확률공간 $(\Omega, \mathcal{F}, P)$ 상의 확률변수라 하자. $\mathcal{B}$를 $\mathbb{R}$의 Borel $\sigma-$집합체라 하고, 각각의 $A \in \mathcal{B}$에 대해, 집합함수 $P_X : \mathcal{B} \to [0, 1]$를
>
> $$P_X(A) := P(X^{-1}(A)) := P(\{\omega \in \Omega : X(\omega) \in A\})$$
>
> 로 정의하면, $(\mathbb{R}, \mathcal{B}, P_X)$는 하나의 (유도된) 확률공간(induced probability space)이다. 이 때, P_X를 X의 **확률분포**(probability distribution)라 부른다.

【증명】 모든 사상 $A \in \mathcal{B}$에 대해서 $P_X(A) \geq 0$임은 명백한 사실이다. 또 $P_X(\mathbb{R}) = P(\Omega) = 1$이고, 서로소인 Borel 집합 $A_i \in \mathcal{B}$ $(i = 1, 2, \cdots)$에 대하여, $\bigcup_{i=1}^{\infty} X^{-1}(A_i)$는 서로소인 집합들의 합집합이다. 왜냐하면, 역상의 성질에 의해 $\bigcap_{i=1}^{\infty} X^{-1}(A_i) = X^{-1}\left(\bigcap_{i=1}^{\infty} A_i\right)$이므로

$$\omega \in \bigcap_{i=1}^{\infty} X^{-1}(A_i) \iff \omega \in X^{-1}\left(\bigcap_{i=1}^{\infty} A_i\right) = X^{-1}(\varnothing) \quad \text{(가정에 의해)}$$

$$\iff X(\omega) \in \varnothing \qquad \text{(모순)}$$

이다. 따라서 $X^{-1}(A_i)$, $i = 1, 2, \cdots$, 는 서로 소이다. 그러므로

$$P_X\left(\bigcup_{i=1}^{\infty} A_i\right) = P\left(X^{-1}\left(\bigcup_{i=1}^{\infty} A_i\right)\right)$$

$$= P\left(\bigcup_{i=1}^{\infty} X^{-1}(A_i)\right) \qquad \text{(역상의 성질에 의해)}$$

$$= \sum_{i=1}^{\infty} P_X(A_i) \qquad \square$$

정의 1 X를 확률공간 $(\Omega, \mathscr{F}, P)$ 상에서 정의된 확률변수라 하자. 함수 $F : \mathbb{R} \to [0, 1]$가, 각각의 $x \in \mathbb{R}$에 대하여

$$F(x) := P(\{\omega \in \Omega : X(\omega) \leq x\})$$

와 같이 정의될 때, F를 확률변수 X의 **분포함수**(distribution function, 간단히 **df**) 혹은 **누적분포함수**(cumulative distribution function, 간단히 **cdf**)라 부른다.

주 의 앞의 정리 1과 정의 1에 따르면

$$F(x) = P(\{\omega \in \Omega : X(\omega) \leq x\}) = P(X^{-1}((-\infty, x])) = P_X((-\infty, x])$$

이다. 앞으로 기호를 간단히 하기 위해 $F(x) = P\{\omega \in \Omega : X(\omega) \leq x\}$를 자주 $F(x) = P\{X \leq x\}$로 나타내기로 한다.

【정리 2】 확률변수 X의 분포함수 F는 다음 성질들을 갖는다.

(i) $\lim_{x \to -\infty} F(x) = 0, \quad \lim_{x \to \infty} F(x) = 1.$

(ii) F는 비감소함수이다. 즉, $x < y$이면 $F(x) \leq F(y)$이다.

(iii) F는 오른쪽에서 연속이다. 즉, $F(x) = F(x+)$, 여기서 $F(x+) := \lim_{h \downarrow 0} F(x+h) := \lim_{\substack{h>0 \\ h \to 0}} F(x+h)$는 x의 **우극한**을 나타낸다.

【증명】 (i): 분포함수의 정의에 의해

$$\lim_{x \to -\infty} F(x) = \lim_{x \to -\infty} P\{X \leq x\} = P\{X \leq -\infty\} \qquad \text{(연습문제 1.2의 8번)}$$

$$= P(\varnothing) = 0,$$

$$\lim_{x\to\infty} F(x) = \lim_{x\to\infty} P\{X \le x\} = P\{X \le \infty\} \qquad (\S 1.2\text{의 정리 } 9)$$

$$= P(\Omega) = 1$$

(ii): $x < y$ 일 때 $\{X \le y\} = \{X \le x\} \cup \{x < X \le y\}$ 이므로

$$F(y) = P\{X \le x\} + P\{x < X \le y\} \ge F(x)$$

(iii): 예를 들면, $h = 1/n \ (n \ge 1)$이라 두어서

$$\lim_{h \downarrow 0} F(x+h) = \lim_{n\to\infty} F\left(x + \frac{1}{n}\right) = F(x)$$

로부터 두 번째 등식이 성립함을 보이면 된다. X는 $(\Omega, \mathscr{F}, P)$ 상의 확률변수이므로 §2.1의 정의 1에 의하여

$$A_n := \left\{X \le x + \frac{1}{n}\right\} \in \mathscr{F}, \quad n \ge 1$$

이고 $A_n \supset A_{n+1}$ 이다. 그런데 $\lim_{n\to\infty} A_n = \{X \le x\}$ 임에 유의하면

$$\lim_{n\to\infty} F\left(x + \frac{1}{n}\right) = \lim_{n\to\infty} P\left\{X \le x + \frac{1}{n}\right\}$$

$$= \lim_{n\to\infty} P(A_n) = P\left(\lim_{n\to\infty} A_n\right) \qquad (\text{연습문제 } 1.2\text{의 } 8\text{번})$$

$$= P\{X \le x\} = F(x)$$

□

[예제 1] 확률공간 $(\Omega, \mathscr{F}, P)$ 상의 확률변수 X를, 임의의 $\omega \in \Omega$에 대해서 $X(\omega) = c$ (c는 상수)로 정의하면

$$P\{\omega \in \Omega : X(\omega) = c\} = P(\Omega) = 1, \quad P\{X \ne c\} = 0$$

이고 분포함수 F는

$$F(x) := P\{X \le x\} = P_X((-\infty, x]) \qquad (\text{앞의 <주의>에 의해})$$

$$= \begin{cases} P(\phi) = 0 & (x < c \text{ 일때}) \\ P(\Omega) = 1 & (x \ge c \text{ 일때}) \end{cases}$$

이므로 F는 정리 2의 성질들을 만족함을 안다.

[예제 2] Ω를 실수들의 단위구간 $[0, 1]$이라 하고 $\mathscr{F} = 2^{\Omega}$라 하자. 함수 $X : \Omega \to \mathbb{R}$를 항등함수

$$X(\omega) = \omega, \quad \omega \in [0, 1]$$

로 정의하면, X 는 하나의 확률변수이다. 왜냐하면, 각각의 실수 x에 대하여

$$X^{-1}((-\infty, x]) = \{\omega \in \Omega : X(\omega) \le x\}$$

$$= \begin{cases} \phi, & x < 0 \\ [0, x], & 0 \le x < 1 \\ \Omega, & x \ge 1 \end{cases} \tag{1}$$

이므로 $X^{-1}((-\infty, x]) \in \mathscr{F}$이다. 따라서 X는 확률변수이다. 임의의 구간 $I \in \mathscr{F}$의 확률을

$$P(I) = l(I) \qquad \text{(구간 } I \text{의 길이)}$$

로 정의하면, $(\Omega, \mathscr{F}, P)$는 하나의 확률공간이다. 왜냐하면

$$P(I) \geqq 0, \ \ {}^{\forall}I \in \mathscr{F}, \quad P(\Omega) = 1$$

이고, 서로소인 구간 $I_i \in \mathscr{F}$에 대하여

$$P\left(\bigcup_{i=1}^{\infty} I_i\right) = l\left(\bigcup_{i=1}^{\infty} I_i\right) = \sum_{i=1}^{\infty} l(I_i) = \sum_{i=1}^{\infty} P(I_i)$$

이기 때문이다. 확률변수 X의 분포함수는, 식 (1)에 의해

$$F(x) := P\{\omega \in \Omega : X(\omega) \le x\} \quad \textit{for all } x \in \mathbb{R}$$

$$= \begin{cases} P(\varnothing) = 0, & x < 0 \\ P([0, x]) = x, & 0 \le x < 1 \\ P(\Omega) = 1, & x \ge 1 \end{cases}$$

로 계산되고, 위의 분포함수 F는 정리 2의 성질들을 만족함을 안다.

[문제 1] $\Omega = \{\omega : \omega = HH, HT, TH, TT\}$, $\mathscr{F} = 2^{\Omega}$라 하자. 확률변수

X를 $X(HH)=2$, $X(HT)=X(TH)=1$, $X(TT)=0$으로 정의하고, 각각의 ω에 대해 $P\{\omega\}=\dfrac{1}{4}$이라 하자. 이 때 X의 분포함수 F를 구하여라.

연습문제 2.2

1. 한 개의 동전을 던지는 실험을 Ω로 표시하고 $\mathscr{F}=2^{\Omega}$라 놓자. 확률변수 $X:\Omega\rightarrow\mathbb{R}$를

$$X(\omega)=\begin{cases}1, & \omega=H\\ 0, & \omega=T\end{cases}$$

로 정의하고, $P\{X=0\}=\dfrac{1}{2}=P\{X=1\}$이라 할 때, X의 분포함수 F를 구하여라.

2. $\Omega=\{(i,j):i,j\in\{1,2,3,4,5,6\}\}$, $\mathscr{F}=2^{\Omega}$라 두고, $P\{(i,j)\}=1/36$, $(i,j)\in\Omega$라 한다. 확률변수 X를

$$X(i,j)=i+j,\quad (i,j)\in\Omega$$

로 정의할 때, X의 분포함수 F를 구하여라.

3. 다음과 같은 함수 F는 분포함수의 성질 (i)-(iii)을 만족하는가?

(a) $F(x)=\begin{cases}0, & x<0\\ x, & 0\le x<1/2\\ 1, & x\ge 1/2\end{cases}$

(b) $F(x)=\dfrac{1}{\pi}\tan^{-1}x,\quad -\infty<x<\infty$

(c) $F(x)=\begin{cases}0, & x\le 1\\ 1-\dfrac{1}{x}, & x>1\end{cases}$

(d) $F(x)=\begin{cases}1-e^{-x}, & x\ge 0\\ 0, & x<0\end{cases}$

4. 확률변수 X의 분포함수를 F라 하자.

(a) F가 위의 문제 3 (a)와 같을 때, $P\{X > 1/4\}$과 $P\{1/3 < X \le 3/8\}$을 구하여라.

(b) F가 위의 문제 3 (d)와 같을 때, $P\{-\infty < X \le 2\}$를 구하여라.

§2.3 이산확률변수와 연속확률변수 (Discrete Random Variables and Continuous Random Variables)

정의 1 확률공간 $(\Omega, \mathscr{F}, P)$ 상의 확률변수 X가 **이산형**(discrete type) 혹은 **이산확률변수**(discrete rv)라 함은, 가산집합(countable set) $E \subset \mathbb{R}$가 존재하여

$$P\{\omega \in \Omega : X(\omega) \in E\} = 1$$

을 만족할 때를 말한다.

각각의 $\omega \in \Omega$에 대한 확률변수 X의 실수 값이

$$X(\omega) = x_i, \quad i = 1, 2, \cdots$$

일 때, 이들 전체를 가산집합 $E = \{x_1, x_2, \cdots\}$라 놓자. $\mathscr{F} = 2^{\Omega}$라 하면,

$$\{\omega \in \Omega : X(\omega) = x_i\} \in \mathscr{F}, \quad i = 1, 2, \cdots$$

이고 $\{\omega \in \Omega : X(\omega) \in E\} \in \mathscr{F}$이다. 사상 $\{\omega \in \Omega : X(\omega) = x_i\}$의 확률을

$$p_i := P\{\omega \in \Omega : X(\omega) = x_i\}, \; i = 1, 2, \cdots$$

라 하면, $p_i \geq 0$ 이고

$$\begin{aligned}\sum_{i=1}^{\infty} p_i &= P\left(\bigcup_{i=1}^{\infty}\{\omega : X(\omega) = x_i\}\right) \\ &= P\{\omega : X(\omega) = x_1, x_2, \cdots\} = P\{\omega : X(\omega) \in E\} \\ &= P(\Omega) = 1\end{aligned}$$

이므로 X는 $(\Omega, \mathscr{F}, P)$ 상의 이산확률변수임을 안다.

정의 2 $(\Omega, \mathscr{F}, P)$상의 이산확률변수 X에 대하여

$$p_i := P\{X = x_i\} \geq 0, \ i = 1, 2, \cdots, \text{이고} \quad \sum_{i=1}^{\infty} p_i = 1$$

을 만족하는 수열 $\{p_i\}_{i=1}^{\infty}$를, 이산확률변수 X의 **확률(질량)함수**(probability (mass) function, 간단히 **pmf**)라 부른다.

임의로 주어진 실수 x에 대해 이산확률변수 X의 분포함수 F를 계산하면 다음과 같다.

$$\begin{aligned} F(x) &:= P\{X \leq x\} && (\S 2.2\text{의 } \textbf{주의}\text{에서}) \\ &= P\{X = x_i \leq x \text{인 } x_i \ (i=1,2,\cdots)\text{가 존재한다}\} \\ &= P\left(\bigcup_{x_i \leq x} \{X = x_i\}\right) && (*) \\ &= \sum_{x_i \leq x} P\{X = x_i\} && (\because \{X = x_i\}, \ i = 1, 2, \cdots, \text{는 서로 배반사상}) \\ &= \sum_{x_i \leq x} p_i \end{aligned}$$

[예제 1] 어떤 점 c에서 $P\{X = c\} = 1$일 때, 이산확률변수 X는 c에서의 **퇴화확률변수**(degenerate rv)라고 말한다. 퇴화확률변수 X의 분포함수는

$$F(x) = \begin{cases} 0, & x < c \\ 1, & x \geq c \end{cases} \qquad (\S 2.2\text{의 예제 1 참조})$$

임이 명백하다.

[예제 2] 하나의 상자 안에 좋은 항목(item)과 결함이 있는 항목이 들어 있다. 꺼낸 항목이 좋은 것이면 수 1에 대응시키고, 그렇지 않으면 수 0에 대응시킨다. 임의로 꺼낸 것이 좋은 항목일 확률을 p라 하여 분포함수를 구하여라.

【풀이】 $\Omega = \{\omega : \omega = G, D\}$, $\mathscr{F} = 2^{\Omega}$ 라 하자. 여기서, G는 좋은 항목, D는 결함이 있는 항목이다. 가정에 의해, 확률변수 $X : \Omega \to \{0, 1\}$를

$$X(D) = 0 =: x_1, \quad X(G) = 1 =: x_2$$

로 정의하자. $E = \{0, 1\}$이라 하면

$$P\{\omega \in \Omega : X(\omega) \in E\} = P(\Omega) = 1$$

이므로 X는 이산확률변수이다(정의 1 참조). 좋은 항목이 나올 확률이 p이므로

$$p = P\{G\} = P\{\omega : X(\omega) = 1\} = P\{X = 1\} =: p_2,$$

$$1-p = P\{D\} = P\{\omega : X(\omega) = 0\} = P\{X = 0\} =: p_1,$$

$$p_1 + p_2 = 1$$

이다. 따라서 $\{p_i : i = 1, 2\}$는 이산확률변수 X의 확률질량함수이다(정의 2 참조). X의 분포함수는, 각각의 실수 x에 대하여

$$F(x) = \sum_{x_i \le x} p_i = \sum_{x_i \le x} P\{X = x_i\} \qquad \text{(식 (*)에서)}$$

$$= \begin{cases} 0, & x < 0 \\ 1-p, & 0 \le x < 1 \\ 1, & x \ge 1 \end{cases}$$

로 계산된다. □

[예제 3] X의 확률분포가

$$P\{X = i\} = \begin{cases} \dfrac{6}{\pi^2}\left(\dfrac{1}{i^2}\right), & i = 1, 2, \cdots \\ 0, & \text{그 외에서} \end{cases}$$

일 때, X의 분포함수를 구하여라.

【풀이】 정의 2에서 $x_i = i$, $p_i = P\{X = i\}$, $i = 1, 2, \cdots$ 라 두면, Fourier 급수에 관한 공식에 의해

$$\sum_{i=1}^{\infty} p_i = \frac{6}{\pi^2}\sum_{i=1}^{\infty}\frac{1}{i^2} = \frac{6}{\pi^2}\times\frac{\pi^2}{6} = 1$$

따라서 $\{p_i : i=1, 2, \cdots\}$는 X의 확률질량함수이다. 식 (*)에 의해 X의 분포함수를 계산하면 다음과 같다.

$$F(x) := P\{X \le x\} = \sum_{i \le x} P\{X=i\} = \sum_{i \le x} P\{\omega : X(\omega)=i\}$$

$$= \begin{cases} 0, & x<1 \\ \dfrac{6}{\pi^2}\displaystyle\sum_{i \le x}\frac{1}{i^2}, & x \ge 1 \end{cases}$$ □

정의 3 확률공간 $(\Omega, \mathcal{F}, P)$ 상의 확률변수 X가 **연속형**(continuous type) 혹은 **연속확률변수**(continuous random variable)라 함은, X의 분포함수 $F(x) := P\{\omega \in \Omega : X(\omega) \le x\}$가 어떤 함수 $f(x) \ge 0$ 에 대하여

$$F(x) = \int_{-\infty}^{x} f(t)\,dt \qquad (\text{단, } -\infty < x < \infty)$$

로 쓰여질 수 있을 때(즉, F가 **절대연속**일 때)를 말한다. 이 경우, 함수 f를 확률변수 X의 **확률밀도함수**(probability density function, 간단히 **pdf**) 혹은 **밀도함수**(density function)라 부른다.

※ 연속확률변수의 성질

확률공간 $(\Omega, \mathcal{F}, P)$ 상의 연속확률변수 X의 확률밀도함수와 분포함수를 각각 f, F라 하면 다음 성질 (i)-(iii)이 성립한다.

(i) $$\lim_{x\to\infty} P\{X \le x\} = \lim_{x\to\infty}\int_{-\infty}^{x} f(t)\,dt = \int_{-\infty}^{\infty} f(t)\,dt \tag{1}$$

한편,

$$\lim_{x\to\infty} P\{X \le x\} = P\Big(\lim_{x\to\infty}\{X \le x\}\Big) \qquad (\S 1.2\text{의 정리 9에 의해})$$

$$= P\{\omega \in \Omega : X(\omega) \le \infty\}$$

$$= P(\Omega) = 1 \tag{2}$$

위의 (1) 과 (2) 의 좌변이 같으므로, 확률밀도함수 f 에 대해서

$$\int_{-\infty}^{\infty} f(t)dt = 1$$

이다.

(ii) 임의의 두 실수 $a < b$ 에 대하여 다음 식이 성립한다.

$$P\{a < X \leq b\} = P\{X \leq b\} - P\{X \leq a\} \quad (\text{§1.2의 정리 3에 의해})$$

$$= F(b) - F(a) = \int_{-\infty}^{b} f(t)dt - \int_{-\infty}^{a} f(t)dt \quad (\text{정의 3에서})$$

$$= \int_{a}^{b} f(t)dt$$

(iii) 확률밀도함수 f가 임의의 점 x 에서 연속이면, 미적분학의 기본정리에 의해 다음 관계식이 성립한다.

$$F'(x) := \frac{dF(x)}{dx} = \frac{d}{dx}\int_{-\infty}^{x} f(t)dt = f(x)$$

주의 1 이산확률변수 X가 값 a를 취할 확률은 $P\{X = a\}$이지만, 연속확률변수의 경우는, 점 a에서의 확률밀도함수 f의 값 $f(a)$는 확률이 아니다. X가 연속확률변수일 때, 모든 실수 x 에 대해서 $P\{X = x\} = 0$ 임을 다음 정리들의 결과로 알 수 있다 (아래의 주의 2 참조).

【정리 1】 X 가 확률공간 $(\Omega, \mathscr{F}, P)$ 상에서의 확률변수라 하자. 그러면

$$P\{X = a\} = \lim_{t \uparrow a} P\{t < X \leq a\}$$

이다. 여기서 $\lim_{t \uparrow a} P\{t < X \leq a\} := \lim_{\substack{t \to a \\ t < a}} P\{t < X \leq a\}$ 을 나타낸다.

【증명】 $t_1 < t_2 < \cdots < t_n < \cdots < a,\ t_n \to a$ 라 하고, $A_n = \{t_n < X \le a\}$ 이라 놓으면, $\{A_n\}_{n=1}^{\infty}$ 은 사상들의 감소열이므로 $\lim_{n\to\infty} A_n = \{X = a\}$이다. 따라서

$$\lim_{n\to\infty} P(A_n) = P\left(\lim_{n\to\infty} A_n\right) \qquad \text{(확률측도의 연속성에 의해)}$$
$$= P\{X = a\} \qquad (1)$$

각각의 $n = 1, 2, \cdots$ 에 대해서 $t_n < t \le t_{n+1} < a$ 라 하면

$$\lim_{n\to\infty} P(A_n) = \lim_{t_n \uparrow a} P\{t_n < X \le a\} = \lim_{t_{n+1}\uparrow a} P\{t_{n+1} < X \le a\}$$
$$= \lim_{t\uparrow a} P\{t < X \le a\} \qquad (2)$$

이다. (1)과 (2)로부터 우리가 원했던 결과를 얻는다. □

【정리 2】 X가 확률공간 $(\Omega, \mathscr{F}, P)$ 상에서의 확률변수라 하자. 만일 X의 분포함수가 F 이면,

$$P\{X < a\} = F(a-)$$

이다. 단, $F(a-) := \lim_{t\uparrow a} F(t)$ 이고 $\lim_{t\uparrow a} F(t)$ 는 F에 관한 a의 좌극한을 나타낸다.

【증명】 $t_1 < t_2 < \cdots < t_n < \cdots < a,\ t_n \to a$ 라 하면

$$\{X < a\} = \bigcup_{n=1}^{\infty} \{X \le t_n\}$$

이 성립한다. 왜냐하면

$$\omega \in \bigcup_{n=1}^{\infty} \{\omega \in \Omega : X(\omega) \le t_n\}$$
$$\Leftrightarrow \text{어떤 } n \ge 1 \text{ 에 대해 } \omega \in \{\omega \in \Omega : X(\omega) \le t_n\}$$
$$\Leftrightarrow \omega \in \{\omega \in \Omega : X(\omega) < a\}$$

이기 때문이다. 따라서

$$P\{X < a\} = P\left(\bigcup_{n=1}^{\infty}\{X \le t_n\}\right) = P\left(\lim_{n\to\infty}\{X \le t_n\}\right)$$

$$= \lim_{n\to\infty} P\{X \le t_n\} \qquad \text{(확률측도의 연속성)}$$

$$= \lim_{n\to\infty} F(t_n) = \lim_{t_n \uparrow a} F(t_n)$$

$$= \lim_{t \uparrow a} F(t) \qquad \text{(정리 1의 증명 참조)}$$

여기서, $t_n < t \le t_{n+1} < a \ (n = 1, 2, \cdots)$이다. □

주의 2 앞의 §2. 2의 정의 1에 의해

$$P\{t < X \le a\} = F(a) - F(t)$$

이므로

$$P\{X = a\} = \lim_{t \uparrow a} P\{t < X \le a\} \qquad \text{(정리 1에서)}$$

$$= \lim_{t \uparrow a}\{F(a) - F(t)\}$$

$$= F(a) - \lim_{t \uparrow a} F(t) = F(a) - F(a-)$$

따라서 임의의 점 a에 대하여

$P\{X = a\} > 0 \leftrightarrow F$는 a에서 불연속이다.

즉,

$P\{X = a\} = 0 \leftrightarrow F$는 a에서 연속이다. (3)

$$\leftrightarrow F(a+) = F(a) = F(a-)$$

또 한가지 유의할 점은, X가 연속확률변수이면 모든 실수 x에 대하여 $P\{X=x\}=0$이다. 왜냐하면,

X가 연속 확률변수이다.

$\leftrightarrow$ 분포함수 F가 절대연속이다. (정의 3에서)

$\leftrightarrow$ 어떤 함수 $f \ge 0$에 대하여

$$F(x) = \int_{-\infty}^{x} f(t)\,dt, \quad {}^{\forall} x \in \mathbb{R} \text{ (실수들의 집합)} \qquad \text{(정의 3에서)}$$

$$\rightarrow {}^{\forall}x \in \mathbb{R}, \quad F(x+h) - F(x) = \int_{x}^{x+h} f(t)\,dt \rightarrow 0, \quad h \rightarrow 0$$

(즉, F는 임의의 점 x에서 연속이다.)

$$\leftrightarrow P\{X = x\} = 0, \quad {}^{\forall}x \in \mathbb{R} \qquad ((3)\text{에서}) \qquad (4)$$

한편, 만일 X가 이산확률변수이면 모든 실수 x에 대하여 $P\{X = x\} \geq 0$임은 정의 2에 의해 자명하다.

[문제] 확률변수 X의 분포함수가

$$F(x) = \begin{cases} 1 - e^{-x}, & x \geq 0 \\ 0, & x < 0 \end{cases}$$

일 때, 확률 $P\{X = x\}$의 값은?

연습문제 2.3

1. 확률변수 X의 확률밀도함수가

$$f(x) = \begin{cases} 1, & 0 < x < 1 \\ 0, & \text{그외에서} \end{cases}$$

일 때, X의 분포함수 $F(x)$를 구하고 $P\{0.4 < X \leq 0.6\}$을 계산하여라. 또 f의 연속 점 x에서 $F'(x) = f(x)$임을 보여라.

2. X를 확률공간 $(\Omega, \mathscr{F}, P)$ 상의 확률변수라 하고 함수 f를

$$f(x) = \begin{cases} x, & 0 < x \leq 1 \\ 2 - x, & 1 \leq x \leq 2 \\ 0, & \text{그외에서} \end{cases}$$

와 같이 정의할 때, f는 X의 확률밀도함수임을 확인하고 X의 분포함수를 구하여라. 또, 확률 $P\{0.3 < X < 1.5\}$를 계산하여라.

3. k를 양의 상수라 하고 함수 f를

$$f(x) = \begin{cases} kx(1-x), & 0 < x < 1 \\ 0, & \text{그외에서} \end{cases}$$

와 같이 정의하자. f가 X의 밀도함수가 되기 위한 k의 값을 구하고 확률 $P\{X > 0.3\}$을 계산하여라.

4. $k = 0, 1, 2, \cdots$ 의 함수 p_k를

$$p_k = p(1-p)^k, \qquad 0 < p < 1$$

와 같이 정의할 때, $\{p_k\}$는 확률변수 X의 확률질량함수인가? X의 분포함수를 구하고 $P\{n \le X \le N\}$을 계산하여라. 단, n, N은 양의 정수들이다.

5. 양의 상수 k가 어떠한 값일 때, 다음 함수 $f(x)$는 확률변수 X의 확률질량함수가 되는가 ?

(a) $f(x) = k\dfrac{\lambda^x}{x!}, \quad x = 0, 1, 2, \cdots; \quad \lambda > 0$

(b) $f(x) = \dfrac{k}{N}, \quad x = 1, 2, \cdots, N$

6. 함수 $f(x) = \dfrac{1}{2}e^{-|x|}\,(-\infty < x < \infty)$는 확률변수 X의 확률밀도함수임을 보여라.

§2. 4 확률변수들의 함수 (Functions of Random Variables)

X 를 기지의 확률분포를 갖는 확률변수라 하고, g 를 수직선상에 정의된 함수라 하자. 이 절에서는 $Y := g(X)$ 가 확률변수일 때, Y 의 확률분포를 찾을 것이다.

정의 1 $\mathcal{B}$ 를 $\mathbb{R}$ 의 부분집합들의 Borel σ-집합체라 하자. 이 경우, 함수 $g : \mathbb{R} \to \mathbb{R}$ 의 역상에 관하여

$$g^{-1}((-\infty, y]) := \{x \in \mathbb{R} : g(x) \le y\} \in \mathcal{B}, \quad \forall y \in \mathbb{R}$$

일 때, g 를 **Borel 가측함수**(Borel measurable function)라 부른다.

주 의 1 확률공간 $(\Omega, \mathcal{F}, P)$에서, 만일 $(\Omega, \mathcal{F}) = (\mathbb{R}, \mathcal{B})$이면 정의 1에 의해 확률변수는 곧 Borel 가측함수임에 유의하자. 그런데 §2.1의 주의 2에서 확률변수가 아닌 실가함수가 존재하므로 Borel 가측함수가 아닌 실가함수가 존재한다.

주 의 2 $g : \mathbb{R} \to \mathbb{R}$ 가 연속함수이면 g 는 Borel 가측함수가 되지만, 이 역이 반드시는 참이 아니다. 이 사실을 밝혀 보자. g 가 연속함수이면, $(-\infty, y)$가 개구간일 때 $g^{-1}((-\infty, y))$도 개구간이다. 따라서 $g^{-1}((-\infty, y))$는 Borel 집합이고

$$g^{-1}((-\infty, y]) := \{x \in \mathbb{R} : g(x) \le y\} = \bigcap_{n=1}^{\infty} \left\{x : g(x) < y + \frac{1}{n}\right\}$$

$$= \bigcap_{n=1}^{\infty} g^{-1}\left(\left(-\infty,\ y + \frac{1}{n}\right)\right) \in \mathcal{B}$$

이므로 g 는 Borel 가측함수이다. 위의 명제의 역이 성립하지 않는 예를 들어 보자. $\mathbb{R}$ 상의 함수 g 가

$$g(x) = \begin{cases} 1, & 0 \le x < 1 \\ 0, & \text{그 외에서} \end{cases}$$

로 주어질 때, g 는 Borel 가측함수이다. 그 이유는, 임의의 실수 y 에 대하여

$$g^{-1}((-\infty, y]) = \{x \in \mathbb{R} : g(x) \le y\}$$
$$= \begin{cases} \varnothing, & y < 0 \\ g^{-1}(0) = (-\infty, 0) \cup [1, \infty), & 0 \le y < 1 \\ \mathbb{R}, & y \ge 1 \end{cases}$$
$$\in \mathcal{B}$$

이기 때문이다. 그러나 g는 연속함수가 아니다.

X를 확률공간 $(\Omega, \mathcal{F}, P)$ 상의 확률변수라 하고 $g : \mathbb{R} \to \mathbb{R}$를 Borel 가측함수라 하자. 가령 g가 어떤 시스템의 역할을 하고 X가 그 시스템의 입력(input)이라 하면, $Y := g(X)$는 출력(output)이 된다. 다음 정리 1에서 $Y = g(X)$는 X의 경우와 같은 확률공간상의 확률변수임을 보여줄 것이다. 함수 g가 주어지고 확률변수 X의 확률질량함수(또는 밀도함수)가 주어졌을 때, $Y = g(X)$의 확률질량함수(또는 밀도함수)를 찾는 것은 중요한 문제이다.

【정리 1】 X를 확률공간 $(\Omega, \mathcal{F}, P)$ 상의 확률변수라 하고 $g : \mathbb{R} \to \mathbb{R}$를 Borel 가측함수라 하면, $Y := g(X)$도 $(\Omega, \mathcal{F}, P)$ 상의 확률변수이다.

【증명】 각각의 실수 y에 대하여 $(-\infty, y]$는 반폐구간이다. $g : \mathbb{R} \to \mathbb{R}$가 Borel 가측함수이므로 $g^{-1}((-\infty, y])$는 Borel 집합이다. 각각의 $\omega \in \Omega$에 대해

$$Y(\omega) = g(X)(\omega) = g(X(\omega))$$

로 정의하면

$$\{\omega \in \Omega : Y(\omega) \le y\} = \{\omega \in \Omega : g(X(\omega)) \in (-\infty, y]\}$$
$$= \{\omega \in \Omega : X(\omega) \in g^{-1}((-\infty, y])\} \qquad \text{(역상의 정의에서)}$$
$$\in \mathcal{F} \qquad \text{(X는 확률변수이므로 §2.1의 정리 2에 의해)}$$

따라서 $Y : \Omega \to \mathbb{R}$는 $(\Omega, \mathcal{F}, P)$ 상의 확률변수이다. □

[예제 1] $y = g(x)$가 각각 e^x, $\log x$, $ax + b$(단, $a \neq 0$와 b는 상수들), $\sin x$, x^2과 같은 연속함수이고 X가 확률변수이면, 주의 2와 정리 1에 의해 $Y = g(X)$는 확률변수이다.

【정리 2】 $(\Omega, \mathcal{F}, P)$ 상의 확률변수 X가 그 분포함수를 갖고, Borel 가측함수 $g : \mathbb{R} \to \mathbb{R}$가 임의로 주어지면, 확률변수 $Y := g(X)$의 분포함수는 결정된다.

【증명】 가정에 의해, 각각의 실수 y에 대하여

$$P\{Y \leq y\} = P\{X \in g^{-1}((-\infty, y])\} \qquad \text{(정리 1의 증명에서)}$$

이다. 가정에서 X의 분포함수가 주어졌으므로 위 식의 우변의 확률분포가 구해질 수 있다. 따라서 Y의 분포함수 $P\{Y \leq y\}$가 결정된다. □

[예제 2] X가 분포함수 F를 갖는다고 하자. 확률변수들 $|X|$, $aX + b$ (단, $a \neq 0$, b는 상수들)의 분포함수를 구하여라.

【풀이】 $Y = g(X) = |X|$의 분포함수는 다음과 같이 된다. 각각의 실수 y에 대해

$$\begin{aligned} P\{Y \leq y\} &= P\{-y \leq X \leq y\} \\ &= F(y) - (P\{X \leq -y\} - P\{X = -y\}) \qquad \text{(§1.2의 정리 3에 의해)} \\ &= F(y) - F(-y) + P\{X = -y\}, \quad y \geq 0. \end{aligned}$$

같은 방법으로 $Y = g(X) = aX + b$의 분포함수는 다음과 같이 구해진다.

$$\begin{aligned} P\{Y \leq y\} &= P\{aX \leq y - b\} \\ &= \begin{cases} P\left\{X \leq \dfrac{y-b}{a}\right\}, & a > 0 \\ P\left\{X \geq \dfrac{y-b}{a}\right\}, & a < 0 \end{cases} \end{aligned}$$

$$= \begin{cases} F\left(\dfrac{y-b}{a}\right), & a > 0 \\ 1-F\left(\dfrac{y-b}{a}\right)+P\left\{X=\dfrac{y-b}{a}\right\}, & a < 0 \end{cases}$$

【정리 3】 X를 확률공간 $(\Omega, \mathscr{F}, P)$ 상의 이산확률변수라 하자. 어떤 가산집합 $A\,(\subset \mathbb{R})$에 대해 $P\{X \in A\} = 1$ 이라 하고, X의 확률함수를, 모든 $x \in A$에 대하여 $P\{X = x\} > 0$ 이라 하자. 만일 Borel 가측함수 g가 A에서 $B\,(\subset \mathbb{R})$에로의 전단사 (즉, 1대 1대응)이면, 이산확률변수 $Y = g(X)$의 확률함수는, 각각의 실수 y에 대하여 다음과 같다.

$$P\{Y = y\} = \begin{cases} P\{X = g^{-1}(y)\}, & y \in B \\ 0, & y \notin B \end{cases}$$

【증명】 가정에 의해 $P\{Y\in B\} = P\{X\in g^{-1}(B)\} = P\{X\in A\} = 1$ 이므로 Y는 이산확률변수이다. 가정에서 $y = g(x)$는 1가 함수이며 $x\in A$와 $y\in B$는 1 대 1 대응이다. 따라서

$$P\{Y = y\} = P\{g(X) = y\}$$

$$= \begin{cases} P\{X = g^{-1}(y)\} > 0, & y \in B \\ 0, & y \notin B \end{cases}$$

□

[예제 3] 확률변수 X가 확률질량함수

$$P\{X = x\} = \begin{cases} e^{-\lambda}\dfrac{\lambda^x}{x!}, & x = 0, 1, 2, \cdots;\ \lambda > 0 \\ 0, & \text{그 외에서} \end{cases}$$

를 갖는다고 하자. $Y = X + 3$의 확률분포를 구하여라.

【풀이】 $A = \{x : x = 0, 1, 2, \cdots\}$ 라 놓으면 다음 식이 성립한다.

$$P\{X\in A\} = P(\{\omega\in\Omega : X(\omega) = x\}\text{인 } x\in A\text{가 존재한다})$$

$$= P\left(\bigcup_{x=0}^{\infty}\{\omega \in \Omega : X(\omega) = x\}\right) = \sum_{x=0}^{\infty} P\{\omega \in \Omega : X(\omega) = x\}$$

$$= \sum_{x=0}^{\infty} P\{X = x\} = e^{-\lambda} \sum_{x=0}^{\infty} \frac{\lambda^x}{x!} = 1 \qquad \text{(Maclaurin 급수 전개식)}$$

따라서, X는 $(\Omega, \mathscr{F}, P)$ 상의 이산확률변수이고 $P\{X = x\}$, $x \in A$, 는 X의 확률질량함수임에 틀림없다. $B = \{y : y = 3, 4, 5, \cdots\}$라 두면

$$y = g(x) = x + 3 : A \to B$$

는 전단사 함수이므로 그 역함수는 $x = g^{-1}(y) = y - 3$이다. 따라서 정리 3에 의하여 이산확률변수

$$Y = g(X) = X + 3$$

의 확률분포는 다음과 같다.

$$P\{Y = y\} = \begin{cases} \dfrac{e^{-\lambda}\lambda^{y-3}}{(y-3)!}, & y \in B \\ 0, & y \notin B \end{cases}$$ □

【정리 4】 X를 확률공간 $(\Omega, \mathscr{F}, P)$ 상의 이산확률변수라 하자. 어떤 가산집합 $A(\subset \mathbb{R})$에 대하여 $P\{X \in A\} = 1$이라 하고, X의 확률질량함수를, 모든 $x \in A$에 대하여 $P\{X = x\} > 0$이라 하자. Borel 가측함수 g가 A에서 $B(\subset \mathbb{R})$에로의 전사함수(surjection)이면, 이산확률변수 $Y := g(X)$의 확률질량함수는, 각각의 실수 y에 대해 다음과 같다.

$$P\{Y = y\} = \begin{cases} \sum_{x \in A} P\{X = x, g(x) = y\}, & y \in B \\ 0, & y \notin B \end{cases}$$

【증명】 Y가 이산확률변수임은 정리 3의 증명과 같다. $y = g(x) : A \to B$가 전사함수이므로, 각 점 $y \in B$에 대하여 $g(x) = y$인 점 $x \in A$가 적어도 하나 존재한다. 따라서

$$\begin{aligned} P\{Y=y\} &= P\{\omega \in \Omega : g(X(\omega)) = y\} \\ &= P(\{\omega : X(\omega) = x \text{ 이고 } g(x) = y\} \text{인 } x \in A \text{가 존재한다}) \\ &= P\left(\bigcup_{x \in A} \{\omega : X(\omega) = x,\ g(x) = y\} \right) \\ &= \sum_{x \in A} P\{\omega : X(\omega) = x,\ g(x) = y\} \\ &= \sum_{x \in A} P\{X = x, g(x) = y\}, \quad y \in B \end{aligned}$$

한편, 만일 $y \notin B$ 이면, $x \notin A$ 이고 $x \notin A$ 일 때는 $P\{X=x\} = 0$ 이므로 $P\{Y=y\} = 0$ 이다. □

[예제 4] 이산확률변수 X의 확률분포가 다음과 같을 때, $Y := X^2$의 확률분포를 구하여라.

$X=x$	-2	-1	0	1	2	합 계
$P\{X=x\}$	$\frac{1}{5}$	$\frac{1}{6}$	$\frac{1}{5}$	$\frac{1}{15}$	$\frac{11}{30}$	1

【풀이】 두 집합 A, B를 $A = \{x : x = -2, -1, 0, 1, 2\}$, $B = \{y : y = 0, 1, 4\}$로 정의하면, $y = g(x) = x^2 : A \to B$는 전사함수이므로 그의 역상은 $x = g^{-1}(y) = \pm\sqrt{y}$에 의해 정해진다. 따라서 정리 4에 의해 이산확률변수 $Y = g(X) = X^2$의 확률분포는

$$\begin{aligned} P\{Y=y\} &= \sum_{x \in A} P\{X = x, g(x) = y\} \\ &= \sum_{x \in A} P\{X = x, x = \pm\sqrt{y}\} \end{aligned}$$

$$= \begin{cases} P\{X=0\} = \dfrac{1}{5}, & y=0 \\ P\{X=-1\}+P\{X=1\} = \dfrac{1}{6}+\dfrac{1}{15}=\dfrac{7}{30}, & y=1 \\ P\{X=-2\}+P\{X=2\} = \dfrac{1}{5}+\dfrac{11}{30}=\dfrac{17}{30}, & y=4 \end{cases}$$

으로 되고, $y \not\in B$ 이면 $P\{Y=y\}=0$ 이다. □

【정리 5】 X를 확률공간 $(\Omega, \mathscr{F}, P)$ 상의 연속확률변수라 하고, 그 확률밀도함수 f가 구간 $[a, b]$ 상에서 연속이고 $f(x)>0$ 이며, 구간 $[a, b]$ 의 밖에서는 $f(x)=0$ 이라 하자. 만일 함수 $y=g(x)$가 미분가능이고 $g'(x)>0$ 이거나 아니면 $g'(x)<0$ 이면, 연속확률변수 $Y := g(X)$의 확률밀도함수는

$$h(y) = \begin{cases} f\left(g^{-1}(y)\right)\left|\dfrac{d}{dy}g^{-1}(y)\right|, & \alpha < y < \beta \\ 0, & \text{그 외에서} \end{cases}$$

이 된다. 여기서, $\alpha := \min\{g(a),\ g(b)\}$, $\beta := \max\{g(a),\ g(b)\}$ 이다.

【증명】 함수 g가 미분가능이면 연속이므로 Borel 가측함수이다. 우선 $g'(x)>0$이면 g는 강증가이므로 전단사함수이다. 따라서, 역함수 $x=g^{-1}(y)$는 존재하고 강증가이며 그 도함수는

$$\frac{dg^{-1}(y)}{dy} = \frac{1}{dy/dx} = \left[\frac{1}{g'(x)}\right]_{x=g^{-1}(y)} > 0$$

이다. $\alpha=g(a)$, $\beta=g(b)$ 이고 $\alpha<y<\beta$에 대해 Y의 분포함수는

$$P\{Y \le y\} = P\{X \le g^{-1}(y)\} \tag{1}$$

이므로 Y의 확률밀도함수 $h(y)$는, 구간 (α, β) 상의 연속인 모든 점에서

$$h(y) = \frac{d}{dy}P\{Y \le y\} = \frac{d}{dy}P\{X \le g^{-1}(y)\} \qquad \text{((1)에서)}$$

$$= \frac{d}{dy}\int_{-\infty}^{g^{-1}(y)} f(x)\,dx \qquad \text{(§2.3의 정의 3에서)}$$

$$= \frac{d}{du}\left(\int_{-\infty}^{u} f(x)\,dx\right)\frac{du}{dy} \qquad (u = g^{-1}(y)\text{라 놓음})$$

$$= f(g^{-1}(y))\frac{dg^{-1}(y)}{dy} \qquad (f\text{는 연속이므로}) \tag{2}$$

$$= f(g^{-1}(y))\left|\frac{dg^{-1}(y)}{dy}\right| \qquad (dg^{-1}(y)/dy > 0 \text{ 이므로})$$

으로 된다. 같은 방법으로, $g'(x) < 0$ 이면 g 는 강감소이고 전단사함수이다. 따라서 역함수 $x = g^{-1}(y)$는 존재하고 강감소이며 그 도함수는 $dg^{-1}(y)/dy < 0$ 이다. $\alpha = g(b)$, $\beta = g(a)$이고 $\alpha < y < \beta$에 대해 Y의 분포함수는

$$P\{Y \le y\} = P\{g(X) \le y\}$$

$$= P\{X \ge g^{-1}(y)\} \qquad (g\text{ 와 } g^{-1}\text{는 강감소이므로})$$

$$= 1 - P\{X < g^{-1}(y)\} \tag{3}$$

로 된다. 따라서 Y의 밀도함수 $h(y)$는, 구간 (α, β) 상의 연속인 모든 점에서

$$h(y) = \frac{d}{dy}P\{Y \le y\} = -\frac{d}{dy}P\{X < g^{-1}(y)\} \qquad ((3)\text{에서})$$

$$= -f(g^{-1}(y))\frac{dg^{-1}(y)}{dy} \qquad ((2)\text{에서})$$

$$= f(g^{-1}(y))\left|\frac{dg^{-1}(y)}{dy}\right| \qquad (dg^{-1}(y)/dy < 0 \text{ 이므로})$$

으로 계산된다. 만일 $y \notin (\alpha, \beta)$ 이면 f 의 정의에 의해 $h(y) = 0$ 이다. 끝으로, Y는 $(\Omega, \mathscr{F}, P)$ 상의 연속확률변수임을 보이자. 앞에서 주어진 $h(y) \geqq 0$에 대하여 Y 의 분포함수가

$$P\{Y \le y\} = \int_{-\infty}^{y} h(s)\,ds$$

으로 나타내짐을 보이면 된다(§2.3의 정의 3 참조). 만약 g 가 강증가함수이면

$$P\{Y \le y\} = P\{X \le g^{-1}(y)\} = \int_{-\infty}^{g^{-1}(y)} f(t)\,dt$$

$$= \int_{-\infty}^{y} f\left(g^{-1}(s)\right) \left| \frac{dg^{-1}(s)}{ds} \right| ds \qquad (t = g^{-1}(s)\text{로 치환})$$

$$= \int_{-\infty}^{y} h(s)\, ds \qquad ((2)\text{에서})$$

이다. 만일 g 가 강감소함수이면

$$P\{Y \le y\} = P\{X \ge g^{-1}(y)\} = 1 - \int_{-\infty}^{g^{-1}(y)} f(t)\, dt$$

$$= 1 - \int_{y}^{\infty} f\left(g^{-1}(s)\right) \left| \frac{dg^{-1}(s)}{ds} \right| ds \qquad (t = g^{-1}(s)\text{로 치환, } g^{-1}\text{는 강감소})$$

$$= 1 - \int_{y}^{\infty} h(s) ds = \int_{-\infty}^{y} h(s) ds \qquad (h\text{ 가 확률밀도함수})$$

이다. 이것으로 정리 5의 증명이 끝난다. □

[예제 5] X 의 확률밀도함수가

$$f(x) = \begin{cases} \lambda e^{-\lambda x}, & x > 0;\ \lambda > 0 \\ 0, & x \le 0 \end{cases}$$

일 때, $Y = X^n\ (n \ne 0)$ 의 확률밀도함수를 구하여라.

【풀이】 f 는 구간 $(0, \infty)$ 상에서 연속함수이다. $y := g(x) := x^n\ (x > 0)$ 은 미분가능이고 $g'(x) > 0$ 이다. 따라서 정리 5에 의하여 $Y = X^n$ 는 연속확률변수이다. g 의 역함수는 $x = g^{-1}(y) = y^{1/n}$ 이므로

$$\frac{dg^{-1}(y)}{dy} = \frac{1}{n} y^{\frac{1}{n} - 1}, \qquad y > 0$$

이다. 따라서 정리 5에 의해 Y 의 밀도함수는 다음과 같이 계산된다.

$$h(y) = \begin{cases} \lambda e^{-\lambda y^{1/n}} \left| \dfrac{1}{n} y^{\frac{1}{n} - 1} \right|, & y > 0 \\ 0, & y \le 0 \end{cases}$$

$$= \begin{cases} \lambda \dfrac{1}{|n|} y^{\frac{1}{n}-1} \exp(-\lambda y^{1/n}), & y > 0 \\ 0, & y \le 0 \end{cases}$$ □

【정리 6】 X 를 $(\Omega, \mathscr{F}, P)$ 상의 연속확률변수라 하고, 그 밀도함수 f 가 구간 $[a, b]$ 상에서 연속이고 $f(x) > 0$ 이며, 구간 $[a, b]$ 의 밖에서 $f(x) = 0$ 이라 하자. 또한, 함수 $y = g(x)$ 가 미분가능이고 $g'(x)$ 는 연속이라 하자. 각각의 실수 y 에 대해 $g(g_k(y)) = y$ $(k = 1, 2, \cdots, n)$ 인 n 개의 역함수 $g_k(y)$ 가 존재하면, $Y := g(X)$ 의 밀도함수는 다음과 같고, Y 는 $(\Omega, \mathscr{F}, P)$ 상의 연속확률변수이다.

$$h(y) = \begin{cases} \displaystyle\sum_{k=1}^{n} f(g_k(y)) \left| \frac{d}{dy} g_k(y) \right|, & \alpha < y < \beta \\ 0, & \text{그 외에서} \end{cases}$$

여기서, $\alpha = \min\{g(x) : x \in [a, b]\}$, $\beta = \max\{g(x) : x \in [a, b]\}$ 이다.

【증명】 x 축 상의 구간 $I_1, \cdots, I_n$ 에 대하여, 함수 g 를 $g : \bigcup_{k=1}^{n} I_k \to \mathbb{R}$ 이라 하자. 여기서, 각 구간 I_k 상의 함수 g 의 역함수를 g_k 라 하고, $g_k(y) \in I_k$ 이며 g_k 는 그 구간 상에서 강증가 또는 강감소이고 미분가능이라 하자. 충분히 작은 구간 (c, y) 를 잡으면

$$P\{Y \le y\} - P\{Y \le c\} = P\{c < Y \le y\} = \sum_{k=1}^{n} P\{u_k < X \le v_k\}$$

이다. 여기서

g_k 가 강증가일 때 $u_k = g_k(c)$, $v_k = g_k(y)$ 이고 (1)

g_k 가 강감소일 때 $u_k = g_k(y)$, $v_k = g_k(c)$ 이다. (2)

따라서

$$P\{Y \le y\} - P\{Y \le c\} = \sum_{k=1}^{n} \int_{u_k}^{v_k} f(x)\,dx$$
$$= \sum_{k=1}^{n} \{F(v_k) - F(u_k)\} \quad (\text{단, } F \text{ 는 } X \text{의 분포함수임}) \tag{3}$$

그러므로 Y 의 밀도함수 $h(y)$는, 구간 (α, β) 상의 연속인 모든 점에서

$$h(y) = \frac{d}{dy}P\{Y \leqq y\}$$
$$= \begin{cases} \displaystyle\sum_{k=1}^{n} \frac{d}{dy}F(g_k(y)) = \sum_{k=1}^{n} f(g_k(y))\frac{dg_k(y)}{dy} & ((1),\ (3)\text{에 의해}) \\ \displaystyle\sum_{k=1}^{n} \frac{d}{dy}(-F(g_k(y))) = \sum_{k=1}^{n} f(g_k(y))\left(\frac{-dg_k(y)}{dy}\right) & ((2),\ (3)\text{에 의해}) \end{cases}$$
$$= \sum_{k=1}^{n} f(g_k(y)) \left| \frac{dg_k(y)}{dy} \right|, \quad \alpha < y < \beta$$

로 계산된다. $y \not\in (\alpha, \beta)$ 이면 f 의 정의에 의해 $h(y) = 0$ 이다. g 의 역함수 $g_k (k = 1, 2 \cdots, n)$ 가 각각 강증가이거나 강감소이면 정리 5에 의해 $Y = g(X)$ 는 $(\Omega, \mathscr{F}, P)$ 상의 연속확률변수가 된다. □

[예제 6] X 의 확률밀도함수가

$$f(x) = \frac{1}{\sqrt{2\pi}} e^{-x^2/2}, \quad -\infty < x < \infty$$

일 때, $Y = X^2$ 의 확률밀도함수를 구하여라.

【풀이】 $y = g(x) := x^2$ 은 미분가능이고 $g'(x) = 2x$ 는 연속함수이다. $y = x^2$ 의 역함수는

$$x = \sqrt{y} =: g_1(y), \quad x = -\sqrt{y} =: g_2(y)$$

으로 두 개가 있다. 왜냐하면

$$g(g_1(y)) = (\sqrt{y})^2 = y, \quad g(g_2(y)) = (-\sqrt{y})^2 = y$$

이기 때문이다. 따라서, 정리 6 의 조건들이 만족되므로 Y 의 확률밀도함수 $h(y)$

는 다음과 같이 된다.

$$h(y) = f(g_1(y))\left|\frac{dg_1(y)}{dy}\right| + f(g_2(y))\left|\frac{dg_2(y)}{dy}\right|$$

$$= \frac{1}{\sqrt{2\pi}}e^{-y/2}\frac{1}{2\sqrt{y}} + \frac{1}{\sqrt{2\pi}}e^{-y/2}\frac{1}{2\sqrt{y}}, \qquad y > 0.$$

그러므로

$$h(y) = \begin{cases} \dfrac{1}{\sqrt{2\pi y}}e^{-y/2}, & y > 0 \\ 0, & y \leq 0 \end{cases}$$

이다. □

[문제] X 의 확률밀도함수가

$$f(x) = \begin{cases} \dfrac{1}{2}, & -1 < x < 1 \\ 0, & \text{그외에서} \end{cases}$$

일 때, $Y = |X|$ 의 밀도함수는?

연습문제 2.4

1. X 가 확률질량함수

$$P\{X = x\} = \begin{cases} (1/2)^x, & x = 1, 2, \cdots \\ 0, & \text{그 외에서} \end{cases}$$

를 갖는다고 하자. $Y = X^3$ 의 확률분포를 구하여라.

2. X 가 확률질량함수

$$P\{X=r\}=\binom{n}{r}p^r(1-p)^{n-r}, \quad r=0, 1, \cdots, n; \quad 0 \le p \le 1$$

를 갖는다고 하자. 다음 확률변수들의 확률질량함수들을 구하여라.

(a) $Y=aX+b$ (단, a와 b는 상수)

(b) $Y=X^2$

(c) $Y=\sqrt{X}$

3. X 의 밀도함수가

$$f(x)=\begin{cases} x^2/9, & 0<x<3 \\ 0, & \text{그 외에서} \end{cases}$$

일 때, $Y=X^3$ 의 밀도함수를 구하여라.

4. X 의 밀도함수가

$$f(x)=\begin{cases} \frac{2}{9}x, & 0 \le x \le 3 \\ 0, & \text{그 외에서} \end{cases}$$

일 때, $Y=(X-1)^2$ 의 밀도함수를 구하여라.

적률과 생성함수
(Moments and Generating Functions)

제 3 장

§3. 1 분포함수의 적률 (Monents of a Distribution Function)

해석학에서, 실수(또는 복소수)열 $\{a_n\}$ 에 대하여 $\sum_{n=1}^{\infty}|a_n| < \infty$ 이면, $\sum_{n=1}^{\infty} a_n$ 는 수렴하고 $\left|\sum_{n=1}^{\infty} a_n\right| \leq \sum_{n=1}^{\infty}|a_n|$ 임을 안다.

마찬가지로, 실(또는 복소)함수 $f(x)$ 가 연속일 때 $\int_{-\infty}^{\infty}|f(x)|dx < \infty$ 이면, $\int_{-\infty}^{\infty} f(x)\,dx$ 는 수렴하고 $\left|\int_{-\infty}^{\infty} f(x)dx\right| \leq \int_{-\infty}^{\infty}|f(x)|dx$ 가 성립함을 알고 있다. 이 사실들은, 이산확률변수 또는 연속확률변수에 관한 적률, 생성함수, 특성함수 등의 존재성 및 이들에 관련된 정리들을 증명하는 데 유용하게 적용된다.

정의 1 이산확률변수 X 의 확률질량함수 $P\{X=x_k\}$, $k = 1, 2, \cdots$, 에 대해

$$\sum_{k=1}^{\infty}|x_k|P\{X = x_k\} < \infty$$

일 때, X 의 **기대치**(expected value) (혹은 **평균**(mean) 혹은 **수학적 기대치**(mathematical expectation)) 는 **존재한다**고 말하고, X 의 기대치를

$$\mu := E(X) := \sum_{k=1}^{\infty} x_k P\{X = x_k\}$$

로 나타낸다. $E(X)$ 를 간단히 EX 로도 쓴다.

주 의 1 위의 정의로부터 X의 기대치 $E(X)$가 존재하기 위한 필요충분조건은 $E|X| := \sum_{k=1}^{\infty} |x_k| P\{X = x_k\} < \infty$ 임을 알 수 있다.

[예제 1] X의 확률질량함수가 $P\{X = x\} = \frac{1}{3}$, $x = 0, 1, 2$, 일 때

$$\sum_{x=0}^{2} |x| P\{X = x\} = 0 \times \frac{1}{3} + 1 \times \frac{1}{3} + 2 \times \frac{1}{3} = 1 < \infty$$

이므로 X의 기대치는 존재하고, 그 기대치는 $\mu = \sum_{x=0}^{2} x P\{X = x\} = 1$ 이다.

[예제 2] 각각의 $k = 1, 2, \cdots$ 에 대해 $x_k = (-1)^{k+1} \frac{3^k}{k}$ 라 하고 X의 확률질량함수를 $P\{X = x_k\} = \frac{2}{3^k}$ 라 하자. 그러면

$$\sum_{k=1}^{\infty} P\{X = x_k\} = 1$$

이다. 그런데

$$\sum_{k=1}^{\infty} |x_k| P\{X = x_k\} = \sum_{k=1}^{\infty} \frac{2}{k} = \infty$$

이므로 정의에 의해, X의 기대치는 존재하지 않는다.

[문제] X의 확률질량함수가

$$P\{X = x\} = \begin{cases} \frac{1}{k}, & x = 1, 2, \cdots, k \\ 0, & \text{그외에서} \end{cases}$$

일 때, X의 평균치는 얼마인가?

정의 2 연속확률변수 X의 확률밀도함수 $f(x)$에 대하여

$$\int_{-\infty}^{\infty} |x| f(x)\,dx < \infty$$

일 때, X의 **기대치**(혹은 **평균** 혹은 **수학적 기대치**)는 **존재한다**고 말하고, X의 기대치를

$$\mu := E(X) := \int_{-\infty}^{\infty} x f(x)\,dx$$

로 나타낸다.

[예제 3] X의 확률밀도함수가

$$f(x) = \begin{cases} \dfrac{x}{2}, & 0 \le x \le 2 \\ 0, & \text{그 외에서} \end{cases}$$

일 때

$$\int_0^2 |x| f(x)\,dx = \frac{4}{3} < \infty$$

이므로 X의 기대치는 존재하고, 그 기대치는

$$\mu = \int_0^2 x\left(\frac{x}{2}\right)dx = \frac{4}{3}$$

이다.

[예제 4] X의 밀도함수가

$$f(x) = \frac{1}{\pi(1+x^2)}, \quad -\infty < x < \infty$$

일 때,

$$\int_{-\infty}^{\infty} f(x)\,dx = \frac{1}{\pi}\left[\tan^{-1}x\right]_{-\infty}^{\infty} = 1$$

이다. 또,

$$\int_{-\infty}^{\infty} |x| f(x)dx = \int_{0}^{\infty} \frac{x}{\pi(1+x^2)} dx + \int_{-\infty}^{0} \frac{-x}{\pi(1+x^2)} dx$$
$$= \frac{1}{2\pi}\left[\ln(1+x^2)\right]_0^{\infty} - \frac{1}{2\pi}\left[\ln(1+x^2)\right]_{-\infty}^{0}$$
$$= \infty$$

이므로 정의 2에 의하여, X의 기대치는 존재하지 않는다.

> **【정리 1】** 확률변수 X가 유계이면, 즉, 어떤 양수 M에 대하여 $P\{|X| \le M\} = 1$ 이면, X의 기대치 $E(X)$는 존재한다.

【증명】 $P\{|X| \le M\}=1$ 이면 $P\{|X| > M\} = 0$ 이다. 따라서, X가 이산형일 때 확률함수는

$$P\{X = x\} = 0, \quad \forall |x| > M \tag{1}$$

이고, X가 연속형일 때, 밀도함수는

$$f(x) = 0, \quad \forall |x| > M \tag{2}$$

이다. X가 이산형이라 하자. 정의 1을 생각하면

$$\sum_{x=-\infty}^{\infty} |x| P\{X = x\} = \sum_{|x| \le M} |x| P\{X = x\} + 0 \qquad \text{((1) 에 의해)}$$
$$\le M \sum_{|x| \le M} P\{X = x\} = M \cdot P\Big(\bigcup_{|x| \le M} \{X = x\}\Big)$$
$$= M \cdot P\{|X| \le M\} = M < \infty \qquad \text{(가정에서)}$$

따라서, X의 기대치는 존재한다. X가 연속형일 때도 같은 방법으로 증명된다.
□

【정리 2】 확률공간 $(\Omega, \mathscr{F}, P)$상의 정의함수(indicator) I_A가 주어질 때, 즉, 임의의 $A \in \mathscr{F}$에 대하여

$$I_A(\omega) = \begin{cases} 0, & \omega \notin A \\ 1, & \omega \in A \end{cases}$$

일 때, $E(I_A) = P(A)$가 성립한다.

【증명】 가정과 §2.1의 예제 2에 의하여, I_A는 $(\Omega, \mathscr{F}, P)$상의 확률변수임을 안다. 특히, I_A는 이산확률변수이다(§2.3의 정의 1 참조). 정의 1에 의하여

$$E(I_A) = \sum_{x=0}^{1} x\,P\{I_A = x\} = P\{\omega \in \Omega : I_A(\omega) = 1\} = P(A)$$ □

【정리 3】 확률변수 X가 음이 아니면, 즉 $P\{X \geq 0\} = 1$이면, X의 기대치는 음이 아니다.

【증명】 $P\{X \geq 0\} = 1$이면 $P\{X < 0\} = 0$이다. 따라서, 만일 X가 이산확률변수이면 확률질량함수는 $P\{X = x\} = 0\ (x < 0)$이고, X가 연속확률변수이면 확률밀도함수는 $f(x) = 0\ (x < 0)$이다. 만일 X가 연속확률변수이면, X의 기대치는 다음과 같다.

$$E(X) = E|X| = -\int_{-\infty}^{0} xf(x)dx + \int_{0}^{\infty} xf(x)dx \qquad \text{(정의 2)}$$

$$= \int_{0}^{\infty} xf(x)dx \geq 0$$

X가 이산확률변수일 때도 같은 방법으로 증명된다. □

【정리 4】 X를 $(\Omega, \mathcal{F}, P)$상의 이산확률변수라 하자. 함수 $g : \mathbb{R} \to \mathbb{R}$가 전단사이면, 이산확률변수 $Y := g(X)$의 기대치는

$$E(Y) = \sum_{i=1}^{\infty} g(x_i) P\{X = x_i\}$$

이다. 여기서, $\sum_{i=1}^{\infty} |g(x_i)| P\{X = x_i\} < \infty$ 로 가정한다.

【증명】 X가 이산확률변수이므로 $P\{X \in A\} = 1$인 가산집합 A가 존재한다. 여기서 $A := \{x : x = x_i\}$, $i = 1, 2, \cdots$ 이다. 그런데 함수 $y := g(x)$가 집합 A에서 집합 B에로의 전단사함수이면

$$P\{Y = y\} = P\{X = g^{-1}(y)\} = P\{X = x\}, \quad y \in B$$

이다. $P\{X \notin A\} = 0$이므로 Y의 기대치를 계산하면 다음과 같다.

$$E(Y) = \sum_{y \in B} y P\{Y = y\} = \sum_{x \in A} g(x) P\{X = x\}$$

$$= \sum_{i=1}^{\infty} g(x_i) P\{X = x_i\}$$

□

[예제 5] X 의 확률질량함수가

$$P\{X = i\} = \begin{cases} \dfrac{1}{N}, & i = 1, 2, \cdots, N \\ 0, & \text{그 외에서} \end{cases}$$

일 때, $E(X)$와 $E(-X)$를 구하여라.

【풀이】 정의 1에 의하여 $E(X) = \dfrac{1}{N} \sum_{i=1}^{N} i = \dfrac{N+1}{2}$ 이다. 또, $E|-X| = E(X) < \infty$ 이므로 정리 4에 의해 $Y := g(X) = -X$의 기대치는

$$E(Y) = \sum_{i=1}^{N} (-i) P\{X = i\} = -\frac{N+1}{2}$$

로 주어진다.

□

【정리 5】 X 를 $(\Omega, \mathscr{F}, P)$ 상의 연속확률변수라 하고 구간 $[a, b]$ 상에서 그 밀도함수를 f 라 하자. 함수 $g : \mathbb{R} \to \mathbb{R}$ 가 미분가능이고 전단사이면, 연속확률변수 $Y := g(X)$ 의 기대치는

$$E(Y) = \int_{-\infty}^{\infty} g(x) f(x) dx$$

이다. 여기서, $\int_{-\infty}^{\infty} |g(x)| f(x) dx < \infty$ 로 가정한다.

【증명】 §2.4의 정리 5에 의하여 Y는 연속확률변수이고, 그 밀도함수는

$$h(y) = \begin{cases} f(g^{-1}(y)) \left| \dfrac{dg^{-1}(y)}{dy} \right|, & \alpha < y < \beta \\ 0, & \text{그 외에서} \end{cases}$$

이다. 여기서, $\alpha := \min\{g(a), g(b)\}$ 이고 $\beta := \max\{g(a), g(b)\}$이다. 따라서 정의 2에 의하여 Y의 기대치는 다음과 같이 구해진다.

$$\begin{aligned} E(Y) &= \int_{\alpha}^{\beta} y f(g^{-1}(y)) \left| \frac{dg^{-1}(y)}{dy} \right| dy \\ &= \int_{-\infty}^{\infty} g(x) f(x) dx \qquad (y = g(x) \text{에 의해}) \end{aligned}$$

□

주 의 2 일반적으로 함수 g 가 전단사가 아닌 Borel 가측함수인 경우에도 정리 4와 정리 5의 결과들은 성립함이 알려져 있다 (M. Lóeve의 Probability Theory, pp. 166, 또는 R. B. Ash의 Real Analysis & Probability, pp. 223-224 참조). 따라서 확률변수 $Y := g(X)$ 의 기대치는 다음과 같이 정의된다.

정의 3 X를 $(\Omega, \mathscr{F}, P)$상의 확률변수라 하자. $g : \mathbb{R} \to \mathbb{R}$를 Borel 가측함수라 하고 $Y = g(X)$라 놓자. 만일

$$\sum_{i=1}^{\infty} |g(x_i)| P\{X = x_i\} < \infty \qquad (X\text{가 이산형일 때})$$

또는

$$\int_{-\infty}^{\infty} |g(x)| f(x) dx < \infty \qquad (X\text{가 연속형일 때})$$

이면, Y의 **기대치**를

$$E(Y) = \begin{cases} \sum_{i=1}^{\infty} g(x_i) P\{X = x_i\} & (X\text{가 이산형일 때}) \\ \int_{-\infty}^{\infty} g(x) f(x) dx & (X\text{가 연속형일 때}) \end{cases}$$

로 정의하고, $E(Y)$는 **존재한다**고 말한다. 여기서, f는 X의 밀도함수이다.

[예제 6] 앞의 예제 5에서 $Y := g(X) := X^2$의 기대치를 구하여라.

【풀이】 $y = g(x) = x^2$은 전단사함수가 아닌 Borel 가측함수이다. 따라서 정의 3에 의해 Y의 기대치는 다음과 같이 구해진다.

$$E(Y) = \sum_{i=1}^{N} i^2 P\{X = i\} = \sum_{i=1}^{N} i^2 \frac{1}{N} = \frac{(N+1)(2N+1)}{6} \qquad \square$$

[예제 7] X의 밀도함수가

$$f(x) = \begin{cases} 2/x^3, & x \geq 1 \\ 0, & x < 1 \end{cases}$$

일 때,

$$\int_{-\infty}^{\infty} |x| f(x) dx = 2 < \infty$$

이므로 정의 3에 의하여 X의 기대치는 $E(X) = 2$이다. 한편,

$$\int_{-\infty}^{\infty} x^2 f(x) dx = \infty$$

이므로 정의 3에 의하여 $Y = X^2$의 기대치는 존재하지 않는다.

정의 4 X를 $(\Omega, \mathscr{F}, P)$상의 확률변수라 하고 $g : \mathbb{R} \to \mathbb{R}$를 Borel 가측함수라 하자. 만일

$$E|g(X)| < \infty \quad \text{이고} \quad E\{g(X) - E\,g(X)\}^2 < \infty$$

이면

$$\mathrm{Var}(g(X)) := E\{g(X) - E\,g(X)\}^2$$

을 $g(X)$의 **분산**(variance)이라 부른다.

정의 5 어떤 양의 실수 α에 대하여 $E(X^{\alpha})$가 존재하면 $E(X^{\alpha})$를 원점에 관한 X의 **α차 적률**(α th moment)이라 부르고, $E|X|^{\alpha} < \infty$ 이면 $E|X|^{\alpha}$를 X의 **α차 절대적률**(α th absolute moment)이라 부른다.

【정리 6】 어떤 양수 t에 대하여 확률변수 X의 t차 적률 $E(X^t)$가 존재하면, 모든 $0 < s < t$에 대하여 X의 s차 적률 $E(X^s)$가 존재한다.

【증명】 X를 연속형이라 하고 그 밀도함수를 f라 하자. $0 < s < t$에 대하여

$$\int_{-\infty}^{\infty} |x|^s f(x) dx \le \int_{|x|^s \le 1} f(x) dx + \int_{-\infty}^{\infty} |x|^t f(x) dx \quad (\because\ |x|^t > |x|^s > 1)$$

$$= P\{|X|^s \le 1\} + E|X|^t < \infty \qquad \text{(가정과 정의 3에 의해)}$$

이므로 정의 3에 의해 $E(X^s)$가 존재한다. X가 이산형일 때도 같은 방법으로 증명된다. □

> **【정리 7】** X를 $(\Omega, \mathscr{F}, P)$ 상의 확률변수라 하자. 어떤 양수 k에 대하여 $E|X|^k < \infty$이면 다음 식이 성립한다.
> $$\lim_{n\to\infty} n^k P\{|X| > n\} = 0$$

【증명】 X가 연속형이라 하고 그 밀도함수를 f라 하자(이산형일 때도 같은 방법으로 증명하면 된다). $E|X|^k =: a < \infty$라 하면, $n \ge 0$일 때

$$a = \int_{-\infty}^{\infty} |x|^k f(x)\,dx = \int_{|x|\le n} |x|^k f(x)\,dx + \int_{|x|>n} |x|^k f(x)\,dx \tag{1}$$

이고

$$\lim_{n\to\infty} \int_{|x|\le n} |x|^k f(x)\,dx = \int_{-\infty}^{\infty} |x|^k f(x)\,dx = a$$

이므로 (1)에 의하여

$$\lim_{n\to\infty} \int_{|x|>n} |x|^k f(x)\,dx = 0 \tag{2}$$

이다. 그런데

$$\int_{|x|>n} |x|^k f(x)\,dx \ge n^k P\{|X| > n\} \ge 0 \tag{3}$$

이므로 (2)와 (3)에 의해 다음 식이 성립한다.

$$\lim_{n\to\infty} n^k P\{|X| > n\} = 0$$ □

주의 3 $P\{|X| > n\}$인 형태의 확률이거나 그 성분으로 된 $P\{X > n\}$ 또는 $P\{X < -n\}$인 형태의 확률들을 **꼬리확률**(tail probability)이라 부른다. 정리 7의 결과는, 어떤 양수 k에 대해 $n\to\infty$일 때 n^{-k}에 대한 $P\{|X| > n\}$이 0에 수렴하는 비율을 나타낸다. 즉,

$$\lim_{n \to \infty} \frac{P\{|X| > n\}}{n^{-k}} = 0, \quad {}^{\exists}\, k > 0$$

을 의미하고 기호로는 통상

$$P\{|X| > n\} = o(n^{-k}), \quad n \to \infty$$

인 형태로 표현한다. 여기서 o 를 **오미크론**(omicron)이라 부른다.

> **【정리 8】** X 를 음이 아닌 연속확률변수라 하고 그 분포함수를 F 라 하자. 다음 등식의 어느 한 변이 존재하면 아래의 등식이 성립한다.
>
> $$E(X) = \int_0^\infty (1 - F(x))dx$$

【증명】 X 의 밀도함수를 f 라 하고 $E(X) < \infty$ 라 하자. 가정에 의하여 $x < 0$ 일 때는 $f(x) = 0$ 이므로

$$E(X) = \int_0^\infty xf(x)dx = \lim_{n \to \infty} \int_0^n xf(x)dx \tag{1}$$

이고, 부분적분법에 의해

$$\begin{aligned} \int_0^n xf(x)dx &= nF(n) - n + n - \int_0^n F(x)dx \\ &= -n(1 - F(n)) + \int_0^n (1 - F(x))dx \end{aligned} \tag{2}$$

이다. 정리 7 에 의하여

$$E|X| < \infty \;\Rightarrow\; \lim_{n \to \infty} nP\{|X| > n\} = 0$$

따라서 $X \geq 0$ 이므로

$$\begin{aligned} E(X) < \infty \;&\Rightarrow\; \lim_{n \to \infty} nP\{X > n\} = 0 \\ &\Rightarrow\; \lim_{n \to \infty} n(1 - F(n)) = 0 \end{aligned} \tag{3}$$

결국, $E(X) < \infty$ 이면 (1)-(3) 에 의해

$$E(X) = -\lim_{n\to\infty} n(1-F(n)) + \lim_{n\to\infty}\int_0^n (1-F(x))\,dx$$

$$= \int_0^\infty (1-F(x))\,dx \tag{4}$$

한편, $\int_0^\infty (1-F(x))dx < \infty$ 이라 하자. 그러면 모든 $n > 0$ 에 대해서

$$0 \le \int_0^n xf(x)dx \le \int_0^n (1-F(x))dx \qquad \text{((2) 에 의해)}$$

$$\le \int_0^\infty (1-F(x))dx < \infty \tag{5}$$

그러므로

$$E(X) := \int_0^\infty xf(x)dx = \lim_{n\to\infty}\int_0^n xf(x)dx < \infty \qquad \text{((5) 에 의해)}$$

여기서 $E(X) < \infty$ 가 얻어지므로 다시 처음의 증명으로 돌아가서 결국, 식 (4) 로부터

$$E(X) = \int_0^\infty (1-F(x))dx$$

이다. 이것으로 증명이 끝난다. □

위의 정리 8의 결론은

$$E(X) = \int_0^\infty P\{X > x\}\,dx$$

로도 표현된다. 더욱, $\beta > 0$ 일 때 $\int_0^\infty P\{|X|^\beta > x\}\,dx < \infty$ 이면

$$E|X|^\beta = \int_0^\infty P\{|X|^\beta > x\}\,dx \tag{6}$$

임을 알 수 있다.

【정리 9】 연속확률변수 X가 어떤 $\alpha > 0$에 대하여

$$\lim_{n \to \infty} n^{\alpha} P\{|X| > n\} = 0$$

을 만족하면, 모든 $\beta\ (0 < \beta < \alpha)$에 대해 $E|X|^{\beta} < \infty$이다.

【증명】 가정에 의하여, 임의로 주어진 $\epsilon > 0$에 대해 양수 $N = N(\epsilon)$이 존재하고, 모든 $n \geq N$에 대해 $n^{\alpha} P\{|X| > n\} < \epsilon$이다. 즉,

$$^{\forall}\epsilon > 0, {}^{\exists}N > 0 \ \ s.t.\ \ P\{|X| > n\} < \frac{\epsilon}{n^{\alpha}}, \ \ {}^{\forall}n \geq N \tag{7}$$

따라서, 모든 $\beta(0 < \beta < \alpha)$에 대해서 다음 식이 성립한다.

$$\begin{aligned}
\int_0^{\infty} P\{|X|^{\beta} > x\}dx &= \int_0^{\infty} P\{|X| > x^{1/\beta}\}dx \\
&= \beta \int_0^{\infty} z^{\beta-1} P\{|X| > z\}dz \qquad (\because\ z = x^{1/\beta} \Rightarrow dx = \beta z^{\beta-1}dz) \\
&= \beta \int_0^{N} x^{\beta-1} P\{|X| > x\}dx + \beta \int_N^{\infty} x^{\beta-1} P\{|X| > x\}dx \\
&\leq \beta \int_0^{N} x^{\beta-1}dx + \beta \int_N^{\infty} x^{\beta-1} \frac{\epsilon}{x^{\alpha}}dx \qquad ((7)\text{에 의해}) \\
&< \infty
\end{aligned}$$

그러므로 앞의 식 (6)에 의해 다음이 성립한다.

$$E|X|^{\beta} = \int_0^{\infty} P\{|X|^{\beta} > x\}dx < \infty$$

□

【정리 10】 함수 $h_1, \cdots, h_n : \mathbb{R} \to \mathbb{R}$ 이 Borel 가측함수들이고, 확률변수 X 에 대해서 $Eh_i(X)$, $i=1, \cdots, n$, 가 존재하면, $E\left\{\sum_{i=1}^{n} h_i(X)\right\}$는 존재하고 다음 식이 성립한다.

$$E\left\{\sum_{i=1}^{n} h_i(X)\right\} = \sum_{i=1}^{n} E\{h_i(X)\}$$

【증명】 X가 연속형일 때 증명한다(이산형일 때도 같은 방법임). 각각의 $i=1, \cdots, n$ 에 대해서 $Eh_i(X)$가 존재하므로 정의 3에 의하여 $E|h_i(X)| < \infty$ 이다. 따라서 다음 식이 성립한다.

$$\begin{aligned}
\infty > \sum_{i=1}^{n} E|h_i(X)| &= E|h_1(X)| + \cdots + E|h_n(X)| \\
&= \int_{-\infty}^{\infty} \{|h_1(x)| + \cdots + |h_n(x)|\} f(x)\,dx \\
&\qquad (|h_i(x)|f(x)\text{가 적분가능하므로}) \\
&= E\{|h_1(X)| + \cdots + |h_n(X)|\} \qquad (\text{정의 3에 의해}) \\
&\ge E\{|h_1(X) + \cdots + h_n(X)|\} \qquad (\text{삼각부등식을 적용}) \\
&= E\left|\sum_{i=1}^{n} h_i(X)\right|
\end{aligned}$$

그러므로 정의 3에 의하여 $E\left\{\sum_{i=1}^{n} h_i(X)\right\}$ 가 존재한다. 더욱,

$$\begin{aligned}
\sum_{i=1}^{n} Eh_i(X) &= \int_{-\infty}^{\infty} \left(\sum_{i=1}^{n} h_i(x)\right) f(x)\,dx \qquad (Eh_i(X)\text{ 가 존재하므로}) \\
&= E\left(\sum_{i=1}^{n} h_i(X)\right) \qquad \left(E\left|\sum_{i=1}^{n} h_i(X)\right| < \infty\text{ 이므로}\right)
\end{aligned}$$

□

> **【따름정리 1】** a, b가 상수들이고 $E(X)$가 존재하면 다음 식이 성립한다.
>
> $$E(aX+b) = aE(X)+b$$

【증명】 정리 10을 적용하자. $h_1(X) = aX$, $h_2(X) = b$라 놓으면 h_1, h_2는 X의 Borel 가측함수들이다. $E(X)$가 존재하므로 정의 1에 의해 $E|X| < \infty$이다. 따라서 X가 이산형일 때 (연속형일 때도 같은 방법임)

$$\begin{aligned} E|h_1(X)| &= \sum_{i=1}^{\infty} |ax_i| P\{X = x_i\} && \text{(정의 3에 의해)} \\ &= |a| E|X| < \infty \end{aligned}$$

따라서 정의 3에 의하여

$$Eh_1(X) = \sum_{i=1}^{\infty} ax_i P\{X = x_i\} = aE(X) \tag{1}$$

는 존재한다. 또

$$E|h_2(X)| = \sum_{i=1}^{\infty} |b| P\{X = x_i\} = |b| < \infty$$

이므로 정의 3에 의해

$$Eh_2(X) = b \tag{2}$$

이다. 그러므로 정리 10에 의해

$$\begin{aligned} E(aX+b) &= E\{h_1(X) + h_2(X)\} = Eh_1(X) + Eh_2(X) \\ &= aE(X) + b && \text{((1), (2)에서)} \end{aligned}$$ □

[문제] a, b, c가 상수들이고 $E(X^2) < \infty$이면, 다음 식이 성립함을 증명하여라.

$$E(aX^2 + bX + c) = aE(X^2) + bE(X) + c$$

> **정의 6** 만일 $\mu := E(X)$ 가 존재하고, 양의 정수 k 에 대해 $E|X-\mu|^k < \infty$ 이면, $E(X-\mu)^k$ 을 평균 μ 에 관한 **k 차 적률** 혹은 **k 차 중심 적률**(central moment of order k)이라 부른다. 특히, $E(X-\mu)^2$ 을 X 의 **분산**(variance)이라 부르고
>
> $$\sigma^2 := \mathrm{Var}(X) := E(X-\mu)^2$$
>
> 으로 나타낸다. $\sigma := \sqrt{\mathrm{Var}(X)}$ 를 X의 **표준편차**(standard deviation)라 부른다.

σ^2을 확률변수 X의 분포의 분산이라고도 한다. σ^2은 그 분포의 평균 μ 의 주위에 자료가 흩어진 정도를 나타낸다. 작은 분산 값은 확률분포가 μ주위에 집중되어 있음을 나타내고, 큰 분산 값은 확률분포가 μ주위에 넓게 퍼져 있음을 나타낸다. 표준편차 σ도 이와 같은 의미를 준다.

주 의 4 $E(X^2) < \infty$ 이면 정리 6에 의해 $\mu = E(X)$는 존재하고

$$\begin{aligned} E(X-\mu)^2 &= E(X^2) - 2\mu E(X) + \mu^2 \\ &= E(X^2) - \mu^2 \end{aligned} \tag{1}$$

도 존재한다. $\sigma^2 = E(X-\mu)^2 \geq 0$ 이므로 (1)에 의해 $E(X^2) \geq \mu^2$ 이다.

$$\therefore \quad (E(X))^2 \leq E(X^2)$$

어떤 점 c 에서 $P\{X=c\} = 1$일 때, X를 c 에서의 **퇴화확률변수**(degenerate rv)라 부른다(§2.3의 예제 1 참조).

> **【정리 11】** $\mathrm{Var}(X) = 0$일 필요충분조건은, X가 평균 μ 에서 퇴화확률변수인 것이다.

【증명】 다음 동치관계가 명백히 성립한다.

$$\mathrm{Var}(X) = E(X-\mu)^2 = 0$$

$$\leftrightarrow \quad \sum_x (x-\mu)^2 P\{X=x\} = 0 \qquad (X : \text{이산형})$$

$$\leftrightarrow \quad P\{X=x\} = 0, \quad {}^{\forall}x \neq \mu \qquad (X : \text{이산형})$$

$$\leftrightarrow \quad P\{X=\mu\} = 1$$

$\leftrightarrow$ X는 μ에서 이산인 퇴화확률변수이다. □

주 의 5 임의의 점 a에서의 분산 값은 0이다. 즉,

$$\mathrm{Var}(a) = Ea^2 - (Ea)^2 = a^2 - a^2 = 0$$

【정리 12】 임의의 점 $c \neq \mu := E(X)$에 대해 다음 부등식이 성립한다.

$$\mathrm{Var}(X) < E(X-c)^2$$

【증명】 다음 등식은 명백하다.

$$\begin{aligned}\mathrm{Var}(X) &= E\{(X-c)+(c-\mu)\}^2 \\ &= E(X-c)^2 + 2(c-\mu)(\mu-c) + (c-\mu)^2 \qquad (\text{따름정리 1에 의해}) \\ &= E(X-c)^2 - (c-\mu)^2\end{aligned}$$

$$\therefore \quad \mathrm{Var}(X) < E(X-c)^2$$

□

【정리 13】 임의의 상수 a, b에 대하여 다음 식이 성립한다.

$$\mathrm{Var}(aX+b) = a^2\mathrm{Var}(X)$$

【증명】 정의 4를 생각하면

$$\begin{aligned}\mathrm{Var}(aX+b) &= E\{aX+b-E(aX+b)\}^2 \\ &= a^2 E\{X-E(X)\}^2 \qquad (\text{따름정리 1에 의해})\end{aligned}$$

$$= a^2 \mathrm{Var}(X) \qquad \square$$

정의 7 $E(X^2) < \infty$ 일 때 확률변수 Z 를

$$Z := \frac{X - E(X)}{\sqrt{\mathrm{Var}(X)}} = \frac{X-\mu}{\sigma}$$

로 정의하자. 이 경우 $E(Z) = 0$ 이고 $\mathrm{Var}(Z) = 1$ 이므로 Z 를 **표준화(확률) 변수**(standardized rv)라 부른다.

[예제 8] 이산확률변수 X 의 확률질량함수가

$$P\{X=k\} = \begin{cases} \binom{n}{k} p^k (1-p)^{n-k}, & k=0,1,\cdots,n;\ 0<p<1 \\ 0, & \text{그 외에서} \end{cases}$$

일 때, $\dfrac{X-np}{\sqrt{np(1-p)}}$ 는 표준화 변수임을 보여라. 여기서 $\binom{n}{k} = \dfrac{n!}{k!(n-k)!}$ 를 나타낸다. 이러한 확률분포를 **이항분포**(binomial distribution)라 부른다(§5. 1의 4 참조).

【풀이】 정의 1에 의해 다음 식이 성립한다.

$$\begin{aligned} E(X) &= \sum_{k=0}^{n} kP\{X=k\} = np \sum_{k=1}^{n} \binom{n-1}{k-1} p^{k-1}(1-p)^{n-k} \\ &= np \sum_{l=0}^{n-1} \binom{n-1}{l} p^l (1-p)^{(n-1)-l} && (l=k-1 \text{ 로 치환}) \\ &= np(p+1-p)^{n-1} = np && (1) \end{aligned}$$

위의 식 (1)에서는 이항전개식 $(a+b)^y = \sum_{m=0}^{y} \binom{y}{m} a^m b^{y-m}$ 을 이용하였다. 또, 정의 3에 의해

$$E(X(X-1)) = \sum_{k=0}^{n} k(k-1) \frac{n!}{k!(n-k)!} p^k (1-p)^{n-k}$$

$$= n(n-1)p^2 \sum_{k=2}^{n} \frac{(n-2)!}{(k-2)!(n-k)!} p^{k-2}(1-p)^{n-k}$$

$$= n(n-1)p^2 \sum_{l=0}^{n-2} \frac{(n-2)!}{l!(n-2-l)!} p^l (1-p)^{n-2-l} \qquad (l=k-2\text{로 치환})$$

$$= n(n-1)p^2(p+1-p)^{n-2} \qquad (\text{이항전개식을 적용})$$

$$= n(n-1)p^2 \qquad (2)$$

따라서, 주의 4에 의해

$$\begin{aligned}
\mathrm{Var}(X) &= \mathrm{E}(X^2) - (\mathrm{E}X)^2 \\
&= E(X(X-1)+X) - (np)^2 && ((1)\text{에서}) \\
&= E(X(X-1)) + E(X) - (np)^2 && (\text{정리 } 10\text{에 의해}) \\
&= n(n-1)p^2 + np - n^2p^2 && ((1),\ (2)\text{에서}) \\
&= np(1-p)
\end{aligned}$$

그러므로, 정의 7에 의해

$$Z := \frac{X-np}{\sqrt{np(1-p)}}$$

는 하나의 표준화 변수이다. □

> **정의 8** $0 < p < 1$일 때, 아래의 부등식
>
> $$P\{X < x\} \le p \le P\{X \le x\}$$
>
> 를 만족하는 실수 x를, 확률변수 X(또는 X의 분포)에 대한 p **분위수**(quantile of order p) 혹은 **(100p)차 백분위수**((100p)th percentile)라 부른다.

주의 5 분포함수 F를 갖는 확률변수 X에 대한 p분위수를 x라 하면, 정의 8에 의해 다음 식이 성립한다.

$$\begin{aligned}
p \le P\{X \le x\} &= F(x) = P\{X < x\} + P\{X = x\} && (1) \\
&\le p + P\{X = x\}
\end{aligned}$$

§2.3의 주의 2에 의해 X가 연속확률변수이면 $P\{X = x\} = 0$이므로, 위의 식 (1)

에서 X가 연속확률변수이면

$$F(x) = p$$

가 성립한다. 따라서 X가 연속확률변수일 때, p 분위수 x는 방정식 $F(x) = p$의 해임을 알 수 있다. 더욱 F가 강증가 함수이면 p 분위수 x는 유일함을 안다.

> **정의 9** x가 확률변수 X에 대한 $\frac{1}{2}$분위수일 때, 즉
>
> $$P\{X < x\} \le \frac{1}{2} \le P\{X \le x\}$$
>
> 일 때, x를 X의 **중앙값**(median)이라 부른다.

정의 9의 부등식을 만족하는 수 x는 여러 개가 있을 수 있다. 따라서 중앙값이 반드시 유일한 것은 아니다.

[예제 9] X의 확률분포가 다음과 같다고 하자.

$X=x$	-2	0	1	2	합 계
$P\{X=x\}$	$\frac{1}{4}$	$\frac{1}{4}$	$\frac{1}{3}$	$\frac{1}{6}$	1

확률 값 p가 구간 $0.25 \le p \le 0.5$에 있을 때, X에 대한 p분위수를 구하고, X의 중앙값이 유일하지 않음을 보여라.

【풀이】 $x = 0$을 택해 보면

$$P\{X < 0\} = P\{X = -2\} = \frac{1}{4},$$

$$P\{X \le 0\} = P\{X < 0\} + P\{X = 0\} = \frac{1}{2}$$

$$\therefore \quad \frac{1}{4} = P\{X < 0\} \le p \le P\{X \le 0\} = \frac{1}{2}$$

따라서 정의 8에 의하여 X에 대한 p 분위수($0.25 \le p \le 0.5$)는 0임을 안다. 한편, x 가 구간 $0 < x < 1$ 에 있을 때

$$P\{X < x\} = P\{X = -2\} + P\{X = 0\} = \frac{1}{2},$$

$$P\{X \le x\} = P\{X < x\} + P\{X = x\} = \frac{1}{2} + 0 = \frac{1}{2}$$

$$\therefore \quad P\{X < x\} = \frac{1}{2} = P\{X \le x\}, \quad 0 < x < 1$$

따라서 정의 9에 의하여 X의 중앙값 x는 구간 $0 < x < 1$에 있으므로 유일하지 않다. □

[예제 10] X의 밀도함수가

$$f(x) = \frac{1}{\pi(1+x^2)}, \quad -\infty < x < \infty$$

일 때, §3.1의 예제 4에서 X의 평균은 존재하지 않음을 안다. 그러나 X의 중앙값을 구해보면, $f(x)$의 그래프가 $x = 0$에 대칭이므로 앞의 주의 5에 의해

$$F(x) = \frac{1}{2}$$

을 만족하는 해 $x = 0$가 X의 유일한 중앙값이다.

연습문제 3.1

1. X 의 확률질량함수가

$$P\{X = x\} = \begin{cases} p(1-p)^{x-1}, & x \ge 1; \ 0 < p < 1 \\ 0, & \text{그 외에서} \end{cases}$$

일 때, X 의 평균을 구하여라.

2. X 의 밀도함수가

$$f(x) = \begin{cases} x/2, & 0 \le x < 1 \\ 1/2, & 1 \le x < 2 \\ (3-x)/2, & 2 \le x < 3 \\ 0, & \text{그 외에서} \end{cases}$$

일 때, X 의 모든 α 차 적률($\alpha > 0$)은 존재함을 보이고, X 의 평균과 분산을 구하여라.

3. 확률변수 X 의 값 -2, 0, 1, 3, 4 중에서 어느 하나를 취할 확률이 똑같다고 할 때, 확률변수 $Y = 4X - 7$ 의 평균과 표준편차를 구하여라.

4. X 의 밀도함수가

$$f(x) = \begin{cases} 3x^2, & 0 < x < 1 \\ 0, & \text{그 외에서} \end{cases}$$

일 때, X 의 중앙값을 구하고, 0.008 분위수를 구하여라.

5. X 의 밀도함수가

$$f(x) = \begin{cases} 2(1-x), & 0 < x < 1 \\ 0, & \text{그 외에서} \end{cases}$$

일 때, $E(6X + 3X^2)$ 의 값을 구하여라.

6. 연속확률변수 X 의 밀도함수 $f(x)$ 는 $0 < x < b$ 에서 양이며 그 외의 구간에서는 0 이라 한다. F 가 X 의 분포함수일 때, 다음 식의 어느 한 변이 존재하면 아래의 등식이 성립함을 증명하여라.

$$E(X) = \int_0^b (1 - F(x))\,dx$$

§3.2 생성함수 (Generating Functions)

이 절에서는 확률생성함수와 적률생성함수에 대해서 공부한다.

정의 1 X를 이산 확률변수라 하고 그 확률질량함수를

$$p_k := P\{X = k\}, \quad k = 0, 1, 2, \cdots$$

라 하자. $|s| \le 1$에 대해

$$P(s) := \sum_{k=0}^{\infty} p_k s^k$$

를 X의 **확률생성함수**(probability generating function, 간단히 **pgf**)라 부른다.

주의 1 $|s| \le 1$에 대해 $P(s)$는 존재한다. 왜냐하면,

$$|P(s)| \le \sum_{k=0}^{\infty} |p_k||s|^k \le \sum_{k=0}^{\infty} p_k = 1$$

【정리 1】 확률분포는 그 확률생성함수를 유일하게 결정한다. 역으로, 확률생성함수는 그 확률분포를 유일하게 결정한다.

【증명】 X의 확률분포 p_k가 주어지면, 그 확률생성함수

$$P(s) = \sum_{k=0}^{\infty} p_k s^k, \qquad |s| \le 1$$

는 항상 존재하므로 $P(s)$는 p_k에 의해 유일하게 결정됨은 명백하다. 역으로, Y의 확률함수를

$$q_k := P\{Y = k\}, \quad k = 0, 1, 2, \cdots$$

라 하고 그 확률생성함수를

$$Q(s) = \sum_{k=0}^{\infty} q_k s^k, \qquad |s| \le 1$$

이라 하자. 만일 모든 $|s| \le 1$에 대하여

$$P(s) = Q(s)$$

이면

$$p_k = q_k, \quad k = 0, 1, 2, \cdots$$

가 성립한다. 왜냐하면

$$\begin{aligned} P(s) - Q(s) &= \sum_{k=0}^{\infty} p_k s^k - \sum_{k=0}^{\infty} q_k s^k = \sum_{k=0}^{\infty} (p_k - q_k) s^k \\ &= p_0 - q_0 + (p_1 - q_1)s + (p_2 - q_2)s^2 + \cdots \\ &= 0, \qquad \forall\, |s| \le 1 \end{aligned}$$

$$\leftrightarrow \quad p_k = q_k, \quad k = 0, 1, 2, \cdots$$

따라서 X 와 Y 는 같은 확률분포를 갖는다. □

【정리 2】 X의 확률생성함수를 $P(s)$라 하자. 만일 $E(X^2) < \infty$이면 다음 등식이 성립한다.

$$E(X) = P'(1), \qquad E(X(X-1)) = P''(1)$$

【증명】 $|s| < 1$에 대해

$$\begin{aligned} \frac{d}{ds} P(s) &= \frac{d}{ds} \sum_{k=0}^{\infty} p_k s^k = \sum_{k=0}^{\infty} \frac{d}{ds} (p_k s^k) \qquad \left(\sum_{k=0}^{\infty} p_k s^k \text{ 은 수렴하므로}\right) \\ &= \sum_{k=1}^{\infty} p_k k s^{k-1} \end{aligned}$$

이다. 그런데 $P'(s) = \sum_{k=1}^{\infty} p_k k s^{k-1}$ 가 $|s| < 1$에서 수렴하는 이유는 $a := \frac{1}{|s|} > 1$

이라 할 때

$$|P'(s)| \le \sum_{k=1}^{\infty} k|s|^{k-1} = \sum_{k=1}^{\infty} k\,a^{-k+1}$$

이고 우변의 무한급수는 비판정법에 의해 수렴하기 때문이다. 한편, 가정에 의해

$$\sum_{k=0}^{\infty} kp_k =: E(X) < \infty$$

이므로 Abel의 정리 (조열제 외 3인 공역의 해석학 개론 (pp. 318) 참조)에 의해

$$P'(1) = \lim_{s \uparrow 1} P'(s) = \sum_{k=0}^{\infty} k\,p_k = E(X)$$

이다. 한편

$$\frac{d^2}{ds^2} P(s) = \sum_{k=2}^{\infty} p_k\, k(k-1)\, s^{k-2}$$

이므로 같은 방법에 의해

$$\begin{aligned} P''(1) &= \lim_{s \uparrow 1} P''(s) = \sum_{k=0}^{\infty} k(k-1)p_k \\ &= E(X(X-1)) \qquad (\S 3.1\text{의 정의 3에 의해}) \end{aligned}$$

을 얻는다. □

[예제 1] §3.1의 예제 8과 같이 X가 이항분포의 확률질량함수

$$p_k := P\{X=k\} = \begin{cases} \binom{n}{k} p^k (1-p)^{n-k}, & k = 0, 1, \cdots, n;\ 0 < p < 1 \\ 0, & \text{그 외에서} \end{cases}$$

를 가질 때, 정리 2를 이용하여 $E(X)$와 $\mathrm{Var}(X)$를 구하여라.

【풀이】 정의 1에 의해

$$\begin{aligned} P(s) &= \sum_{k=0}^{\infty} p_k\, s^k, \quad |s| \le 1 \\ &= \sum_{k=0}^{n} \binom{n}{k} (ps)^k (1-p)^{n-k} \end{aligned}$$

$$= (ps+1-p)^n \qquad \text{(이항전개식)}$$

그러므로

$$P'(s) = np(ps+1-p)^{n-1},$$
$$P''(s) = n(n-1)p^2(ps+1-p)^{n-2}$$

이다. 정리 2에 의하여

$$E(X) = P'(1) = np,$$
$$E(X(X-1)) = P''(1) = n(n-1)p^2$$

따라서

$$\text{Var}(X) = E(X(X-1)) + E(X) - (EX)^2 = np(1-p)$$

□

정의 2 X를 확률공간 $(\Omega, \mathscr{F}, P)$ 상의 확률변수라 하자. 0을 포함하는 s의 어떤 구간 $-h \le s \le h\,(h>0)$에서 기대치 $E(e^{sX})$가 존재하면, s의 함수

$$M(s) := E(e^{sX}), \qquad -h \le s \le h$$

를 X의 **적률생성함수** 혹은 **적률모함수**(moment generating function, 간단히 **mgf**)라 부른다.

[예제 2] X의 확률밀도함수가 다음과 같이 주어질 때, X의 적률생성함수를 구하여라.

$$f(x) = \begin{cases} \dfrac{1}{2}e^{-x/2}, & x > 0 \\ 0, & x \le 0 \end{cases}$$

【풀이】 정의 2에 의하여 적률생성함수 $M(s)$를 구하면 다음과 같다.

$$M(s) = \int_{-\infty}^{\infty} e^{sx} f(x)\,dx = \frac{1}{2}\int_0^{\infty} e^{(s-\frac{1}{2})x}\,dx$$
$$= \frac{1}{1-2s}, \qquad s < \frac{1}{2}$$

□

[예제 3] X의 확률질량함수가 다음과 같이 주어질 때(§2.3의 예제 3 참조), X의 적률모함수는 존재하지 않음을 보여라.

$$P\{X=k\}=\begin{cases}\dfrac{6}{\pi^2}\left(\dfrac{1}{k^2}\right), & k=1, 2, \cdots \\ 0, & \text{그 외에서}\end{cases}$$

【풀이】 $s \le 0$일 때는

$$0 \le E(e^{sX}) \le \frac{6}{\pi^2}\sum_{k=1}^{\infty}\frac{1}{k^2}=1 \qquad \text{(Fourier 급수전개식에 의해)}$$

이므로 $E(e^{sX})$는 구간 $s \le 0$에서 존재한다. 그러나 $s > 0$이면

$$E(e^{sX})=\frac{6}{\pi^2}\sum_{k=1}^{\infty}e^{sk}\frac{1}{k^2}=\infty$$

가 된다. 왜냐하면

$$\lim_{k\to\infty}\frac{e^{sk}}{k^2}=\infty$$

이기 때문이다. 따라서 0을 포함하는 s의 어떠한 구간에서도 적률모함수 $M(s)$는 존재하지 않는다. □

> **【정리 3】** 적률모함수는 하나의 분포함수를 유일하게 결정한다. 역으로, 하나의 분포함수가 주어지면 그의 적률모함수는 유일하게 결정된다.

정리 3의 증명은 Widder ((1961), pp. 460)의 책을 참조하기 바란다. 다음 정리는 $M(s)$를 적률모함수 혹은 적률생성함수라 부르는 이유를 설명한다.

【정리 4】 0을 포함하는 s의 어떤 구간에서 X의 적률모함수 $M(s)$가 존재하면, $k = 1, 2, \cdots$ 에 대해 다음 식이 성립한다.

$$M^{(k)}(0) := \left.\frac{d^k}{ds^k}M(s)\right|_{s=0} = E(X^k)$$

정리 4의 증명은 Widder (1961, pp. 446-447)의 책을 참조하기 바란다.

주의 2 정리 4로부터 X의 적률모함수 $M(s)$에 의해 k차 적률 $E(X^k)$가 생성됨을 안다 (§3.1의 정의 5 참조).

주의 3 X의 적률모함수 $M(s)$로부터 정리 4에 의해 평균과 분산이 구해진다. 즉,

$$\mu := E(X) = M'(0),$$
$$\sigma^2 := \mathrm{Var}(X) = M''(0) - (M'(0))^2$$

[예제 4] 앞의 예제 2에서 X의 밀도함수가

$$f(x) = \begin{cases} \frac{1}{2}e^{-x/2}, & x > 0 \\ 0, & x \le 0 \end{cases}$$

일 때, 적률모함수는 $M(s) = \frac{1}{1-2s}$, $s < \frac{1}{2}$, 이다. 그러므로

$$M'(s) = \frac{2}{(1-2s)^2}, \quad M''(s) = \frac{8}{(1-2s)^3}, \quad s < \frac{1}{2}$$

이고 주의 3에 의해 다음의 평균과 분산이 구해진다.

$$\mu = M'(0) = 2, \quad \sigma^2 = M''(0) - (M'(0))^2 = 4$$

[문제] X의 밀도함수가 다음과 같을 때, X의 적률생성함수를 구하여라.

$$f(x) = \frac{1}{\sqrt{2\pi}}e^{-x^2/2}, \quad -\infty < x < \infty$$

연습문제 3.2

1. 다음의 확률질량함수들에 대한 확률생성함수 $P(s)$를 구하고 $P(s)$를 이용하여 X의 평균과 분산을 구하여라.

   (i) $P\{X=k\} = e^{-\lambda}\dfrac{\lambda^k}{k!}, \quad k=0, 1, 2, \cdots$

   (ii) $P\{X=k\} = pq^k, \quad k=0, 1, 2, \cdots; \ 0<p<1, \ q=1-p$

   (iii) $P\{X=k\} = \dfrac{e^{-\lambda}}{1-e^{-\lambda}}\left(\dfrac{\lambda^k}{k!}\right), \quad k=0, 1, 2, \cdots; \ \lambda>0$

2. X의 밀도함수가

$$f(x) = ce^{-|x|^\alpha}, \quad 0<\alpha<1, \ -\infty<x<\infty \qquad (\text{단, } c \text{는 상수})$$

   일 때, X의 적률생성함수는 존재하는가? 또, $n \ge 1$일 때 $E|X|^n < \infty$ 임을 보여라.

3. X의 확률분포가 다음과 같을 때 X의 적률생성함수 $M(s)$를 구하고 평균과 분산을 구하여라.

   (i) $f(x) = \begin{cases} 1, & 0 \le x \le 1 \\ 0, & \text{그 외에서} \end{cases}$

   (ii) $f(x) = \begin{cases} 1/3, & -1 \le x \le 2 \\ 0, & \text{그 외에서} \end{cases}$

   (iii) $P\{X=k\} = \dfrac{2}{5^{k+1}}, \quad k=0, 1, 2, \cdots$

   (iv) $P\{X=k\} = \dfrac{1}{n}, \quad k=1, 2, \cdots, n$

4. X의 밀도함수가 $f(x) = \dfrac{1}{\pi}\dfrac{1}{1+x^2}, \ -\infty<x<\infty$ 일 때, 적률생성함수는 존재하는가?

§3. 3 특성함수 (Characteristic Functions)

정의 1 X를 확률공간 $(\Omega, \mathscr{F}, P)$상의 확률변수라 하자. $i=\sqrt{-1}$일 때 실수 t의 함수

$$\phi_X(t) := E\{e^{itX}\}$$
$$= \begin{cases} \sum_{x=-\infty}^{\infty} e^{itx} P\{X=x\} & (X\text{가 이산형일 때}) \\ \int_{-\infty}^{\infty} e^{itx} f(x)dx & (X\text{가 연속형일 때}) \end{cases}$$

를 X의 **특성함수**(characteristic function)라 부른다. 여기서 f는 X의 밀도함수이다.

특성함수에 관한 여러가지 성질들을 공부하기 전에 복소수를 포함한 몇 가지 증명된 사실들을 간략히 언급하고자 한다.

두 실수 x, y에 대하여 복소수 z를 $z=x+iy$로 나타내자. 이러한 복소수 z의 **절대값** $|z|$를

$$|z| = (x^2+y^2)^{1/2}$$

로 정의하고, 두 복소수 z_1, z_2 사이의 **거리**를 $|z_1 - z_2|$로 정의한다. 실수 x의 지수함수 e^x에 관한 Maclaurin 급수

$$e^x = \sum_{n=0}^{\infty} \frac{x^n}{n!}$$

는 복소수 z의 지수함수 e^z로 확장된다. 즉

$$e^z = \sum_{n=0}^{\infty} \frac{z^n}{n!} \tag{1}$$

복소수들 z_1, z_2에 대해 $|z_1 z_2| = |z_1||z_2|$이고 $\left|\frac{z_1}{z_2}\right| = \frac{|z_1|}{|z_2|}$ (단, $z_2 \neq 0$)이다.

또, 지수법칙

$$e^{z_1+z_2} = e^{z_1}e^{z_2}$$

이 성립한다. 실수 t에 대해 $z = it$라 두면 위의 식 (1)은

$$\begin{aligned} e^{it} &= \sum_{n=0}^{\infty}\frac{(it)^n}{n!} = \left(1 + it - \frac{t^2}{2!} - \frac{it^3}{3!} + \frac{t^4}{4!} + \frac{it^5}{5!} - \cdots\right) \\ &= \left(1 - \frac{t^2}{2!} + \frac{t^4}{4!} - \cdots\right) + i\left(t - \frac{t^3}{3!} + \frac{t^5}{5!} - \cdots\right) \\ &= \cos t + i\sin t \qquad \text{(Maclaurin 급수의 공식에 의해)} \qquad (2) \end{aligned}$$

로 된다. 한편 $\cos(-t) = \cos t$이고 $\sin(-t) = -\sin t$이므로

$$e^{-it} = \cos t - i\sin t \qquad (3)$$

이다. 위의 (2), (3)으로 부터 $\cos t$, $\sin t$에 대해 풀면

$$\cos t = \frac{e^{it} + e^{it}}{2}, \quad \sin t = \frac{e^{it} - e^{it}}{2}$$

이다. 또, (2)로 부터

$$\begin{aligned} |e^{it}| &= |\cos t + i\sin t| \\ &= (\cos^2 t + \sin^2 t)^{1/2} = 1 \end{aligned}$$

이다. $f(t)$와 $g(t)$가 실수 t의 실가함수일 때

$$h(t) = f(t) + ig(t)$$

를 t의 **복소수치 함수**(간단히, **복소함수**)로 정의한다. 도함수 $f'(t)$, $g'(t)$가 존재할 때, $h(t)$를 $f(t)$, $g(t)$에 관해 미분할 수 있다. 즉

$$h'(t) = f'(t) + ig'(t) \qquad (4)$$

마찬가지로 $f(t)$와 $g(t)$의 적분이 존재할 때, $h(t)$의 적분을

$$\int h(t)\,dt = \int f(t)\,dt + i\int g(t)\,dt \qquad (5)$$

으로 정의한다. 실수 t의 실가함수들 $f_i(t)$, $g_i(t)$, $i = 1, 2$에 대해서 두 복소함수

$$h_1(t) = f_1(t) + ig_1(t), \qquad h_2(t) = f_2(t) + ig_2(t)$$

가 구간 $a \le t \le b$에서 연속이면 (5)에 의하여

$$\int_a^b (h_1(t) + h_2(t))\, dt = \int_a^b h_1(t)\, dt + \int_a^b h_2(t)\, dt \tag{6}$$

로 되고 복소상수 c에 대하여

$$\int_a^b c h_1(t)\, dt = c \int_a^b h_1(t)\, dt \tag{7}$$

가 성립한다. 식 (2)와 (4)를 이용하면 복소수 z에 대해

$$\frac{d}{dt} e^{zt} = z e^{zt} \quad (t: \text{실수}) \tag{8}$$

이다. z가 0이 아닌 복소수일 때 (8)을 이용하면

$$\int_a^b e^{zt}\, dt = \left[\frac{1}{z} e^{zt} \right]_{t=a}^{b} = \frac{e^{zb} - e^{za}}{z} \tag{9}$$

임을 안다. 실수치 확률변수들 X, Y에 관한 **복소수치 확률변수**(간단히, **복소확률변수**)를

$$Z = X + iY$$

로 정의한다. 식 (5)와 마찬가지로 $E(X)$와 $E(Y)$가 존재할 때, Z의 기대치를 다음과 같이 정의한다.

$$E(Z) = E(X) + iE(Y) \tag{10}$$

위의 (10)을 이용하면 $a = x + iy$가 복소수이고 $Z = X + iY$가 복소수치 확률변수일 때,

$$E(aZ) = aE(Z) \tag{11}$$

가 성립하고 Z_1과 Z_2가 복소수치 확률변수들일 때,

$$E(Z_1 + Z_2) = E(Z_1) + E(Z_2) \tag{12}$$

가 성립한다. (11)과 (12)를 종합하면 a_1, a_2가 복소수들이고 Z_1, Z_2가 복소수치 확률변수들일 때

$$E(a_1 Z_1 + a_2 Z_2) = a_1 E(Z_1) + a_2 E(Z_2) \tag{13}$$

이다. 즉, E는 **선형작용소**(linear operator)이다.

이후로 X가 확률변수라 함은 보통 실수치 확률변수를 뜻하기로 한다. 실수 x의 두 실가함수 $u(x)$, $v(x)$에 대하여 복소함수를 $f(x)=u(x)+iv(x)$로 정의하자. 복소수 z_0에서 미분가능인 두 복소함수 f, g에 대하여 다음과 같은 로피탈 정리(L'Hospital's theorem)가 성립한다: $f(z_0)=0=g(z_0)$이고 $g'(z_0)\neq 0$이면

$$\lim_{z\to z_0}\frac{f(z)}{g(z)}=\frac{f'(z_0)}{g'(z_0)} \tag{14}$$

이다. 정의 1에 의하여

$$|\phi_X(t)|\le E|e^{itX}|=E(1)=1$$

이므로 특성함수는 모든 확률변수에 대해서 존재한다. 반면에 적률모함수 $M(s)$는 존재하지 않는 경우가 있었다(§3.2의 예제 3 참조). 따라서 확률론에 관한 많은 결과들을 증명함에 있어서, 정의 1의 특성함수를 이용하는 것이 더 일반적인 증명방법이다.

확률분포와 그 특성함수 사이에는 일대일 대응관계가 있다. 이는 정의 1과 아래의 **반전공식**(inversion formula)으로부터 따른다:

(i) X가 정수치 (혹은 격자점) k를 갖는 이산확률변수일 때 다음이 성립한다.

$$P\{X=k\}=\frac{1}{2\pi}\int_{-\pi}^{\pi}e^{-ikt}\phi_X(t)\,dt$$

(ii) 연속확률변수 X의 특성함수 $\phi_X(t)$가

$$\int_{-\infty}^{\infty}|\phi_X(t)|\,dt<\infty$$

일 때, X의 밀도함수 $f(x)$는 다음과 같다.

$$f(x)=\frac{1}{2\pi}\int_{-\infty}^{\infty}e^{-itx}\phi_X(t)\,dt$$

여기서는 위의 증명들을 생략한다(R. G. Laha & V. K. Rohatgi (1979)의 책 Probability Theory, pp. 141-148, 혹은 Hoel, Port, Stone (1971)의 책 Introduction to Probability Theory, pp. 205-208를 참조).

X가 확률변수이고 a, b가 실 상수들일 때 다음 식이 성립한다.

$$\phi_{a+bX}(t) = E(e^{it(a+bX)}) = e^{ita}E(e^{itbX}) \qquad \text{((11)에 의해)}$$
$$= e^{ita}\phi_X(tb), \quad -\infty < t < \infty$$

[예제 1] X의 밀도함수가

$$f(x) = \begin{cases} \lambda e^{-\lambda x}, & x \ge 0\,;\ \lambda > 0 \\ 0, & x < 0 \end{cases}$$

이고 a, b가 실 상수들일 때, 확률변수 $a+bX$의 특성함수를 구하여라.

【풀이】 X의 특성함수 $\phi_X(t)$를 구해 보면

$$\phi_X(t) = \int_{-\infty}^{\infty} e^{itx} f(x)\,dx = \lambda\int_0^{\infty} e^{-(\lambda-it)x}\,dx$$
$$= \frac{-\lambda}{\lambda-it}\left[e^{-(\lambda-it)x}\right]_{x=0}^{\infty} \qquad \text{(공식 (9)를 적용)}$$

으로 되고

$$\lim_{x\to\infty}\left|e^{-(\lambda-it)x}\right| = \lim_{x\to\infty} e^{-\lambda x}\left|e^{itx}\right|$$
$$= 0,\ \lambda > 0$$
$$\therefore\ \lim_{x\to\infty} e^{-(\lambda-it)x} = 0$$
$$\therefore\ \phi_X(t) = \frac{\lambda}{\lambda-it}$$

그러므로

$$\phi_{a+bX}(t) = e^{ita}\phi_X(tb) = e^{ita}\frac{\lambda}{\lambda-itb}$$

을 얻는다. □

> **【정리 1】** 확률변수 X의 특성함수 $\phi_X(t)$에 대해서 다음이 성립한다.
>
> (i) $\phi_X(t)$는 실수 t에 관해 일양연속이다.
>
> (ii) $E|X|^n < \infty$ (n은 양의 정수)이면 $\phi_X^{(n)}(0) = i^n E(X^n)$이다.

【증명】 실수들의 집합을 $\mathbb{R}$이라 하고 $h, t \in \mathbb{R}$이라 하자. 또 X를 연속형 확률변수라 하자(이산형도 같은 방법임).

(i): $h \neq 0$이라 하고 X의 밀도함수가 $f(x)$이면, 정의 1에 의하여

$$
\begin{aligned}
&|\phi_X(t+h) - \phi_X(t)| \\
&= \left| \int_{-\infty}^{\infty} (e^{i(t+h)x} - e^{itx}) f(x)\, dx \right| \qquad \text{((6)과 (7)을 응용)} \\
&\le \int_{-\infty}^{\infty} |e^{itx}||e^{ihx} - 1| f(x) dx \\
&= \int_{-\infty}^{\infty} |e^{ihx} - 1| f(x) dx \\
&= \sqrt{2} \int_{-\infty}^{\infty} \sqrt{1 - \cosh x}\, f(x) dx \qquad \text{(}|z|\text{의 정의에 의해)}
\end{aligned}
$$

위의 끝식은 t와는 무관계하고 유한이다. 따라서 Lebesgue의 지배수렴정리(dominated convergence theorem) (W. Rudin (1966), pp. 26 참조):

"복소확률변수 $X_n (n \ge 1)$과 Y에 대하여, $|X_n| \le Y$이고 $E|Y| < \infty$이면

$\lim_{n\to\infty} E(X_n) = E\left(\lim_{n\to\infty} X_n\right)$이다."

로부터 다음 관계식을 얻는다.

$$
\begin{aligned}
\lim_{h\to 0} \sup_{t\in\mathbb{R}} |\phi_X(t+h) - \phi_X(t)| &\le \lim_{h\to 0} \sqrt{2} \int_{-\infty}^{\infty} \sqrt{1 - \cosh x}\, f(x) dx \\
&= \sqrt{2} \int_{-\infty}^{\infty} \left\{ \lim_{h\to 0} \sqrt{1 - \cosh x} \right\} f(x) dx = 0
\end{aligned}
$$

따라서 $\phi_X(t)$는 $\mathbb{R}$상에서 일양연속(uniformly continuous)이다.

(ii) : 우선 $\int_{-\infty}^{\infty} x^n e^{itx} f(x)\,dx$는 모든 t와 n에 대해 절대수렴한다. 왜냐하면

$$\left|\int_{-\infty}^{\infty} x^n e^{itx} f(x)\,dx\right| \le \int_{-\infty}^{\infty} |e^{itx}||x|^n f(x)\,dx$$

$$= E|X|^n < \infty \qquad \text{(가정에서)} \tag{15}$$

이기 때문이다. 다음에 $\phi_X(t)$의 도함수를 구하자. (i)의 증명에서와 같이 $h \neq 0$일 때

$$\frac{\phi_X(t+h)-\phi_X(t)}{h} = \frac{1}{h}\int_{-\infty}^{\infty} (e^{i(t+h)x} - e^{itx}) f(x)\,dx$$

$$= \int_{-\infty}^{\infty} e^{itx}\left(\frac{e^{ihx}-1}{h}\right) f(x)\,dx$$

이다. 삼각함수에 관한 공식

$$\sin^2\frac{t}{2} = \frac{1-\cos t}{2}, \quad |\sin t| \le |t|$$

를 이용하면

$$|e^{ihx}-1| = 2\left|\sin\frac{hx}{2}\right| \le |hx| \tag{16}$$

이므로

$$\left|\frac{\phi_X(t+h)-\phi_X(t)}{h}\right| \le \int_{-\infty}^{\infty} \frac{|e^{ihx}-1|}{|h|} f(x)\,dx$$

$$\le \int_{-\infty}^{\infty} |x| f(x)\,dx \qquad \text{((16) 에서)}$$

$$= E|X| < \infty \qquad \text{(가정에서)}$$

이다. 이 사실은 모든 $h \neq 0$에 대하여

$$\frac{\phi_X(t+h)-\phi_X(t)}{h} \tag{17}$$

는 존재함을 의미한다. 그런데 앞의 Lebesgue 지배수렴정리에서

$$X_h = e^{itX}\left(\frac{e^{ihX}-1}{h}\right), \quad Y = |X|$$

라 놓으면 (16)과 가정에 의하여 $|X_h| \le Y$ 이고 $E|Y| < \infty$ 이므로

$$\lim_{h\to 0} E(X_h) = E\left(\lim_{h\to 0} X_h\right)$$

이다. 따라서 (17)에서 $h \to 0$일 때

$$\begin{aligned}\frac{d}{dt}\phi_X(t) &= \lim_{h\to 0}\frac{\phi_X(t+h)-\phi_X(t)}{h}\\ &= \lim_{h\to 0} E(X_h) = E\left(\lim_{h\to 0} X_h\right)\\ &= i\int_{-\infty}^{\infty} x e^{itx} f(x)\,dx \qquad ((14)\text{에 의해})\end{aligned}$$

이므로 (15)에 의해 $\phi_X{}'(t)$는 존재한다. 이 과정을 반복하면

$$\phi_X^{(n)}(t) = i^n\int_{-\infty}^{\infty} x^n e^{itx} f(x)\,dx, \quad n \ge 1$$

는 존재하고

$$\phi_X^{(n)}(0) = i^n E(X^n)$$

임을 알 수 있다. □

[예제 2] X의 확률질량함수가

$$P\{X=x\} = p^x(1-p)^{1-x}, \quad x = 0, 1;\ 0 < p < 1$$

일 때, X의 n차 적률 $E(X^n)$과 $\phi_X^{(n)}(0)$을 구하여라.

【풀이】 가정에 의해

$$E(X^n) = \sum_{x=0}^{1} x^n P\{X=x\} = p < \infty$$

이고 정리 1(ii)에 의해 다음의 $\phi_X^{(n)}(0)$이 구해진다.

$$\phi_X^{(n)}(0) = i^n p$$

□

【정리 2】 두 함수 $f(x,t)$ 와 $\frac{\partial}{\partial t}f(x, t)$ 가 실수들 t, x 에 대해 연속이고 $\int_{-\infty}^{\infty} f(x,t)dx$ 와 $\int_{-\infty}^{\infty} \frac{\partial}{\partial t}f(x, t)dx$ 가 존재하면 다음 등식이 성립한다.

$$\frac{d}{dt}\int_{-\infty}^{\infty} f(x, t)dx = \int_{-\infty}^{\infty} \frac{\partial}{\partial t}f(x, t)dx$$

증명은 K. S. Miller (1957) 의 책 Advanced Real Calculus (pp. 157)을 참조하기 바란다.

[예제 3] X 의 밀도함수가

$$f(x) = \frac{1}{\sqrt{2\pi}}e^{-x^2/2}, \quad -\infty < x < \infty$$

일 때, X의 특성함수는 $\phi_X(t) = e^{-t^2/2}\ (-\infty < t < \infty)$ 임을 밝혀라.

【풀이】 가정에 의해 X 의 특성함수는, 실수 t에 대하여

$$\begin{aligned}\phi_X(t) &= E(\cos tX) + iE(\sin tX)\\ &= \frac{1}{\sqrt{2\pi}}\int_{-\infty}^{\infty}(\cos tx)e^{-x^2/2}dx + 0 \qquad (\sin y \text{ 는 기함수이므로})\end{aligned}$$

이다. $f(x, t) = (\cos tx)e^{-x^2/2}$ 이라 두고 $y(t) = \sqrt{2\pi}\,\phi_X(t)$ 라 놓으면 위에서

$$y(t) = \int_{-\infty}^{\infty} f(x, t)\,dx \tag{18}$$

이고 $y(t)$는 존재한다. 또한

$$\begin{aligned}\int_{-\infty}^{\infty}\frac{\partial}{\partial t}f(x, t)\,dx &= -\int_{-\infty}^{\infty}(\sin tx)xe^{-x^2/2}\,dx\\ &= -t\int_{-\infty}^{\infty}e^{-x^2/2}\cos tx\,dx = -ty(t) \qquad ((18)\text{ 에 의해})\end{aligned}$$

이므로

$$\int_{-\infty}^{\infty} \frac{\partial}{\partial t} f(x, t)\, dx$$

도 존재한다. 따라서 정리 2에 의해

$$\frac{d}{dt} y(t) = -ty(t), \quad y(0) = \sqrt{2\pi}$$

이다. 이것은 1계 미분방정식에 관한 초기치 문제이다. 준 미분방정식은

$$\frac{dy(t)}{y(t)} = -t\, dt$$

이므로 적분하면 $\ln y(t) = -\dfrac{t^2}{2} + c_1$ (c_1 은 임의 상수)이다.

$$\therefore \ y(t) = ce^{-t^2/2} \qquad (c \text{ 는 임의 상수})$$

초기조건으로부터 $\sqrt{2\pi} = y(0) = c$ 이므로 $y(t) = \sqrt{2\pi}\, e^{-t^2/2}$ 가 된다. 그런데 앞에서 $y(t) = \sqrt{2\pi}\, \phi_X(t)$ 이므로 결국

$$\phi_X(t) = e^{-t^2/2}, \quad -\infty < t < \infty$$

를 얻는다. □

[문제] X의 확률밀도함수가

$$f(x) = \begin{cases} \dfrac{1}{2}, & -1 \le x \le 1 \\ 0, & \text{그외에서} \end{cases}$$

일 때, X의 특성함수는

$$\phi_X(t) = \frac{\sin t}{t}, \quad -\infty < t < \infty$$

임을 밝혀라.

연습문제 3.3

1. 다음 확률분포의 특성함수를 구하고 평균 및 분산을 계산하여라.

(i) $P\{X=k\} = \binom{n}{k} p^k (1-p)^{n-k}, \quad k=0, 1, \cdots, n;\ 0 < p < 1$

(ii) $P\{X=k\} = \dfrac{e^{-\lambda}}{k!} \lambda^k, \quad k=0, 1, \cdots;\ \lambda > 0$

(iii) $f(x) = \dfrac{1}{\sigma\sqrt{2\pi}} e^{-\frac{(x-\mu)^2}{2\sigma^2}}, \ -\infty < x < \infty, -\infty < \mu < \infty, 0 < \sigma^2 < \infty$

(단, μ, σ 는 상수들임)

(iv) $f(x) = \begin{cases} \dfrac{1}{2a}, & |x| < a \\ 0, & \text{그 외에서} \end{cases}$

2. 확률변수 X의 특성함수

$$\phi_X(t) := \begin{cases} 1-|t|, & |t| \le 1 \\ 0, & |t| > 1 \end{cases}$$

에 대응하는 확률밀도함수 $f(x)$를 반전공식을 이용하여 구하여라.

§3.4 적률에 대한 부등식 (Inequalities for Moments)

이 절에서는 확률변수의 적률에 관한 몇 개의 부등식들을 이끌어 낸다. 이 부등식들은 확률변수의 적률에 관하여 꼬리 확률에 대한 상계와 하계를 준다.

【정리 1】 X 를 확률공간 $(\Omega, \mathscr{F}, P)$ 상의 확률변수라 하자. 또, $h(X)$를 X의 음이 아닌 Borel 가측함수라 하고 $E\{h(X)\}$가 존재한다고 하자. 그러면 다음 부등식이 성립한다.

$$P\{h(X) \ge \epsilon\} \le \frac{E\{h(X)\}}{\epsilon}, \quad \forall \epsilon > 0$$

【증명】 X가 이산형일 때 증명한다(연속형일때도 같은 방법임).

$$p_k = P\{X = x_k\}, \ k = 1, 2, \cdots$$

라 하면

$$E\{h(X)\} = \sum_{k \in A} h(x_k) p_k + \sum_{k \in A^c} h(x_k) p_k$$

여기서, $A = \{k : h(x_k) \ge \epsilon\}$이다. 그러면

$$E\{h(X)\} \ge \sum_{k \in A} h(x_k) p_k \ge \epsilon \sum_{k \in A} p_k \tag{1}$$

이고 우변의 합은

$$\sum_{k \in A} p_k = P\left(\bigcup_{k \in A} \{X = x_k\}\right) \qquad \text{(확률의 정의에 의해)}$$

$$= P\left(\bigcup_{k \in \{k : h(x_k) \ge \epsilon\}} \{X = x_k\}\right) = P\{h(X) \ge \epsilon\} \tag{2}$$

으로 된다. 따라서 (1)과 (2)로부터

$$E\{h(X)\} \ge \epsilon P\{h(X) \ge \epsilon\}$$

을 얻는다. □

【따름정리】 다음 부등식들이 성립한다.

(i) (**Markov 부등식**) $E|X|^r < \infty\ (r>0)$ 이라 하자. 그러면

$$P\{|X| \ge K\} \le \frac{E|X|^r}{K^r},\quad \forall K>0$$

(ii) (**Chebychev 부등식**) $EX^2 < \infty,\ \mu := E(X),\ \sigma^2 := \mathrm{Var}(X) > 0$ 이라 하자. 그러면

$$P\{|X-\mu| \ge K\sigma\} \le \frac{1}{K^2},\quad \forall K>0$$

【증명】 (i): 정리 1에서 $h(X)=|X|^r\,(r>0)$ 이라 두면 가정에 의해 $E\{h(X)\}$가 존재한다. 또, $\epsilon = K^r\ (K>0)$ 이라 놓으면

$$h(X) \ge \epsilon \leftrightarrow |X|^r \ge K^r \leftrightarrow |X| \ge K$$

따라서, 정리 1에 의하여

$$P\{|X| \ge K\} = P\{h(X) \ge \epsilon\} \le \frac{E|X|^r}{K^r}$$

(ii): $E(X^2) < \infty$ 이므로 μ와 σ^2가 존재함은 명백하다. 앞의 정리 1에서 $h(X)=(X-\mu)^2,\ \epsilon = K^2\sigma^2$ 이라 놓으면

$$h(X) \ge \epsilon \leftrightarrow (X-\mu)^2 \ge K^2\sigma^2 \leftrightarrow |X-\mu| \ge K\sigma$$

따라서 정리 1에 의하여

$$P\{|X-\mu| \ge K\sigma\} = P\{h(X) \ge \epsilon\} \le \frac{E(X-\mu)^2}{K^2\sigma^2} = \frac{1}{K^2}. \qquad \square$$

[예제 1] X의 확률분포가 다음과 같을 때, Chebychev 부등식이 만족됨을 보여라. 단, $K>1$인 상수이다.

$X=x$	-1	0	1	합계
$P\{X=x\}$	$\dfrac{1}{2K^2}$	$1-\dfrac{1}{K^2}$	$\dfrac{1}{2K^2}$	1

【풀이】 위의 확률분포에 대해서 평균과 분산을 계산해 보자.

$$\mu = \sum_{x=-1}^{1} xP\{X=x\} = 0,$$

$$E(X^2) = \sum_{x=-1}^{1} x^2 P\{X=x\} = \frac{1}{K^2} < \infty$$

$$\therefore\ \sigma^2 = E(X^2) - \mu^2 = \frac{1}{K^2} \qquad \therefore\ \sigma = \frac{1}{K}$$

따라서,

$$P\{|X-\mu| \ge K\sigma\} = P\{|X-0| \ge 1\}$$

$$= P\{X=1\} + P\{X=-1\} = \frac{1}{K^2}$$

$$\therefore\ P\{|X-\mu| \ge K\sigma\} = \frac{1}{K^2}$$

즉, Chebychev 부등식이 성립한다. □

[문제] X의 확률밀도함수가

$$f(x) = \begin{cases} \dfrac{1}{2}, & -1 \le x \le 1 \\ 0, & \text{그외에서} \end{cases}$$

일 때, 확률 $P\{|X| > 1.5/\sqrt{3}\}$의 상한 값은 얼마인가?

연습문제 3.4

1. X의 확률밀도함수가

$$f(x) = \begin{cases} e^{-x}\dfrac{x^{\lambda}}{\lambda!}, & x > 0;\ \lambda > 0 \\ 0, & x \le 0 \end{cases}$$

으로 주어질 때, 다음 부등식이 성립함을 증명하여라.

$$P\{0 < X < 2(\lambda+1)\} > \frac{\lambda}{\lambda+1}$$

2. 이산확률변수 X가 점 $x = -1, 0, 1$에서 각각 확률 $\frac{1}{8}, \frac{6}{8}, \frac{1}{8}$을 갖는다고 하자. Chebychev 부등식을 이용하여 확률 $P\{|X| \ge 1\}$의 상계를 구하여라.

확률벡터 (Random Vectors)

제 4 장

많은 실험의 경우에 관찰치가 하나의 수량이 아닌 여러 개의 분리된 수량들의 묶음으로 표현해야 할 경우가 많이 있다. 예를 들면, 어떤 학생들의 집단에서 각 개인의 키와 몸무게를 기록하기 위해 (x, y)의 쌍을 필요로 한다. 이를 수학적으로 표현하여 X가 키를 나타내는 확률변수이고 Y가 몸무게를 나타내는 확률변수일 때, X의 분포와 Y의 분포 중 어느 하나만으로는 각 개인의 성장 상태를 결정하기에 부족하므로 X와 Y의 변화를 동시에 설명할 수 있는 분포가 있어야 한다. 따라서 이 장에서는 (X, Y)와 같은 확률벡터의 분포를 공부할 것이다.

§4. 1 확률벡터 (Random Vectors)

이 절에서는 다차원 확률변수 (즉, 확률벡터)의 분포함수, 주변분포 및 조건부 분포를 공부한다. $(\Omega, \mathscr{F}, P)$를 확률공간이라 하자.

정의 1 $\mathbb{R}^n$을 n차원 유클릿트 공간이라 하고, $X_1, \cdots, X_n$을 확률변수들이라 하자. $X := (X_1, \cdots, X_n) : \Omega \to \mathbb{R}^n$가 n차원의 실가함수일 때, 임의의 실수 $x_i (i = 1, \cdots, n)$에 대하여 $\{\omega \in \Omega : X_1(\omega) \le x_1, \cdots, X_n(\omega) \le x_n\}$이 하나의 사상이면, 즉 $\mathscr{F}$에 속하면, X를 $(\Omega, \mathscr{F}, P)$ 상의 **확률벡터**(random vector) 혹은 n **차원 확률변수**(n-dimensional random variable)라 부른다.

> **정의 2** $X := (X_1, \cdots, X_n)$를 $(\Omega, \mathscr{F}, P)$ 상의 확률벡터라 하자. 함수 $F : \mathbb{R}^n \to [0, 1]$가 모든 $(x_1, \cdots, x_n) \in \mathbb{R}^n$에 대하여
>
> $$F(x_1, \cdots, x_n) = P\{X_1 \le x_1, \cdots, X_n \le x_n\}$$
>
> 와 같이 정의될 때, F를 X의 **(결합)분포함수**(joint df) 혹은 **(결합)누적분포함수**(joint cdf)라 부른다.

§2.2의 정리 2의 증명과 같은 방법에 의하여, F가 X의 분포함수이면 다음 사실들을 쉽게 보일 수 있다.

(i) 함수 $F(x_1, \cdots, x_n)$은 비감소이고 우측연속이다.

(ii) $\displaystyle\lim_{\substack{x_i \to +\infty \\ i=1,\cdots,n}} F(x_1, \cdots, x_n) = F(\infty, \cdots, \infty) = 1.$

(iii) $F(-\infty, x_2, \cdots, x_n) = F(x_1, -\infty, x_3, \cdots, x_n) = \cdots$
$= F(x_1, \cdots, x_{n-1}, -\infty) = 0.$

편리하게 하기 위하여, 이후로는 2차원 확률변수의 경우로 축소하여 생각할 것이다. n 차원 $(n > 2)$인 경우도 같은 방법으로 확장하여 생각하면 된다. 위의 (i)-(iii)은 F가 분포함수이기 위한 충분조건이 아님을 다음 예제에서 알 수 있다.

[예제 1] 두 실수 x, y의 함수 F를 다음과 같이 정의하자.

$$F(x, y) = \begin{cases} 0, & x < 0 \text{ 또는 } y < 0 \text{ 또는 } x + y < 1 \text{ 일 때} \\ 1, & \text{그렇지 않을 때} \end{cases}$$

함수 F가 위의 성질 (i)-(iii)을 만족하지만, F는 분포함수가 아니다. 왜냐하면

$$P\left\{\frac{1}{3} < X \le 1,\ \frac{1}{3} < Y \le 1\right\}$$

$$= P\{X \le 1, Y \le 1\} - P\left\{X \le \frac{1}{3},\ Y \le 1\right\}$$

$$-P\left\{X\le 1,\ Y\le \frac{1}{3}\right\}+P\left\{X\le \frac{1}{3},\ Y\le \frac{1}{3}\right\}$$

$$=F(1,1)-F\left(\frac{1}{3},1\right)-F\left(1,\frac{1}{3}\right)+F\left(\frac{1}{3},\frac{1}{3}\right)$$

$$=1-1-1+0=-1<0$$

$$\therefore\ \exists\ (x,y)\in\mathbb{R}\quad s.t.\ F(x,y)\ne P\{X\le x,\ Y\le y\}$$

따라서 F는 분포함수가 아니다.

주 의 F가 (X, Y)의 분포함수이기 위해서는, 임의의 $x_1<x_2,\ y_1<y_2$에 대해

$$\begin{aligned}&P\{x_1<X\le x_2,\ y_1<Y\le y_2\}\\&=P\{X\le x_2,\ Y\le y_2\}-P\{X\le x_1,\ Y\le y_2\}\\&\quad-P\{X\le x_2,\ Y\le y_1\}+P\{X\le x_1,\ Y\le y_1\}\\&=F(x_2,y_2)-F(x_1,y_2)-F(x_2,y_1)+F(x_1,y_1)\\&\ge 0 \qquad \text{(좌변이 음이 아니므로)}\end{aligned}$$

이어야 한다.

정의 3 $(\Omega,\ \mathcal{F},P)$ 상의 2차원 확률변수 (X,Y)가 **이산형**(discrete type) 혹은 **이산확률벡터**(discrete random vector)라 함은, 가산집합 $A\subset\mathbb{R}^2$이 존재해서 $P\{\omega\in\Omega:(X,Y)(\omega)\in A\}=1$을 만족할 때를 말한다.

정의 4 (X,Y)를 $(\Omega,\ \mathcal{F},P)$ 상의 2차원 이산확률벡터라 하자. $i=1,2,\cdots;\ j=1,2,\cdots$ 에 대해

$$p_{ij}:=P\{X=x_i,\ Y=y_j\}\ge 0,\quad \forall(x_i,\ y_j)\in\mathbb{R}^2,$$

$$\sum_{i=1}^{\infty}\sum_{j=1}^{\infty}p_{ij}=1$$

을 만족하는 수열 $\{p_{ij}\}_{i,j=1}^{\infty}$를 (X,Y)의 **결합 확률(질량)함수**(joint pmf) 혹은 **결합 확률분포**(joint probability distribution)라 부른다.

(X, Y)의 분포함수 F는, 1차원 이산확률변수의 경우와 같이, 다음과 같다.

$$F(x, y) = \sum_{B} p_{ij}, \quad {}^{\forall}(x, y) \in \mathbb{R}^2$$

단, $B := \{(i, j) : x_i \le x,\ y_j \le y\}$ 이다. 또, 임의의 $D \subset \mathbb{R}^2$에 대해서 다음 식이 성립한다.

$$\begin{aligned} P\{(X, Y) \in D\} &= P\left(\bigcup_{(x_i, y_j) \in D} \{X = x_i, Y = y_i\} \right) \\ &= \sum_{(x_i, y_j) \in D} P\{X = x_i, Y = y_i\} \qquad (*) \end{aligned}$$

[예제 2] 두 확률변수 X, Y의 결합확률분포 $\{p_{ij}\}$가 다음과 같을 때 $P\{X > 2, Y > 2\}$와 $F(2, 2)$를 구하여라.

x_i \ y_j	1	2	3	4
1	0.1	0	0	0
2	0	0.2	0.4	0
3	0	0	0	0.3

【풀이】 위의 확률분포표를 이용하면, 식 (*)에 의해 다음과 같다.

$$P\{X > 2, Y > 2\} = p_{33} + p_{34} = 0 + 0.3 = 0.3$$

$$F(2, 2) = P\{X \le 2, Y \le 2\} = p_{11} + p_{12} + p_{21} + p_{22} = 0.3 \qquad \square$$

[문제 1] 균질인 동전을 2회 던질 때, 표면이 나오는 횟수 X의 분포함수 F를 구하여라.

> **정의 5** $(\Omega, \mathscr{F}, P)$상의 확률벡터 (X, Y)가 **연속형**(continuous type) 혹은 **연속확률벡터**(continuous random vector)라 함은, (X, Y)의 분포함수 $F(x,y) := P\{X \le x, Y \le y\}$가 어떤 함수 $f(x, y) \ge 0$에 대하여
>
> $$F(x, y) = \int_{-\infty}^{x} \int_{-\infty}^{y} f(u, v)\, dv\, du, \quad {}^\forall (x, y) \in \mathbb{R}^2$$
>
> 으로 쓰여질 수 있을 때를 말한다. 이 경우, $f(x, y)$를 (X, Y)의 **결합(확률) 밀도함수**(joint probability density function, 간단히 joint pdf)라 부른다.

※ 연속확률벡터의 성질

연속확률벡터 (X, Y)의 결합밀도함수와 분포함수를 각각 f, F라 하면, 1차원 연속확률변수 X의 경우와 같이 다음 성질들이 성립한다.

(i) $$F(+\infty, +\infty) = \lim_{x, y \to +\infty} \int_{-\infty}^{x} \int_{-\infty}^{y} f(u, v)\, dv\, du$$
$$= \int_{-\infty}^{+\infty} \int_{-\infty}^{+\infty} f(u, v)\, dv\, du = P\{X \le \infty, Y \le \infty\} = 1$$

(ii) $$P\{x_1 \le X \le x_2,\ y_1 \le Y \le y_2\}$$
$$= P\{X \le x_2, Y \le y_2\} - P\{X \le x_1, Y \le y_2\} - P\{X \le x_2, Y \le y_1\} + P\{X \le x_1, Y \le y_1\}$$
$$= \int_{x_1}^{x_2} \int_{y_1}^{y_2} f(u, v)\, dv\, du$$ (정의 5에 의해)

(iii) $f(x,y)$가 점 (x, y)에서 연속이면 다음이 성립한다.

$$\frac{\partial^2 F(x,y)}{\partial x\, \partial y} = f(x, y)$$

[예제 3] (X, Y)가 다음의 결합밀도함수를 가질 때 분포함수를 구하여라.

$$f(x, y) = \begin{cases} e^{-x-y}, & 0<x<\infty,\ 0<y<\infty \\ 0, & \text{그 외에서} \end{cases}$$

【풀이】 $F(x, y) = \int_{-\infty}^{x}\int_{-\infty}^{y} f(u, v)\,dv\,du$ (정의 5에서)

$$= \int_{0}^{x}\int_{0}^{y} e^{-u-v}\,dv\,du = \int_{0}^{x} e^{-u}\left[-e^{-v}\right]_{v=0}^{y} du$$

$$= (1-e^{-y})\int_{0}^{x} e^{-u}\,du$$

$$= (1-e^{-y})(1-e^{-x}),\quad x>0,\ y>0$$

$$F(x, y) = 0,\quad x \le 0,\ y \le 0$$

□

(X, Y)를 결합 확률질량함수

$$p_{ij} = P\{X = x_i,\ Y = y_j\},\quad i = 1, 2, \cdots;\ j = 1, 2, \cdots$$

를 갖는 이산확률벡터라 하자. 그러면

$$\sum_{i=1}^{\infty} p_{ij} = P\left(\bigcup_{i=1}^{\infty}\{\omega : X(\omega) = x_i,\ Y(\omega) = y_j\}\right)$$

$$= P\left(\bigcup_{i=1}^{\infty}(\{\omega : X(\omega) = x_i\} \cap \{\omega : Y(\omega) = y_j\})\right)$$

$$= P(\Omega \cap \{\omega : Y(\omega) = y_j\}) = P\{Y = y_j\}$$

$$=: p_{\cdot j}$$

같은 방법으로

$$\sum_{j=1}^{\infty} p_{ij} = P\{X = x_i\} =: p_{i\cdot}$$

가 된다. 따라서

$$p_{i\cdot} \ge 0,\quad \sum_{i=1}^{\infty} p_{i\cdot} = \sum_{i=1}^{\infty}\sum_{j=1}^{\infty} p_{ij} = 1$$

$$p_{\cdot j} \geq 0, \qquad \sum_{j=1}^{\infty} p_{\cdot j} = \sum_{i=1}^{\infty}\sum_{j=1}^{\infty} p_{ij} = 1$$

이 때, $\{p_{i\cdot} : i=1,2,\cdots\}$를 X의 **주변 확률질량함수**(marginal pmf)라 부르고 $\{p_{\cdot j} : j=1,2,\cdots\}$를 Y의 **주변 확률질량함수**라 부른다.

[예제 4] 하나의 동전을 세 번 던질 때, 확률변수 X를 표면의 수, Y를 표면의 수와 이면의 수의 차의 절대값으로 나타낼 때, (X, Y)의 결합 확률분포와 주변 확률분포를 구하여라.

【풀이】 (X, Y)의 결합 확률분포와 주변 확률분포는 다음과 같다.

Y \ X	0	1	2	3	$p_{\cdot j}$
1	0	3/8	3/8	0	6/8
3	1/8	0	0	1/8	2/8
$p_{i\cdot}$	1/8	3/8	3/8	1/8	1

□

(X, Y)를 결합밀도함수 $f(x, y)$를 갖는 연속 확률벡터라 하자.

$$f_1(x) = \int_{-\infty}^{\infty} f(x, y)\,dy, \qquad f_2(y) = \int_{-\infty}^{\infty} f(x, y)\,dx$$

로 나타내면, $f_1(x) \geq 0$, $f_2(y) \geq 0$이고

$$\int_{-\infty}^{\infty} f_1(x)\,dx = \int_{-\infty}^{\infty}\int_{-\infty}^{\infty} f(x, y)\,dy\,dx = 1,$$

$$\int_{-\infty}^{\infty} f_2(y)\,dy = \int_{-\infty}^{\infty}\int_{-\infty}^{\infty} f(x, y)\,dx\,dy = 1$$

이다. 이 경우, $f_1(x)$와 $f_2(y)$를 각각 X와 Y의 **주변 밀도함수**(marginal pdf)라 부른다.

[예제 5] (X, Y)를 다음의 결합밀도함수

$$f(x,y) = \begin{cases} 2, & 0 < x < y < 1 \\ 0, & \text{그 외에서} \end{cases}$$

를 갖는 확률벡터라 할 때, X와 Y의 주변 밀도함수 $f_1(x)$와 $f_2(y)$를 각각 구하여라.

【풀이】

$$f_1(x) = \int_x^1 2\,dy = \begin{cases} 2(1-x), & 0 < x < 1 \\ 0, & \text{그 외에서} \end{cases}$$

$$f_2(y) = \int_0^y 2\,dx = \begin{cases} 2y, & 0 < y < 1 \\ 0, & \text{그 외에서} \end{cases}$$

□

정의 6 (X, Y)가 분포함수 F를 갖는 확률벡터일 때, X, Y의 **주변 분포함수**(marginal distribution function)는 각각 다음과 같이 정의된다. 실수 x에 대해서

$$F_1(x) = \begin{cases} \displaystyle\sum_{x_i \le x} P\{X = x_i\}, & ((X, Y)\text{가 이산형일 때}) \\ \displaystyle\int_{-\infty}^{x} f_1(t)\,dt & ((X, Y)\text{가 연속형일 때}) \end{cases}$$

$$F_2(y) = \begin{cases} \displaystyle\sum_{y_j \le y} P\{Y = y_j\}, & ((X, Y)\text{가 이산형일 때}) \\ \displaystyle\int_{-\infty}^{y} f_2(t)\,dt & ((X, Y)\text{가 연속형일 때}) \end{cases}$$

여기서 f_1, f_2는 각각 X, Y의 주변 밀도함수이다.

정의 7 (X, Y)를 이산확률벡터라 하자. $P\{Y = y_j\} > 0$일 때

$$P\{X = x_i \mid Y = y_j\} = \frac{P\{X = x_i, Y = y_j\}}{P\{Y = y_j\}}$$

$$(i = 1, 2, \cdots ; j = 1, 2, \cdots)$$

로 정의하면, $P\{X = x_i \mid Y = y_j\}$를 $Y = y_j$가 주어진, X의 **조건부 확률질량함수**(conditional pmf)라 부른다. $P\{X = x_i\} > 0$일 때, $X = x_i$가 주어진, Y의 **조건부 확률질량함수** $P\{Y = y_j \mid X = x_i\}$도 같은 방법으로 정의된다.

[예제 6] 앞의 예제 4에서

$$P\{X = i \mid Y = 1\} = \frac{8}{6} P\{X = i, Y = 1\}$$

$$= \begin{cases} 0, & i = 0, 3 \\ \frac{8}{6} \times \frac{3}{8} = \frac{1}{2}, & i = 1, 2 \end{cases}$$

같은 방법으로 다음을 얻는다.

$$P\{X = i \mid Y = 3\} = \begin{cases} \frac{1}{2}, & i = 0, 3 \\ 0, & i = 1, 2 \end{cases}$$

$$P\{Y = j \mid X = 0\} = 8 P\{X = 0, Y = j\}$$

$$= \begin{cases} 0, & j = 1 \\ 8 \times \frac{1}{8} = 1, & j = 3 \end{cases}$$

□

[문제 2] 위의 예제 6에서 $P\{Y = j \mid X = 3\}$의 값을 구하여라.

정의 8 (X, Y)를 연속확률벡터라 하고, 극한

$$\lim_{\epsilon \to 0^+} P\{X \le x \mid Y \in (y-\epsilon, y+\epsilon]\}$$

이 존재한다고 하자. 이 경우

$$F_{X|Y}(x|y) := \lim_{\epsilon \to 0^+} P\{X \le x \mid Y \in (y-\epsilon, y+\epsilon]\}$$

으로 나타내고, $F_{X|Y}(x|y)$를 $Y=y$가 주어진, X의 **조건부 분포함수**(conditional distribution function)라 부른다. 또한

$$F_{X|Y}(x|y) = \int_{-\infty}^{x} f_{X|Y}(t|y)\,dt, \quad \forall x \in \mathbb{R}$$

를 만족하는 $f_{X|Y}(x|y) \ge 0$가 존재하면, $f_{X|Y}(x|y)$를 $Y=y$가 주어진, X의 **조건부 (확률)밀도함수**(conditional pdf)라 부른다

【정리 1】 연속확률벡터 (X, Y)의 결합 밀도함수 $f(x, y)$가 연속이고, Y의 주변 밀도함수 $f_2(y) > 0$가 연속이라 하자. 그러면 $Y=y$가 주어진, X의 조건부 밀도함수는 존재하고

$$f_{X|Y}(x|y) = \frac{f(x,y)}{f_2(y)}$$

이다. 마찬가지로 $X=x$가 주어진, Y의 조건부 밀도함수는

$$f_{Y|X}(y|x) = \frac{f(x,y)}{f_1(x)}, \quad f_1(x) > 0$$

이다.

【증명】 $\epsilon > 0$이라 하자. 가정에 의해

$$P\{X \le x \mid Y \in (y-\epsilon, y+\epsilon]\}$$

$$= \frac{\displaystyle\int_{-\infty}^{x}\int_{y-\epsilon}^{y+\epsilon} f(u, v)\,dv\,du}{\displaystyle\int_{y-\epsilon}^{y+\epsilon} f_2(v)\,dv}$$

$$= \frac{\displaystyle\int_{-\infty}^{x}\left(\frac{1}{2\epsilon}\int_{y-\epsilon}^{y+\epsilon} f(u,v)\,dv\right)du}{\displaystyle\frac{1}{2\epsilon}\int_{y-\epsilon}^{y+\epsilon} f_2(v)\,dv}$$

$$= \frac{\displaystyle\int_{-\infty}^{x} f(u, y_\epsilon)\,du}{f_2(y_\epsilon)}, \qquad y-\epsilon < y_\epsilon < y+\epsilon$$

(적분에 관한 평균치정리를 적용)

$$\longrightarrow \frac{\displaystyle\int_{-\infty}^{x} f(u, y)\,du}{f_2(y)}, \qquad \epsilon \to 0^+$$

따라서

$$F_{X|Y}(x\,|\,y) = \lim_{\epsilon\to 0^+} P\{X \le x \mid Y \in (y-\epsilon, y+\epsilon]\} \qquad \text{(정의 8 에서)}$$

$$= \frac{\displaystyle\int_{-\infty}^{x} f(u, y)\,du}{f_2(y)} \qquad \text{(존재)} \qquad (1)$$

더욱 f는 연속이므로 $Y=y$가 주어진, X의 조건부 밀도함수는 다음과 같다.

$$f_{X|Y}(x\,|\,y) = \frac{d}{dx}F_{X|Y}(x\,|\,y) = \frac{f(x,y)}{f_2(y)}, \qquad f_2(y) > 0 \qquad \text{((1) 에 의해)}$$

□

[예제 7] (X, Y)의 결합밀도함수가 예제 5와 같을 때, 조건부 확률

$$P\left\{X \ge \frac{1}{3} \,\middle|\, Y = \frac{2}{3}\right\}$$

을 구하여라.

【풀이】 $Y=y$가 주어진, X의 조건부 pdf는 예제 5에 의해 다음과 같다.

$$f_{X|Y}(x\,|\,y) = \begin{cases} \dfrac{1}{y}, & 0 < x < y < 1 \\ 0, & \text{그 외에서} \end{cases}$$

따라서

$$P\left\{X \geq \frac{1}{3} \,\middle|\, Y = \frac{2}{3}\right\} = \int_{\frac{1}{3}}^{\frac{2}{3}} \frac{1}{2/3}\, dx = \frac{1}{2} \tag{2}$$

이다. 예제 5에서 주어진 결합밀도함수 $f(x, y) = 2 \ (0 < x < y < 1)$에 대해, 위의 식 (2)에서 $y = \dfrac{2}{3}$로 주어졌으므로 식 (2)에서 x의 적분구간이 $\dfrac{1}{3} \leq x < \dfrac{2}{3}$로 됨에 유의하여라. □

연습문제 4.1

1. 함수 F를 다음과 같이 정의할 때, F는 (x, y)-평면에서의 분포함수가 되는 것인가?

$$F(x, y) = \begin{cases} 1, & x + 2y \geq 1 \\ 0, & x + 2y < 1 \end{cases}$$

2. (X, Y, Z)의 결합밀도함수

$$f(x, y, z) = \begin{cases} e^{-x-y-z}, & x > 0,\ y > 0,\ z > 0 \\ 0, & \text{그 외에서} \end{cases}$$

가 주어질 때, 확률 $P\{X < Y < Z\}$와 $P\{X = Y < Z\}$를 계산하여라.

3. (X, Y)가 결합밀도함수

$$f(x, y) = \begin{cases} \dfrac{4}{3}\left(xy + \dfrac{x^2}{2}\right), & 0 < x < 1,\ 0 < y < 2 \\ 0, & \text{그 외에서} \end{cases}$$

를 가질 때, 조건부 확률 $P\left\{Y < 1 \,\middle|\, X < \dfrac{1}{2}\right\}$을 계산하여라.

§4.2 독립확률변수 (Independent Random Variables)

정의 1 확률벡터 (X, Y)의 분포함수를 $F(x, y)$라 하고, X와 Y의 주변 분포함수를 각각 $F_1(x), F_2(y)$라 하자. 만일

$$F(x, y) = F_1(x)F_2(y), \quad \forall (x, y) \in \mathbb{R}^2$$

가 성립하면, X와 Y는 **독립**(independent)이라 말한다.

【정리 1】 X와 Y가 독립일 필요충분조건은, 임의의 실수 $a < c, b < d$에 대해서, 다음 등식이 성립하는 것이다.

$$P\{a < X \leq c, b < Y \leq d\} = P\{a < X \leq c\}P\{b < Y \leq d\}$$

【증명】 $F(x, y)$가 (X, Y)의 분포함수이고 $F_1(x)$와 $F_2(y)$가 각각 X, Y의 주변 분포함수일 때, 임의의 $a < c$와 $b < d$에 대해서

$$\begin{aligned} &P\{a < X \leq c, b < Y \leq d\} \qquad (1)\\ &= P\{X \leq c, Y \leq d\} - P\{X \leq a, Y \leq d\} \\ &\qquad - P\{X \leq c, Y \leq b\} + P\{X \leq a, Y \leq b\} \\ &= F(c, d) - F(a, d) - F(c, b) + F(a, b) \end{aligned}$$

이다. 한편, 주변 분포함수의 정의에 의해

$$\begin{aligned} &P\{a < X \leq c\}P\{b < Y \leq d\} \\ &= \{F_1(c) - F_1(a)\}\{F_2(d) - F_2(b)\} \qquad (2)\\ &= F_1(c)F_2(d) - F_1(a)F_2(d) - F_1(c)F_2(b) + F_1(a)F_2(b) \end{aligned}$$

따라서 (1)과 (2)를 비교하면 다음 동치관계가 성립한다.

(1)과 (2)의 좌변이 같다 $\Leftrightarrow F(x, y) = F_1(x)F_2(y), \ \forall (x, y) \in \mathbb{R}^2$

$\Leftrightarrow$ X, Y가 독립 확률변수들이다. (정의 1에 의해) □

> **【정리 2】** (i) 이산확률변수 X, Y가 독립일 필요충분조건은
>
> $$P\{X = x_i, Y = y_j\} = P\{X = x_i\} P\{Y = y_j\}, \quad \forall (x_i, y_j) \in \mathbb{R}^2,$$
>
> (ii) 연속확률변수 X, Y가 독립일 필요충분조건은
>
> $$f(x, y) = f_1(x) f_2(y), \quad \forall (x, y) \in \mathbb{R}^2$$
>
> 이다. 여기서, f, f_1, f_2는 각각 X, Y의 결합 밀도함수, 주변 밀도함수들이고 연속이다.

【증명】 (i) 정리 1에서 $a \to c$, $b \to d$로 하면

$$P\{X = c, Y = d\} = P\{X = c\} P\{Y = d\}, \quad \forall (c, d) \in \mathbb{R}^2 \tag{1}$$

(§2.3의 정리 1 참조)

이다. 역으로 (1)이 성립한다고 하자. (X, Y)의 분포함수를

$$F(x, y) = \sum_B P\{X = x_i, Y = y_j\}$$

라 두자. 여기서 $B := \{(i, j) : x_i \le x, \ y_j \le y\}$이다. 만약 (1)이 성립한다면

$$\begin{aligned} F(x, y) &= \sum_B P\{X = x_i\} P\{Y = y_j\} \\ &= \sum_{x_i \le x} \sum_{y_j \le y} P\{Y = y_j\} P\{X = x_i\} \\ &= F_2(y) F_1(x) \end{aligned}$$

(§4.1의 정의 6에서)

이므로 X와 Y는 독립이다.

(ii) X, Y가 독립이라 하자. 연속확률변수 또는 연속확률벡터의 성질에 의해

$$f(x, y) = \frac{\partial^2 F(x, y)}{\partial x \, \partial y} = f_1(x) f_2(y) \qquad (X, Y\text{가 독립이므로})$$

이다. 역으로, 모든 (x, y)에 대해서 $f(x, y) = f_1(x) f_2(y)$이면

$$F(x, y) = \int_{-\infty}^{x} \int_{-\infty}^{y} f(u, v) \, dv \, du \qquad (\S 4.1\text{의 정의 5에서})$$

$$= \int_{-\infty}^{x} \int_{-\infty}^{y} f_1(u)\, f_2(v)\, dv\, du$$
$$= F_1(x)\, F_2(y)$$

이므로 X, Y는 독립이다. □

【정리 3】 X, Y가 독립 확률변수들이고 f, g가 Borel 가측함수들이면, $f(X)$와 $g(Y)$도 독립 확률변수들이다.

【증명】 §2.4의 정리 1에 의해 $f(X)$와 $g(Y)$는 확률변수들임을 안다. F를 $(f(X), g(Y))$의 결합분포함수라 하면, §4.1의 정의 2에 의해

$$\begin{aligned} F(x, y) &= P\{f(X) \le x,\ g(Y) \le y\}, \quad \forall (x, y) \in \mathbb{R}^2 \\ &= P\{X \in f^{-1}((-\infty, x]),\ Y \in g^{-1}((-\infty, y])\} \\ &= P\{X \in f^{-1}((-\infty, x])\}\, P\{Y \in g^{-1}((-\infty, y])\} \\ &\qquad\qquad (X, Y \text{가 독립이므로}) \\ &= P\{f(X) \le x\}\, P\{g(Y) \le y\} \\ &=: F_f(x)\, F_g(y) \end{aligned}$$

이다. 여기서 F_f와 F_g는 각각 $f(X)$와 $g(Y)$의 주변분포함수들이다. 따라서 정의 1에 의해 $f(X)$와 $g(Y)$는 독립 확률변수들이다. □

[예제 1] 만일 X, Y가 독립 확률변수들이면, $f(X) := X^2 + X - 1$과 $g(Y) := \sin Y + \log Y$도 독립 확률변수들이다. 왜냐하면, X의 값이 x이고 Y의 값이 y일 때, 위의 f와 g는 연속함수들이므로 Borel 가측함수들이다. 따라서 정리 3에 의해 위의 $f(X)$와 $g(Y)$는 독립 확률변수들이다.

정의 2 확률벡터 $(X_1, \cdots, X_n)$은 분포함수 $F(x_1, \cdots, x_n)$를 갖고, X_i $(i = 1, \cdots, n)$의 주변분포함수를 $F_i(x_i)$라 하자. 만약

$$F(x_1, \cdots, x_n) = \prod_{i=1}^{n} F_i(x_i), \quad \forall (x_1, \cdots, x_n) \in \mathbb{R}^n$$

이면, $\{X_i\}_{i=1}^n$를 **상호** (혹은 **완전**)**독립**(mutually or completely independent) 확률변수 열이라 부른다. 간단히 **독립**이라고도 한다. 만약 $i \neq j = 1, 2, \cdots, n$에 대해서

$$F(x_i, x_j) = F_i(x_i) F_j(x_j)$$

가 성립할 때, $\{X_i\}_{i=1}^n$를 **쌍으로 독립**(pairwise independent) 확률변수 열이라 부른다.

정의 3 무한개의 확률변수 열 $\{X_i\}_{i=1}^\infty$가 **독립**(independent)이라 함은, 모든 $n = 2, 3, \cdots$에 대해서 유한개의 확률변수 열 $\{X_i\}_{i=1}^n$이 (완전)독립일 때를 말한다.

정의 4 X와 Y가 같은 분포함수를 가질 때, 즉

$$F_X(x) = F_Y(x), \quad \forall x \in \mathbb{R}$$

(여기서, F_X와 F_Y는 각각 X와 Y의 주변분포함수임)

일 때, 바꿔 말하면

$$P\{X \leq x\} = P\{Y \leq x\}, \quad \forall x \in \mathbb{R}$$

이 성립할 때, X와 Y는 **동일분포의 확률변수들**(identically distributed rv's)이라 말하고, 기호로는 $X \stackrel{d}{=} Y$로 표시한다.

정의 5 $\{X_n\}_{n=1}^{\infty}$이 독립확률변수 열이고, 모든 $i \neq j = 1, 2, \cdots$에 대해서 $X_i \overset{d}{=} X_j$일 때, $\{X_n\}_{n=1}^{\infty}$은 **독립인, 동일분포의 확률변수 열**(sequence of independent, identically distributed rv's, 간단히, sequence of **iidrv's**)이라 말한다. 독립인, 동일분포의 확률변수 열 $\{X_n\}_{n=1}^{\infty}$이 공통의 분포함수 $F(x)$를 가질 때, 기호로

$$X_1, X_2, \cdots \overset{iid}{\sim} F(x)$$

으로 나타낸다.

[문제 1] 확률벡터 (X, Y)의 결합밀도함수가

$$f(x, y) = \begin{cases} \frac{1}{4}\{1+xy(x^2-y^2)\}, & -1 \leq x \leq 1, \quad -1 \leq y \leq 1 \\ 0, & \text{그 외에서} \end{cases}$$

일 때, X와 Y는 독립 확률변수들인가?

연습문제 4.2

1. X와 Y가 독립 확률변수들일 때, X^2과 $\sqrt{Y}$도 독립 확률변수들임을 증명하여라.

2. $X_1, \cdots, X_n$이 완전독립 확률변수들이기 위한 필요충분조건은, 임의의 실수들 $a_i < b_i \ (i = 1, \cdots, n)$에 대해서 다음 등식이 성립함을 보여라.

$$P\{a_i < X_i \leq b_i, \ i = 1, \cdots, n\} = \prod_{i=1}^{n} P\{a_i < X_i \leq b_i\}$$

3. 정리 2를 $n\,(n>2)$개의 확률변수 $X_1, \cdots, X_n$으로 확장한 경우에 그 명제를 증명하여라.

4. X_1과 X_2를 공통의 확률질량함수 $P\{X=\pm 1\}=\dfrac{1}{2}$을 갖는 iidrv's이라 하자. $X_3=X_1X_2$로 쓰면, X_1, X_2, X_3는 쌍으로 독립이지만, 완전독립이 아님을 보여라.

5. (X_1, X_2, X_3)가 결합 확률질량함수

$$f(x_1, x_2, x_3)=\begin{cases}\dfrac{1}{4}, & (x_1, x_2, x_3)\in A \\ 0, & \text{그 외에서}\end{cases}$$

(단, $A=\{(1,0,0),\ (0,1,0),\ (0,0,1),\ (1,1,1)\}$)

를 가질 때, X_1, X_2, X_3는 독립인가? 아니면, 쌍으로 독립인가? 또 X_1+X_2와 X_3는 독립인가?

6. $(\Omega, \mathscr{F}, P)$를 확률공간이라 하고 $A, B\in\mathscr{F}$라 하자. 또, 확률변수 X와 Y를 다음과 같이 정의하자.

$$X(\omega)=I_A(\omega),\quad Y(\omega)=I_B(\omega),\quad \forall\,\omega\in\Omega$$

이 때, X와 Y가 독립일 필요충분조건은 두 사상 A와 B가 독립임을 보여라.

7. X와 Y가 독립 확률변수들이라 하자. 만일 X와 $X-Y$가 독립이면, X는 퇴화 확률변수임을 증명하여라.

§4. 3 확률벡터의 함수 (Function of Random Vectors)

X와 Y를 확률공간 $(\Omega, \mathscr{F}, P)$상의 확률변수들이라 하고 X, Y에 관한 함수들을 다음과 같이 정의하자. 모든 $\omega \in \Omega$에 대해서

$$(X+Y)(\omega) = X(\omega) + Y(\omega)$$

$$(XY)(\omega) = X(\omega)Y(\omega)$$

$$\left(\frac{X}{Y}\right)(\omega) = \frac{X(\omega)}{Y(\omega)} \quad (\text{단, } \{\omega \in \Omega : Y(\omega) = 0\} = \varnothing)$$

$X_1, \cdots, X_n$을 $(\Omega, \mathscr{F}, P)$ 상의 확률변수들이라 할 때

$$M_n := \max\{X_1, X_2, \cdots, X_n\}$$

을, 모든 $\omega \in \Omega$ 에 대해서

$$M_n(\omega) = \max\{X_1(\omega), X_2(\omega), \cdots, X_n(\omega)\}$$

로 정의 하고,

$$N_n := \min\{X_1, X_2, \cdots, X_n\}$$

을, 모든 $\omega \in \Omega$ 에 대하여

$$N_n(\omega) = \min\{X_1(\omega), X_2(\omega), \cdots, X_n(\omega)\}$$

로 정의하자. 그러면 다음 식이 성립한다.

$$N_n = -\max\{-X_1, -X_2, \cdots, -X_n\}$$

【정리 1】 M_n 과 N_n 은 $(\Omega, \mathscr{F}, P)$상에서 확률변수들이다.

【증명】 $X_1, \cdots, X_n$은 확률변수들이므로 임의의 실수 x에 대하여

$$\{\omega \in \Omega : M_n(\omega) \le x\} = \{X_1 \le x, \cdots, X_n \le x\}$$
$$= \bigcap_{i=1}^{n} \{X_i \le x\} \in \mathscr{F}$$

이다. 따라서 M_n 은 확률변수가 되고 (§2.1의 정리 2 참조)

$$\{N_n \le x\} = \bigcup_{i=1}^{n} \{X_i \le x\} \in \mathscr{F}$$

이므로 N_n 도 확률변수가 된다.

【정리 2】 $X_1, \cdots, X_n$ 을 독립확률변수들이라 하자. 그러면, 모든 실수 z 에 대하여 다음 식들이 성립한다.

$$P\{M_n \le z\} = \prod_{i=1}^{n} P\{X_i \le z\}$$

$$P\{N_n \le z\} = 1 - \prod_{i=1}^{n} (1 - P\{X_i \le z\})$$

【증명】 명백히 다음이 성립한다.

$$P\{M_n \le z\} = P\{X_1 \le z, \cdots, X_n \le z\}$$
$$= P\{X_1 \le z\} \cdots P\{X_n \le z\} \quad (\S 4.2\text{의 정의 2에 의해})$$

$$P\{N_n \le z\} = 1 - P\{\min\{X_1, \cdots, X_n\} > z\}$$
$$= 1 - \prod_{i=1}^{n} P\{X_i > z\} \quad (\S 4.2\text{의 정리 1에 의해})$$
$$= 1 - \prod_{i=1}^{n} (1 - P\{X_i \le z\})$$

□

【따름정리】 $X_1, \cdots, X_n$ 을 공통의 분포함수 F 를 갖는 독립 확률변수들이라 하자. 그러면, 다음 식들이 성립한다.

$$P\{M_n \le z\} = (F(z))^n, \qquad z \in \mathbb{R} \tag{1}$$

$$P\{N_n \le z\} = 1 - (1 - F(z))^n, \qquad z \in \mathbb{R} \tag{2}$$

주의 1 $X_1, \cdots, X_n$ 을 공통의 분포함수 F를 갖는 독립 확률변수들이라 하고 그 밀도함수를 f 라 하자. 그러면 따름정리에 의하여 M_n과 N_n의 밀도함수 g, h는 각각 다음과 같이 주어진다. f의 모든 연속 점에서

$$g(z) = n(F(z))^{n-1} f(z) \qquad \text{(식 (1)을 미분)}$$

$$h(z) = n(1 - F(z))^{n-1} f(z) \qquad \text{(식 (2)를 미분)}$$

[예제 1] $X_1, \cdots, X_n$이 다음 공통의 밀도함수를 갖는다고 하자.

$$f(x) = \begin{cases} \dfrac{1}{b-a}, & x \in [a, b],\ a < b \\ 0, & \text{그 외에서} \end{cases}$$

이 때, M_n과 N_n의 밀도함수를 각각 구하여라.

【풀이】 X의 분포함수 F를 구해 보면 다음과 같다.

$$F(x) = \int_a^x \frac{1}{b-a}\, dt = \begin{cases} \dfrac{x-a}{b-a}, & a \le x \le b \\ 0, & \text{그 외에서} \end{cases}$$

따라서 위의 주의 1에 의하여 M_n의 밀도함수 g는

$$g(z) = \begin{cases} n\left(\dfrac{z-a}{b-a}\right)^{n-1} \dfrac{1}{b-a}, & a \le z \le b \\ 0, & \text{그 외에서} \end{cases}$$

이 되고, N_n의 밀도함수 h는 다음과 같다.

$$h(z) = \begin{cases} n\left(\dfrac{b-z}{b-a}\right)^{n-1} \dfrac{1}{b-a}, & a \le z \le b \\ 0, & \text{그 외에서} \end{cases}$$

□

※ **변수변환법**(change of variable technigue)

(1) 이산형(discrete type)

$X := (X_1, \cdots, X_n)$를 이산형의 확률벡터라 하고, 어떤 가산집합 $A \subset \mathbb{R}^n$에 대하여 $P\{X \in A\} = 1$이라 하자. $\mathbb{R}^n$ 상의 실가인 Borel 가측함수들 $g_1, \cdots, g_n$의 모임을 $g := (g_1, \cdots, g_n)$이라 놓고, $X_1, \cdots, X_n$에 관한 이산 확률변수들

$$Y_1 := g_1(X_1, \cdots, X_n), \cdots, Y_n := g_n(X_1, \cdots, X_n)$$

의 모임을 $Y := (Y_1, \cdots, Y_n)$이라 하자. $\mathbb{R}^n$ 상의 벡터함수 $g : A \to B \subset \mathbb{R}^n$가 전단사함수 (즉, 1 대 1 대응 함수)이면, $x := (x_1, \cdots, x_n) \in A$일 때의 관계식

$$\begin{aligned} g(x) &= (g_1, \cdots, g_n)(x_1, \cdots, x_n) = (g_1(x_1, \cdots, x_n), \cdots, g_n(x_1, \cdots, x_n)) \\ &=: (y_1, \cdots, y_n) =: y \in B \end{aligned}$$

으로부터, 각각의 벡터 $(y_1, \cdots, y_n) \in B$에 대해 g의 역변환 (즉, 역함수)

$$\begin{cases} x_1 = h_1(y_1, \cdots, y_n) \\ \cdots\ \cdots\ \cdots\ \cdots\ \cdots\ \cdots \\ x_n = h_n(y_1, \cdots, y_n) \end{cases}$$

가 유일하게 존재한다. 이 경우, 벡터 $Y := (Y_1, \cdots, Y_n)$의 결합 확률함수는 다음과 같이 구해진다.

$$\begin{aligned} &P\{Y_1 = y_1, \cdots, Y_n = y_n\} \\ &\quad = \begin{cases} P\{X_1 = h_1(y), \cdots, X_n = h_n(y)\}, & y \in B \\ 0, & y \notin B \end{cases} \end{aligned} \qquad (*)$$

주 의 2 확률변수 Y_i $(i = 1, \cdots, n)$의 주변 확률질량함수 또는 $Y_1, \cdots, Y_n$의 부분모임의 결합 주변 확률질량함수를 구하려면, 나머지 Y_j 들에 관해서 합을 구하면 된다.

[예제 2] 독립확률변수들 X_1, X_2가 공통의 이항분포의 확률질량함수

$$P\{X = k\} = \begin{cases} \binom{n}{k} p^k (1-p)^{n-k}, & k = 0, 1, \cdots, n;\ 0 < p < 1 \\ 0, & \text{그 외에서} \end{cases}$$

를 가질 때, $Y_1 := \dfrac{X_1}{X_2+1}$ 과 $Y_2 := X_2+1$의 결합 확률질량함수를 구하여라.

【풀이】 확률변수들의 관찰치에 대한 관계식

$$\begin{cases} y_1 := g_1(x_1, x_2) = \dfrac{x_1}{x_2+1} \\ y_2 := g_2(x_1, x_2) = x_2+1 \end{cases}$$

으로부터 $g := (g_1, g_2)$는 전단사 함수임을 알 수 있다. 따라서 이 식을 x_1, x_2에 관해 풀면, 역변환

$$\begin{cases} x_1 := h_1(y_1, y_2) = y_1 y_2 \\ x_2 := h_2(y_1, y_2) = y_2-1 \end{cases}$$

이 구해지므로 (Y_1, Y_2)의 결합 확률질량함수는, 앞의 식 (*)에 의해 다음과 같이 얻어진다.

$$\begin{aligned} P\{Y_1 = y_1, Y_2 = y_2\} &= P\{X_1 = y_1 y_2, X_2 = y_2-1\} \\ &= P\{X_1 = y_1 y_2\} P\{X_2 = y_2-1\} \qquad (X_1,\ X_2 : \text{독립}) \\ &= \binom{n}{y_1 y_2}\binom{n}{y_2-1} p^{y_1 y_2 + y_2 - 1}(1-p)^{2n - y_1 y_2 - y_2 + 1} \\ &\qquad (y_1 y_2 = x_1 = 0, 1, \cdots, n;\ \ y_2 = 1, 2, \cdots, n+1) \end{aligned}$$

특히, 위의 식에서 $y_1 = n$이고 $y_2 = 1$일 때는 다음과 같다.

$$P\{Y_1 = n, Y_2 = 1\} = p^n (1-p)^n$$

□

(2) 연속형(continuous type)

$X := (X_1, \cdots, X_n)$을 연속형의 확률벡터라 하고, 이 벡터의 결합 밀도함수 $f(x_1, \cdots, x_n)$가 연속이라 하자. $\mathbb{R}^n$ 상의 실가 Borel 가측함수들로 이루어진 벡터함수를 $g = (g_1, \cdots, g_n)$으로 나타내고 다음과 같이 정의하자.

$$Y := (Y_1, \cdots, Y_n) := (g_1(X_1, \cdots, X_n), \cdots, g_n(X_1, \cdots, X_n))$$

더욱 연속 확률벡터 Y의 관찰치 벡터 $y = (y_1, \cdots, y_n)$가 다음 조건들을 만족한다고 가정한다.

(a) 함수 $g : \mathbb{R}^n \to \mathbb{R}^n$는 전단사이며 연속이고, 그 역변환

$$\begin{cases} x_1 = h_1(y_1, \cdots, y_n) \\ \cdots \cdots \cdots \cdots \cdots \cdots \\ x_n = h_n(y_1, \cdots, y_n) \end{cases}$$

도 연속이다.

(b) 편도함수들 $\dfrac{\partial x_i}{\partial y_j}$ $(1 \le i \le n, 1 \le j \le n)$이 존재하고 연속이다.

(c) 결합 밀도함수 $f(x_1, \cdots, x_n)$가 양인 모든 점 $(x_1, \cdots, x_n)$에서 역변환의 야코비안(Jacobian)이 0이 아니다. 즉,

$$J := \frac{\partial(x_1, \cdots, x_n)}{\partial(y_1, \cdots, y_n)} := \begin{vmatrix} \dfrac{\partial x_1}{\partial y_1} & \cdots \cdots & \dfrac{\partial x_1}{\partial y_n} \\ \vdots & \ddots & \vdots \\ \dfrac{\partial x_n}{\partial y_1} & \cdots\cdots & \dfrac{\partial x_n}{\partial y_n} \end{vmatrix} \neq 0$$

【정리 3】 연속확률벡터 $X := (X_1, \cdots, X_n)$의 결합밀도함수 $f(x_1, \cdots, x_n)$가 연속이라 하자. 앞에서 정의된 연속확률벡터 Y가 조건 (a)-(c)를 만족하면, $Y := (Y_1, \cdots, Y_n)$의 결합밀도함수 $w(y_1, \cdots, y_n)$는 다음과 같이 주어진다.

$$w(y_1, \cdots, y_n) = f(h_1(y_1, \cdots, y_n), \cdots, h_n(y_1, \cdots, y_n))\,|J|$$

【증명】 임의로 주어진 점 $(y_1, \cdots, y_n) \in \mathbb{R}^n$에 대하여 집합

$$B = \left\{(y_1', \cdots, y_n') \in \mathbb{R}^n : -\infty < y_i' \le y_i,\ i = 1, 2, \cdots, n\right\}$$

를 정의하자. 그러면

$$g^{-1}(B) := \{(x_1, \cdots, x_n) \in \mathbb{R}^n : g(x_1, \cdots, x_n) \in B\} \quad (1)$$
$$= \{(x_1, \cdots, x_n) \in \mathbb{R}^n : g_i(x_1, \cdots, x_n) \le y_i,\ i = 1, 2, \cdots, n\}$$

가 된다. 여기서 $g := (g_1, \cdots, g_n)$이다. 따라서 Y의 결합 분포함수는

$$P\{Y_1 \le y_1, \cdots, Y_n \le y_n\} = P\{Y \in B\}$$
$$= P\{X \in g^{-1}(B)\} \qquad (Y = g(X) \text{ 이고 } (1) \text{을 적용})$$
$$= \int \cdots \int_{g^{-1}(B)} f(x_1, \cdots, x_n)\, dx_1 \cdots dx_n$$
$$= \int_{-\infty}^{y_n} \cdots \int_{-\infty}^{y_1} f(h_1(y_1, \cdots, y_n), \cdots, h_n(y_1, \cdots, y_n))$$
$$\times \left| \frac{\partial(x_1, \cdots, x_n)}{\partial(y_1, \cdots, y_n)} \right| dy_1 \cdots dy_n \qquad (\text{적분변환공식}) \quad (2)$$

로 주어지고 (2)를 미분하면 정리의 결과가 얻어진다. □

주의 3 $Y_i\ (i = 1, \cdots, n)$의 주변 밀도함수 또는 $Y_1, \cdots, Y_n$의 부분모임의 결합 주변 밀도함수를 구하려면, 나머지 $y_j\ (i \ne j)$들에 관해서 적분을 구하면 된다.

[예제 3] X_1, X_2, X_3를 공통의 지수 밀도함수(exponential pdf)

$$f(x) = \begin{cases} e^{-x}, & x > 0 \\ 0, & x \le 0 \end{cases}$$

를 갖는 독립 확률변수들이라 하자. X_1, X_2, X_3에 관한 함수들을

$$Y_1 = X_1 + X_2 + X_3,\quad Y_2 = \frac{X_1 + X_2}{X_1 + X_2 + X_3},\quad Y_3 = \frac{X_1}{X_1 + X_2}$$

이라 할 때, (Y_1, Y_2, Y_3)의 결합밀도함수를 구하여라.

【풀이】 $X_i\ (i = 1, 2, 3)$은 독립인, 동일분포의 확률변수들이므로 (X_1, X_2, X_3)의 결합밀도함수는, §4.2의 정리 2(ii)를 응용하면

$$f(x_1, x_2, x_3) = f(x_1)f(x_2)f(x_3)$$
$$= \begin{cases} e^{-x_1-x_2-x_3}, & x_i > 0,\ i=1, 2, 3 \\ 0, & \text{그 외에서} \end{cases}$$

로 주어진다. 이 예제에서 주어진 Y_1, Y_2, Y_3의 값들을 관계식으로 나타내면

$$y_1 := g_1(x_1, x_2, x_3) = x_1 + x_2 + x_3,$$
$$y_2 := g_2(x_1, x_2, x_3) = \frac{x_1+x_2}{x_1+x_2+x_3},$$
$$y_3 := g_3(x_1, x_2, x_3) = \frac{x_1}{x_1+x_2}$$

이 된다. 그런데 함수 $g := (g_1, g_2, g_3) : \mathbb{R}^3 \to \mathbb{R}^3$는 전단사이고 연속이므로 그 역변환

$$\begin{cases} x_1 = y_1y_2y_3 =: h_1(y_1, y_2, y_3) \\ x_2 = y_1y_2(1-y_3) =: h_2(y_1, y_2, y_3) \\ x_3 = y_1(1-y_2) =: h_3(y_1, y_2, y_3) \end{cases}$$

도 연속이다. 이 역변환의 야코비안은, $f(x_1, x_2, x_3) > 0$ 일 때

$$J = \begin{vmatrix} \frac{\partial x_1}{\partial y_1} & \frac{\partial x_1}{\partial y_2} & \frac{\partial x_1}{\partial y_3} \\ \frac{\partial x_2}{\partial y_1} & \frac{\partial x_2}{\partial y_2} & \frac{\partial x_2}{\partial y_3} \\ \frac{\partial x_3}{\partial y_1} & \frac{\partial x_3}{\partial y_2} & \frac{\partial x_3}{\partial y_3} \end{vmatrix} = \begin{vmatrix} y_2y_3 & y_1y_3 & y_1y_2 \\ y_2(1-y_3) & y_1(1-y_3) & -y_1y_2 \\ 1-y_2 & -y_1 & 0 \end{vmatrix}$$
$$= -y_1^2y_2 \neq 0 \qquad (\because\ y_i > 0,\ i = 1, 2, 3)$$

이고, 편도함수들 $\partial x_i/\partial y_j$이 연속이다. 또한 $f(x_1, x_2, x_3) > 0$인 모든 점 (x_1, x_2, x_3)에서 $0 < y_1 < \infty$, $0 < y_2 < 1$이고 $0 < y_3 < 1$이다. 따라서 정리 3의 모든 조건들을 만족하므로 (Y_1, Y_2, Y_3)의 결합밀도함수는 다음과 같이 구해진다.

$$w(y_1, y_2, y_3) = f(y_1y_2y_3,\ y_1y_2(1-y_3),\ y_1(1-y_2))\,|J|$$

$$= \exp(-y_1y_2y_3 - y_1y_2(1-y_3) - y_1(1-y_2))\, y_1^2 y_2$$

$$= \begin{cases} y_1^2 y_2 e^{-y_1}, & 0 < y_1 < \infty,\ 0 < y_2 < 1,\ 0 < y_3 < 1 \\ 0, & \text{그 외에서} \end{cases}$$

□

정의 1 임의의 실수 x에 대하여

$$P\{X \geq x\} = P\{X \leq -x\}$$

가 성립할 때, X를 0에서의 **대칭**(symmetric)**확률변수**라 부른다.

【정리 4】 X와 Y가 독립인, 동일분포의 확률변수들이면, $X-Y$는 0에서의 대칭확률변수이다.

【증명】 X와 Y가 이산형일 때 증명한다. 연속형일 때도 같은 방법으로 증명된다. 임의의 실수 x에 대해서 다음 식이 성립한다. $j=1, 2, \cdots$ 일 때

$$P\{X-Y \leq x\} = P\{X = x_j \text{ 이고 } -Y \leq x - x_j \text{ 인 } x_j\text{가 존재한다}\}$$

$$= P\left(\bigcup_{j=1}^{\infty}\{X = x_j, -Y \leq x - x_j\}\right)$$

$$= \sum_{j=1}^{\infty} P\{X = x_j, -Y \leq x - x_j\} \qquad (\S 1.2\text{의 정의 } 1(\text{iii})\text{에 의해})$$

$$= \sum_{j=1}^{\infty} P\{X = x_j\}P\{-Y \leq x - x_j\} \qquad (X, Y\text{는 독립이므로})$$

$$= \sum_{j=1}^{\infty} P\{X = x_j\}P\{-X \leq x - x_j\} \qquad (X,\ Y\text{는 동일분포를 하므로})$$

$$= \sum_{j=1}^{\infty} P\{X = x_j\}(1 - P\{X < -x + x_j\})$$

$$= \sum_{j=1}^{\infty} (P\{X = x_j\} - P\{X <-x+x_j\} P\{X = x_j\})$$

$$= 1 - \sum_{j=1}^{\infty} P\{X<-x+x_j\} P\{X = x_j\}$$

따라서

$$P\{X-Y \le -x\} = 1 - \sum_{j=1}^{\infty} P\{X < x+x_j\} P\{X = x_j\}$$

$$= 1 - \sum_{j=1}^{\infty} P\{X < x+x_j\} P\{Y = x_j\} \qquad (X,\ Y\text{는 동일분포})$$

$$= 1 - \sum_{j=1}^{\infty} P\{X < x+x_j,\ Y = x_j\} \qquad (X,\ Y\text{는 독립이므로})$$

$$= 1 - P\left(\bigcup_{j=1}^{\infty} \{X < x+x_j,\ Y = x_j\}\right)$$

$$= 1 - P\{X < x+x_j \text{ 이고 } Y = x_j \text{ 인 } x_j \text{가 존재한다}\}$$

$$= 1 - P\{X-Y < x\} = P\{X-Y \ge x\}, \qquad {}^{\forall} x \in \mathbb{R}$$

그러므로 정의 1 에 의해 $X-Y$는 0에서의 대칭 확률변수이다. □

연습문제 4.3

1. X의 확률질량함수가

$$P\{X = x\} = \begin{cases} \frac{1}{3}, & x = 1, 2, 3 \\ 0, & \text{그 외에서} \end{cases}$$

일 때, $Y := 2X+1$의 확률 질량함수를 구하여라.

2. X_1과 X_2의 결합 확률 질량함수가

$$P\{X_1 = x_1,\, X_2 = x_2\} = \begin{cases} \left(\dfrac{2}{3}\right)^{x_1+x_2}\left(\dfrac{1}{3}\right)^{2-x_1-x_2}, & (x_1, x_2) = (0,0),\ (0,1),\ (1,0),\ (1,1) \\ 0, & \text{그 외에서} \end{cases}$$

일 때, $Y_1 := X_1 - X_2$와 $Y_2 := X_1 + X_2$의 결합 확률 질량함수를 구하여라.

3. X의 확률밀도함수가

$$f(x) = \begin{cases} \dfrac{x^2}{9}, & 0 < x < 3 \\ 0, & \text{그 외에서} \end{cases}$$

일 때, $Y := X^3$의 확률밀도함수를 구하여라.

4. X_1과 X_2가 공통의 확률밀도함수

$$f(x) = \begin{cases} 1, & 0 < x < 1 \\ 0, & \text{그 외에서} \end{cases}$$

를 갖는 독립 확률변수들일 때, $Y_1 := X_1 + X_2$와 $Y_2 := X_1 - X_2$의 결합 밀도함수를 구하여라. 또, Y_1의 주변 밀도함수를 구하여라.

5. X와 Y가 공통의 확률밀도함수

$$f(x) = \begin{cases} e^{-x}, & x > 0 \\ 0, & x \le 0 \end{cases}$$

를 갖는 독립인, 동일 분포의 확률변수들이라 하자. 이 경우

(a) 다음 확률변수들의 밀도함수를 구하여라.

(i) $X + Y$ (ii) $X - Y$ (iii) XY (iv) $\dfrac{X}{Y}$

(v) $\min\{X, Y\}$ (vi) $\max\{X, Y\}$

(b) $U = X + Y,\ V = X - Y$라 할 때, $U = u$가 주어진, V의 조건부

확률밀도함수를 구하여라.

(c) $U := X + Y$와 $Z := \dfrac{X}{X+Y}$는 독립인가?

6. (X, Y)의 결합밀도함수가

$$f(x, y) = \begin{cases} 1+\alpha-2\alpha(x+y-2xy), & 0<x<1,\ 0<y<1 \\ 0, & \text{그 외에서} \end{cases}$$

일 때, $U := X - Y$의 밀도함수는

$$f(u) = \begin{cases} 1+\dfrac{1}{3}\alpha+(1+\alpha)u-2\alpha\dfrac{u^3}{3}, & -1<u\le 0 \\ 1+\dfrac{1}{3}\alpha-(1+\alpha)u+2\alpha\dfrac{u^3}{3}, & 0<u<1 \\ 0, & \text{그 외에서} \end{cases}$$

임을 보이고, U는 0에서의 대칭 확률변수임을 밝혀라.

§4. 4 순서통계량 (Order Statistics)

n 차원 확률벡터 $(X_1, \cdots, X_n)$의 값을 $(x_1, \cdots, x_n)$이라 하자. $x_1, \cdots, x_n$을 크기 순서대로 재배열하여

$$x_{(1)} \leq x_{(2)} \leq \cdots \leq x_{(n)}$$

으로 나타내자. 이 절에서는 다음의 순서통계량에 대해서 그 확률분포를 공부할 것이다.

> **정의 1** 확률변수들 $X_1, \cdots, X_n$의 값들을 크기 순서대로 재배열하여, k 번째의 값 $x_{(k)}$를 갖는 확률변수 $X_{(k)}$를 k **번째 순서통계량**(kth-order statistic)이라 부르고, $(X_{(1)}, \cdots, X_{(n)})$을 $(X_1, \cdots, X_n)$의 **순서통계량**이라 부른다.

이 절에서는 $X_1, \cdots, X_n$을 연속형의 독립인, 동일 분포의 확률변수들로 한정하고, 각각의 확률밀도함수를 f로 가정한다.

> **【정리 1】** 순서통계량 $(X_{(1)}, \cdots, X_{(n)})$의 결합밀도함수 $g(x_{(1)}, \cdots, x_{(n)})$는 다음과 같이 주어진다.
>
> $$g(x_{(1)}, \cdots, x_{(n)}) = \begin{cases} n!\, f(x_{(1)}) \cdots f(x_{(n)}), & x_{(1)} < \cdots < x_{(n)} \\ 0, & \text{그 외에서} \end{cases}$$

【증명】 $(X_1, \cdots, X_n)$을 순서통계량 $(X_{(1)}, \cdots, X_{(n)})$으로 변환하는 방법은 $n!$가지가 있다. 예를 들어 $n=3$일 때 다음의 6가지가 있다.

$$x_1 < x_2 < x_3, \quad x_1 < x_3 < x_2, \quad x_2 < x_1 < x_3,$$
$$x_2 < x_3 < x_1, \quad x_3 < x_1 < x_2, \quad x_3 < x_2 < x_1.$$

따라서, 일반적으로 역변환도 $n!$가지가 있다. 왜냐하면, 위의 예로부터 다음 6가지의 역변환이 생기기 때문이다.

$$\begin{cases} x_1 = x_{(1)},\ x_2 = x_{(2)},\ x_3 = x_{(3)} \\ x_1 = x_{(1)},\ x_3 = x_{(2)},\ x_2 = x_{(3)} \\ \quad \cdots\ \cdots\ \cdots\ \cdots\ \cdots\ \cdots \\ x_3 = x_{(1)},\ x_2 = x_{(2)},\ x_1 = x_{(3)} \end{cases}$$

이 경우 각 역변환의 야코비안은 $J_i = \pm 1\,(i=1, 2, \cdots, 6)$이다. 예를 들어 위의 처음 역변환에서

$$J_1 = \begin{vmatrix} \dfrac{\partial x_1}{\partial x_{(1)}} & \dfrac{\partial x_1}{\partial x_{(2)}} & \dfrac{\partial x_1}{\partial x_{(3)}} \\ \dfrac{\partial x_2}{\partial x_{(1)}} & \dfrac{\partial x_2}{\partial x_{(2)}} & \dfrac{\partial x_2}{\partial x_{(3)}} \\ \dfrac{\partial x_3}{\partial x_{(1)}} & \dfrac{\partial x_3}{\partial x_{(2)}} & \dfrac{\partial x_3}{\partial x_{(3)}} \end{vmatrix} = \begin{vmatrix} 1 & 0 & 0 \\ 0 & 1 & 0 \\ 0 & 0 & 1 \end{vmatrix} = 1$$

이고, 같은 방법으로 위의 끝 역변환에서

$$J_6 = \begin{vmatrix} 0 & 0 & 1 \\ 0 & 1 & 0 \\ 1 & 0 & 0 \end{vmatrix} = -1$$

이다. 일반적으로 $n!$개의 역변환 중의 어느 하나가, 예를 들어

$$x_4 = x_{(1)},\ x_1 = x_{(2)}, \cdots, x_n = x_{(n-1)}, x_2 = x_{(n)}$$

이면, 이 순서통계량 $(X_{(1)}, \cdots, X_{(n)})$의 결합밀도함수는, §4.3의 정리 3에 의해

$$\begin{aligned} g_1(x_{(1)}, \cdots, x_{(n)}) &:= f(x_{(2)}) f(x_{(n)}) \cdots f(x_{(n-1)}) |J| \\ &= f(x_{(1)}) f(x_{(2)}) \cdots f(x_{(n)}) \end{aligned}$$

이 된다. 따라서 역변환이 $n!$개가 있으므로 §2.4의 정리 6을 고려하면 정리 1이 증명된다. □

[예제 1] $X_1, \cdots, X_n$이 공통의 밀도함수

$$f(x) = \begin{cases} 1, & 0 < x < 1 \\ 0, & \text{그외에서} \end{cases}$$

를 갖는 독립 확률변수들이라 하자. 그러면, 순서통계량 $(X_{(1)}, \cdots, X_{(n)})$의 결합밀도함수 $g(x_{(1)}, \cdots, x_{(n)})$는, 정리 1에 의해

$$g(x_{(1)}, \cdots, x_{(n)}) = \begin{cases} n!, & 0 < x_{(1)} < \cdots < x_{(n)} < 1 \\ 0, & \text{그 외에서} \end{cases}$$

이다.

> **【정리 2】** 독립 확률변수 열 $X_1, \cdots, X_n$의 공통의 분포함수가 F이고 밀도함수가 f일 때, r번째 순서통계량 $X_{(r)}$의 주변밀도함수는
>
> $$g_r(y_r) = \frac{n!}{(r-1)!(n-r)!}[F(y_r)]^{r-1}[1-F(y_r)]^{n-r} f(y_r)$$
>
> 이다. 여기서 y_r은 $X_{(r)}$의 값이다.

【증명】 $(X_1, \cdots, X_n)$의 순서통계량을 $(Y_1, \cdots, Y_n)$이라 하면 실제의 값은

$$y_1 < y_2 < \cdots < y_{r-1} < y_r < y_{r+1} < \cdots < y_{n-1} < y_n$$

으로 나열될 수 있다. 정리 1에 의하여 $(Y_1, \cdots, Y_n)$의 결합밀도함수는

$$g(y_1, \cdots, y_n) = \begin{cases} n!f(y_1)\cdots f(y_n), & y_1 < \cdots < y_n \\ 0, & \text{그 외에서} \end{cases}$$

이므로 Y_r (혹은 $X_{(r)}$)의 주변밀도함수는, §4.3의 주의 3에 의해

$$g_r(y_r) = \int_{-\infty}^{\infty}\cdots\int_{-\infty}^{\infty} g(y_1, \cdots, y_r, \cdots, y_n)\, dy_n \cdots dy_{r+1}\, dy_{r-1} \cdots dy_1$$

$$= n!f(y_r)\int_{-\infty}^{y_r}\cdots\int_{-\infty}^{y_3}\int_{-\infty}^{y_2} f(y_1)\cdots f(y_{r-1})\, dy_1\, dy_2 \cdots dy_{r-1}$$

$$\times \int_{y_r}^{\infty}\cdots\int_{y_{n-2}}^{\infty}\int_{y_{n-1}}^{\infty} f(y_n)\cdots f(y_{r+1})\, dy_n \cdots dy_{r+1}$$

$$= n!\, f(y_r) \int_{-\infty}^{y_r} \cdots \int_{-\infty}^{y_3} F(y_2)\, f(y_2) \cdots f(y_{r-1})\, dy_2 \cdots dy_{r-1}$$

$$\times \int_{y_r}^{\infty} \cdots \int_{y_{n-2}}^{\infty} [1-F(y_{n-1})]\, f(y_{n-1}) \cdots f(y_{r+1}) dy_{n-1} \cdots dy_{r+1}$$

$$= n!\, f(y_r) \int_{-\infty}^{y_r} \cdots \int_{-\infty}^{y_4} \frac{[F(y_3)]^2}{2!} f(y_3) \cdots f(y_{r-1})\, dy_3 \cdots dy_{r-1}$$

$$\times \int_{y_r}^{\infty} \cdots \int_{y_{n-3}}^{\infty} \frac{[1-F(y_{n-2})]^2}{2!} f(y_{n-2}) \cdots f(y_{r+1}) dy_{n-2} \cdots dy_{r+1}$$

$$= n!\, f(y_r) \frac{[F(y_r)]^{r-1}}{(r-1)!} \frac{[1-F(y_r)]^{n-r}}{(n-r)!}$$

($\because$ $n-2=r$ 이면 $2=n-r$ 이다)

$$= \frac{n!}{(r-1)!\,(n-r)!} [F(y_r)]^{r-1} [1-F(y_r)]^{n-r} f(y_r)$$

으로 구해진다. □

§3.1의 정의 9에서 연속확률변수 X의 분포함수가 F일 때, $F(x) = \frac{1}{2}$을 만족하는 수 x가 X의 중앙값임을 안다.

[예제 2] X_1, X_2, X_3를 공통의 밀도함수 f와 분포함수 F를 갖는 독립확률변수들이라 하고 (X_1, X_2, X_3)의 순서통계량을 (Y_1, Y_2, Y_3)이라 하자. m이 X의 중앙값이면 $P\{Y_2 \le m\} = \frac{1}{2}$임을 보여라.

【풀이】 정리 2에서 $n = 3,\ r = 2$라 하면, Y_2의 주변밀도함수는

$$g_2(y_2) = \frac{3!}{1!\,1!} F(y_2)\, [1-F(y_2)]\, f(y_2)$$
$$= 6F(y_2)\, [1-F(y_2)]\, f(y_2)$$

이다. m이 X의 중앙값이면 $F(m) = \frac{1}{2}$이다. 따라서

$$\begin{aligned} P\{Y_2 \le m\} &= \int_{-\infty}^{m} g_2(y_2)\,dy_2 = 6\int_{-\infty}^{m} F(y_2)[1-F(y_2)]\,f(y_2)\,dy_2 \\ &= 6\int_{-\infty}^{m} [F(y_2)f(y_2) - (F(y_2))^2 f(y_2)]\,dy_2 \\ &= 6\left[\frac{(F(m))^2}{2} - \frac{(F(m))^3}{3}\right] = \frac{1}{2} \end{aligned}$$

□

【정리 3】 $X_1, \cdots, X_n$이 공통의 분포함수 F와 밀도함수 f를 갖는 독립 확률변수들일 때, j, k 번째($j < k$) 순서통계량 $X_{(j)}$ 와 $X_{(k)}$ 의 결합밀도함수는

$$\begin{aligned} &g_{jk}(y_j, y_k) \\ &= \frac{n!}{(j-1)!\,(k-j-1)!\,(n-k)!}[F(y_j)]^{j-1} \\ &\quad \times [F(y_k)-F(y_j)]^{k-j-1}[1-F(y_k)]^{n-k} f(y_j)\,f(y_k), \quad y_j < y_k \end{aligned}$$

이다. 여기서 y_j, y_k 는 각각 $X_{(j)}, X_{(k)}$ 의 값이다.

【증명】 $(X_1, \cdots, X_n)$의 순서통계량을 $(Y_1, \cdots, Y_n)$이라 하면 실제의 값은

$$y_1 < y_2 < \cdots < y_{j-1} < y_j < y_{j+1} < \cdots < y_{k-1} < y_k < y_{k+1} < \cdots < y_{n-1} < y_n$$

으로 나열된다. 정리 1에 의하여 $(Y_1, \cdots, Y_n)$의 결합밀도함수는

$$g(y_1, \cdots, y_n) = \begin{cases} n!\,f(y_1)\cdots f(y_n), & y_1 < \cdots < y_n \\ 0, & \text{그 외에서} \end{cases}$$

이므로 (Y_j, Y_k) (혹은 $(X_{(j)}, X_{(k)})$)의 결합밀도함수는, § 4. 3 의 주의 3 에 의해

$$\begin{aligned} g_{jk}(y_j, y_k) &= \int_{-\infty}^{\infty} \cdots \int_{-\infty}^{\infty} g(y_1, \cdots, y_j, \cdots, y_k, \cdots, y_n)\,dy_1 \cdots dy_{j-1} \\ &\qquad \times dy_{j+1} \cdots dy_{k-1}\,dy_{k+1} \cdots dy_n \\ &= n!\,f(y_j)\,f(y_k) \int_{-\infty}^{y_j} \cdots \int_{-\infty}^{y_2} \int_{y_j}^{y_k} \cdots \int_{y_{k-2}}^{y_k} \cdots \int_{y_k}^{\infty} \cdots \int_{y_{n-1}}^{\infty} \end{aligned}$$

$$f(y_1)\cdots f(y_{j-1})f(y_{j+1})f(y_{k-1})f(y_{k+1})\cdots f(y_n)$$
$$\times dy_n\cdots dy_{k+1}dy_{k-1}\cdots dy_{j+1}dy_1\cdots dy_{j-1}$$

$$= n!\,f(y_j)f(y_k)\int_{-\infty}^{y_j}\cdots\int_{-\infty}^{y_2}\int_{y_j}^{y_k}\cdots\int_{y_{k-2}}^{y_k}$$
$$f(y_1)\cdots f(y_{j-1})f(y_{j+1})f(y_{k-1})\frac{[1-F(y_k)]^{n-k}}{(n-k)!}$$
$$\times dy_{k-1}\cdots dy_{j+1}dy_1\cdots dy_{j-1} \qquad \text{(정리 2의 증명에서)}$$

$$= n!\frac{[1-F(y_k)]^{n-k}}{(n-k)!}f(y_j)f(y_k)$$
$$\times\int_{y_j}^{y_k}\cdots\int_{y_{k-2}}^{y_k}f(y_{k-1})\cdots f(y_{j+1})\,dy_{k-1}\cdots dy_{j+1}$$
$$\times\int_{-\infty}^{y_j}\cdots\int_{-\infty}^{y_2}f(y_1)\cdots f(y_{j-1})\,dy_1\cdots dy_{j-1}$$

$$= n!\,\frac{[1-F(y_k)]^{n-k}}{(n-k)!}f(y_j)f(y_k)\frac{[F(y_j)]^{j-1}}{(j-1)!}$$
$$\times\int_{y_j}^{y_k}\cdots\int_{y_{k-2}}^{y_k}f(y_{k-1})\cdots f(y_{j+1})dy_{k-1}\cdots dy_{j+1} \quad \text{(정리 2의 증명에서)}$$

이 되고, 위의 우변의 끝 부분에 있는 적분을 계산하면

$$\int_{y_j}^{y_k}\cdots\int_{y_{k-2}}^{y_k}f(y_{k-1})\cdots f(y_{j+1})\,dy_{k-1}\cdots dy_{j+1}$$
$$=\int_{y_j}^{y_k}\cdots\int_{y_{k-3}}^{y_k}[F(y_k)-F(y_{k-2})]f(y_{k-2})\cdots f(y_{j+1})\,dy_{k-2}\cdots dy_{j+1}$$
$$=\int_{y_j}^{y_k}\cdots\int_{y_{k-4}}^{y_k}\frac{[F(y_k)-F(y_{k-3})]^2}{2}f(y_{k-3})\cdots f(y_{j+1})\,dy_{k-3}\cdots dy_{j+1}$$
$$=\frac{[F(y_k)-F(y_j)]^{k-j-1}}{(k-j-1)!}$$

이므로

$$g_{jk}(y_j,\,y_k) = n!\frac{[1-F(y_k)]^{n-k}}{(n-k)!}f(y_j)f(y_k)\frac{[F(y_j)]^{j-1}}{(j-1)!}$$

$$\times \frac{[F(y_k)-F(y_j)]^{k-j-1}}{(k-j-1)!}, \qquad y_j < y_k$$

를 얻는다. □

주 의 1 순서통계량 $X_{(1)}, \cdots, X_{(n)}$ 은 독립이 아님을 보이자. 예를 들면, $n=3$ 일 때 $X_{(1)}, X_{(2)}, X_{(3)}$ 의 값을 $y_1 < y_2 < y_3$ 이라 하자. 정리 2에 의해

$X_{(1)}$ 의 주변밀도함수는 $g_1(y_1) = 3[1-F(y_1)]^2 f(y_1)$,

$X_{(2)}$ 의 주변밀도함수는 $g_2(y_2) = 6F(y_2)[1-F(y_2)]f(y_2)$,

$X_{(3)}$ 의 주변밀도함수는 $g_3(y_3) = 3[F(y_3)]^2 f(y_3)$

이다. 한편 $X_{(1)}, X_{(2)}, X_{(3)}$ 의 결합밀도함수는, 정리 1에 의해

$$g(y_1, y_2, y_3) = 3!\,f(y_1)f(y_2)f(y_3), \quad y_1 < y_2 < y_3$$

이다. 따라서 $g(y_1, y_2, y_3) \neq g_1(y_1)g_2(y_2)g_3(y_3)$ 임을 알 수 있다. 그러므로 §4.2의 정리 2(ii)를 확장하여 생각하면 $X_{(1)}, X_{(2)}, X_{(3)}$ 은 독립이 아니다.

【명 제】 X_1, X_2 의 결합밀도함수 $f(x_1, x_2)$ 가 연속이라 하자. X_1 과 X_2 가 독립일 필요충분조건은, 어떤 음이 아닌 연속함수들 $g(x_1)$, $h(x_2)$ 에 대해

$$f(x_1, x_2) = g(x_1)h(x_2) \tag{1}$$

가 성립하는 것이다.

【증명】 연속확률변수 X_1, X_2 가 독립이면, §4.2의 정리 2에 의해

$$f(x_1, x_2) = f_1(x_1)f_2(x_2), \quad {}^\forall (x_1, x_2) \in \mathbb{R}^2$$

가 성립한다. 여기서 f_1 과 f_2 는 각각 X_1, X_2 의 주변 밀도함수이고 연속이다. 따라서 f_1 과 f_2 는 음이 아닌 연속함수들이므로 식 (1)이 성립한다. 역으로, 식 (1)이 성립한다고 하자. 그러면 X_1 의 주변밀도함수는, §4.1의 정의에 의하여

$$f_1(x_1) = \int_{-\infty}^{\infty} g(x_1)h(x_2)\,dx_2$$

$$= g(x_1) \int_{-\infty}^{\infty} h(x_2)\, dx_2 =: c_1\, g(x_1)$$

(f 가 밀도함수이므로 $0 \le c_1 < \infty$ 임)

이다. 같은 방법으로, X_2 의 주변밀도함수는 $f_2(x_2) = c_2\, h(x_2)$ ($c_2 \ge 0$ 은 상수) 이다. 그런데

$$1 = \int_{-\infty}^{\infty}\int_{-\infty}^{\infty} f(x_1, x_2)\, dx_1\, dx_2 = \int_{-\infty}^{\infty}\int_{-\infty}^{\infty} g(x_1)\, h(x_2)\, dx_1\, dx_2$$
$$= c_1\, c_2$$

이므로

$$f(x_1, x_2) = 1 \cdot g(x_1)\, h(x_2) = c_1\, c_2\, g(x_1)\, h(x_2)$$
$$= f_1(x_1)\, f_2(x_2) \qquad \text{(위에서)}$$

가 성립한다. $(x_1, x_2) \in \mathbb{R}^2$ 는 임의의 점이므로 X_1 과 X_2 는 독립이다. □

[예제 3] (X_1, X_2, X_3) 는 다음 공통의 밀도함수

$$f(x) = \begin{cases} \beta e^{-\beta x}, & x > 0;\ \beta > 0 \\ 0, & x \le 0 \end{cases}$$

를 갖는다고 하자. $(X_{(1)}, X_{(2)}, X_{(3)})$ 을 (X_1, X_2, X_3) 의 순서통계량이라 하고 $Y_1 = X_{(3)} - X_{(2)}$, $Y_2 = X_{(2)}$ 라 하면, Y_1 과 Y_2 는 독립임을 증명하여라.

【풀이】 X 의 분포함수는 다음과 같이 주어진다.

$$F(x) = \int_0^x \beta\, e^{-\beta t}\, dt$$
$$= \begin{cases} 1 - e^{-\beta x}, & x \ge 0 \\ 0, & x < 0 \end{cases}$$

정리 3 에 의해, $X_{(2)}$ 와 $X_{(3)}$ 의 결합밀도함수를 계산하면

$$g_{23}(x_{(2)}, x_{(3)}) = 6\, \beta^2 \left(1 - e^{-\beta x_{(2)}}\right) e^{-\beta (x_{(2)} + x_{(3)})}$$

을 얻는다. 변환식 $y_1 = x_{(3)} - x_{(2)}$, $y_2 = x_{(2)}$ 의 역변환은

$$x_{(2)} = y_2, \quad x_{(3)} = y_1 + y_2$$

이므로 야코비안은 다음과 같다.

$$J = \begin{vmatrix} \dfrac{x_{(2)}}{\partial y_1} & \dfrac{x_{(2)}}{\partial y_2} \\ \dfrac{x_{(3)}}{\partial y_1} & \dfrac{x_{(3)}}{\partial y_2} \end{vmatrix} = -1$$

따라서 §4.3의 정리 3에 의해 Y_1과 Y_2의 결합밀도함수는

$$w(y_1, y_2) = \begin{cases} 6\beta^2 \left(1-e^{-\beta y_2}\right) e^{-\beta(y_1+2y_2)}, & 0 < y_1, y_2 < \infty \\ 0, & \text{그 외에서} \end{cases}$$

이다. 그런데

$$\begin{aligned} w(y_1, y_2) &= \left[6\beta^2 e^{-\beta y_1}\right] \left[(1-e^{-\beta y_2}) e^{-2\beta y_2}\right], \quad 0 < y_1, y_2 < \infty \\ &=: g(y_1) h(y_2) \end{aligned}$$

에서 $w(y_1, y_2)$는 음이 아닌 두 연속함수 $g(y_1)$, $h(y_2)$의 곱으로 나타나므로 명제에 의해 Y_1과 Y_2는 독립 확률변수들이다. □

연습문제 4.4

1. $y_1 < y_2 < y_3 < y_4$를 다음과 같은 공통의 밀도함수를 갖는 (X_1, X_2, X_3, X_4)의 순서통계량이라 하자.

$$f(x) = \begin{cases} 2x, & 0 < x < 1 \\ 0, & \text{그 외에서} \end{cases}$$

이 때, Y_3의 밀도함수를 구하고 확률 $P\{Y_3 > 1/2\}$을 계산하여라.

2. X_1과 X_2는 공통의 확률질량함수

$$P\{X=x\}=p(1-p)^{x-1}, \quad x=1,2,\cdots;\ 0<p<1$$

를 갖는 독립확률변수들이라 하자. 이 때, $X_{(1)}$과 $X_{(2)}-X_{(1)}$은 독립임을 증명하여라.

3. $Y_1<Y_2$를 다음 공통의 밀도함수를 갖는 (X_1, X_2)의 순서통계량이라 하자.

$$f(x)=\frac{1}{\sqrt{2\pi}}e^{-x^2/2}, \quad -\infty<x<\infty$$

그러면 $E(Y_1)=-1/\sqrt{\pi}$ 임을 증명하여라.

§4.5 적률과 적률생성함수 (Moments and Moment Generating Functions)

정의 1 (X, Y)를 2차원 이산형의 확률벡터라 하고, 그 결합 확률질량함수를 $p_{ij} := P\{X = x_i, Y = y_j\}$, $i = 1, 2, \cdots; j = 1, 2, \cdots$, 라 하자. $g : \mathbb{R}^2 \to \mathbb{R}$가 Borel 가측함수이고

$$\sum_i \sum_j p_{ij} \,|\, g(x_i, y_j) \,|\, < \infty$$

일 때, 확률변수 $g(X, Y)$의 **기대치**(expectation)를

$$E\{g(X, Y)\} := \sum_i \sum_j p_{ij}\, g(x_i, y_j)$$

로 정의한다.

[예제 1] (X, Y)의 결합 확률질량함수가

$$p_{ij} = \begin{cases} \dfrac{1}{3}, & (i, j) = (0,0),\ (0,1),\ (1,1) \\ 0, & (i, j) = (1,0) \end{cases}$$

로 주어질 때, $E\left(X - \frac{1}{3}\right)\left(Y - \frac{2}{3}\right)$를 계산하여라.

【풀이】 정의 1에서 $g(X, Y) = \left(X - \frac{1}{3}\right)\left(Y - \frac{2}{3}\right)$라 하고 $x_i = i$, $y_j = j$로 놓으면 $g(x_i, y_j) = \left(i - \frac{1}{3}\right)\left(j - \frac{2}{3}\right)$이므로

$$\begin{aligned}
\sum_{i=0}^{1}\sum_{j=0}^{1} p_{ij}\,|g(x_i, y_j)| &= \sum_{i=0}^{1}\sum_{j=0}^{1} p_{ij}\left|\left(i - \frac{1}{3}\right)\left(j - \frac{2}{3}\right)\right| \\
&= p_{00}\left|\left(0 - \frac{1}{3}\right)\left(0 - \frac{2}{3}\right)\right| + p_{10}\left|\left(1 - \frac{1}{3}\right)\left(0 - \frac{2}{3}\right)\right| \\
&\quad + p_{01}\left|\left(0 - \frac{1}{3}\right)\left(1 - \frac{2}{3}\right)\right| + p_{11}\left|\left(1 - \frac{1}{3}\right)\left(1 - \frac{2}{3}\right)\right|
\end{aligned}$$

$$= \frac{5}{27} < \infty$$

이다. 따라서 $g(X, Y)$의 기대치를 계산하면 다음과 같다.

$$E\left(X - \frac{1}{3}\right)\left(Y - \frac{2}{3}\right) = \frac{1}{9}$$ □

정의 2 (X, Y)를 2차원 연속형의 확률벡터라 하고, 그 결합밀도함수를 $f(x,y)$라 하자. $g : \mathbb{R}^2 \to \mathbb{R}$가 Borel 가측함수이고

$$\int_{-\infty}^{\infty}\int_{-\infty}^{\infty} |g(x, y)| f(x,y)\,dx\,dy < \infty$$

일 때, 확률변수 $g(X, Y)$의 **기대치**를

$$E\{g(X, Y)\} = \int_{-\infty}^{\infty}\int_{-\infty}^{\infty} g(x,y) f(x,y)\,dx\,dy$$

로 정의한다.

[예제 2] (X, Y)의 결합밀도함수가

$$f(x, y) = \begin{cases} x + y, & 0 < x < 1,\ 0 < y < 1 \\ 0, & \text{그 외에서} \end{cases}$$

일 때, XY^2의 기대치를 계산하여라.

【풀이】 정의 2에서 $g(X, Y) = XY^2$이라 놓으면

$$\int_{-\infty}^{\infty}\int_{-\infty}^{\infty} |xy^2| f(x, y)\,dx\,dy = \int_0^1\int_0^1 (x^2y^2 + xy^3)\,dx\,dy$$

$$= \frac{17}{72} < \infty$$

이므로 $E(XY^2) = \frac{17}{72}$이다. □

> **정의 3** $j = 0, 1, 2, \cdots$ 와 $k = 0, 1, 2, \cdots$ 에 대하여 $E|X^j Y^k|$가 존재할 때 $E(X^j Y^k)$를 확률벡터 (X, Y)의 $(j+k)$차 적률(moment of order $(j+k)$)이라 부르고, $E\{(X-EX)^j (Y-EY)^k\}$가 존재할 때, 이것을 $(j+k)$차 중심적률(central moment of order $(j+k)$)이라 부른다. 특히, $E\{(X-EX)(Y-EY)\}$가 존재할 때, 이것을 X와 Y사이의 공분산(covariance)이라 부르고
>
> $$\text{Cov}(X, Y) := E\{(X-EX)(Y-EY)\}$$
>
> 로 쓴다.

주 의 1 다음 등식은 명백히 성립한다.

$$\begin{aligned}\text{Cov}(X, Y) &= E\{(X-EX)(Y-EY)\} \\ &= E(XY) - E(X(EY)) - E\{(EX)Y\} + E\{(EX)(EY)\} \\ &= E(XY) - (EX)(EY) - (EX)(EY) + (EX)(EY) \\ &= E(XY) - (EX)(EY)\end{aligned}$$

앞의 예제 2에서 주어진 확률변수 XY^2을 더 일반화하여 $g(X, Y) := X^j Y^k$ $(j = 0, 1, 2, \cdots;\ k = 0, 1, 2, \cdots)$를 생각하자.

[예제 3] (X, Y)의 결합밀도함수가

$$f(x, y) = \begin{cases} x + y, & 0 < x < 1,\ 0 < y < 1 \\ 0, & \text{그 외에서} \end{cases}$$

일 때, $j, k = 0, 1, 2, \cdots$ 에 대해, (X, Y)의 $(j+k)$차 적률과 공분산을 구하라.

【풀이】 정의 2에서 $g(x, y) = x^j y^k$이면, (X, Y)의 $(j+k)$차 적률은

$$\begin{aligned}E(X^j Y^k) &= \int_0^1 \int_0^1 x^j y^k (x+y)\, dx\, dy \\ &= \int_0^1 y^k \left(\int_0^1 x^{j+1}\, dx\right) dy + \int_0^1 y^{k+1} \left(\int_0^1 x^j\, dx\right) dy\end{aligned}$$

$$= \frac{1}{(j+2)(k+1)} + \frac{1}{(j+1)(k+2)}, \quad j,\ k = 0, 1, 2, \cdots$$

로 계산된다. 위에서 $j=1$ 이고 $k=0$ 일 때 $E(X) = 7/12$ 이다. 또 $j=0$ 이고 $k=1$ 일 때는 $E(Y) = 7/12$ 이다. 더욱 $j = k = 1$ 일 때 $E(XY) = 1/3$ 이므로

$$\mathrm{Cov}(X, Y) := E(XY) - (EX)(EY) = -\frac{1}{144}$$

이 얻어진다. □

【정리 1】 확률벡터 $(X_1, \cdots, X_n)$ 에 대해 $E|X_i| < \infty$ $(i = 1, \cdots, n)$ 이라 하자. $a_1, \cdots, a_n$ 이 실 상수들일 때, $S_n = \sum_{i=1}^{n} a_i X_i$ 의 기대치는 존재하고

$$E(S_n) = \sum_{i=1}^{n} a_i E(X_i)$$

가 성립한다.

【증명】 $X_1, \cdots, X_n$ 이 연속형일 때 증명한다(이산형일 때도 같은 방법임). $X_1, \cdots, X_n$ 의 결합밀도함수를 $f(x_1, \cdots, x_n)$ 이라 하고, 각각의 주변밀도함수를 $f_i(x_i)$ $(i=1, \cdots, n)$ 이라 하자. 가정에 의해 $E(X_i)$ 는 존재한다. 따라서

$$\begin{aligned}
\sum_{i=1}^{n} a_i E(X_i) &= a_1 \int_{-\infty}^{\infty} x_1 f_1(x_1)\, dx_1 + \cdots + a_n \int_{-\infty}^{\infty} x_n f_n(x_n)\, dx_n \\
&= \int_{-\infty}^{\infty} a_1 x_1 \left(\int_{-\infty}^{\infty} \cdots \int_{-\infty}^{\infty} f(x_1, \cdots, x_n)\, dx_2 \cdots dx_n \right) dx_1 \\
&\quad + \cdots + \int_{-\infty}^{\infty} a_n x_n \left(\int_{-\infty}^{\infty} \cdots \int_{-\infty}^{\infty} f(x_1, \cdots, x_n)\, dx_1 \cdots dx_{n-1} \right) dx_n \\
&= \int_{-\infty}^{\infty} \cdots \int_{-\infty}^{\infty} (a_1 x_1 + \cdots + a_n x_n)\, f(x_1, \cdots, x_n)\, dx_1 \cdots dx_n \\
&= E(S_n) \qquad \text{(좌변이 존재하므로 정의 2 를 응용함)}
\end{aligned}$$

그러므로 S_n의 기대치는 존재한다. □

앞의 정리 1은 기대치 연산자 E가 선형적임(linearity)을 뜻한다.

【따름정리 1】 $E|X_i| < \infty \ (i=1, \cdots, n)$이면 다음 식이 성립한다.

$$E\left(\frac{1}{n}\sum_{i=1}^{n} X_i\right) = \frac{1}{n}\sum_{i=1}^{n} EX_i$$

【증명】 정리 1에서 $a_i = \dfrac{1}{n} \ (i=1, \cdots, n)$이라 놓으면 명백하다. □

【정리 2】 $X_1, \cdots, X_n$이 독립 확률변수들이고, 각 $i=1, \cdots, n$에 대하여 $g_i : \mathbb{R} \to \mathbb{R}$가 Borel 가측 함수이고 $E|g_i(X_i)| < \infty \ (i=1, \cdots, n)$이면, $E\left(\prod_{i=1}^{n} g_i(X_i)\right)$는 존재하고 다음 등식이 성립한다.

$$E\left(\prod_{i=1}^{n} g_i(X_i)\right) = \prod_{i=1}^{n} E(g_i(X_i))$$

【증명】 $X_1, \cdots, X_n$이 연속형일 때 증명한다. 이산형일 때도 같은 방법으로 증명된다. $X_1, \cdots, X_n$의 결합밀도함수를 f, 그리고 각각의 주변밀도함수를 $f_i(x_i) \ (i=1, \cdots, n)$이라 하자. 가정에 의해 $E\{g_i(X_i)\}$는 존재한다. 따라서

$$\begin{aligned} & E\{g_1(X_1)\} \cdots E\{g_n(X_n)\} \\ &= \int_{-\infty}^{\infty} \cdots \int_{-\infty}^{\infty} g_1(x_1) \cdots g_n(x_n) f_1(x_1) \cdots f_n(x_n) dx_1 \cdots dx_n \\ &= \int_{-\infty}^{\infty} \cdots \int_{-\infty}^{\infty} g_1(x_1) \cdots g_n(x_n) f(x_1, \cdots, x_n) dx_1 \cdots dx_n \end{aligned}$$

($X_1, \cdots, X_n$이 독립이므로)

$$= E\left(\prod_{i=1}^{n} g_i(X_i)\right) \qquad \text{(좌변이 존재하므로 정의 2를 응용함)} \qquad \square$$

[예제 4] X, Y가 각각 다음의 확률 질량함수를 갖는 독립 확률변수들일 때, $E\{X^2(Y+1)\}$을 구하여라.

$$P(X=x) = \begin{cases} 1/3, & x = 0, 1, 2 \\ 0, & \text{그 외에서} \end{cases}$$

$$P(Y=y) = \begin{cases} 1/6, & y = 1, 2, 3, 4, 5, 6 \\ 0, & \text{그 외에서} \end{cases}$$

【풀이】 X, Y는 독립이므로 §4.2의 정리 3에 의해 $g_1(X) := X^2$과 $g_2(Y) := Y+1$은 독립이다. 그런데

$$E|g_1(X)| = \sum_{x=0}^{2} x^2 P\{X=x\} = \frac{5}{3}$$

$$E|g_2(Y)| = \sum_{y=1}^{6} yP\{Y=y\} + 1 = \frac{9}{2}$$

이므로 정리 2에 의해

$$E\{X^2(Y+1)\} = E(X^2)E(Y+1) = \frac{15}{2}$$

를 얻는다. □

> **【따름정리 2】** X, Y가 독립확률변수들이면 $\mathrm{Cov}(X, Y) = 0$이다.

【증명】 가정으로부터 정리 2를 이용하면

$$E(XY) = (EX)(EY)$$

이다. 따라서 주의 1에 의해 다음이 성립한다.

$$\mathrm{Cov}(X, Y) = E(XY) - (EX)(EY) = 0 \qquad \square$$

위의 따름정리 2의 역은 반드시는 참이 아니다. 예를 들어보자.

[예제 5] X를 0에서의 대칭 연속확률변수라 하고 $E|X|^3 < \infty$이라 하자. $Y = X^2$이라 놓으면 $\mathrm{Cov}(X,Y) = 0$ 이다. 왜냐하면, X의 밀도함수가 f일 때

$$E(XY) = \int_{-\infty}^{0} x^3 f(x)\,dx + \int_{0}^{\infty} x^3 f(x)\,dx \tag{1}$$

이고

$$\begin{aligned} \int_{-\infty}^{0} x^3 f(x)dx &= -\int_{\infty}^{0} (-u)^3 f(-u)du && (x = -u\text{로 치환}) \\ &= -\int_{0}^{\infty} u^3 f(u)du && (X\text{가 대칭이므로}) \\ &= -\int_{0}^{\infty} x^3 f(x)dx && (2) \end{aligned}$$

이다. (2)를 (1)에 대입하면 $E(XY) = 0$ 임을 안다. 같은 방법에 의해 $E(X) = 0$을 유도할 수 있다. 따라서

$$\mathrm{Cov}(X,Y) = E(XY) - (EX)(EY) = 0$$

그러나 $Y = X^2$인 관계로부터 Y는 X에 종속하므로 X, Y는 독립이 아니다. 그러므로 따름정리 2의 역이 성립하지 않음을 알 수 있다.

【정리 3】 **(Cauchy-Schwarz 부등식)** X와 Y가 유한인 분산들을 갖는다고 하면, $\mathrm{Cov}(X,Y)$는 존재하고 다음의 Cauchy-Schwarz 부등식이 성립한다.

$$\{E(XY)\}^2 \le EX^2 EY^2 \tag{1}$$

【증명】 임의의 실수 a, b에 대하여

$$|ab| \le \frac{a^2 + b^2}{2}$$

인 관계로부터 두 확률변수 X, Y에 대해서

$$|XY| \le \frac{X^2 + Y^2}{2} \tag{2}$$

이 성립한다. X, Y는 유한인 분산들을 가지므로 $EX^2 < \infty$이고 $EY^2 < \infty$이다. 따라서 식 (2)의 양변에 기대치를 취하면

$$E|XY| \le \frac{1}{2}\{EX^2 + EY^2\} < \infty$$

이므로 $E(XY)$는 존재한다. 또 가정에 의해 EX와 EY가 존재하므로

$$\text{Cov}(X, Y) = E(XY) - (EX)(EY)$$

는 존재한다. 다음에 부등식 (1)을 증명하자. 임의의 실수 α에 대해

$$0 \le E(\alpha X + Y)^2 = \alpha^2 EX^2 + 2\alpha E(XY) + EY^2 \tag{3}$$

이 성립한다. (3)의 우변을 α에 관한 2차함수 $f(\alpha)$로 생각하여

$$f(\alpha) := \alpha^2 EX^2 + 2\alpha E(XY) + EY^2 \ge 0$$

이면 판별식(discriminant)에 의해

$$\{E(XY)\}^2 - EX^2 EY^2 \le 0$$

임이 명백하다. 따라서 부등식 (1)이 성립한다. □

【정리 4】 확률변수 $X_1, \cdots, X_n$에 대하여 $EX_i^2 < \infty$ $(i = 1, \cdots, n)$이라 하자. 또, 실수들 $a_1, \cdots, a_n$에 대해

$$S_n = \sum_{i=1}^{n} a_i X_i$$

이라 두자. 그러면 S_n의 분산은 존재하고 다음식이 성립한다.

$$\text{Var}(S_n) = \sum_{i=1}^{n} a_i^2 \text{Var}(X_i) + \sum_{i \ne j}^{n} a_i a_j \text{Cov}(X_i, X_j)$$

특히, $X_1, \cdots, X_n$이 독립이면 다음과 같다.

$$\text{Var}(S_n) = \sum_{i=1}^{n} a_i^2 \text{Var}(X_i)$$

【증명】 가정에서 $EX_i^2 < \infty\ (i = 1, \cdots, n)$이므로 §3.1의 정리 6에 의해 EX_i는 존재한다. 결국 $X_1, \cdots, X_n$은 유한인 분산들을 가지므로 정리 3에 의해

$$\{E(X_i X_j)\}^2 \le EX_i^{\,2}\, EX_j^{\,2}, \quad i \ne j = 1, \cdots, n$$

이고 $\mathrm{Cov}(X_i, X_j)$는 존재한다. 한편

$$\begin{aligned}
\mathrm{Var}(S_n) &= E\left\{\sum_{i=1}^{n} a_i X_i - \sum_{i=1}^{n} a_i EX_i\right\}^2 \qquad \text{(정리 1에 의해)} \\
&= E\left\{\sum_{i=1}^{n} a_i^2 (X_i - EX_i)^2 + \sum_{i \ne j}^{n} a_i a_j (X_i - EX_i)(X_j - EX_j)\right\} \\
&= \sum_{i=1}^{n} a_i^2 \mathrm{Var}(X_i) + \sum_{i \ne j}^{n} a_i a_j \mathrm{Cov}(X_i, X_j)
\end{aligned}$$

이고 우변이 존재하므로 S_n의 분산은 존재한다. 특히, $X_1, \cdots, X_n$이 독립이면 따름정리 2를 응용함으로써

$$\mathrm{Var}(S_n) = \sum_{i=1}^{n} a_i^2 \mathrm{Var}(X_i)$$

을 얻는다. □

[예제 6] $X_1, \cdots, X_n$을 독립인, 동일분포의 확률변수들이라 하고 $\mathrm{Var}(X_1) =: \sigma^2 < \infty$이라 하자. 그러면 정리 4에 의해 다음 식이 성립한다.

$$\mathrm{Var}\left(\frac{1}{n}\sum_{i=1}^{n} X_i\right) = \frac{1}{n^2}\sum_{i=1}^{n} \mathrm{Var}(X_i) = \frac{\sigma^2}{n}$$

【정리 5】 $X_1, \cdots, X_n$을 독립인, 동일분포의 확률변수들이라 하고 $\mathrm{Var}(X_1) =: \sigma^2 < \infty$이라 하자. 또, 실수들 $a_1, \cdots, a_n$에 대해 $\sum_{i=1}^{n} a_i = 1$이면, $S_n := \sum_{i=1}^{n} a_i X_i$의 분산은 $a_1 = \cdots = a_n = \frac{1}{n}$일 때 최소가 된다.

【증명】 정리 4에 의해

$$\mathrm{Var}(S_n) = \sigma^2 \sum_{i=1}^{n} a_i^2$$

이다. 여기서 $\sum_{i=1}^{n} a_i^2$이 최소일 때 S_n의 분산이 최소가 된다. 그런데

$$\begin{aligned}\sum_{i=1}^{n} {a_i}^2 &= \sum_{i=1}^{n} \left\{\left(a_i - \frac{1}{n}\right) + \frac{1}{n}\right\}^2 \\ &= \sum_{i=1}^{n} \left(a_i - \frac{1}{n}\right)^2 + \frac{2}{n}\left(\sum_{i=1}^{n} a_i - 1\right) + \frac{1}{n} \\ &= \sum_{i=1}^{n} \left(a_i - \frac{1}{n}\right)^2 + \frac{1}{n} \qquad \text{(가정에 의해)}\end{aligned}$$

이므로 $a_i = \dfrac{1}{n}$일 때 $\sum_{i=1}^{n} {a_i}^2$의 최소값이 $\dfrac{1}{n}$이고 S_n의 분산은 최소값 $\dfrac{\sigma^2}{n}$을 갖는다. □

이제, 우리는 확률벡터의 적률생성함수를 공부할 것이다. 기호의 편리를 위해 2차원 확률벡터의 경우만 생각한다.

> **정의 4** (X, Y)를 2차원 확률벡터라 하자. h_1, h_2가 어떤 양수들일 때 $|t_1| \le h_1$, $|t_2| \le h_2$에 대해서 $E\exp(t_1X + t_2Y)$가 존재하면
>
> $$M(t_1, t_2) := E\exp(t_1X + t_2Y)$$
>
> 로 나타내고 이를 (X, Y)의 결합분포의 **적률생성함수**(혹은 **적률모함수**) (moment generating function, 간단히, **mgf**로 표기함)라 부른다.

1차원 확률변수의 경우와 같이 2차원 확률벡터에 대해서도 다음 정리가 성립한다. 여기서는 증명을 생략한다.

【정리 6】 적률모함수 $M(t_1, t_2)$는 하나의 결합분포함수 $F(x, y)$를 유일하게 결정한다. 역으로, 하나의 결합분포함수 $F(x, y)$가 주어지면 그의 적률모함수 $M(t_1, t_2)$는 유일하게 결정된다.

【따름정리 3】 적률모함수 $M(t_1, t_2)$는 X, Y의 주변 분포함수들을 유일하게 결정한다.

【증명】 정의 4에 의해

$$M(t_1, 0) = E\exp(t_1 X) =: M_X(t_1),$$

$$M(0, t_2) = E\exp(t_2 Y) =: M_Y(t_2)$$

이다. 더욱, §3.2의 정리 3에 의해 $M_X(t_1)$, $M_Y(t_2)$는 각각 X, Y의 주변 분포함수를 유일하게 결정한다. □

【정리 7】 적률모함수 $M(t_1, t_2)$가 존재하면, (X, Y)의 모든 차수의 적률 $E(X^m Y^n)$, $m, n = 0, 1, 2, \cdots$, 이 존재한다.

【증명】 가정에 의해 다음은 명백히 성립한다.

$$\frac{\partial^{m+n} M(t_1, t_2)}{\partial t_1^m \partial t_2^n} = E\left\{X^m Y^n \exp(t_1 X + t_2 Y)\right\}$$

$$\therefore \left.\frac{\partial^{m+n} M(t_1, t_2)}{\partial t_1^m \partial t_2^n}\right|_{t_1 = t_2 = 0} = E(X^m Y^n)$$ □

【정리 8】 X, Y가 독립일 필요충분조건은 다음 식이 성립하는 것이다.

$$M(t_1, t_2) = M(t_1, 0)M(0, t_2)$$

【증명】 X, Y가 독립이면 정리 2에 의해

$$M(t_1, t_2) = E\exp(t_1X + t_2Y) = E\exp(t_1X)\,E\exp(t_2Y)$$
$$= M_X(t_1)M_Y(t_2) = M(t_1, 0)M(0, t_2)$$

이다. 또, 이 역을 증명하자. X, Y가 이산 확률변수일 때 정의 4에 의해

$$M(t_1, t_2) = \sum_y \sum_x e^{t_1x + t_2y} P\{X = x, Y = y\}$$

이고

$$M(t_1, 0) = Ee^{t_1X} = \sum_x e^{t_1x} P\{X = x\},$$
$$M(0, t_2) = Ee^{t_2Y} = \sum_y e^{t_2y} P\{Y = y\}$$

이다. 가정에서 $M(t_1, t_2) = M(t_1, 0)M(0, t_2)$이므로

$$\sum_y \sum_x e^{t_1x + t_2y} P\{X = x, Y = y\}$$
$$= \sum_x e^{t_1x} P\{X = x\} \sum_y e^{t_2y} P\{Y = y\}$$
$$= \sum_y \sum_x e^{t_1x + t_2y} P\{X = x\} P\{Y = y\}$$

이 되고 이것은 모든 t_1, t_2에 대해 성립하므로

$$P\{X = x, Y = y\} = P\{X = x\}P\{Y = y\}$$

이어야 한다. 따라서 §4.2의 정리 2(i)에 의해 X, Y는 독립이다. X, Y가 연속확률변수일 때도 같은 방법으로 증명된다. □

[예제 7] (X, Y)의 결합밀도함수가

$$f(x, y) = \begin{cases} e^{-x-y}, & 0 < x < \infty,\ 0 < y < \infty \\ 0, & \text{그 외에서} \end{cases}$$

일 때, (X, Y)의 적률생성함수 $M(t_1, t_2)$를 구하여라. 또, 이를 이용하여 $\mathrm{Var}(X)$, $\mathrm{Var}(Y)$를 구하고 $\mathrm{Cov}(X, Y) = 0$임을 보여라.

【풀이】 주어진 분포의 적률생성함수를 계산해 보자.

$$\begin{aligned} M(t_1, t_2) &= \int_0^\infty \int_0^\infty e^{t_1 x + t_2 y} e^{-x-y}\,dx\,dy \\ &= \int_0^\infty \int_0^\infty e^{-(1-t_1)x - (1-t_2)y}\,dx\,dy \\ &= \frac{1}{1-t_1} \cdot \frac{1}{1-t_2}, \quad t_1 < 1,\ t_2 < 1 \end{aligned}$$

따라서 정리 7의 증명을 이용하면

$$E(X) = \left. \frac{\partial M(t_1, t_2)}{\partial t_1} \right|_{t_1 = t_2 = 0} = 1,$$

$$E(Y) = \left. \frac{\partial M(t_1, t_2)}{\partial t_2} \right|_{t_1 = t_2 = 0} = 1,$$

$$E(X^2) = \left. \frac{\partial^2 M(t_1, t_2)}{\partial t_1^2} \right|_{t_1 = t_2 = 0} = 2.$$

같은 방법으로, $E(Y^2) = 2$이다. 따라서

$$\mathrm{Var}(X) = 1, \quad \mathrm{Var}(Y) = 1$$

또한

$$E(XY) = \left. \frac{\partial^2 M(t_1, t_2)}{\partial t_1 \partial t_2} \right|_{t_1 = t_2 = 0} = 1$$

그러므로

$$\mathrm{Cov}(X, Y) = E(XY) - (EX)(EY) = 0$$

을 얻는다. □

[문제] (X, Y)의 결합밀도함수가 다음과 같다고 하자.

$$f(x, y) = \begin{cases} x+y, & 0 < x < 1,\ 0 < y < 1 \\ 0, & \text{그 외에서} \end{cases}$$

그러면 (X, Y)의 적률생성함수 $M(t_1, t_2)$는 무엇인가?

연습문제 4.5

1. (X, Y)의 결합밀도함수가

$$f(x,y) = \begin{cases} 1, & 0 \le x \le 1, \quad 0 \le y \le 1 \\ 0, & \text{그 외에서} \end{cases}$$

일 때, $j, k = 0, 1, 2, \cdots$ 에 대해서 (X, Y)의 $(j+k)$차 적률 및 공분산을 구하여라.

2. X, Y 의 밀도함수가 각각

$$f(x) = \begin{cases} e^{-x}, & 0 < x < \infty \\ 0, & \text{그 외에서} \end{cases}, \qquad f(y) = \begin{cases} e^{-y}, & 0 < y < \infty \\ 0, & \text{그 외에서} \end{cases}$$

이고 X, Y는 독립일 때, $E(X+1)$, EY, $E\{(X+1)Y\}$를 구하고

$$E(X+1)EY = E\{(X+1)Y\}$$

임을 확인하여라.

3. X, Y 의 결합 확률분포가 다음 표와 같다고 하자. 이 경우, 따름정리 2의 역이 성립하지 않음을 보여라.

X \ Y	6	8	10
1	0.2	0	0.2
2	0	0.2	0
3	0.2	0	0.2

4. 확률변수 $X\,(>0)$와 $\dfrac{1}{X}$의 기대치가 존재할 때, 다음 부등식들을 증명하여라.

   (i) $E\sqrt{X} \le \sqrt{EX}$ (ii) $E\left(\dfrac{1}{X}\right) \ge \dfrac{1}{EX}$

5. (X, Y)의 결합 밀도함수가

$$f(x, y) = \begin{cases} 2, & 0 < x < y < 1 \\ 0, & \text{그 외에서} \end{cases}$$

   일 때, (X, Y)의 적률생성함수를 구하여라.

§4. 6 조건부 기대치 (Conditional Expectation)

정의 1 X, Y는 $(\Omega, \mathscr{F}, P)$상의 확률변수들이고 $h : \mathbb{R} \to \mathbb{R}$가 Borel 가측함수일 때 $E\{h(X)\}$가 존재한다고 하자. 이 경우에, $Y = y$가 주어진, $h(X)$의 **조건부 기대치**(conditional expectation)를 $E\{h(X) | Y = y\}$로 쓰고, 다음과 같이 정의한다.

$$E\{h(X)|y\} = \begin{cases} \sum_x h(x) P\{X = x \mid Y = y\} & (X, Y : \text{이산형}) \\ \int_{-\infty}^{\infty} h(x) f_{X|Y}(x|y)\, dx & (X, Y : \text{연속형}) \end{cases}$$

주의 1 $E\{h(X) | Y\}$를 계산하면, 이는 적어도 Y에 관한 확률변수가 됨을 유의하자. 다음 조건부기대치 성질들의 증명은 정의 1을 이용하면 쉽게 증명된다.

※ 조건부 기대치의 성질

(1) $E\{c|Y\} = c$ (단, c는 상수임)

(2) $E\{aX + b | Y\} = aE\{X|Y\} + b$ (단, a, b는 상수들)

(3) g_1과 g_2가 Borel 가측함수이고 $Eg_1(X)$, $Eg_2(X)$가 존재하면

$$E\{a_1 g_1(X) + a_2 g_2(X)|Y\} = a_1 E\{g_1(X)|Y\} + a_2 E\{g_2(X)|Y\}$$

이다(단, a_1, a_2는 상수들).

(4) $X \geq 0$이면 $E\{X|Y\} \geq 0$이다.

(5) $X_1 \geq X_2$이면 $E\{X_1|Y\} \geq E\{X_2|Y\}$이다.

[예제 1] (X, Y)의 결합밀도함수가

$$f(x, y) = \begin{cases} 2, & 0 < x < y < 1 \\ 0, & \text{그 외에서} \end{cases}$$

일 때, $Y = y$가 주어진, X의 조건부 분산

$$\mathrm{Var}(X|y) := E\{X^2|y\} - (E\{X|y\})^2$$

을 계산하여라.

【풀이】 §4.1의 예제 7에 의해

$$f_{X|Y}(x|y) = \begin{cases} \dfrac{1}{y}, & 0 < x < y < 1 \\ 0, & \text{그 외에서} \end{cases}$$

임을 안다. 정의 1에 의해

$$E\{X|y\} = \int_0^y x \cdot \frac{1}{y}\,dx = \frac{y}{2}, \quad 0<y<1$$

이고

$$E\{X^2|y\} = \int_0^y x^2 \cdot \frac{1}{y}\,dx = \frac{y^2}{3}, \quad 0<y<1$$

이다. 따라서

$$\mathrm{Var}(X|y) = \frac{y^2}{12}, \quad 0<y<1$$

□

【정리 1】 **(이중 기대치 법칙)** X, Y가 $(\Omega, \mathscr{F}, P)$ 상의 확률변수들이고 $h : \mathbb{R} \to \mathbb{R}$가 Borel 가측함수일 때 $E\{h(X)\}$가 존재하면, 다음 등식이 성립한다.

$$E\{h(X)\} = E\{E(h(X)|Y)\}$$

【증명】 X, Y가 이산형일 때 증명한다(연속형일 때도 같은 방법임). 정의 1과 주의 1에 의해 다음 식이 성립한다.

$$\begin{aligned} E\{E(h(X)|Y)\} &= E\Big\{\sum_x h(x)\,P\{X=x\,|\,Y\}\Big\} \\ &= \sum_y \Big(\sum_x h(x)\,P\{X=x\,|\,Y=y\}\Big)P\{Y=y\} \\ &= \sum_y \sum_x h(x)\,P\{X=x, Y=y\} \end{aligned}$$

$$= \sum_x h(x) \sum_y P\{X=x, Y=y\}$$

$$= \sum_x h(x) P\{X=x\} = Eh(X) \qquad \square$$

【정리 2】 $EX^2 < \infty$ 이면 다음 등식이 성립한다.

$$\text{Var}(X) = \text{Var}(E\{X|Y\}) + E(\text{Var}(X|Y))$$

【증명】 정의에 의하여 다음은 명백하다.

$$\begin{aligned}
&\text{Var}(E\{X|Y\}) + E(\text{Var}(X|Y)) \\
&= E\{E(X|Y)\}^2 - \{E(E(X|Y))\}^2 \\
&\qquad + E[E(X^2|Y) - \{E(X|Y)\}^2] \\
&= E\{E(X|Y)\}^2 - (EX)^2 \\
&\qquad + EX^2 - E\{E(X|Y)\}^2 \qquad \text{(정리 1에 의해)} \\
&= EX^2 - (EX)^2 = Var(X) \qquad \square
\end{aligned}$$

연습문제 4.6

1. (X, Y) 의 결합밀도함수가

$$f(x,y) = \begin{cases} 2, & x+y \le 1,\ x \ge 0,\ y \ge 0 \\ 0, & \text{그 외에서} \end{cases}$$

일 때, $EX = E\{E(X|Y)\}$ 임을 확인하여라.

2. 위의 문제 1에서 $E(Y|x)$, $E\{E(Y|X)\}$, $\text{Var}(Y|x)$를 구하여라.

§4.7 최소 자승의 원리 (The Principle of Least Squares)

X, Y를 종속 확률변수들일 때, X와 Y 사이의 함수적 관계식을 찾는다고 하자. 이 관계식을 함수 $y=h(x)$로 가정한다. $E\{h(X)\}^2<\infty$일 때, 함수 $y=h(x)$를 찾는 것이 우리의 목표라 하자. **최소자승의 원리**란 $E\{Y-h(X)\}^2$을 최소로 하는 함수 h를 찾는 원리이다. (X, Y)가 연속형일 때 (이산형도 같은 방법임)

$$E\{Y-h(X)\}^2 = \int_{-\infty}^{\infty}\int_{-\infty}^{\infty}(y-h(x))^2 f_X(x)\frac{f(x,y)}{f_X(x)}\,dy\,dx$$

(단, $f_X(x)$는 X만의 주변 밀도함수임)

$$= \int_{-\infty}^{\infty} f_X(x)\left\{\int_{-\infty}^{\infty}(y-h(x))^2 f_{Y|X}(y|x)\,dy\right\}dx$$

이므로, 명백히

$$\int_{-\infty}^{\infty}(y-h(x))^2 f_{Y|X}(y|x)\,dy \tag{1}$$

이 최소일 때, $E\{Y-h(X)\}^2$은 최소가 된다. 그런데 식 (1)이 최소가 되기 위해서는 $h(x)=E(Y|x)$인 경우뿐인 이유는, 식 (1)에서 $h(x)=E(Y|x)$일 때

$$\begin{aligned}&\int_{-\infty}^{\infty}(y-E(Y|x))^2 f_{Y|X}(y|x)\,dy\\ &= E\{(Y-E(Y|x))^2\,|\,x\} = Var(Y|x)\\ &< E\{(Y-c)^2\,|\,x\},\ \forall c \neq E(Y|x) \quad (\text{§3.1의 정리 12에 의해})\end{aligned}$$

이므로 $h(x)=E(Y|x)$일 때만 $E\{Y-h(X)\}^2$은 최소가 된다.

정의 1 X, Y가 확률변수들일 때, $y=E(Y|x)$를 **$X=x$에 관한 Y의 회귀함수**(regression function of Y on $X=x$)라 부르고, 반대로 $Y=y$가 주어졌을 때, $x=E(X|y)$를 **$Y=y$에 관한 X의 회귀함수**(regression function of X on $Y=y$)라 부른다. 위의 $y=E(Y|x)$에서 x를 **설명변수**(explaining variable) 혹은 **독립변수**, y를 **반응변수**(response variable) 혹은 **종속변수**라 부른다.

X 와 Y 사이의 관계식 $y = h(x)$를 직선의 식 $y = ax + b$에 근사시켜 보자. 여기서 a, b는 구해야 할 상수들이다. 앞에서 언급한 바와 같이 최소자승의 원리는

$$L := L(a, b) := E\{Y - aX - b\}^2 \tag{2}$$

을 최소로 하는 a, b를 찾는 데 그 목적이 있다. 여기서 a, b를 미지수로 본다. $EY^2 < \infty$이고 $EX^2 < \infty$일 때, 위의 식 (2)는

$$L = EY^2 + a^2 EX^2 + b^2 - 2aE(XY) + 2abEX - 2bEY$$

$$\therefore \frac{\partial L}{\partial a} = 2aEX^2 - 2E(XY) + 2bEX, \quad \frac{\partial^2 L}{\partial b\, \partial a} = 2EX,$$

$$\frac{\partial^2 L}{\partial a^2} = 2EX^2 > 0, \tag{3}$$

$$\frac{\partial L}{\partial b} = 2b + 2aEX - 2EY,$$

$$\frac{\partial^2 L}{\partial b^2} = 2 > 0, \tag{4}$$

$$\frac{\partial^2 L}{\partial a^2}\frac{\partial^2 L}{\partial b^2} - \left(\frac{\partial^2 L}{\partial b\, \partial a}\right)^2 = 4\,\mathrm{Var}(X) > 0. \tag{5}$$

한편, 연립방정식 $\frac{\partial L}{\partial a} = 0 = \frac{\partial L}{\partial b}$를 풀면

$$a = \frac{\mathrm{Cov}(X, Y)}{\mathrm{Var}(X)}, \quad b = EY - \frac{\mathrm{Cov}(X, Y)}{\mathrm{Var}(X)} EX \tag{6}$$

를 얻는다. (3), (4), (5)에서의 값들은 모두 양이므로 (6)에서 얻은 a, b는 (2)를 최소로 하는 최소자승 추정치들이다. 따라서 구하는 직선의 식 $y = ax + b$는

$$y = \frac{\mathrm{Cov}(X, Y)}{\mathrm{Var}(X)} x + EY - \frac{\mathrm{Cov}(X, Y)}{\mathrm{Var}(X)} EX$$

이다. 이 식의 꼴을 바꾸어 일반적으로

$$y - EY = \frac{\mathrm{Cov}(X, Y)}{\mathrm{Var}(X)} (x - EX)$$

를 **$X = x$ 에 관한 Y 의 회귀직선**(regression line of Y on $X = x$)이라 부르고,

$\dfrac{\mathrm{Cov}(X, Y)}{\mathrm{Var}(X)}$ 를 **회귀계수**(regression coefficient)라 부른다. 마찬가지로

$$x - EX = \frac{\mathrm{Cov}(X, Y)}{\mathrm{Var}(Y)}(y - EY)$$

를 $Y = y$**에 관한** X**의 회귀직선**이라 말하고, $\dfrac{\mathrm{Cov}(X, Y)}{\mathrm{Var}(Y)}$를 **회귀계수**라 한다.

정의 2 $EX^2 < \infty$ 이고 $EY^2 < \infty$ 일 때

$$\rho := \frac{\mathrm{Cov}(X, Y)}{\sigma_X \sigma_Y}$$

를 X와 Y사이의 **상관계수**(correlation coefficient)라 부른다. 여기서

$$\sigma_X := \sqrt{\mathrm{Var}(X)} > 0, \quad \sigma_Y := \sqrt{\mathrm{Var}(Y)} > 0$$

이다.

정의 3 $\rho = 0$일 때, X와 Y는 **무상관**(uncorrelated)이라 말한다.

주의 1 X, Y : 독립 $\Rightarrow \mathrm{Cov}(X, Y) = 0$ (§4.5의 따름정리 2에서)

$\Leftrightarrow \rho = 0$

$\Leftrightarrow X, Y$: 무상관

따라서 X, Y가 무상관이라도 X, Y는 독립이 아닐 수도 있다.

[예제 1] 두 확률변수 U와 V는 같은 평균 μ와 같은 분산 σ^2을 갖는다고 하자. $X = U + V$, $Y = U - V$ 라 두면

$$\begin{aligned}\mathrm{Cov}(X, Y) &= E(U^2 - V^2) - E(U+V)E(U-V) \\ &= E(U^2) - E(V^2) - \{(E(U))^2 - (E(V))^2\} \\ &= E(U^2) - (E(U))^2 - \{E(V^2) - (E(V))^2\} \\ &= \sigma^2 - \sigma^2 = 0\end{aligned}$$

따라서 X와 Y는 무상관이다.

> **【정리 1】** (a) X와 Y사이의 상관계수 ρ는 $|\rho| \leq 1$을 만족한다.
>
> (b) 등식 $\rho = \pm 1$이 성립하기 위한 필요충분조건은
>
> $$P\{Y = aX+b\} = 1$$
>
> 인 상수 a, b가 존재하는 것이다.

【증명】 (a) $\mu_X = E(X)$, $\mu_Y = E(Y)$로 나타내고, 확률변수 U, V를

$$U = X - \mu_X, \quad V = Y - \mu_Y$$

라 놓자. §4.5의 Chauchy-Schwarz 부등식

$$\{E(UV)\}^2 \leq E(U^2)E(V^2)$$

을 이용하면

$$\{\text{Cov}(X, Y)\}^2 \leq \text{Var}(X)\text{Var}(Y)$$

$$\therefore \quad \rho^2 = \left(\frac{\text{Cov}(X, Y)}{\sqrt{\text{Var}(X)}\sqrt{\text{Var}(Y)}}\right)^2 \leq 1$$

$$\therefore \quad |\rho| \leq 1$$

(b) 다음 사실들을 증명할 것이다.

$\rho = 1 \Leftrightarrow P\{Y = aX+b\} = 1$인 상수 $a > 0$와 b가 존재한다.

$\rho = -1 \Leftrightarrow P\{Y = aX+b\} = 1$인 상수 $a < 0$와 b가 존재한다.

앞에서와 같이 $U = X - \mu_X$, $V = Y - \mu_Y$라 하면

$$E(U^2) = \sigma_X^2, \; E(V^2) = \sigma_Y^2, \; E(UV) = \text{Cov}(X, Y)$$

이다. 지금

$$\rho = 1 \Leftrightarrow \frac{\text{Cov}(X, Y)}{\sigma_X \sigma_Y} = 1, \quad \sigma_X > 0, \; \sigma_Y > 0$$

이고, 명백히

$$0 \leq E\left\{(\sigma_Y U - \sigma_X V)^2\right\}$$

$$= \sigma_Y^2 E(U^2) + \sigma_X^2 E(V^2) - 2\sigma_X \sigma_Y E(UV)$$
$$= 2\sigma_X \sigma_Y (\sigma_X \sigma_Y - \mathrm{Cov}(X, Y))$$

인 사실로부터

$$\rho = 1 \Leftrightarrow \mathrm{Cov}(X, Y) = \sigma_X \sigma_Y, \quad \sigma_X > 0, \ \sigma_Y > 0$$
$$\Leftrightarrow E\{(\sigma_Y U - \sigma_X V)^2\} = 0$$
$$\Leftrightarrow P\{\sigma_Y U - \sigma_X V = 0\} = 1$$

($E(\sigma_Y U - \sigma_X V) = 0$ 이므로 §3. 1의 정리 11에 의해)

$$\Leftrightarrow 1 = P\left\{Y = \frac{\sigma_Y}{\sigma_X}(X - \mu_X) + \mu_Y\right\}$$
$$= P\{Y = aX + b\}$$

이다. 여기서

$$a = \frac{\sigma_Y}{\sigma_X} > 0, \quad b = -\frac{\sigma_Y}{\sigma_X}\mu_X + \mu_Y$$

인 꼴이다. 따라서

$\rho = 1 \Leftrightarrow P\{Y = aX+b\} = 1$ 인 상수 $a > 0$ 와 b 가 존재한다.

같은 방법으로 하여 다음 결과를 얻는다.

$$\rho = -1 \Leftrightarrow E\{(\sigma_Y U + \sigma_X V)^2\} = 0$$
$$\Leftrightarrow P\{Y = aX+b\} = 1, \quad a = -\frac{\sigma_Y}{\sigma_X} < 0 \qquad \square$$

[예제 2] (X, Y)의 결합밀도함수가

$$f(x, y) = \begin{cases} e^{-y}, & 0 < x < y < \infty \\ 0, & \text{그 외에서} \end{cases}$$

일 때, X와 Y사이의 상관계수 ρ를, 회귀직선의 정의를 이용하여 구하여라.

【풀이】 X, Y의 주변 밀도함수는 각각

$$f_1(x) = \int_x^\infty e^{-y} dy = e^{-x}, \quad 0 < x < \infty,$$

$$f_2(y) = \int_0^y e^{-y}\,dx = ye^{-y}, \quad 0 < y < \infty$$

이고, 조건부 밀도함수는

$$f_{X|Y}(x|y) = \frac{1}{y}, \quad f_{Y|X}(y|x) = e^{x-y}, \quad 0 < x < y < \infty,$$

이다. 따라서 조건부 기대치는

$$E\{X|y\} = \int_0^y x \cdot \frac{1}{y}\,dx = \frac{y}{2}, \quad 0 < y < \infty \tag{1}$$

$$E\{Y|x\} = \int_x^\infty y \cdot e^{x-y}\,dy = x+1, \ 0 < x < \infty \quad \text{(부분적분에 의해)} \tag{2}$$

이고 회귀직선의 정의를 생각하면, $X = x$ 에 관한 Y 의 회귀직선은

$$\begin{aligned} y &= E\{Y|x\} =: ax+b = x+1 \qquad \text{((2) 에서)} \\ &= \frac{\mathrm{Cov}(X,Y)}{\mathrm{Var}(X)}x + \left(EY - \frac{\mathrm{Cov}(X,Y)}{\mathrm{Var}(X)}EX\right) \end{aligned}$$

이다. 따라서

$$a = \frac{\mathrm{Cov}(X,Y)}{\mathrm{Var}(X)} = 1 \tag{3}$$

같은 방법으로, $Y = y$ 에 관한 X 의 회귀직선은

$$\begin{aligned} x &= E\{X|y\} =: cy+d = \frac{1}{2}y \qquad \text{((1) 에서)} \\ &= \frac{\mathrm{Cov}(X,Y)}{\mathrm{Var}(Y)}y + \left(EX - \frac{\mathrm{Cov}(X,Y)}{\mathrm{Var}(Y)}EY\right) \end{aligned}$$

이다. 따라서

$$c = \frac{\mathrm{Cov}(X,Y)}{\mathrm{Var}(Y)} = \frac{1}{2} \tag{4}$$

(3) 과 (4) 에 의하여 $\mathrm{Cov}(X,Y) > 0$ 이므로 $\rho > 0$ 임을 알 수 있다. 그러므로

$$\rho^2 = \frac{\mathrm{Cov}(X,Y)}{\mathrm{Var}(X)} \cdot \frac{\mathrm{Cov}(X,Y)}{\mathrm{Var}(Y)} = \frac{1}{2} \qquad \text{((3) 과 (4) 에서)}$$

$$\therefore \quad \rho = \frac{1}{\sqrt{2}}$$ □

[문제] (X, Y)의 결합밀도함수가

$$f(x, y) = \begin{cases} 1, & |y| < x, \ 0 < x < 1 \\ 0, & \text{그 외에서} \end{cases}$$

이면, X, Y의 주변 밀도함수는 각각

$$f_1(x) = \begin{cases} 2x, & 0 < x < 1 \\ 0, & \text{그 외에서}, \end{cases} \qquad f_2(y) = \begin{cases} 1-y, & 0 < y < 1 \\ 1+y, & -1 < y \le 0, \\ 0, & \text{그 외에서} \end{cases}$$

임을 보이고. X와 Y사이의 상관계수 ρ를 구하여라.

연습문제 4.7

1. (X, Y)의 결합밀도함수가

$$f(x, y) = \begin{cases} 2, & 0 < x < y < 1 \\ 0, & \text{그 외에서} \end{cases}$$

일 때, X와 Y사이의 상관계수 ρ를 구하여라.

2. 확률변수들 X, Y, U사이에 다음 식이 성립한다고 한다.

$$Y = a + bX + U$$

여기서 a, b는 상수이고 U와 X는 무상관이다. 이 때

(a) Y의 분산을 구하여라.

(b) X와 Y사이의 상관계수를 구하여라.

(c) U와 Y사이의 상관계수를 구하여라.

특별한 분포 (Special Distributions)

제 5 장

§5. 1 이산분포 (Discrete Distributions)

1. n 개의 점들 위의 균일분포 (Uniform Distribution on n points)

$(\Omega, \mathcal{F}, P)$를 확률공간이라 하고 $X : \Omega \to \mathbb{R}$를 확률변수라 하자.

> **정의 1** 확률변수 $X : \Omega \to \{x_1, \cdots, x_n\} \subset \mathbb{R}$가 확률질량함수
>
> $$P\{X = x_i\} = \begin{cases} \dfrac{1}{n}, & i = 1, 2, \ldots, n \\ 0, & \text{그 외에서} \end{cases}$$
>
> 를 가질 때, X는 **n 개의 점들 위의 균일분포**를 갖는다고 말하고, 기호로는 $X \sim U_{(x_1, \cdots, x_n)}$ 으로 나타낸다.

※ 균일분포 $U_{(x_1, \cdots, x_n)}$ 의 성질

$X \sim U_{(x_1, \cdots, x_u)}$ 라 하자. $j = 1, 2, \cdots$ 일 때, X의 j차 적률은, §3.1의 정의 3에 의해

$$E(X^j) = \frac{1}{n} \sum_{i=1}^{n} x_i^j$$

이므로, 특히 $x_i = i \ (i = 1, \cdots, n)$일 때는 X의 평균이

$$E(X) = \frac{n+1}{2}$$

이고 X의 분산이

$$\text{Var}(X) = \frac{1}{n}\sum_{i=1}^{n} i^2 - \left(\frac{n+1}{2}\right)^2 = \frac{n^2-1}{12}$$

으로 나타난다.

2. 퇴화분포 (Degenerate Distribution)

어떤 점 k에서 $P\{X=k\}=1$이고 $P\{X \neq k\}=0$일 때, 이산확률변수 X를 k에서의 **퇴화확률변수**라 부르고(§2.3의 예제 1 참조), 점 k에서의 퇴화확률변수 X의 확률분포를 점 k **에서의 퇴화분포**라 부른다.

※ 점 k에서의 퇴화분포의 성질

X의 확률분포가 점 k에서의 퇴화분포일 때 다음 성질들이 성립한다.

(1) $j=1, 2, \cdots$ 에 대해서 X의 j차 적률은

$$E(X^j) = \sum_x x^j P\{X=x\} = k^j$$

이므로, X의 평균과 분산은 각각

$$E(X)=k, \quad \text{Var}(X)=0$$

이다.

(2) X의 적률생성함수를 구해보면 다음과 같다.

$$M(t) = \sum_x e^{tx} P\{X=x\} = e^{tk}, \quad -\infty < t < \infty$$

3. 두 점 분포 (Two-Point Distribution)

정의 2 확률변수 $X : \Omega \to \{x_1, x_2\} \subset \mathbb{R}$ 가 확률질량함수

$$P\{X=x_1\}=p, \quad P\{X=x_2\}=1-p, \quad 0<p<1$$

를 가질 때, X는 **두 점** x_1, x_2 **의 분포**를 갖는다고 말한다.

※ 두 점 분포의 성질

X가 두 점 x_1, x_2의 분포를 갖는다고 하자. 그러면

(1) $j=1, 2, \cdots$ 일 때, X의 j차 적률은

$$E(X^j) = \sum_x x^j P\{X=x\} = px_1^j + (1-p)x_2^j$$

가 되므로 X의 평균과 분산은 각각 다음과 같다.

$$E(X) = px_1 + (1-p)x_2, \quad \mathrm{Var}(X) = p(1-p)(x_1-x_2)^2.$$

(2) X의 적률생성함수는 다음과 같이 계산된다.

$$M(t) = \sum_x e^{tx} P\{X=x\} = pe^{tx_1} + (1-p)e^{tx_2}, \qquad -\infty < t < \infty$$

[예제 1] 두 점 x_1, x_2의 분포에서 $x_1=1$, $x_2=0$ 으로 놓으면, 정의 2 로부터

$$P\{X=1\}=p, \quad P\{X=0\}=1-p, \quad 0<p<1 \qquad (*)$$

가 된다. (*)식과 같은 X의 확률분포를, 모수(parameter) p를 갖는 **베르누이 분포**(Bernoulli distribution)라 부르고, 기호로는 $X \sim b(1, p)$로 나타낸다. 성공 또는 실패와 같이 두 가지만 일어날 수 있는 확률 실험을 **베르누이 시행**이라 말한다. 위에서 성공할 확률을 p라 하면 실패할 확률은 $1-p$이다. 또한 성공할 사상에 대한 확률변수의 값을 1에 대응시키고 실패할 사상에 대한 확률변수의 값을 0에 대응시킨 경우이다.

4. 이항분포 (Binomial Distribution)

성공할 확률이 p인 베르누이 시행을 n회 반복했을 때 성공 횟수를 나타내는 확률변수를 X라 하면 X의 값 x는 $0, 1, \cdots, n$ 중의 어느 하나일 것이고 실패횟수는 $n-x$ 일 것이다. 또 n 회 시행 중에서 x 회의 성공이 나타나는 경우의 수는, n 개 중에서 x개를 고르는 가지 수와 같으므로

$$\binom{n}{x} = \frac{n!}{x!\,(n-x)!}$$

개가 있다. 각 시행이 독립적이므로 x회 성공하고 $n-x$회 실패할 확률은 $p^x(1-p)^{n-x}$이다. 따라서 확률변수 X가 x회 성공할 확률은 다음과 같다.

$$P\{X=x\} = \binom{n}{x} p^x (1-p)^{n-x}, \quad x = 0, 1, \cdots, n$$

정의 3 확률변수 $X : \Omega \to \{0, 1, \cdots, n\}$ 의 확률질량함수가

$$P\{X=k\} = \binom{n}{k} p^k (1-p)^{n-k}, \quad k = 0, 1, \cdots, n; \quad 0 \le p \le 1$$

일 때, X는 모수 n, p를 갖는 **이항분포**(binomial distribution)에 따른다고 말하고, 기호로는 $X \sim b(n, p)$ 로 쓴다.

※ 이항분포 $b(n, p)$의 성질

$X \sim b(n, p)$라 하자. 이 때, 다음 성질들이 성립한다.

(1) X 의 분포함수는, 정의에 의하여 다음과 같이 계산된다.

$$F(x) = P\{X \le x\} = \sum_{k \le x} P\{X = k\} = \sum_{k=0}^{x} \binom{n}{k} p^k (1-p)^{n-k}$$

(2) X 의 적률생성함수를 구해보면 다음과 같다.

$$M(t) = \sum_{k=0}^{n} e^{tk} P\{X=k\}$$

$$= \sum_{k=0}^{n} \binom{n}{k} (pe^t)^k (1-p)^{n-k}$$
$$= (pe^t + 1 - p)^n, \quad -\infty < t < \infty$$

위의 끝 식이 성립하는 이유는, 이항전개식

$$(a+b)^n = \sum_{k=0}^{n} \binom{n}{k} a^k b^{n-k}$$

을 이용하면 명백하다. $M(t)$를 미분하면

$$M'(t) = n(pe^t + 1 - p)^{n-1} pe^t,$$
$$M''(t) = n(n-1)(pe^t + 1 - p)^{n-2} (pe^t)^2 + n(pe^t + 1 - p)^{n-1} pe^t.$$

따라서 X의 평균과 분산은 각각 §3.2의 정리 4에 의하여

$$E(X) = M'(0) = np, \quad \mathrm{Var}(X) = M''(0) - (np)^2 = np(1-p).$$

【정리 1】 각각의 $i = 1, 2, \cdots, k$ 에 대하여 $X_i \sim b(n_i, p)$ 라 하고 X_i 가 독립확률변수들이라 하자. 또, $S_k = X_1 + \cdots + X_k$ 라 하면

$$S_k \sim b(n_1 + \cdots + n_k, p)$$

가 성립한다.

【증명】 $M_{X_i}(t)$를 확률변수 X_i의 적률생성함수라 하면, S_k의 적률생성함수는

$$M_{S_k}(t) = Ee^{t(X_1 + \cdots + X_k)}$$
$$= Ee^{tX_1} \cdots Ee^{tX_k} \qquad (X_1, \cdots, X_k \text{ 는 독립이므로})$$
$$=: \prod_{i=1}^{k} M_{X_i}(t)$$
$$= (pe^t + 1 - p)^{n_1 + \cdots + n_k} \qquad (\text{이항분포의 성질 (2) 에서})$$

가 되므로, 적률생성함수의 유일성(§3.2의 정리 3)에 의하여 $S_k \sim b(n_1 + \cdots + n_k, p)$이다. □

【따름정리 1】 $X_1, \cdots, X_n \overset{iid}{\sim} b(1, p)$ 라 하고 $S_n = \sum_{i=1}^{n} X_i$ 이라 하면 $S_n \sim b(n, p)$ 가 된다.

[예제 2] $X \sim b(n, p)$ 이면 $E\left(\frac{X}{n}\right) = p$ 이고

$$E\left(\frac{X}{n} - p\right)^2 = \frac{1}{n^2}E(X^2) - \frac{2p}{n}E(X) + p^2 = \frac{p(1-p)}{n}$$

가 된다.

5. 3항분포와 다항분포
(Trinomial Distribution & Multinomial Distribution)

이항분포의 확장된 개념은 3항분포, 다항분포로 일반화될 수 있다.

【정리 2】 n회 반복 독립시행 중, 각 시행의 실현결과는 서로 독립인 k개의 사상 $A_1, A_2, \cdots, A_k$ 중의 어느 하나에만 속한다고 하고, 실현결과가 A_i $(i=1,\cdots,k)$의 원소일 확률을 p_i라 하자. 확률변수 X_i를, n회 시행에서 실현결과가 A_i의 원소로 나타나는 횟수라 하면, 사상 $\{X_1 = x_1, \cdots, X_k = x_k\}$가 일어날 확률은

$$P\{X_1 = x_1, \cdots, X_k = x_k\} = \frac{n!}{x_1! \cdots x_k!} p_1^{x_1} \cdots p_k^{x_k}$$

(단, $0 \leq x_i \leq n$, $x_1 + \cdots + x_k = n$, $p_1 + \cdots + p_k = 1$)

이다(이러한 확률분포는 **다항분포**라 말하고, $k=3$일 때는 **3항분포**라 말한다).

【증명】 $k=2$일 때는 이항분포의 정의로부터 확률질량함수가 다음과 같다.

$$P\{X_1 = x_1\} = \binom{n}{x_1} p_1^{x_1}(1-p_1)^{n-x_1}$$
$$= \frac{n!}{x_1!\,(n-x_1)!} p_1^{x_1}(1-p_1)^{n-x_1}$$

그런데 $x_2 = n - x_1$이고 $p_2 = 1 - p_1$이므로

$$P\{X_1 = x_1,\ X_2 = x_2\} = P\{X_1 = x_1\} = \frac{n!}{x_1!\ x_2!} p_1^{x_1} p_2^{x_2}$$

이다. 다음에, $k=3$일 때 3항분포의 확률질량함수를 구해보자.

$$0 \le x_i \le n\ (i = 1, 2, 3),\quad 0 \le x_1 + x_2 \le n,\quad p_1 + p_2 + p_3 = 1$$

이므로

$$\sum_{x_1=0}^{n} \sum_{x_2=0}^{n-x_1} \frac{n!}{x_1!\,x_2!\,(n-x_1-x_2)!} p_1^{x_1} p_2^{x_2} p_3^{n-x_1-x_2}$$

$$= \sum_{x_1=0}^{n} \frac{n!\,p_1^{x_1}}{x_1!\,(n-x_1)!} \sum_{x_2=0}^{n-x_1} \frac{(n-x_1)!}{x_2!\,(n-x_1-x_2)!} p_2^{x_2} p_3^{n-x_1-x_2}$$

$$= \sum_{x_1=0}^{n} \frac{n!}{x_1!\,(n-x_1)!} p_1^{x_1}(p_2+p_3)^{n-x_1} \qquad \text{(이항전개식을 적용)}$$

$$= (p_1 + p_2 + p_3)^n \qquad \text{(맨 위의 좌변의 식을 3항전개식이라 함)}$$

$$= 1$$

이 된다. 따라서 $x_3 = n - x_1 - x_2$에 의해, 3항분포의 확률질량함수는

$$P\{X_1 = x_1,\ X_2 = x_2,\ X_3 = x_3\} = P\{X_1 = x_1,\ X_2 = x_2\}$$
$$= \frac{n!}{x_1!\,x_2!\,x_3!} p_1^{x_1} p_2^{x_2} p_3^{x_3}$$

인 꼴이다. $k = 4, 5, \cdots$ 에 대해서도 같은 방법을 적용하면 정리는 증명된다. □

> **【정리 3】** 다항분포의 적률생성함수는, 모든 실수 $t_1, \cdots, t_{k-1}$에 대해서
>
> $$M(t_1, \cdots, t_{k-1}) = \left(p_k + \sum_{i=1}^{k-1} p_i e^{t_i}\right)^n, \quad p_1 + \cdots + p_k = 1$$
>
> 이다.

【증명】 $k=2$일 때는 이항분포의 성질 2에 의해

$$M(t_1) = (p_2 + p_1 e^{t_1})^n, \quad p_1 + p_2 = 1$$

이다. $k=3$일 때 3항분포의 적률생성함수를 구해보자. §4.5의 정의 4와 3항분포의 정의를 생각하면

$$M(t_1, t_2) = \sum_{x_1=0}^{n} \sum_{x_2=0}^{n-x_1} e^{t_1 x_1 + t_2 x_2} \frac{n!}{x_1!\, x_2!\, (n-x_1-x_2)!} p_1^{x_1} p_2^{x_2} p_3^{n-x_1-x_2}$$

($0 \le x_1 + x_2 \le n$ 이므로)

$$= (p_1 e^{t_1} + p_2 e^{t_2} + p_3)^n = \left(p_3 + \sum_{i=1}^{2} p_i e^{t_i}\right)^n, \quad p_1 + p_2 + p_3 = 1$$

를 얻는다. $k = 4, 5, \cdots$ 에 대해서도 같은 방법을 적용하면 정리는 증명된다. □

주 의 1 3항분포의 적률모함수 $M(t_1, t_2)$로부터

$$M(t_1, 0) = (p_1 e^{t_1} + 1 - p_1)^n$$

이므로, 이것은 이항분포 $b(n, p_1)$의 적률모함수와 같다(이항분포의 성질 (2) 참조). 같은 방법으로

$$M(0, t_2) = (p_2 e^{t_2} + 1 - p_2)^n$$

이므로, 이것은 $b(n, p_2)$의 적률모함수와 같다. 일반적으로, 다항분포의 적률모함수 $M(t_1, \cdots, t_{k-1})$로부터

$$M(0, \cdots, t_i, \cdots, 0) = (p_i e^{t_i} + p_1 + \cdots + p_{i-1} + p_{i+1} + \cdots + p_k)^n$$

$$= (p_i e^{t_i} + 1 - p_i)^n$$

에 의해, 이항분포의 적률모함수가 구해진다. 더욱 X_i 와 $X_j\,(i,\,j=1,2,\cdots,k-1;\ i\neq j)$의 결합 적률모함수는

$$M(0,\ \cdots,\ t_i,\ 0,\ \cdots,\ t_j,\ \cdots,\ 0)=(p_i e^{t_i}+p_j e^{t_j}+(1-p_i-p_j))^n$$

이므로, 이것은 3항분포의 적률모함수의 형태이다. 이 경우, 3항분포의 확률질량함수는 다음과 같다.

$$P\{X_i=x_i,\ X_j=x_j\}=\frac{n!}{x_i!\,x_j!\,(n-x_i-x_j)!}\,p_i^{x_i}\,p_j^{x_j}\,p_k^{n-x_i-x_j}$$

(단, $p_k=1-p_i-p_j$)

6. 초기하분포 (Hypergeometric Distribution)

[예제 3] 어떤 상자 안에 빨간색, 흰색, 분홍색 꽃이 되는 꽃씨가 각각 400개, 400개, 200개씩 들어 있다. 이 상자에서 비복원 추출(sampling without replacement)한 10개의 꽃씨 중에 빨간 꽃의 꽃씨가 x_1개, 흰 꽃의 꽃씨가 x_2개 뽑힐 확률을 구하여라.

【풀이】 10개의 꽃씨 중에 X_1을 빨간 꽃의 꽃씨의 개수를 나타내는 확률변수, X_2를 흰 꽃의 꽃씨의 개수를 나타내는 확률변수라 하자. 1000개 중 10개를 뽑는 방법의 수는 $\binom{1000}{10}$ 가지이고, 10개의 꽃씨 중 $X_1=x_1$, $X_2=x_2$개를 뽑는 방법의 수는 $\binom{400}{x_1}\binom{400}{x_2}\binom{200}{10-x_1-x_2}$ 가지이다. 따라서 구하는 확률은 다음과 같다.

$$P\{X_1=x_1,\ X_2=x_2\}=\frac{\binom{400}{x_1}\binom{400}{x_2}\binom{200}{10-x_1-x_2}}{\binom{1000}{10}}$$

$(x_1+x_2\leq 10,\ x_1\geq 0,\ x_2\geq 0)$ □

일반적으로, 초기하분포는 다음과 같이 정의된다.

정의 4 N개의 원소를 갖는 모집단이 k개의 속성으로 분류되고, 각 속성이 M_1개, $\cdots$, M_k개의 원소를 가질 때 이 모집단으로부터 비복원추출한 n개 중, 각 속성에 속하는 원소의 개수를 나타내는 확률변수를 $X_1, \cdots, X_k$라 하면, 사상 $\{X_1 = x_1, \cdots, X_k = x_k\}$가 일어날 확률은 다음과 같다.

$$P\{X_1 = x_1, \cdots, X_k = x_k\} = \frac{\binom{M_1}{x_1} \cdots \binom{M_k}{x_k}}{\binom{N}{n}}$$

(단, $0 \le x_i \le \min(M_i, n)$, $i = 1, \cdots, k$;

$x_1 + \cdots + x_k = n$, $M_1 + \cdots + M_k = N$)

이와 같은 확률분포를 **초기하분포**(hypergeometric distrubution)라 부르고, 기호로는 $(X_1, \cdots, X_k) \sim H(n, M_1, \cdots, M_k, N)$으로 나타낸다.

【정리 4】 $X_i \sim H(n, M_i, N)$, $i = 1, \cdots, k$, 일 때, 즉, X_i의 확률질량함수가

$$P\{X_i = x_i\} = \frac{\binom{M_i}{x_i}\binom{N-M_i}{n-x_i}}{\binom{N}{n}}, \quad 0 \le x_i \le \min(M_i, n) \tag{1}$$

일 때, X_i의 평균과 분산은 각각 다음과 같다.

$$EX_i = \frac{n}{N} M_i, \quad \mathrm{Var}(X_i) = n\frac{M_i}{N}\left(1 - \frac{M_i}{N}\right)\frac{N-n}{N-1}$$

【증명】 각각의 $i = 1, \cdots, k$에 대해 다음 식이 성립한다.

$$EX_i = \sum_{x_i=1}^{n} x_i \frac{\binom{M_i}{x_i}\binom{N-M_i}{n-x_i}}{\binom{N}{n}} = n\frac{M_i}{N}\sum_{x_i=1}^{n} \frac{\binom{M_i-1}{x_i-1}\binom{N-M_i}{n-x_i}}{\binom{N-1}{n-1}}$$

$$= n\frac{M_i}{N}\sum_{x_i=0}^{n-1}\frac{\binom{M_i-1}{x_i}\binom{N-1-(M_i-1)}{n-(x_i+1)}}{\binom{N-1}{n-1}}$$

$$= \frac{n}{N}M_i \qquad \text{((1) 을 응용)}$$

같은 방법에 의해 계산하면

$$E(X_i(X_i-1)) = n(n-1)\frac{M_i(M_i-1)}{N(N-1)}$$

을 얻을 수 있다. 따라서

$$\begin{aligned}\mathrm{Var}(X_i) &= E(X_i(X_i-1)) + EX_i - (EX_i)^2\\ &= n\frac{M_i}{N}\left\{\frac{(n-1)(M_i-1)}{N-1}+1-n\frac{M_i}{N}\right\}\\ &= n\frac{M_i}{N}\frac{N-M_i}{N}\frac{N-n}{N-1}\end{aligned}$$

□

[문제] 3항분포의 확률질량함수가

$$P\{X=x,\ Y=y\} = \frac{n!}{x!\,y!\,(n-x-y)!}\,p_1^x\,p_2^y\,p_3^{n-x-y}$$

라 하자. 여기서 x와 y는 음이 아닌 정수들이고 $x+y \le n$, $p_1+p_2+p_3=1$이다. 이 때, X의 주변 확률질량함수는

$$P\{X=x\} = \binom{n}{x}p_1^x(1-p_1)^{n-x}, \quad x=0,1,\cdots,n$$

임을 밝히고, $X=x$가 주어진 Y의 조건부 분포는 $Y|x \sim b(n-x,\ p_2/(1-p_1))$임을 보여라.

7. 포아송 분포 (Poisson Distribution)

실수 λ에 대해 지수함수 e^{λ}를 Maclaurin 급수로 전개하면

$$e^{\lambda} = 1+\lambda+\frac{\lambda^2}{2!}+\frac{\lambda^3}{3!}+\cdots=\sum_{k=0}^{\infty}\frac{\lambda^k}{k!}$$

가 됨을 우리는 알고 있다.

> **정의 5** 확률변수 X의 확률질량함수가
>
> $$P\{X=k\}=\begin{cases}\dfrac{e^{-\lambda}\lambda^k}{k!}, & k=0,1,\cdots;\lambda>0\\ 0, & \text{그 외에서}\end{cases}$$
>
> 일 때, X는 모수 λ를 갖는 **포아송 분포**(Poisson distribution)**에 따른다**고 말하고, 기호로는 $X \sim \mathcal{P}(\lambda)$로 쓴다.

※ 포아송 분포 $\mathcal{P}(\lambda)$의 성질

$X \sim \mathcal{P}(\lambda)$라 하자. 그러면 다음 성질들이 성립한다.

(1) X의 분포함수는, 정의에 의하여 다음과 같다.

$$F(x)=\sum_{k\le x}P\{X=k\}=\sum_{k=0}^{x}\frac{e^{-\lambda}\lambda^k}{k!}$$

(2) X의 적률생성함수는

$$M(t)=\sum_{k=0}^{\infty}e^{tk}P\{X=k\}=e^{-\lambda}\sum_{k=0}^{\infty}\frac{(\lambda e^t)^k}{k!}$$

$$=e^{\lambda(e^t-1)},\quad -\infty<t<\infty \qquad \text{(Maclaurin 급수의 전개식)}$$

이 되고 $M(t)$를 미분하면

$$M'(t)=e^{\lambda(e^t-1)}\lambda e^t,\quad M''(t)=e^{\lambda(e^t-1)}(\lambda e^t)^2+e^{\lambda(e^t-1)}\lambda e^t$$

이므로 X의 평균과 분산은 각각 다음과 같이 구해진다.

$$E(X)=M'(0)=\lambda,\qquad \mathrm{Var}(X)=M''(0)-\lambda^2=\lambda$$

포아송 분포는 단위시간이나 단위공간 내에 일어나는 사건의 횟수에 잘 쓰이는 확률분포의 모형이다. 예를 들면, 시간구간 $[0, t]$에서 사건의 발생횟수를 확률변수 $N(t)$로 나타내면 $N(t)$의 확률질량함수는

$$P\{N(t)=i\} = \frac{e^{-\lambda t}(\lambda t)^i}{i!}, \quad i=0, 1, 2, \cdots; \ \lambda > 0$$

이다. 이 식에서 λ대신 λt가 된 이유는 단위시간의 평균치 λ가 시간구간 $[0, t]$의 변화로 그 평균치가 λt로 바뀌기 때문이다(Hoel, Port, Stone (1972)의 책 Int. to Stochastic Process, pp. 96 참조).

【정리 5】 $i = 1, 2, \cdots, n$에 대해 $X_i \sim \mathcal{P}(\lambda_i)$이고 X_i가 독립이면 $S_n := X_1 + \cdots + X_n$의 분포는 $S_n \sim \mathcal{P}(\lambda_1 + \cdots + \lambda_n)$이 된다.

【증명】 $i = 1, 2, \cdots, n$에 대해 X_i의 적률생성함수를 $M_{X_i}(t)$라 하면, 앞의 포아송 분포의 성질에 의해

$$M_{X_i}(t) = e^{\lambda_i(e^t-1)}, \quad -\infty < t < \infty$$

임을 안다. 따라서 S_n의 적률생성함수는

$$\begin{aligned} M_{S_n}(t) &= E(e^{tX_1} \cdots e^{tX_n}) \\ &=: \prod_{i=1}^{n} M_{X_i}(t) \quad (X_i\text{가 독립이므로 §4.5의 정리 2에 의해}) \\ &= e^{(\lambda_1 + \cdots + \lambda_n)(e^t-1)}, \quad -\infty < t < \infty \end{aligned}$$

가 되므로, §3.2의 정리 3에 의해서 $S_n \sim \mathcal{P}(\lambda_1 + \cdots + \lambda_n)$이다. □

【정리 6】 $X \sim \mathcal{P}(\lambda_1)$, $Y \sim \mathcal{P}(\lambda_2)$ 이고 X 와 Y 가 독립확률변수들이면, $X+Y=x+y$ 가 주어진, X 의 조건부 분포는 이항분포 $b(n, p)$ 이다. 여기서, $n=x+y$ 이고 $p=\dfrac{\lambda_1}{\lambda_1+\lambda_2}$ 이다.

【증명】 $k=0, 1, 2, \cdots, n$에 대해 다음 식이 성립한다.

$$\begin{aligned}
P\{X=k \mid X+Y=n\} &= \frac{P\{X=k, Y=n-k\}}{P\{X+Y=n\}} \\
&= \frac{P\{X=k\}P\{Y=n-k\}}{P\{X+Y=n\}} \qquad (X\text{와 } Y\text{는 독립이므로}) \\
&= \frac{n!}{k!\,(n-k)!} \cdot \frac{\lambda_1^k \lambda_2^{n-k}}{(\lambda_1+\lambda_2)^n} \qquad (\text{정의 5와 정리 5에 의해}) \\
&= \binom{n}{k}\left(\frac{\lambda_1}{\lambda_1+\lambda_2}\right)^k \left(1-\frac{\lambda_1}{\lambda_1+\lambda_2}\right)^{n-k}, \quad k=0, 1, \cdots, n
\end{aligned}$$

위의 끝식은 모수 $n=x+y$ 와 $p=\dfrac{\lambda_1}{\lambda_1+\lambda_2}$ 를 갖는 이항분포 $b(n, p)$ 의 확률질량함수임에 틀림없다. □

[문제] $X \sim b(n, p)$ 이고 $np=\lambda>0$ 일 때, $n \to \infty$ 이면 이항분포는 포아송 분포에 수렴함을 보여라.

연습문제 5.1

1. $X \sim b(n, p)$ 일 때, 다음을 증명하여라.

$$E\left(\frac{X}{n}\right) = p, \quad \mathrm{Var}\left(\frac{X}{n}\right) = \frac{p(1-p)}{n}$$

2. X_1, X_2, X_3가 공통의 확률밀도함수

$$f(x) = \begin{cases} 3x^2, & 0 < x < 1 \\ 0, & \text{그 외에서} \end{cases}$$

를 가질 때, 세 개의 확률변수 X_1, X_2, X_3 중에서 두 개의 확률변수가 $\frac{1}{2}$보다 클 확률 값을 구하여라.

3. $X_1, \cdots, X_k$는 다항분포를 갖는다고 하자.
   (1) $X_2 = x_2, \cdots, X_{k-1} = x_{k-1}$로 주어진, X_1의 조건부 확률질량함수를 구하여라.
   (2) 조건부 기대치 $E(X_1 \mid x_2, \cdots, x_{k-1})$를 구하여라.

4. X_1과 X_2는 3항분포를 갖는다고 하자. 적률생성함수를 미분하여 공분산 $\mathrm{Cov}(X_1, X_2)$를 구하여라.

5. 정리 6을 n개의 독립확률변수들의 경우로 일반화하여라.

6. $i = 1, 2$에 대해 $X_i \sim b\left(n_i, \frac{1}{2}\right)$이고 X_1과 X_2가 독립일 때, $X_1 - X_2 + n_2$의 확률질량함수를 구하여라.

7. $X \sim \mathcal{P}(100)$일 때, Chebyshev 부등식을 사용하여, 확률 $P(75 < X < 125)$에 대한 하한을 구하여라.

8. $X \sim H(n, M, N)$이라 하자. 여기서 $M = 10$은 불량품의 개수이고 $N = 100$일 때, 비복원추출로 8개를 택했다면 불량품이 2개 이하일 확률은 0.97임을 보여라.

§5. 2 연속분포 (Continuous Distributions)

1. 균일분포 (Uniform Distribution)

정의 1 확률공간 $(\Omega, \mathscr{F}, P)$ 상의 확률변수 X 가 확률밀도함수

$$f(x) = \begin{cases} \dfrac{1}{b-a}, & a \le x \le b, -\infty < a < b < \infty \\ 0, & \text{그 외에서} \end{cases}$$

를 가질 때, X 는 구간 $[a, b]$ 상에서 **균일분포**(uniform distribution)**에 따른다**고 말하고, 기호로는 $X \sim U_{[a,b]}$ 로 나타낸다.

※ 균일분포 $U_{[a,b]}$ 의 성질

$X \sim U_{[a,b]}$ 라 하자. 그러면 다음 성질들이 성립한다.

(1) X 의 분포함수는, 정의에 의해 다음과 같다.

$$F(x) = \int_a^x \frac{1}{b-a}\, dt$$

$$= \begin{cases} 0, & x \le a \\ \dfrac{x-a}{b-a}, & a < x < b \\ 1, & x \ge b \end{cases}$$

(2) X 의 적률생성함수를 계산하면 다음과 같다.

$$M(t) = \int_a^b e^{tx} \frac{1}{b-a}\, dx = \frac{1}{t(b-a)} (e^{tb} - e^{ta}), \quad t \ne 0$$

(3) $k = 1, 2, \cdots$ 에 대해서 X 의 k차 적률은, § 3. 1 의 정의 3 에 의해

$$E(X^k) = \int_a^b x^k \frac{1}{b-a}\, dx = \frac{1}{(k+1)(b-a)} (b^{k+1} - a^{k+1})$$

이므로, X의 평균과 분산은 각각

$$E(X) = \frac{b+a}{2}, \quad \mathrm{Var}(X) = \frac{(a-b)^2}{12}$$

이다.

[예제 1] X의 밀도함수를

$$f(x) = \begin{cases} \lambda e^{-\lambda x}, & 0 < x < \infty;\ \lambda > 0 \\ 0, & \text{그 외에서} \end{cases}$$

라 하고 X의 분포함수를 F라 하면, $Y := F(X) \sim U_{(0,1)}$ 임을 증명하여라.

【증명】 X의 분포함수는

$$F(x) = \int_{-\infty}^{x} f(t)\,dt = \int_{0}^{x} \lambda e^{-\lambda t}\,dt$$

$$= \begin{cases} 1-e^{-\lambda x}, & x > 0;\ \lambda > 0 \\ 0, & \text{그 외에서} \end{cases}$$

이므로, $Y = F(X) = 1-e^{-\lambda X}$ $(X > 0, \lambda > 0)$ 이다. 이 때, Y의 밀도함수 $h(y)$가 다음과 같음을 보이면 된다.

$$h(y) = \begin{cases} 1, & 0 < y < 1 \\ 0, & \text{그 외에서} \end{cases}$$

즉, $Y \sim U_{(0,1)}$. X와 Y의 관찰치 함수는 $y = 1-e^{-\lambda x}$ $(x > 0, \lambda > 0)$ 이고 강증가 함수이며 $0 < y < 1$ 이다. 그런데 역함수는 $x = -\frac{1}{\lambda}\ln(1-y)$ 이므로 $\frac{dx}{dy} = \frac{1}{\lambda(1-y)}$ 이다. 따라서 §2.4의 정리 5에서 $y := g(x) = 1-e^{-\lambda x}$ 이면 $x = g^{-1}(y) = -\frac{1}{\lambda}\ln(1-y)$ 이므로, Y의 밀도함수는 다음과 같이 계산된다.

$$h(y) = \begin{cases} \lambda e^{-\lambda\left(-\frac{1}{\lambda}\ln(1-y)\right)} \dfrac{1}{\lambda(1-y)}, & 0 < y < 1 \\ 0, & \text{그 외에서} \end{cases}$$

$$= \begin{cases} 1, & 0 < y < 1 \\ 0, & \text{그 외에서} \end{cases}$$ □

일반적으로 다음 정리가 성립한다.

> **【정리 1】** (**확률적분변환**(probability integral transform)) X 가 연속인 분포함수 F 를 갖기 위한 필요충분조건은 $Y := F(X) \sim U_{[0,1]}$ 이다.

【증명】 F 의 역함수를 다음과 같이 정의하자.

$$F^{-1}(y) := \inf\{x : F(x) = y,\ 0 \le y \le 1\}$$

($\Rightarrow$) : Y 의 분포함수 G 는

$$\begin{aligned} G(y) &= P\{Y \le y\} = P\{F(X) \le y\} \\ &= P\{F^{-1}(F(X)) \le F^{-1}(y)\} && (F^{-1}\text{는 강증가이다}) \\ &= P\{X \le F^{-1}(y)\} \\ &= F(F^{-1}(y)) && (F\text{는 } X\text{의 분포함수이다}) \\ &= y, \quad 0 \le y \le 1 \end{aligned}$$

가 되므로 $G'(y) = 1$ 에 의해 $Y \sim U_{[0,1]}$ 이다.

($\Leftarrow$) : $Y = F(X) \sim U_{[0,1]}$ 이라 하자. 그러면 역변환 $X = F^{-1}(Y)$의 분포함수는 다음과 같이 구해진다.

$$\begin{aligned} P\{X \le x\} &= P\{F^{-1}(Y) \le x\} \\ &= P\{F(F^{-1}(Y)) \le F(x)\} && (F\text{는 비감소이다}) \\ &= P\{Y \le F(x)\} \\ &= P\{Y \le y\} \\ &= y, \quad 0 \le y \le 1 && (Y \sim U_{[0,1]}\text{의 성질에서}) \\ &= F(x) && (\text{가정에서}) \end{aligned}$$

따라서 X 는 연속인 분포함수 F 를 갖는다. □

2. 감마분포 (Gamma Distribution), 지수분포 (Exponential Distribution), 카이제곱분포 (Chi-square Distribution)

정의 2 양수 α 에 대하여

$$\Gamma(\alpha) := \int_0^\infty x^{\alpha-1} e^{-x}\, dx$$

를 α 의 **감마함수**(Gamma function)라 부른다.

※ 감마함수 $\Gamma(\alpha)$의 성질

(1) $\Gamma(1) = 1$ 이고 $\Gamma\left(\frac{1}{2}\right) = \sqrt{\pi}$ 이다(해석학 또는 미분방정식에 관한 책을 참조).

(2) $\Gamma(\alpha) = \int_0^\infty x^{\alpha-1} e^{-x} dx = (\alpha-1)\Gamma(\alpha-1)$ (부분적분법을 적용)

(3) 위의 (2)에서와 같은 방법을 계속하면, n이 자연수일 때 다음 식을 얻는다.

$$\begin{aligned}\Gamma(n) &= (n-1)\Gamma(n-1) = (n-1)(n-2)\Gamma(n-2) \\ &= \cdots = (n-1)!\end{aligned}$$

(4) 정의 2에서 $x = \frac{y}{\beta}$ $(\beta > 0,\ y > 0)$ 라 놓자. 그러면 다음과 같이 된다.

$$1 = \int_0^\infty \frac{1}{\Gamma(\alpha)\beta^\alpha} y^{\alpha-1} e^{-y/\beta} dy \qquad (*)$$

위의 식 (*) 에 있는 피적분 함수는 양수임을 알 수 있다. 따라서 다음과 같이 감마분포가 정의된다.

정의 3 확률변수 X의 밀도함수가

$$f(x) = \begin{cases} \dfrac{1}{\Gamma(\alpha)\beta^{\alpha}} x^{\alpha-1} e^{-x/\beta}, & 0 < x < \infty;\ \alpha > 0,\ \beta > 0 \\ 0, & \text{그 외에서} \end{cases}$$

일 때, X는 모수 α와 β를 갖는 **감마분포**(Gamma distribution)**에 따른다**고 말하고, $X \sim G(\alpha, \beta)$로 나타낸다.

주 의 1 감마분포 $G(\alpha, \beta)$는 대기시간에 대한 확률분포의 모형에서 잘 쓰인다. 예로서, 어떤 상점에 고객이 n번째 도착하는데 걸리는 시간을 $X_n (:= X)$이라 하면 X_n은 감마분포를 갖는 확률변수이다. 이를 알아보기 위해, $N(t)$를 시간구간 $[0, t]$에서 사건이 발생하는 횟수라 하면 X_n의 분포함수는 다음과 같이 된다.

$$\begin{aligned} P\{X_n \le t\} &= P\{N(t) \ge n\} = \sum_{i=n}^{\infty} P\{N(t) = i\} \\ &= \sum_{i=n}^{\infty} \frac{e^{-\lambda t}(\lambda t)^i}{i!} \qquad (N(t) \sim \mathcal{P}(\lambda t) \text{이므로}) \end{aligned}$$

위의 식을 t에 관해 미분하면, X_n의 밀도함수 $f_n(t)$는

$$\begin{aligned} f_n(t) &= \frac{d}{dt} P\{X_n \le t\} \\ &= \sum_{i=n}^{\infty} \frac{\lambda e^{-\lambda t}(\lambda t)^{i-1}}{(i-1)!} - \sum_{i=n}^{\infty} \frac{\lambda e^{-\lambda t}(\lambda t)^i}{i!} \\ &= \frac{\lambda e^{-\lambda t}(\lambda t)^{n-1}}{(n-1)!} = \frac{t^{n-1} e^{-\lambda t}}{\Gamma(n)(1/\lambda)^n}, \quad t > 0,\ \lambda > 0 \end{aligned}$$

가 되므로, 정의 3에 의해 X_n은 감마분포에 따름을 알 수 있다. 즉,

$$X_n \sim G\left(n, \frac{1}{\lambda}\right)$$

【정리 2】 $X \sim G(\alpha, \beta)$일 때 X의 적률생성함수, 평균 및 분산은 각각 다음과 같다.

$$M(t) = (1-\beta t)^{-\alpha}, \quad t < 1/\beta,$$
$$E(X) = \alpha\beta, \quad \mathrm{Var}(X) = \alpha\beta^2$$

【증명】 X의 적률생성함수는 다음과 같이 구해진다.

$$M(t) = \frac{1}{\Gamma(\alpha)\beta^{\alpha}} \int_0^{\infty} e^{x(t-1/\beta)} x^{\alpha-1}\, dx$$
$$= \frac{1}{\Gamma(\alpha)\beta^{\alpha}} \int_0^{\infty} e^{-y} \left(\frac{y}{-t+1/\beta}\right)^{\alpha-1} \frac{1}{-t+1/\beta}\, dy$$
$$(\because\ y := (-t+1/\beta)x,\ t<1/\beta \Rightarrow dy = (-t+1/\beta)dx\ )$$
$$= \frac{1}{\Gamma(\alpha)\beta^{\alpha}} \int_0^{\infty} e^{-y} y^{\alpha-1} \left(\frac{\beta}{1-\beta t}\right)^{\alpha} dy$$
$$= (1-\beta t)^{-\alpha}, \qquad t < 1/\beta$$
$$(\because\ \Gamma(\alpha) = \int_0^{\infty} e^{-y} y^{\alpha-1}\, dy\ )$$

여기서 $M(t)$를 t에 관해 미분하면

$$M'(t) = -\alpha(1-\beta t)^{-\alpha-1}(-\beta), \qquad M''(t) = \alpha(\alpha+1)(1-\beta t)^{-\alpha-2}\beta^2$$

이므로 X의 평균과 분산은, §3.2의 정리 4에 의하여 다음과 같이 구해진다.

$$E(X) = M'(0) = \alpha\beta, \quad \mathrm{Var}(X) = M''(0) - (M'(0))^2 = \alpha\beta^2 \qquad \square$$

정의 4 $X \sim G(\alpha, \beta)$이고 $\alpha = 1$일 때, X의 밀도함수는

$$f(x) = \begin{cases} \dfrac{1}{\beta} e^{-x/\beta}, & 0 < x < \infty;\ \beta > 0 \\ 0, & \text{그 외에서} \end{cases}$$

이다. 이 경우, X는 모수 β를 갖는 **지수분포**(exponential distriution)**에 따른다**고 말하고, $X \sim \mathcal{E}(\beta)$로 쓴다.

【따름정리 1】 $X \sim \mathcal{E}(\beta)$이면 X의 적률생성함수, 평균 및 분산은 각각 다음과 같다.

$$M(t) = (1-\beta t)^{-1}, \quad t < 1/\beta,$$
$$E(X) = \beta, \quad \mathrm{Var}(X) = \beta^2$$

【증명】 정의 4에서 $\mathcal{E}(\beta) = G(1, \beta)$이므로 정리 2를 적용하면 된다. □

앞의 주의 1을 고려하면 확률변수 X_1을 어떤 전기제품이 처음($n=1$) 고장날 때까지의 수명시간이라 해도 좋을 것이다. 이 경우에는

$$X_1 \sim G(1, 1/\lambda) = \mathcal{E}(1/\lambda)$$

이 된다.

【정리 3】 $X \sim \mathcal{E}(\beta)$이면 X는 **무기억성**(no memory)을 갖는다. 즉, 두 양수 r과 s에 대해 다음 등식이 성립한다.

$$P\{X > r+s \mid X > s\} = P\{X > r\}$$

【증명】 $\beta > 0$이고 $s > 0$이므로, 가정에 의해

$$P\{X > s\} = \int_s^\infty \frac{1}{\beta} e^{-x/\beta}\, dx = e^{-s/\beta}$$

이다. 따라서

$$P\{X > r+s \mid X > s\} = \frac{P\{X > r+s\}}{P\{X > s\}} = e^{-r/\beta} = P\{X > r\}$$

을 얻는다. □

[예제 2] 어떤 전기제품의 수명시간은 평균 사용시간이 10인 지수분포에 따른다고 한다. 현재까지 5시간 사용했다고 하고 앞으로 20시간 더 사용할 확률은?

【풀이】 X를 수명시간이라 하면, 가정에 의해 $X \sim \mathcal{E}(\beta)$이고 따름정리 1에 의해 $\beta = 10$이다. 따라서 X의 밀도함수는 정의 4에 의해

$$f(x) = \begin{cases} \dfrac{1}{10} e^{-x/10}, & 0 < x < \infty \\ 0, & -\infty < x \le 0 \end{cases}$$

이므로 정리 3으로부터 구하는 확률 값은 다음과 같다.

$$P\{X > 20+5 \mid X > 5\} = P\{X > 20\} = e^{-2}$$ □

예제 2로부터 정리 3의 의미는, 5시간(혹은 10시간 등)을 이미 사용한 제품이나 새 제품이나 구별 없이 앞으로의 수명시간에 대한 사상은 확률적으로 같다는 뜻이다.

정의 5 $X \sim G(\alpha, \beta)$에서 $\alpha = \dfrac{n}{2}$(n은 자연수)이고 $\beta = 2$일 때, X의 밀도함수는

$$f(x) = \begin{cases} \dfrac{1}{\Gamma(n/2)2^{n/2}} x^{\frac{n}{2}-1} e^{-\frac{x}{2}}, & 0 < x < \infty \\ 0, & \text{그 외에서} \end{cases}$$

이다. 이 경우 X는 **자유도**(degree of freedom) n **인 카이제곱분포**(Chi-square distribution)**에 따른다**고 말하고, $X \sim \chi^2(n)$으로 쓴다.

【정리 4】 $X \sim \chi^2(n)$이면 X의 적률생성함수, 평균 및 분산은 각각 다음과 같이 주어진다.

$$M(t) = (1-2t)^{-n/2}, \quad t < 1/2,$$
$$E(X) = n, \quad \mathrm{Var}(X) = 2n$$

【증명】 $\chi^2(n)$의 분포는 $G(\alpha, \beta)$분포에서 $\alpha = n/2$이고 $\beta = 2$인 경우이므

로 정리 2의 결과를 이용하면 된다. □

[예제 3] X가 자유도 5인 χ^2-분포에 따를 때, 부록의 χ^2-분포 표를 이용하여 $P\{c < X < d\} = 0.95$이고 $P\{X < c\} = 0.025$인 c와 d를 구하여라.

【풀이】 가정에 의해

$$\begin{aligned} P\{c < X < d\} &= P\{X < d\} - P\{X \le c\} \\ &= P\{X < d\} - 0.025 = 0.95 \end{aligned}$$

$$\therefore \quad P\{X < d\} = 0.975$$

부록의 χ^2-분포 표에서 자유도가 $n=5$일 때 $c = 0.831$이고 $d = 12.8$이다. □

【정리 5】 각각의 $i = 1, 2, \cdots, n$에 대해 $X_i \sim G(\alpha_i, \beta)$이고 X_i가 독립 확률변수들일 때, 다음 식이 성립한다.

$$S_n := X_1 + \cdots + X_n \sim G\left(\sum_{i=1}^{n} \alpha_i, \beta\right)$$

【증명】 가정과 정리 2에 의해, X_i의 적률 생성함수는

$$M_{X_i}(t) = (1-\beta t)^{-\alpha_i}, \quad t < 1/\beta$$

이므로, S_n의 적률생성함수는

$$\begin{aligned} M_{S_n}(t) &= E\left(e^{tX_1} \cdots e^{tX_n}\right) \\ &= E\left(e^{tX_1}\right) \cdots E\left(e^{tX_n}\right) \\ &\qquad (X_i\text{는 독립이므로 §4.5의 정리 2에 의해}) \\ &= (1-\beta t)^{-(\alpha_1 + \cdots + \alpha_n)}, \quad t < 1/\beta \end{aligned}$$

로 된다. 따라서 §3.2의 정리 3에 의하여 $S_n \sim G\left(\sum_{i=1}^{n} \alpha_i, \beta\right)$이다. □

【따름정리 2】 각각의 $i = 1, 2, \cdots, n$ 에 대해 $X_i \overset{iid}{\sim} \mathcal{E}(\beta)$ 이고 X_i 가 독립 확률변수들일 때, 다음 식이 성립한다.

$$S_n := X_1 + \cdots + X_n \sim G(n, \beta)$$

【증명】 각각의 $i = 1, 2, \cdots, n$ 에 대해

$$X_i \overset{iid}{\sim} \mathcal{E}(\beta) = G(1, \beta) \qquad \text{(정의 4 에서)}$$

이므로, 정리 5에 의하여 $S_n \sim G(n, \beta)$ 가 된다. □

【따름정리 3】 각각의 $i = 1, 2, \cdots, n$ 에 대해 $X_i \sim \chi^2(r_i)$ 이고 X_i 가 독립확률변수들일 때, 다음 식이 성립한다.

$$S_n := X_1 + \cdots + X_n \sim \chi^2(r_1 + \cdots + r_n)$$

【증명】 각각의 $i = 1, 2, \cdots, n$ 에 대해

$$X_i \sim \chi^2(r_i) = G(r_i/2, 2) \qquad \text{(정의 5에서)}$$

이고 X_i 는 독립 확률변수들이므로, 정리 5에 의해

$$S_n \sim G\left(\frac{1}{2}\sum_{i=1}^{n} r_i, 2\right) = \chi^2(r_1 + \cdots + r_n)$$

가 된다. □

【정리 6】 $X \sim U_{(0, 1)}$ 이면 $Y := -2\log X \sim \chi^2(2)$ 이다.

【증명】 Y 의 적률생성함수 $M_Y(t)$ 는 다음과 같이 구해진다.

$$M_Y(t) = E(X^{-2t})$$

$$= \int_0^1 x^{-2t} \frac{1}{1-0} dx \qquad (X \sim U_{(0,1)} \text{ 이고 } \S 3.1 \text{ 의 정리 5 에서})$$

$$= \frac{1}{1-2t}, \quad t < 1/2$$

위의 끝 식은 정리 4에서 $n=2$인 경우이므로 $Y \sim \chi^2(2)$가 된다. □

> **【정리 7】** $X \sim G(\alpha_1, \beta)$와 $Y \sim G(\alpha_2, \beta)$가 독립이면, $X+Y$와 $\dfrac{X}{Y}$도 독립이다.

【증명】 §4.3의 연속형의 변수변환법을 적용하자. f_1, f_2를 각각 X, Y의 밀도함수, $f(x, y)$를 (X, Y)의 결합밀도함수라 하면

$$f(x, y) = f_1(x) f_2(y) \qquad (X, Y \text{ 는 독립이므로})$$

$$= \frac{1}{\Gamma(\alpha_1)\Gamma(\alpha_2)\beta^{\alpha_1+\alpha_2}} x^{\alpha_1-1} y^{\alpha_2-1} e^{-(x+y)/\beta}$$

(여기서 x, y, α_1, α_2, β는 모두 양수임)

이다. 변수 변환을 $Z_1 = X+Y$, $Z_2 = X/Y$라 놓을 때, Z_1과 Z_2가 독립확률변수임을 보이면 된다.

$$\text{변환식}: \; z_1 = x+y, \; z_2 = \frac{x}{y}$$

$$\Rightarrow \text{역변환식}: \; x = \frac{z_1 z_2}{1+z_2}, \; y = \frac{z_1}{1+z_2}$$

그런데 역변환식의 야코비안은

$$J := \frac{\partial(x, y)}{\partial(z_1, z_2)} := \begin{vmatrix} \dfrac{\partial x}{\partial z_1} & \dfrac{\partial x}{\partial z_2} \\ \dfrac{\partial y}{\partial z_1} & \dfrac{\partial y}{\partial z_2} \end{vmatrix} = \begin{vmatrix} \dfrac{z_2}{1+z_2} & \dfrac{z_1}{(1+z_2)^2} \\ \dfrac{1}{1+z_2} & \dfrac{-z_1}{(1+z_2)^2} \end{vmatrix}$$

$$= -\frac{z_1}{(1+z_2)^2} \neq 0$$

이므로, §4.3의 정리 3에 의해 (Z_1, Z_2)의 결합밀도함수 $w(z_1, z_2)$는

$$\begin{aligned} w(z_1, z_2) &= \frac{1}{\Gamma(\alpha_1)\Gamma(\alpha_2)\beta^{\alpha_1+\alpha_2}} \left(\frac{z_1 z_2}{1+z_2}\right)^{\alpha_1-1} \left(\frac{z_1}{1+z_2}\right)^{\alpha_2-1} e^{-z_1/\beta} \frac{z_1}{(1+z_2)^2} \\ &= \frac{1}{\Gamma(\alpha_1)\Gamma(\alpha_2)\beta^{\alpha_1+\alpha_2}} z_1^{\alpha_1+\alpha_2-1} e^{-z_1/\beta} \left(\frac{1}{1+z_2}\right)^{\alpha_1+\alpha_2} z_2^{\alpha_1-1} \\ &=: g(z_1)h(z_2), \quad g(z_1) > 0,\ h(z_2) > 0 \end{aligned}$$

이 된다. 따라서 §4.4의 【명제】에 의하여 Z_1과 Z_2는 독립이다. □

[문제 1] X와 Y가 독립확률변수들이고 공통의 밀도함수

$$f(x) = \begin{cases} e^{-x}, & x > 0 \\ 0, & x \le 0 \end{cases}$$

를 갖는다고 하자. $U = X + Y$, $V = X - Y$라 하면, U와 V는 독립인가?

3. 정규분포 혹은 가우스 분포 (Normal Distribution or Gaussian Distribution)

정의 6 확률변수 Z의 밀도함수가

$$f(z) = \frac{1}{\sqrt{2\pi}} e^{-z^2/2}, \quad -\infty < z < \infty$$

일 때, Z는 **표준정규분포**(standard normal distriubution)**에 따른다**고 말하고, $Z \sim N(0, 1)$로 쓴다.

정의 6에서 주어진 $f(z)$가 확률밀도함수임을 확인하기 위하여 다음 정리가 필요하다.

【정리 8】 다음 적분공식이 성립한다.

$$\int_{-\infty}^{\infty} e^{-z^2/2}\,dz = \sqrt{2\pi}$$

【증명】 $I = \int_{-\infty}^{\infty} e^{-x^2/2}\,dx$ 라 놓으면

$$I^2 = \int_{-\infty}^{\infty}\int_{-\infty}^{\infty} e^{-(x^2+y^2)/2}\,dx\,dy$$

이다. 직교좌표 (x, y)를 극좌표 (r, θ)로 변수변환하면

$$y = r\sin\theta,\ x = r\cos\theta \qquad \therefore\ x^2 + y^2 = r^2$$

따라서, 중적분의 변환 공식에 의해

$$\begin{aligned} I^2 &= \int_0^{2\pi}\int_0^{\infty} e^{-r^2/2}\,\frac{\partial(x,y)}{\partial(r,\theta)}\,dr\,d\theta \\ &= \int_0^{2\pi}\int_0^{\infty} e^{-r^2/2}\,r\,dr\,d\theta \\ &= 2\pi \end{aligned}$$

이고 $I > 0$ 이므로 $I = \sqrt{2\pi}$ 가 된다. □

주 의 2 (i) 정의 6에서

$$f(z) = \frac{1}{\sqrt{2\pi}}e^{-z^2/2}, \quad -\infty < z < \infty$$

일 때, 정리 8에 의해

$$\int_{-\infty}^{\infty} f(z)\,dz = 1$$

이고 $f(z) \geq 0$ 이므로 f 는 Z의 확률밀도함수임이 확인된다.

(ii) $Z \sim N(0, 1)$일 때 Z의 분포함수를 보통 $\Phi(\cdot)$로 나타낸다. 따라서

$$\Phi(x) := P\{Z \leq x\} = \int_{-\infty}^{x} \frac{1}{\sqrt{2\pi}}e^{-z^2/2}\,dz, \ -\infty < x < \infty$$

이다.

(iii) $Z \sim N(0, 1)$ 이고 Z의 밀도함수를 $f(z)$라 하자. $\sigma > 0$ 이고 $-\infty < \mu < \infty$ 일 때, $X = \sigma Z + \mu$ 라 놓으면 역변환식 $z = \dfrac{x-\mu}{\sigma}$의 야코비안은 $J = \dfrac{dz}{dx} = \dfrac{1}{\sigma}$이다. 따라서 X의 밀도함수

$$h(x) = \frac{1}{\sqrt{2\pi}} \exp\left(-\frac{(x-\mu)^2}{2\sigma^2}\right)\frac{1}{\sigma} \qquad (\S 2.4 \text{의 정리 } 5 \text{에 의해})$$

$$= \frac{1}{\sqrt{2\pi}\,\sigma} \exp\left(-\frac{(x-\mu)^2}{2\sigma^2}\right), \quad -\infty < x < \infty$$

가 구해진다. 이 결과로부터 다음과 같이 정의 6을 일반화한다.

정의 7 $\sigma > 0$, $-\infty < \mu < \infty$에 대해 X의 밀도함수가

$$f(x) = \frac{1}{\sqrt{2\pi}\,\sigma} \exp\left(-\frac{(x-\mu)^2}{2\sigma^2}\right), \quad -\infty < x < \infty$$

일 때, X는 모수 μ와 σ를 갖는 **정규분포**(normal distribution) 혹은 **가우스 분포**(Gaussian distribution)**에 따른다**고 말하고 $X \sim N(\mu, \sigma^2)$으로 쓴다.

주 의 3 앞의 주의 2의 (iii)에서 $Z \sim N(0, 1)$일 때 $X = \sigma Z + \mu$라 놓으면 $X \sim N(\mu, \sigma^2)$임을 안다. 역으로, $X \sim N(\mu, \sigma^2)$이고 $X = \sigma Z + \mu$이면 명백히

$$Z = \frac{X-\mu}{\sigma} \sim N(0, 1)$$

이다. 이 변환 $Z = \dfrac{X-\mu}{\sigma}$를 **표준화 (확률)변수**(standardized rv)라 부른다. Z의 밀도함수가 f일 때

$$\Phi(x) = \int_{-\infty}^{x} f(t)\,dt, \quad -\infty < x < \infty,$$

$$1 - \Phi(x) = \Phi(-x), \quad f(-x) = f(x)$$

이다.

[예제 4] $X \sim N(3, 4)$일 때, 확률 $P\{2 \le X \le 5\}$의 값을 부록의 표준정규분포표를 이용하여 구하여라.

【풀이】 $X \sim N(3, 4)$이므로 $Z = \dfrac{X-3}{2}$이라 두면, 주의 3에 의해 $Z \sim N(0, 1)$이다. 따라서

$$
\begin{aligned}
P\{2 \le X \le 5\} &= P\{-0.5 \le Z \le 1\} \\
&= \Phi(1) - \Phi(-0.5) && \text{(주의 2의 (ii)에서)} \\
&= \Phi(1) - (1 - \Phi(0.5)) && \text{(주의 3에서)} \\
&\fallingdotseq 0.841 - (1 - 0.692) && \text{(부록의 표준 정규 분포 표에서)} \\
&= 0.533
\end{aligned}
$$

□

【정리 9】 $X \sim N(\mu, \sigma^2)$이면 X의 적률생성함수, 평균 및 분산은 각각 다음과 같다.

$$M(t) = \exp\left(\mu t + \frac{1}{2}\sigma^2 t^2\right), \quad -\infty < t < \infty,$$

$$E(X) = \mu, \quad \mathrm{Var}(X) = \sigma^2$$

【증명】 X의 적률생성함수

$$M(t) = \int_{-\infty}^{\infty} \frac{1}{\sqrt{2\pi}\,\sigma} \exp\left(tx - \frac{(x-\mu)^2}{2\sigma^2}\right) dx$$

에서 e의 멱을 다음과 같이 고쳐 쓸 수 있다.

$$
\begin{aligned}
tx - \frac{(x-\mu)^2}{2\sigma^2} &= t\mu + t(x-\mu) - \frac{1}{2}\left(\frac{x-\mu}{\sigma}\right)^2 \\
&= t\mu - \frac{1}{2\sigma^2}\{(x-\mu)^2 - 2\sigma^2 t(x-\mu)\} \\
&= t\mu - \frac{1}{2\sigma^2}\{((x-\mu) - \sigma^2 t)^2 - \sigma^4 t^2\} \\
&= t\mu + \frac{\sigma^2 t^2}{2} - \frac{1}{2\sigma^2}\{x - (\mu + \sigma^2 t)\}^2
\end{aligned}
$$

따라서

$$M(t) = \int_{-\infty}^{\infty} \frac{1}{\sqrt{2\pi}\,\sigma} \exp\left\{ t\mu + \frac{\sigma^2 t^2}{2} - \frac{1}{2\sigma^2}(x-(\mu+\sigma^2 t))^2 \right\} dx$$

$$= \exp\left(t\mu + \frac{\sigma^2 t^2}{2} \right) \int_{-\infty}^{\infty} \frac{1}{\sqrt{2\pi}\,\sigma} \exp\left\{ -\frac{1}{2\sigma^2}(x-(\mu+\sigma^2 t))^2 \right\} dx$$

$$= \exp\left(t\mu + \frac{\sigma^2 t^2}{2} \right), \quad -\infty < t < \infty \tag{1}$$

이다. 위의 두 번째 등식에서 피적분함수는 평균이 $\mu+\sigma^2 t$ 이고 분산이 σ^2 인 정규분포의 밀도함수인 꼴이므로 적분 값은 1 이다. 식 (1) 을 t에 관해 미분하면

$$M'(t) = \left\{ \exp\left(\mu t + \frac{1}{2}\sigma^2 t^2 \right) \right\} (\mu+\sigma^2 t),$$

$$M''(t) = \left\{ \exp\left(\mu t + \frac{1}{2}\sigma^2 t^2 \right) \right\} \{ (\mu+\sigma^2 t)^2 + \sigma^2 \}$$

$$\therefore \quad E(X) = M'(0) = \mu,$$

$$\mathrm{Var}(X) = M''(0) - \mu^2 = (\mu^2+\sigma^2) - \mu^2 = \sigma^2$$ □

[예제 5] 어떤 교수는 시험 답안지를 채점한 후에 평균 μ와 표준편차 σ를 계산하여 점수가 $\mu+\sigma$ 보다 높은 학생에게 A학점을 준다고 한다. 이 학급의 성적이 정규분포에 따른다면 어떤 학생이 A학점을 받을 확률은?

【풀이】 X를 학생의 점수로 나타내면, $X \sim N(\mu, \sigma^2)$이므로 어떤 학생이 A 학점을 받을 확률을 계산하면 다음과 같다.

$$P\{X > \mu+\sigma\} = P\{Z > 1\} = 1 - \Phi(1) = 0.159$$

여기서 $Z := \dfrac{X-\mu}{\sigma}$ 이다. □

[문제 2] $Z \sim N(0, 1)$이면 Z의 적률생성함수, 평균 및 분산은 각각 다음과 같음을 보여라.

$$M(t) = e^{t^2/2}, \quad \mu = 0, \quad \sigma^2 = 1.$$

【정리 10】 각각의 $i=1,2,\cdots,n$ 에 대해서 $X_i \sim N(\mu_i, \sigma_i^2)$ 이고 X_i 가 독립확률변수들이라 하자. 그러면 $S_n := \sum_{i=1}^{n} X_i$ 의 분포는 다음과 같다.

$$S_n \sim N\left(\sum_{i=1}^{n} \mu_i, \sum_{i=1}^{n} \sigma_i^2\right)$$

【증명】 각각의 $i=1,2,\cdots,n$에 대해서 X_i의 적률생성함수 $M_{X_i}(t)$는, 정리 9에 의하여

$$M_{X_i}(t) = \exp\left(\mu_i t + \frac{1}{2}\sigma_i^2 t^2\right), \quad -\infty < t < \infty$$

이므로 S_n의 적률생성함수를 계산하면

$$M_{S_n}(t) = E(e^{tX_1} \cdots e^{tX_n}) = E(e^{tX_1}) \cdots E(e^{tX_n})$$

(X_i는 독립이므로 §4.5의 정리 2에 의해)

$$= \exp\left(\left(\sum_{i=1}^{n} \mu_i\right)t + \left(\sum_{i=1}^{n} \sigma_i^2\right)\frac{t^2}{2}\right), \quad -\infty < t < \infty$$

이 된다. 따라서 §3.2의 정리 3에 의해 $S_n \sim N\left(\sum_{i=1}^{n} \mu_i, \sum_{i=1}^{n} \sigma_i^2\right)$ 이다. □

【따름정리 4】 각각의 $i=1,\cdots,n$ 에 대해 $X_i \overset{iid}{\sim} N(\mu, \sigma^2)$ 이라 하고 $S_n := \sum_{i=1}^{n} X_i$, $\overline{X}_n := \frac{1}{n} S_n$ 이라 하자. 그러면

$$S_n \sim N(n\mu, n\sigma^2), \quad \overline{X}_n \sim N\left(\mu, \frac{\sigma^2}{n}\right)$$

【증명】 $S_n \sim N(n\mu, n\sigma^2)$은 정리 10으로부터 따르고, $\overline{X}_n \sim N\left(\mu, \frac{\sigma^2}{n}\right)$은 정리 10의 증명과 같은 방법에 의해 쉽게 증명된다. □

【따름정리 5】 만일 $X_i \overset{iid}{\sim} N(0, 1)$, $i = 1, \cdots, n$ 이면, $\overline{X}_n := \frac{1}{n}\sum_{i=1}^{n} X_i$ 의 분포는 $\overline{X}_n \sim N\left(0, \frac{1}{n}\right)$ 이다.

【증명】 따름정리 4에 의해 명백하다. □

【정리 11】 $X \sim N(0, 1)$ 이면 $X^2 \sim \chi^2(1)$ 이다.

【증명】 $Y = X^2$ 이라 하면 Y 의 분포함수는

$$P\{Y \le y\} = P\{-\sqrt{y} \le X \le \sqrt{y}\} = 2\int_0^{\sqrt{y}} \frac{1}{\sqrt{2\pi}} e^{-w^2/2} dw$$

$$= 2\int_0^{y} \frac{1}{\sqrt{2\pi}} e^{-v/2} \frac{1}{2\sqrt{v}} dv \qquad (w = \sqrt{v} \text{ 로 치환})$$

가 되므로 Y 의 밀도함수 $f(y)$ 는

$$f(y) = \frac{d}{dy} P\{Y \le y\}$$

$$= \frac{1}{\Gamma(1/2)\, 2^{1/2}} y^{\frac{1}{2}-1} e^{-\frac{y}{2}}, \quad 0 < y < \infty \quad (\Gamma(1/2) = \sqrt{\pi} \text{ 이므로})$$

따라서 정의 5에 의해서 $n=1$ 일 때 $Y \sim G\left(\frac{1}{2}, 2\right) = \chi^2(1)$ 이다. □

【따름정리 6】 $X \sim N(\mu, \sigma^2)$ 이면 $\left(\frac{X-\mu}{\sigma}\right)^2 \sim \chi^2(1)$ 이다.

【증명】 $X \sim N(\mu, \sigma^2)$ 이면 $\frac{X-\mu}{\sigma} \sim N(0, 1)$ 이다. 따라서 정리 11에 의하여 $\left(\frac{X-\mu}{\sigma}\right)^2 \sim \chi^2(1)$ 이다. □

【따름정리 7】 각각의 $i=1, 2, \cdots, n$에 대하여 $X_i \sim N(\mu_i, \sigma_i^2)$이고 X_i가 독립확률변수들이면

$$\sum_{i=1}^{n}\left(\frac{X_i-\mu_i}{\sigma_i}\right)^2 \sim \chi^2(n)$$

이다.

【증명】 $X_i \sim N(\mu_i, \sigma_i^2)$, $i=1,2,\cdots,n$이므로 따름정리 6에 의해

$$\left(\frac{X_i-\mu_i}{\sigma_i}\right)^2 \sim \chi^2(1)$$

이다. 그런데 §4. 2의 정리 3에 의해 $\left(\frac{X_i-\mu_i}{\sigma_i}\right)^2$은 독립확률변수들이므로 따름정리 3에 의해

$$\sum_{i=1}^{n}\left(\frac{X_i-\mu_i}{\sigma_i}\right)^2 \sim \chi^2(n)$$

이다. □

4. 2변량 정규분포 (Bivariate Normal Distributions)

2차원 확률벡터 (X, Y)의 값 (x, y)에 대해 다음과 같이 정의된 함수 $f(x, y)$를 생각하자.

$$f(x, y) := \frac{1}{2\pi\sigma_1\sigma_2\sqrt{1-\rho^2}}\, e^{-q/2}, \quad -\infty < x < \infty, \quad -\infty < y < \infty \qquad (*)$$

여기서, $\sigma_1 > 0$, $\sigma_2 > 0$, $|\rho| < 1$이고

$$q := \frac{1}{1-\rho^2}\left[\left(\frac{x-\mu_1}{\sigma_1}\right)^2 - 2\rho\left(\frac{x-\mu_1}{\sigma_1}\right)\left(\frac{y-\mu_2}{\sigma_2}\right) + \left(\frac{y-\mu_2}{\sigma_2}\right)^2\right]$$

이다. 다음의 정리 12에서 볼 수 있듯이, 위에서 정의된 함수 $f(x, y)$가 확률벡터 (X, Y)의 결합밀도함수가 된다. (X, Y)가 위의 (*)식과 같은 결합

밀도함수 $f(x, y)$를 가질 때, (X, Y)는 **2변량 정규분포에 따른다**고 말하고 기호로는 $(X, Y) \sim \mathrm{BN}(\mu_1, \mu_2, \sigma_1^2, \sigma_2^2, \rho)$로 쓴다.

【정리 12】 위에서 정의된 함수 $f(x, y)$에 대하여, 다음 명제들이 성립한다.

(i) $f(x, y)$는 (X, Y)의 결합밀도함수이다.

(ii) $X \sim N(\mu_1, \sigma_1^2)$이고 $Y \sim N(\mu_2, \sigma_2^2)$이다.

(iii) $X = x$가 주어진, Y의 조건부 분포는

$$N\left(\mu_2 + \rho \frac{\sigma_2}{\sigma_1}(x - \mu_1),\ \sigma_2^2(1 - \rho^2)\right)$$

이고, $Y = y$가 주어진, X의 조건부 분포는

$$N\left(\mu_1 + \rho \frac{\sigma_1}{\sigma_2}(y - \mu_2),\ \sigma_1^2(1 - \rho^2)\right)$$

이다.

(iv) ρ는 X와 Y사이의 상관계수이다.

【증명】 (i): 명백히 $f(x, y) \geq 0$이다.

$$f_1(x) = \int_{-\infty}^{\infty} f(x, y)\, dy \tag{1}$$

라 두고, $f_1(x)$를 구해보면

$$\begin{aligned} f_1(x) &= \frac{1}{2\pi\sigma_1\sigma_2\sqrt{1-\rho^2}} \int_{-\infty}^{\infty} \exp\left\{-\frac{1}{2(1-\rho^2)}\right. \\ &\qquad \left.\times\left[\left(\frac{y-\mu_2}{\sigma_2} - \rho\frac{x-\mu_1}{\sigma_1}\right)^2 + (1-\rho^2)\left(\frac{x-\mu_1}{\sigma_1}\right)^2\right]\right\} dy \\ &= \frac{1}{2\pi\sigma_1\sigma_2\sqrt{1-\rho^2}} \int_{-\infty}^{\infty} \exp\left\{-\frac{1}{2(1-\rho^2)}\right. \\ &\qquad \left.\times\left[\left(\frac{y-b}{\sigma_2}\right)^2 + (1-\rho^2)\left(\frac{x-\mu_1}{\sigma_1}\right)^2\right]\right\} dy \end{aligned}$$

(단, $b := \mu_2 + \rho \frac{\sigma_2}{\sigma_1}(x - \mu_1)$)

$$= \frac{1}{\sigma_1\sqrt{2\pi}} \exp\left(-\frac{(x-\mu_1)^2}{2\sigma_1^2}\right)$$

$$\times \int_{-\infty}^{\infty} \frac{1}{\sqrt{2\pi}\,\sigma_2\sqrt{1-\rho^2}} \exp\left(-\frac{(y-b)^2}{2\sigma_2^2(1-\rho^2)}\right) dy$$

$$= \frac{1}{\sqrt{2\pi}\,\sigma_1} \exp\left(-\frac{(x-\mu_1)^2}{2\sigma_1^2}\right), \quad -\infty < x < \infty$$

이 된다. 위의 마지막 등식이 성립하는 이유는,

$$\int_{-\infty}^{\infty} \frac{1}{\sqrt{2\pi}\,\sigma_2\sqrt{1-\rho^2}} \exp\left(-\frac{(y-b)^2}{2\sigma_2^2(1-\rho^2)}\right) dy$$

에서 피적분함수의 모양을 보면 평균이 b이고 분산이 $\sigma_2^2(1-\rho^2)$인 정규분포의 밀도함수 형태가 되어있으므로 그 적분 값이 1임을 알 수 있다. 따라서 X의 주변 밀도함수가

$$f_1(x) = \frac{1}{\sqrt{2\pi}\,\sigma_1} \exp\left(-\frac{(x-\mu_1)^2}{2\sigma_1^2}\right), \quad -\infty < x < \infty \tag{2}$$

이므로

$$\int_{-\infty}^{\infty}\int_{-\infty}^{\infty} f(x, y)\,dy\,dx = \int_{-\infty}^{\infty} f_1(x)\,dx \qquad ((1)\text{ 에서})$$

$$= \int_{-\infty}^{\infty} \frac{1}{\sqrt{2\pi}\,\sigma_1} \exp\left(-\frac{(x-\mu_1)^2}{2\sigma_1^2}\right) dx = 1$$

이 된다. 그러므로 $f(x, y)$는 (X, Y)의 결합밀도함수이다.

(ii): 위의 (2)에서 $f_1(x)$는 X의 정규분포 밀도함수이고 $X \sim N(\mu_1, \sigma_1^2)$임을 알 수 있다. (i)의 증명에서와 같이

$$f_2(y) = \int_{-\infty}^{\infty} f(x, y)\,dx$$

라 두고 같은 방법으로 계산하면

$$f_2(y) = \frac{1}{\sqrt{2\pi}\,\sigma_2} \exp\left(-\frac{(y-\mu_2)^2}{2\sigma_2^2}\right), \quad -\infty < y < \infty$$

를 얻을 수 있다. 따라서 $Y \sim N(\mu_2, \sigma_2^2)$이다.

(iii): $X=x$ 가 주어진, Y의 조건부 밀도함수는

$$f_{Y|X}(y|x) = \frac{f(x, y)}{f_1(x)} \qquad (\S 4.1\text{의 정리 1에서})$$

$$= \frac{1}{\sqrt{2\pi}\,\sigma_2\sqrt{1-\rho^2}} \exp\left(-\frac{(y-b)^2}{2\sigma_2^2(1-\rho^2)}\right)$$

로 된다. 여기서 $b = \mu_2 + \rho\frac{\sigma_2}{\sigma_1}(x-\mu_1)$이다. 따라서 $X=x$가 주어진, Y의 조건부분포는

$$N\left(\mu_2 + \rho\frac{\sigma_2}{\sigma_1}(x-\mu_1),\ \sigma_2^2(1-\rho^2)\right)$$

임을 안다. 같은 방법으로 계산하면 $Y=y$가 주어진, X의 조건부 분포가

$$N\left(\mu_1 + \rho\frac{\sigma_1}{\sigma_2}(y-\mu_2),\ \sigma_1^2(1-\rho^2)\right)$$

임을 쉽게 보일 수 있다.

(iv): 증명 (iii)에서

$$E(Y\,|\,x) = \mu_2 + \rho\frac{\sigma_2}{\sigma_1}(x-\mu_1) \tag{3}$$

이고 §4.7에서 $X=x$에 관한 Y의 회귀직선의 정의에 의해

$$y = E(Y\,|\,x) = EY + \frac{\mathrm{Cov}(X, Y)}{\mathrm{Var}(X)}(x - EX)$$

$$= \mu_2 + \frac{\rho\,\sigma_1\sigma_2}{\sigma_1^2}(x-\mu_1) \qquad (\S 4.7\text{의 정의 2에서})$$

$$= \mu_2 + \rho\frac{\sigma_2}{\sigma_1}(x-\mu_1) \tag{4}$$

임을 안다. (3)과 (4)의 우변은 같으므로 §4.7의 정의 2를 고려하면 ρ는 X와 Y 사이의 상관계수임이 틀림없다. □

[예제 6] 부부를 대상으로 하는 어떤 모집단에서 남자의 키 X와 여자의 키 Y는 2변량 정규분포 $BN(\mu_1, \mu_2, \sigma_1^2, \sigma_2^2, \rho)$에 따른다고 한다. 여기서 $\mu_1 = 170\,\text{cm}$, $\mu_2 = 160\,\text{cm}$, $\sigma_1 = \sigma_2 = 5\,\text{cm}$, $\rho = 0.6$이다. 한 쌍의 부부에서 남자의 키가 180 cm 일 때 여자의 키가 158 cm에서 174 cm 사이일 확률을 구하여라.

【풀이】 정리 12의 (iii)에 의해 $X = x = 180$이 주어진 Y의 조건부분포는, 문제의 조건을 고려하면

$$N\left(\mu_2 + \rho\frac{\sigma_2}{\sigma_1}(x - \mu_1),\ \sigma_2^2(1-\rho^2)\right) = N(166, 16)$$

이 됨을 알 수 있다. 따라서 구하려는 확률 값을 계산하면 다음과 같다.

$$\begin{aligned} &P\{158 < Y < 174 \mid x = 180\} \\ &= P\{-2 < Z < 2\} \qquad \left(\text{단, } Z := \frac{Y-166}{4} \sim N(0, 1)\text{ 임}\right) \\ &= \Phi(2) - \Phi(-2) \\ &= 0.9544 \qquad (\text{표준 정규분포 표에서}) \end{aligned}$$

□

【정리 13】 $(X, Y) \sim BN(\mu_1, \mu_2, \sigma_1^2, \sigma_2^2, \rho)$일 때 (X, Y)의 적률생성함수는 다음과 같이 주어진다.

$$M(t_1, t_2) = \exp\left(\mu_1 t_1 + \mu_2 t_2 + \frac{1}{2}(\sigma_1^2 t_1^2 + 2\rho\sigma_1\sigma_2 t_1 t_2 + \sigma_2^2 t_2^2)\right),$$
$$-\infty < t_1, t_2 < \infty$$

【증명】 조건부 밀도함수의 정의를 생각하면 (X, Y)의 결합밀도함수는

$$f(x, y) = f_1(x) f_{Y|X}(y|x)$$

으로 표현된다. 따라서 §4.5의 정의 4를 이용하여 계산하면

$$M(t_1, t_2) = \int_{-\infty}^{\infty}\int_{-\infty}^{\infty} e^{t_1 x + t_2 y} f_1(x) f_{Y|X}(y \mid x)\, dy\, dx, \quad -\infty < t_1, t_2 < \infty$$

$$= \int_{-\infty}^{\infty} f_1(x) e^{t_1 x} \int_{-\infty}^{\infty} e^{t_2 y} \frac{1}{\sigma_2\sqrt{1-\rho^2}\,\sqrt{2\pi}} \exp\left(-\frac{(y-b)^2}{2\sigma_2^2(1-\rho^2)}\right) dy\, dx$$

(정리 12의 (iii)에서 $b = \mu_2 + \rho\dfrac{\sigma_2}{\sigma_1}(x-\mu_1)$ 임)

$$= \int_{-\infty}^{\infty} f_1(x) e^{t_1 x} \exp\left(b t_2 + \frac{1}{2}\sigma_2^2(1-\rho^2)t_2^2\right) dx \qquad \text{(정리 9에 의해)}$$

$$= \exp\left(\frac{1}{2}\sigma_2^2(1-\rho^2)t_2^2\right) \times \int_{-\infty}^{\infty} \exp\left(t_1 x + \left(\mu_2 + \rho\frac{\sigma_2}{\sigma_1}(x-\mu_1)\right)t_2\right) f_1(x)\, dx$$

$$= \exp\left(\frac{1}{2}\sigma_2^2(1-\rho^2)t_2^2 + \left(\mu_2 - \rho\frac{\sigma_2}{\sigma_1}\mu_1\right)t_2\right) \times \int_{-\infty}^{\infty} \exp\left(\left(t_1 + \rho\frac{\sigma_2}{\sigma_1}t_2\right)x\right) f_1(x)\, dx \tag{5}$$

$$= \exp\left(\frac{1}{2}\sigma_2^2(1-\rho^2)t_2^2 + \left(\mu_2 - \rho\frac{\sigma_2}{\sigma_1}\mu_1\right)t_2\right) \times \exp\left(\mu_1\left(t_1 + \rho\frac{\sigma_2}{\sigma_1}t_2\right) + \frac{\sigma_1^2}{2}\left(t_1 + \rho\frac{\sigma_2}{\sigma_1}t_2\right)^2\right)$$

((5)의 피적분함수를 생각하면, 정리 12에 의해 $X \sim N(\mu_1, \sigma_1^2)$이고 정리 9에서 $M(t)$의 t 대신에 $t_1 + \rho\dfrac{\sigma_2}{\sigma_1}t_2$를 대입한 꼴이다)

$$= \exp\left(\mu_1 t_1 + \mu_2 t_2 + \frac{1}{2}\left(\sigma_1^2 t_1^2 + \sigma_2^2 t_2^2 + 2\rho\sigma_1\sigma_2 t_1 t_2\right)\right)$$

을 얻는다. □

【정리 14】 $(X, Y) \sim BN(\mu_1, \mu_2, \sigma_1^2, \sigma_2^2, \rho)$라 하자. X와 Y가 독립 확률변수일 필요충분조건은 $\rho = 0$이다.

【증명】 정리 13에서 $\rho=0$이면

$$M(t_1, t_2) = \exp\left(\mu_1 t_1 + \frac{1}{2}\sigma_1^2 t_1^2\right)\exp\left(\mu_2 t_2 + \frac{1}{2}\sigma_2^2 t_2^2\right)$$
$$= M(t_1, 0)M(0, t_2)$$

이다. 따라서 §4.5의 정리 8에 의해 X, Y는 독립이다.

역으로, X와 Y가 독립이면 §4.5의 정리 8에 의해

$$M(t_1, t_2) = M(t_1, 0)M(0, t_2)$$

이다. 이것은 정리 13에 의해 결국

$$\rho\sigma_1\sigma_2 t_1 t_2 = 0, \quad {}^\forall t_1, t_2, \sigma_1 > 0, \sigma_2 > 0$$

을 의미한다. 따라서 $\rho=0$이다. □

[문제 3] 확률벡터 (X, Y)의 결합밀도함수 $f(x,y)$가 다음과 같다고 하자.

$$f(x, y) = \frac{1}{2\pi}\exp(-(x^2+y^2)/2)+a(x)a(y), \quad -\infty < x < \infty, \quad -\infty < y < \infty$$

여기서

$$a(x) := \begin{cases} \dfrac{x}{10}, & -1 < x < 1 \\ 0, & \text{그 외에서} \end{cases}$$

이다. 그러면 X와 Y는 각각 표준정규분포에 따르지만, X와 Y가 독립확률변수들이 아님을 보여라.

◎ 연습문제 5.2

1. $X \sim U_{(-1, 1)}$일 때, X의 분포함수, 적률생성함수, 평균, 분산 및 확률 $P\left\{-\frac{1}{3} < X < \frac{1}{3}\right\}$을 구하여라.

2. $X \sim G\left(\frac{r}{2}, \beta\right)$, r은 양의 정수, $\beta > 0$이고 $Y = 2X/\beta$일 때, Y의 밀도함수를 구하고, $Y \sim \chi^2(r)$임을 보여라.

3. 전화 통화시간이 지수분포 $\varepsilon(1/10)$을 따른다고 하자.
   (1) 5분 이상 통화할 확률은?
   (2) 5분 이상 10분 이내 통화할 확률은?

4. $X \sim \chi^2(5)$일 때, 부록의 χ^2-분포표를 보고 다음의 x_1, x_2의 값을 구하라.
   (1) $P\{X > x_1\} = 0.01$ (2) $P\{X \le x_2\} = 0.95$

5. $X \sim N(\mu, \sigma^2)$일 때, $P\left\{-b < \frac{X-\mu}{\sigma} < b\right\} = 0.90$을 만족하는 수 b의 값은?

6. $X \sim N(\mu, \sigma^2)$일 때, $E(|X-\mu|) = \sigma\sqrt{2/\pi}$ 임을 보여라.

7. $X \sim N(1, 4)$일 때, 확률 $P\{1 < X^2 < 9\}$의 값을 계산하여라.

8. $(X, Y) \sim BN(\mu_1, \mu_2, \sigma_1^2, \sigma_2^2, \rho)$이고 $\mu_1 = 5$, $\mu_2 = 10$, $\sigma_1^2 = 1$, $\sigma_2^2 = 25$, $\rho > 0$으로 주어질 때, 다음을 구하여라.
   (1) $P\{4 < Y < 16 \mid x = 5\} = 0.954$인 ρ의 값
   (2) $P\{5 < Y < 15\}$ (3) $P\{2 < X < 6\}$

9. $(X, Y) \sim BN(\mu_1, \mu_2, \sigma_1^2, \sigma_2^2, \rho)$이고 $\mu_1 = \mu_2 = 0$, $\sigma_1^2 = \sigma_2^2 = 1$, $\rho > 0$일 때, $Z = aX + bY$ (단, $a \neq 0$ 이고 $b \neq 0$인 상수들임)의 분포를 구하여라.

극한정리 (Limit Theorems)

제 6 장

§6.1 수렴의 형태 (Modes of Convergence)

이 절에서는 확률이론에서 나타나는 수렴의 여러 가지 형태를 생각하고 그들의 관계를 조사할 것이다. 우선 수렴의 형태 중에서 가장 약한 모형부터 시작한다.

> **정의 1** $n = 1, 2, \ldots$ 에 대해 확률변수 X_n의 분포함수를 $F_n(x)$, 어떤 확률변수 X의 분포함수를 $F(x)$라 하자. $F(x)$가 연속인, 모든 점 x 에서
>
> $$\lim_{n \to \infty} F_n(x) = F(x)$$
>
> 가 성립할 때, $\{X_n\}$은 X에 **분포수렴한다**(converge in distribution)고 말한다. 이 경우, F를 X_n의 **극한분포함수**(limiting distribution function)라 부른다. 기호로는 $X_n \xrightarrow{\mathcal{D}} X$로 쓴다.

[예제 1] $i = 1, 2, \cdots$ 에 대해 $X_i \overset{iid}{\sim} N(0, 1)$일 때, $\overline{X}_n := \dfrac{1}{n}\sum_{i=1}^{n} X_i$의 극한분포함수를 구하여라.

【풀이】 §5.2의 따름정리 5에 의하여 $\overline{X}_n \sim N\left(0, \dfrac{1}{n}\right)$임을 안다. 따라서 $\overline{X}_n$의 분포함수 $F_n(x)$를 구해보면

$$F_n(x) = P\{\overline{X}_n \le x\} = \int_{-\infty}^{x} \frac{1}{\sqrt{2\pi}\sqrt{1/n}} \exp\left(-\frac{nw^2}{2}\right) dw$$

$$= \int_{-\infty}^{\sqrt{n}\,x} \frac{\sqrt{n}}{\sqrt{2\pi}} \exp\left(-\frac{v^2}{2}\right) \frac{1}{\sqrt{n}} dv$$

($v = \sqrt{n}\,w$ 로 치환하면 $dw = \frac{1}{\sqrt{n}} dv$ 이다)

$$= \Phi(\sqrt{n}\,x)$$

(§5.2 의 정규분포의 주의 2 (ii) 에서)

가 된다. 그러므로

$$\lim_{n\to\infty} F_n(x) = \Phi(\lim_{n\to\infty}\sqrt{n}\,x) = \begin{cases} 0, & x < 0 \\ \frac{1}{2}, & x = 0 \\ 1, & x > 0 \end{cases}$$

를 얻는다. 그런데 어떤 확률변수 X의 분포함수를

$$F(x) = \begin{cases} 0, & x < 0 \\ 1, & x \ge 0 \end{cases}$$

라 하면, $F(x)$가 연속인, 모든 점 $x \ne 0$에서

$$\lim_{n\to\infty} F_n(x) = F(x)$$

가 성립하므로, 정의 1에 의해 위에서 주어진 $F(x)$는 $\overline{X}_n$의 극한분포함수이고 $\overline{X}_n \xrightarrow{\mathcal{D}} X$ 이다. □

정의 2 $\{X, X_1, X_2, \cdots\}$를 확률공간 $(\Omega, \mathcal{F}, P)$상의 확률변수들이라 하자.

$$\forall \epsilon > 0, \quad \lim_{n\to\infty} P\{|X_n - X| > \epsilon\} = 0$$

이 성립할 때, $\{X_n\}_{n=1}^{\infty}$은 X에 **확률수렴한다**(converge in probability)고 말하고, 기호로는 $X_n \xrightarrow{\mathrm{P}} X$로 쓴다.

[예제 2] 확률변수 열 $\{X_n\}_{n=1}^{\infty}$이 다음의 확률질량함수를 갖는다고 하자.

$$P\{X_n = 1\} = \frac{1}{n}, \quad P\{X_n = 0\} = 1 - \frac{1}{n}$$

그러면, 임의의 양수 ϵ에 대하여

$$\begin{aligned} P\{|X_n - 0| > \epsilon\} &= P\{X_n > \epsilon\} \\ &= \begin{cases} P\{X_n = 1\} = \dfrac{1}{n}, & 0 < \epsilon < 1 \\ P(\varnothing) = 0, & \epsilon \geq 1 \end{cases} \end{aligned}$$

가 되므로

$$^\forall \epsilon > 0, \quad \lim_{n \to \infty} P\{|X_n - 0| > \epsilon\} = 0$$

이 성립한다. 따라서 정의 2에 의하여 $X_n \xrightarrow{\mathrm{P}} 0$임을 알 수 있다.

[예제 3] $i = 1, 2, \cdots$에 대해 $X_i \overset{iid}{\sim} N(\mu, \sigma^2)$이고 $\overline{X}_n := \dfrac{1}{n}\sum_{i=1}^{n} X_i$이면, $\overline{X}_n \xrightarrow{\mathrm{P}} \mu$임을 증명하여라.

【풀이】 §5.2의 따름정리 4에 의해

$$\overline{X}_n \sim N\left(\mu, \frac{\sigma^2}{n}\right)$$

임을 안다. 임의의 양수 K에 대해서 $\epsilon = K\dfrac{\sigma}{\sqrt{n}}$라 놓자. §3.4의 Chebyshev 부등식을 사용하면

$$P\left\{\left|\overline{X}_n - \mu\right| \geq \epsilon\right\} = P\left\{\left|\overline{X}_n - \mu\right| \geq K\frac{\sigma}{\sqrt{n}}\right\} \leq \frac{\sigma^2}{n\epsilon^2}$$

이 되므로

$$^\forall \varepsilon > 0, \quad \lim_{n \to \infty} P\left\{\left|\overline{X}_n - \mu\right| \geq \epsilon\right\} = 0$$

이 성립한다. 따라서 정의 2에 의하여 $\overline{X}_n \xrightarrow{\mathrm{P}} \mu$이다. □

【정리 1】 만일 $X_n \xrightarrow{\mathrm{P}} X$ 이면 $X_n \xrightarrow{\mathcal{D}} X$ 이다.

【증명】 F_n과 F를 각각 X_n과 X의 분포함수라 하자. 임의의 실수 x, x'에 대해 다음 관계식

$$\begin{aligned}
&\{\omega \in \Omega : X(\omega) \le x'\} \\
&\quad = \{\omega \in \Omega : X_n(\omega) \le x,\ X(\omega) \le x'\} \\
&\qquad\quad \cup \{\omega \in \Omega : X_n(\omega) > x,\ X(\omega) \le x'\} \\
&\quad \subseteq \{\omega : X_n(\omega) \le x\} \cup \{\omega : X_n(\omega) > x,\ X(\omega) \le x'\}
\end{aligned}$$

으로부터 확률을 취하면

$$F(x') \le F_n(x) + P\{X_n > x,\ X \le x'\} \tag{1}$$

가 된다. 가정에 의해

$$X_n \xrightarrow{\mathrm{P}} X$$

이므로, 임의의 $x' < x$에 대해서

$$\begin{aligned}
P\{X_n > x,\ X \le x'\} &\le P\{X_n - X > x - x'\} \\
&\le P\{|X_n - X| > x - x'\} \to 0, \quad n \to \infty
\end{aligned} \tag{2}$$

가 성립한다. 따라서 (1)과 (2)에 의해

$$F(x') \le \liminf_{n\to\infty} F_n(x), \quad x' < x \tag{3}$$

를 얻는다. 같은 방법으로, 위에서 X와 X_n을 교환하여 생각하면 임의의 $x'' > x$에 대하여

$$\begin{aligned}
&\{\omega \in \Omega : X_n(\omega) \le x\} \\
&\quad \subseteq \{\omega : X(\omega) \le x''\} \cup \{\omega : X(w) > x'',\ X_n(\omega) \le x\}
\end{aligned}$$

이므로,

$$F_n(x) \le F(x'') + P\{X > x'',\ X_n \le x\} \tag{4}$$

이 된다. 그런데 임의의 $x'' > x$에 대해서

$$P\{X > x'', X_n \le x\} \le P\{X - X_n > x'' - x\}$$
$$\le P\{|X - X_n| > x'' - x\} \to 0, \quad n \to \infty \tag{5}$$

가 성립한다. 따라서 (4) 와 (5) 에 의해

$$\limsup_{n\to\infty} F_n(x) \le F(x''), \quad x'' > x \tag{6}$$

를 얻는다. 결국 (3) 과 (6) 에 의해, 임의의 $x' < x < x''$에 대해서

$$F(x') \le \liminf_{n\to\infty} F_n(x) \le \limsup_{n\to\infty} F_n(x) \le F(x'')$$

가 된다. 여기서 만일 $x'' \downarrow x$ 이고 $x' \uparrow x$ 이면, $F(x)$가 연속인 모든 점 x에서

$$\lim_{n\to\infty} F_n(x) = F(x)$$

이 성립한다. 따라서 정의 1에 의해 $X_n \xrightarrow{\mathcal{D}} X$를 얻는다. □

정리 1에서 $X = c$ (c는 상수)일 때에 한해서 다음의 정리 2에서와 같이 그 역이 성립한다.

【정리 2】 c를 상수라 하자. 그러면 다음 관계가 성립한다.

$$X_n \xrightarrow{\mathcal{D}} c \quad \Rightarrow \quad X_n \xrightarrow{\mathrm{P}} c$$

【증명】 X_n의 분포함수를 $F_n(x)$라 하자. $X = c$일 때, $P\{X = c\} = 1$이라 하면 X의 분포함수는

$$F(x) = \begin{cases} 0, & x < c \\ 1, & x \ge c \end{cases}$$

이다. 가정에서 $X_n \xrightarrow{\mathcal{D}} X = c$이므로, 정의 1에 의해 $F(x)$가 연속인, 모든 점 $x \ne c$에 대해

$$\lim_{n\to\infty} F_n(x) = F(x) = \begin{cases} 0, & x < c \\ 1, & x \ge c \end{cases} \qquad \text{(위에서)}$$

이다. 따라서

$$^{\forall}\epsilon > 0, \quad \lim_{n\to\infty} F_n(c-\epsilon) = 0, \quad \lim_{n\to\infty} F_n((c+\epsilon)-) = 1$$

이 되고

$$\begin{aligned} P\{|X_n - c| < \epsilon\} &= P\{c-\epsilon < X_n < c+\epsilon\} \\ &= F_n((c+\epsilon)-) - F_n(c-\epsilon) \quad \text{(§2.3의 정리 2에서)} \\ &\to 1-0, \quad n\to\infty \end{aligned}$$

이 된다. 그러므로

$$^{\forall}\epsilon > 0, \quad \lim_{n\to\infty} P\{|X_n - c| \ge \epsilon\} = 0$$

이 성립한다. 즉, $X_n \xrightarrow{\text{P}} c$ 이다. □

정리 1과 2로부터 즉시 다음의 결과를 얻는다.

> **【따름정리 1】** c를 어떤 상수라 하자. 그러면 다음 관계가 성립한다.
>
> $$X_n \xrightarrow{\mathcal{D}} c \quad \Leftrightarrow \quad X_n \xrightarrow{\text{P}} c$$

주 의 1 앞의 정리 2에서 상수 c를 확률변수 X로 바꿀 수 없다. 즉, 일반적으로

$$X_n \xrightarrow{\mathcal{D}} X \quad \not\Rightarrow \quad X_n \xrightarrow{\text{P}} X$$

이다. 예를 들면, X, X_1, X_2, ⋯ 를 동일분포의 확률변수들이라 하고 (X_n, X)의 결합분포가 다음과 같다고 하자.

X \ X_n	0	1	합계
0	0	1/2	1/2
1	1/2	0	1/2
합계	1/2	1/2	1

사실, X_n의 분포함수는

$$F_n(x) = \sum_{y>-\infty}^{x} P\{X_n = y\} = \begin{cases} 0, & x<0 \\ \frac{1}{2}, & 0 \le x < 1 \\ \frac{1}{2}+\frac{1}{2}=1, & x \ge 1 \end{cases}$$

이고, X의 분포함수는

$$F(x) = \sum_{y>-\infty}^{x} P\{X = y\} = \begin{cases} 0, & x<0 \\ \frac{1}{2}, & 0 \le x < 1 \\ \frac{1}{2}+\frac{1}{2}=1, & x \ge 1 \end{cases}$$

이므로

$$F_n(x) = F(x), \quad {}^{\forall} n \ge 1$$

이다. 따라서 $X_n \xrightarrow{\mathcal{D}} X$ 가 성립한다. 그러나

$$\begin{aligned} P\left\{|X_n - X| > \frac{1}{2}\right\} &= P\{|X_n - X| = 1\} \\ &= P\{X_n = 0,\ X = 1\} + P\{X_n = 1,\ X = 0\} \\ &= 1 \not\to 0, \quad n \to \infty \end{aligned}$$

이므로 $X_n \not\xrightarrow{P} X$ 임을 알 수 있다.

정의 3 확률변수 열 $\{X, X_1, X_2, \cdots\}$이 어떤 수 $r > 0$에 대해

$$E|X|^r < \infty, \quad E|X_n|^r < \infty, \quad n = 1, 2, \cdots$$

이고

$$\lim_{n\to\infty} E|X_n - X|^r = 0$$

이면, $\{X_n\}$은 X에 r **차 평균 수렴한다**(converge in the rth mean)고 말하고, $X_n \xrightarrow{r} X$로 쓴다.

[예제 4] 앞의 예제 2에서와 같이, $\{X_n\}_{n=1}^{\infty}$이 다음의 확률질량함수를 갖는다고 하자.

$$P\{X_n = 1\} = \frac{1}{n}, \quad P\{X_n = 0\} = 1 - \frac{1}{n}$$

그러면

$$E(X_n^2) = P\{X_n = 1\} = \frac{1}{n} < \infty$$

이므로

$$\lim_{n\to\infty} E|X_n - 0|^2 = 0$$

이다. 따라서 $X_n \xrightarrow{2} 0$ 임을 알 수 있다.

【정리 3】 $X_n \xrightarrow{r} X \Rightarrow X_n \xrightarrow{\mathrm{P}} X$

【증명】 §3.4의 Markov 부등식을 이용하면

$$^\forall \epsilon > 0, \quad P\{|X_n - X| > \epsilon\} \le \frac{E|X_n - X|^r}{\epsilon^r} \qquad (\text{어떤 수 } r > 0)$$
$$\to 0, \quad n \to \infty \qquad (\text{가정에 의해})$$

이므로 $X_n \xrightarrow{\mathrm{P}} X$ 가 성립한다. □

위의 정리 3의 역이 반드시는 참이 아니다. 역이 성립하지 않는 예를 보이자.

[예제 5] $\{X_n\}_{n=1}^{\infty}$의 확률분포가 어떤 수 $r > 0$에 대해서

$$P\{X_n = 0\} = 1 - \frac{1}{n^r}, \quad P\{X_n = n\} = \frac{1}{n^r}$$

이라 하자. 그러면

$$E|X_n|^r = \sum_{k=0,n} |k|^r P\{X_n = k\} = 1$$

$$\therefore \quad \lim_{n\to\infty} E|X_n - 0|^r = 1 \neq 0$$

$$\therefore \quad X_n \overset{r}{\not\to} 0$$

그러나

$$\forall \epsilon > 0, \; P\{|X_n - 0| > \epsilon\} = P\{X_n > \epsilon\}$$
$$= \begin{cases} P\{X_n = n\} = \dfrac{1}{n^r}, & 0 < \epsilon < n \\ 0, & \epsilon \geq n \end{cases}$$
$$\to 0, \quad n \to \infty$$

$$\therefore \quad X_n \xrightarrow{\mathbf{P}} 0$$

정의 4 확률변수 열 $\{X, X_1, X_2, \cdots\}$을 $(\Omega, \mathscr{F}, P)$상의 확률변수들이라 하자. 다음의 식

$$P\left\{\omega \in \Omega \; : \; \lim_{n\to\infty} X_n(\omega) = X(\omega)\right\} = 1$$

이 성립할 때, $\{X_n\}_{n=1}^{\infty}$는 X에 **거의 확실히**(almost surely, 간단히 $a.s.$로 씀) **수렴한다**고 말하고 기호로는

$$X_n \xrightarrow{a.s.} X \quad \text{혹은} \quad \lim_{n\to\infty} X_n = X \quad a.s.$$

로 쓴다.

주 의 2 해석학에서 측도공간 $(X, \mathscr{A}, \mu)$를 취급할 때 **거의 모든 점에서**를 almost everywhere (간단히. $a.e.$로 씀)로 나타내듯이, 확률공간 $(\Omega, \mathscr{F}, P)$에서는 **거의 확실히**를 $a.s.$로 나타낸다. 각각의 정의를 비교해 보면 $a.e.$와 $a.s.$는 같은 의미로 해석된다.

【정리 4】 $X_n \xrightarrow{a.s.} X \Leftrightarrow \forall \epsilon > 0, \; \lim_{n\to\infty} P\{\sup_{m\geq n}|X_m - X| > \epsilon\} = 0$

【증명】 $X_n \xrightarrow{a.s.} X$ 이므로 $Y_n := X_n - X \xrightarrow{a.s.} 0$ 이다. 따라서, 다음 동치관계를 증명하면 된다.

$$(a)\quad Y_n \xrightarrow{a.s.} 0 \quad \leftrightarrow \quad (b)\quad {}^\forall \epsilon > 0,\ \lim_{n\to\infty} P\left\{\sup_{m\ge n}|Y_m| > \epsilon\right\} = 0$$

임의로 주어진 $\epsilon > 0$에 대해서

$$A_n(\epsilon) = \left\{\omega \in \Omega : \sup_{m\ge n}|Y_m(\omega)| > \epsilon\right\},\ n \ge 1,$$

$$C = \left\{\omega \in \Omega : \lim_{n\to\infty} Y_n(\omega) = 0\right\},$$

$$B_n(\epsilon) = A_n(\epsilon) \cap C,\ Z_n = \sup_{m\ge n}|Y_m|,\ n \ge 1$$

이라 놓으면, $Z_{n+1}(\omega) \le Z_n(\omega)$ 이므로 $B_{n+1}(\epsilon) \subset B_n(\epsilon)$ 이다.

먼저, 식 (a)가 성립한다고 하자.

$$\begin{aligned}\bigcap_{n=1}^{\infty} B_n(\epsilon) &= \bigcap_{n=1}^{\infty}\{Z_n > \epsilon\} \cap C = \lim_{n\to\infty}\{Z_n > \epsilon\} \cap C \\ &= \left\{\lim_{n\to\infty} Z_n > \epsilon\right\} \cap C = \left\{\lim_{n\to\infty} \sup_{m\ge n}|Y_m| > \epsilon\right\} \cap C \\ &= \left\{\inf_{n\ge 1}\sup_{m\ge n}|Y_m| > \epsilon\right\} \cap C = \left\{\limsup_{n\to\infty}|Y_n| > \epsilon\right\} \cap C \\ &= \left\{\limsup_{n\to\infty}|Y_n| > \epsilon\right\} \cap \left\{\limsup_{n\to\infty} Y_n = 0 = \liminf_{n\to\infty} Y_n\right\} \\ &= \varnothing\end{aligned}$$

이고

$$\lim_{n\to\infty} P(B_n(\epsilon)) = P\left(\bigcap_{n=1}^{\infty} B_n(\epsilon)\right) = 0 \tag{1}$$

이다. 가정에 의해 $P(C) = 1$이므로 $P(C^c) = 0$이다. 따라서

$$\begin{aligned}P(B_n(\epsilon)) &= P(A_n(\epsilon) \cap C) = 1 - P\left((A_n(\epsilon) \cap C)^c\right) \\ &= 1 - P((A_n(\epsilon))^c) - P(C^c) + P((A_n(\epsilon))^c \cap C^c) \\ &= P(A_n(\epsilon)) + P((A_n(\epsilon))^c \cap C^c) \qquad (\because P(C^c) = 0) \qquad (2) \\ &= P(A_n(\epsilon)) \qquad (\because P((A_n(\epsilon))^c \cap C^c) \le P(C^c) = 0)\end{aligned}$$

그러므로 (1)과 (2)에 의해

$$\lim_{n\to\infty} P\left\{\sup_{m\geq n}|Y_m|>\epsilon\right\} = \lim_{n\to\infty} P(A_n(\epsilon))$$
$$= \lim_{n\to\infty} P(B_n(\epsilon)) = 0$$

즉, 식 (b)가 성립한다.

역으로, 식 (b)가 성립한다고 하자. 그러면

$$\lim_{n\to\infty} P(A_n(\epsilon)) = 0, \quad {}^{\forall}\epsilon > 0$$

이다. 이때 $P(C)=1$을 보이면 된다.

$$D(\epsilon) = \left\{\limsup_{n\to\infty}|Y_n| > \epsilon\right\}$$

이라 놓으면

$$D(\epsilon) = \left\{\inf_{n\geq 1}\sup_{m\geq n}|Y_m|>\epsilon\right\} \subset \left\{\sup_{m\geq n}|Y_m|>\epsilon\right\}$$
$$= A_n(\epsilon), \quad n \geq 1$$

이므로

$$P(D(\epsilon)) \leq P(A_n(\epsilon)), \quad n \geq 1$$

이 성립한다. 따라서

$$P(D(\epsilon)) \leq \lim_{n\to\infty} P(A_n(\epsilon)) = 0 \qquad \text{(가정에서)}$$

에 의해

$$P(D(\epsilon)) = 0, \quad {}^{\forall}\epsilon > 0 \tag{3}$$

을 얻는다. 또한

$$C^c = \left\{\lim_{n\to\infty} Y_n \neq 0\right\}$$
$$= \left\{\liminf_{n\to\infty} Y_n = \limsup_{n\to\infty} Y_n \neq 0\right\} \subset \left\{\limsup_{n\to\infty}|Y_n|>0\right\}$$
$$\subset \bigcup_{k=1}^{\infty}\left\{\limsup_{n\to\infty}|Y_n|>1/k\right\}$$

이므로

$$1-P(C) \leq \sum_{k=1}^{\infty} P\left\{\limsup_{n\to\infty}|Y_n|>1/k\right\}$$

$$= \sum_{k=1}^{\infty} P(D(1/k)) = 0 \qquad \text{((3) 에 의해)}$$

이다. 결국 우리가 바라던 $P(C) = 1$을 얻는다. □

주의 3 정리 4에 의해 다음 동치관계가 성립한다.

$$X_n \xrightarrow{a.s.} X$$

$$\leftrightarrow {}^{\forall}\epsilon > 0, \ \lim_{n\to\infty} P\left(\bigcup_{m \geq n} \{|X_m - X| > \epsilon\}\right) = 0$$

$$\leftrightarrow {}^{\forall}\epsilon > 0, \ {}^{\forall}\eta > 0, \ {}^{\exists}n_0 > 0 \ \ s.t.$$

$$\left| P\left(\bigcup_{m \geq n} \{|X_m - X| > \epsilon\}\right) - 0 \right| < \eta, \quad {}^{\forall}n \geq n_0$$

$$\leftrightarrow {}^{\forall}\epsilon > 0, \ {}^{\forall}\eta > 0, \ {}^{\exists}n_0 > 0 \ \ s.t.$$

$$P\left(\bigcup_{m \geq n} \{|X_m - X| > \epsilon\}\right) < \eta, \quad {}^{\forall}n \geq n_0$$

$$\leftrightarrow {}^{\forall}\epsilon > 0, \ {}^{\forall}\eta > 0, \ {}^{\exists}n_0 > 0 \ \ s.t.$$

$$P\left(\bigcap_{m \geq n} \{|X_m - X| \leq \epsilon\}\right) \geq 1 - \eta, \quad {}^{\forall}n \geq n_0$$

【정리 5】 $X_n \xrightarrow{a.s.} X \Rightarrow X_n \xrightarrow{\mathbf{P}} X$

【증명】 주의 3에 의해 다음이 성립한다.

$$X_n \xrightarrow{a.s.} X$$

$$\Rightarrow {}^{\forall}\epsilon > 0, \ {}^{\forall}\eta > 0, \ {}^{\exists}n_0 > 0 \ \ s.t.$$

$$P\{|X_n - X| \leq \epsilon\} \geq P\left(\bigcap_{m \geq n} \{|X_m - X| \leq \epsilon\}\right)$$

$$\geq 1 - \eta, \quad {}^{\forall}n \geq n_0$$

$$\Rightarrow {}^{\forall}\epsilon > 0, \ {}^{\forall}\eta > 0, \ {}^{\exists}n_0 > 0 \ \ s.t.$$

$$P\left\{|X_n - X| \le \epsilon\right\} \ge 1-\eta, \quad {}^{\forall} n \ge n_0$$

$$\Leftrightarrow \ {}^{\forall}\epsilon > 0, \ {}^{\forall}\eta > 0, \ {}^{\exists} n_0 > 0 \ \ s.t.$$

$$P\left\{|X_n - X| > \epsilon\right\} < \eta, \quad {}^{\forall} n \ge n_0$$

$$\Leftrightarrow \ {}^{\forall}\epsilon > 0, \ \lim_{n\to\infty} P\left\{|X_n - X| > \epsilon\right\} = 0$$

$$\Leftrightarrow \ X_n \xrightarrow{\mathrm{P}} X$$

□

정리 5의 역이 반드시는 참이 아니다. 다음 예를 들어보자.

[예제 6] 독립확률변수 열 $\left\{X_n\right\}_{n=1}^{\infty}$이 다음 확률질량함수를 갖는다고 하자.

$$P\left\{X_n = 0\right\} = 1 - \frac{1}{n}, \quad P\left\{X_n = 1\right\} = \frac{1}{n}, \quad n = 1, 2, \cdots$$

이 때 $X_n \xrightarrow{\mathrm{P}} 0$ 이지만 $X_n \overset{a.s.}{\not\longrightarrow} 0$ 임을 보여라.

【풀이】 예제 2로부터 $X_n \xrightarrow{\mathrm{P}} 0$ 임을 안다. 그러나 $X_n \overset{a.s.}{\not\longrightarrow} 0$ 임을 보일 수 있다. $\epsilon > 0$ 을 충분히 작은 수라 하면

$$\begin{aligned} & P\left(\bigcap_{m=n}^{l} \left\{|X_m - 0| \le \epsilon\right\}\right), \quad l \ge n \ge 1 \\ & = P\left(\left\{|X_n| \le \epsilon\right\} \cap \left\{|X_{n+1}| \le \epsilon\right\} \cap \cdots \cap \left\{|X_l| \le \epsilon\right\}\right) \\ & = P\left\{X_n = 0, X_{n+1} = 0, \cdots, X_l = 0\right\} \\ & = P\left\{X_n = 0\right\} P\left\{X_{n+1} = 0\right\} \cdots P\left\{X_l = 0\right\} \end{aligned}$$

(가정에서 X_n 들은 독립이므로)

$$= \frac{n-1}{l} \to 0, \quad l \to \infty$$

이 된다. 따라서 임의의 $n \ge n_0$ (${}^{\exists} n_0 > 0$) 에 대해

$$P\left(\bigcap_{m=n}^{\infty}\{|X_m-0|\le\epsilon\}\right)=\lim_{l\to\infty}P\left(\bigcap_{m=n}^{l}\{|X_m-0|\le\epsilon\}\right)=0$$

이것과 주의 3의 끝 식을 비교하면 $X_n \overset{a.s.}{\not\longrightarrow} 0$임을 알 수 있다. □

주 의 4 앞의 정리 1, 3, 5에서 나타난 수렴관계를 종합 정리하면 다음과 같다.

$$\begin{matrix} X_n \xrightarrow{r} X \searrow \\ & X_n \xrightarrow{\mathbf{P}} X \Rightarrow X_n \xrightarrow{\mathcal{D}} X \\ X_n \xrightarrow{a.s.} X \nearrow \end{matrix}$$

따라서, 확률 이론에 관한 새로운 극한정리들을 얻음에 있어서 확률수렴 혹은 분포수렴에 관한 결과들 보다는 r 차 평균수렴 혹은 거의 확실 수렴에 관한 결과들이 더 강한 의미가 있다. 또, 분포수렴이 제일 약한 수렴 형태임을 안다.

[문제] 확률변수 열 $\{X_n\}_{n=1}^{\infty}$이 확률질량함수 $P\{X_n=\pm\frac{1}{n}\}=\frac{1}{2}$를 갖는다고 하자. 그러면 $X_n \xrightarrow{r} 0$ 임을 보이고, 주의 3을 이용하여 $X_n \xrightarrow{a.s.} 0$을 증명하여라.

연습문제 6.1

1. $X_i \overset{iid}{\sim} U_{(0,\,\theta)}$, $i=1,2,\cdots,n$, 이라 할 때 $M_n := \max\{X_1,\cdots,X_n\}$의 극한분포함수를 구하여라.

2. $Y_n \sim b(n,\,p)$일 때, 다음을 증명하여라.

(i) $\dfrac{Y_n}{n} \xrightarrow{\mathbf{P}} p$ (ii) $1-\dfrac{Y_n}{n} \xrightarrow{\mathbf{P}} 1-p$

3. 다음 명제를 증명하여라.

$$X_n \xrightarrow{\mathrm{P}} 1 \quad \Rightarrow \quad \frac{1}{X_n} \xrightarrow{\mathrm{P}} 1$$

4. $\{X_n\}_{n=1}^{\infty}$을 양의 확률변수들의 강 감소 열이라 하고, $X_n \xrightarrow{\mathrm{P}} 0$ 이라 하자. 그러면 $X_n \xrightarrow{a.s.} 0$ 임을 보여라.

5. $X_n \xrightarrow{\mathcal{D}} X$ 라 하고, $\{a_n\}_{n=1}^{\infty}$ 를 양의 상수 열이라 하자. $\lim\limits_{n\to\infty} a_n = \infty$ 이면 $\dfrac{X_n}{a_n} \xrightarrow{\mathrm{P}} 0$ 임을 증명하여라.

§6. 2 약대수의 법칙 (Weak Law of Large Numbers)

$X_1, X_2, \cdots$ 를 확률공간 $(\Omega, \mathscr{F}, P)$ 상의 확률변수들이라 하고, $S_n = \sum_{i=1}^{n} X_i$, $n = 1, 2, \cdots$, 이라 하자.

> **정의 1** 양의 상수들의 열 $\{b_n\}_{n=1}^{\infty}$ 에 대해서 $n \to \infty$ 일 때 $b_n \to \infty$ 라 하자.
> 어떤 실 상수들의 열 $\{a_n\}_{n=1}^{\infty}$ 이 존재하여 다음 관계식
>
> $$\frac{S_n - a_n}{b_n} \xrightarrow{\mathbf{P}} 0, \quad n \to \infty \qquad (*)$$
>
> 을 만족할 때, $\{X_i\}$ 는 $\{b_n\}$ 에 관해 **약대수의 법칙** (weak law of large numbers, 간단히 **WLLN**)**에 따른다**고 말하고, 식 $(*)$ 를 **약대수의 법칙**이라 한다.

> **【정리 1】** $\{X_i\}_{i=1}^{\infty}$ 를 쌍으로 독립인 확률변수열이라 하고 $E(X_i) =: \mu_i$, $\mathrm{Var}(X_i) =: \sigma_i^2 < \infty$ 라 하자. $n \to \infty$ 일 때 $\sum_{i=1}^{n} \sigma_i^2 \to \infty$ 이면, 다음의 약대수 법칙이 성립한다.
>
> $$\frac{\sum_{i=1}^{n} X_i - \sum_{i=1}^{n} \mu_i}{\sum_{i=1}^{n} \sigma_i^2} \xrightarrow{\mathbf{P}} 0, \quad n \to \infty$$

【증명】 $\{X_i\}_{i=1}^{\infty}$ 가 쌍으로 독립이면 §4.5의 따름정리 2에 의해

$$\mathrm{Cov}(X_i, X_j) = 0, \quad i \neq j$$

임을 안다. 따라서 가정에 의해 $E\left(\sum_{i=1}^{n} X_i - \sum_{i=1}^{n} \mu_i\right)^2 < \infty$ 이므로, 임의로 주어진 양

수 ϵ에 대해

$$P\left\{\left|\left(\sum_{i=1}^{n}X_i-\sum_{i=1}^{n}\mu_i\right)\bigg/\sum_{i=1}^{n}\sigma_i^2-0\right|>\epsilon\right\}$$

$$=P\left\{\left|\sum_{i=1}^{n}X_i-\sum_{i=1}^{n}\mu_i\right|>\epsilon\sum_{i=1}^{n}\sigma_i^2\right\}$$

$$\leq\frac{E\left(\sum_{i=1}^{n}X_i-\sum_{i=1}^{n}\mu_i\right)^2}{\epsilon^2\left(\sum_{i=1}^{n}\sigma_i^2\right)^2}\qquad(\text{§3.4의 Markov 부등식을 적용})$$

$$=\frac{\sum_{i=1}^{n}E(X_i-\mu_i)^2+\sum_{i\neq j}^{n}E[(X_i-\mu_i)(X_j-\mu_j)]}{\epsilon^2\left(\sum_{i=1}^{n}\sigma_i^2\right)^2}$$

$$=\frac{\sum_{i=1}^{n}\sigma_i^2}{\epsilon^2\left(\sum_{i=1}^{n}\sigma_i^2\right)^2}=\frac{1}{\epsilon^2\sum_{i=1}^{n}\sigma_i^2}\longrightarrow 0,\quad n\to\infty\qquad(\text{가정에 의해})$$

가 성립한다. 그러므로 §6.1의 정의 2에 의해 다음을 얻는다.

$$\frac{\sum_{i=1}^{n}X_i-\sum_{i=1}^{n}\mu_i}{\sum_{i=1}^{n}\sigma_i^2}\xrightarrow{\ \mathrm{P}\ }0,\quad n\to\infty$$ □

§5.1의 예제 1에서 X가 모수 p를 갖는 Bernoulli 분포에 따를 때, 우리는 $X\sim b(1,p)$로 나타내었다.

[예제 1] $X_1,\cdots,X_n\overset{iid}{\sim}b(1,p)$일 때, 다음의 약대수 법칙이 성립함을 보여라.

$$\frac{1}{n}\sum_{i=1}^{n}X_i\xrightarrow{\ \mathrm{P}\ }p,\quad n\to\infty\tag{1}$$

【증명】 위의 식을 고쳐 쓰면

$$\frac{\sum_{i=1}^{n} X_i - np}{n} \xrightarrow{\mathbf{P}} 0, \qquad n \to \infty$$

이므로, 만약 위의 식이 성립한다면 정의 1 에 의해 $\{X_i\}$가 약대수의 법칙에 따름을 알 수 있다. §5.1 에 있는 베르누이 분포에 의해 $i = 1, 2, \cdots, n$에 대해서 $\mu_i = E(X_i) = p$, $\sigma_i^2 = \mathrm{Var}(X_i) = p(1-p)$이다. 정리 1 을 이용하면

$$\frac{\sum_{i=1}^{n} X_i - np}{np(1-p)} \xrightarrow{\mathbf{P}} 0, \quad n \to \infty \tag{2}$$

가 된다. 따라서 임의의 양수 ϵ에 대해 $\epsilon' = \epsilon p(1-p)$라 하면

$$\begin{aligned} P\left\{\left|\frac{1}{n}\sum_{i=1}^{n} X_i - p\right| > \epsilon'\right\} &= P\left\{\left|\frac{1}{n}\sum_{i=1}^{n} X_i - p\right| > \epsilon p(1-p)\right\} \\ &= P\left\{\left|\frac{1}{np}\sum_{i=1}^{n} X_i - 1\right| > \epsilon(1-p)\right\} \\ &= P\left\{\left|\frac{1}{np(1-p)}\left(\sum_{i=1}^{n} X_i - np\right) - 0\right| > \epsilon\right\} \\ &\to 0, \quad n \to \infty \qquad \text{((2) 에 의해)} \end{aligned}$$

가 되므로 확률수렴의 정의에 의해 식 (1) 이 성립한다. □

[문제 1] $X_1, X_2, \cdots$ 는 독립인, 동일분포의 확률변수들이고

$$EX_i =: \mu, \ \mathrm{Var}(X_i) =: \sigma^2 > 0, \ \ i = 1, 2, \cdots; \ \ \overline{X_n} := \frac{1}{n}\sum_{i=1}^{n} X_i$$

일 때, 다음의 약대수의 법칙이 성립함을 보여라.

$$\overline{X}_n \xrightarrow{\mathbf{P}} \mu, \qquad n \to \infty$$

【정리 2】 $\{X_i\}_{i=1}^{\infty}$를 $(\Omega, \mathscr{F}, P)$상의 임의의 확률변수 열이라 하고

$$EX_i = \mu_i, \quad Y_n = \frac{1}{n}\sum_{i=1}^{n}(X_i - \mu_i)$$

라 하자. $\{X_i\}$가 약대수의 법칙에 따르기 위한 필요충분조건은

$$E\left\{\frac{Y_n^{\,2}}{1+Y_n^{\,2}}\right\} \to 0, \quad n \to \infty \tag{3}$$

가 성립하는 것이다.

【증명】 ($\Leftarrow$) 임의의 두 양수 a와 b (단, $a \geq b > 0$임)에 대하여 다음 부등식이 성립한다.

$$\left(\frac{a}{1+a}\right)\left(\frac{1+b}{b}\right) \geq 1 \tag{4}$$

임의의 $\epsilon > 0$에 대해, $A_n = \{\omega \in \Omega : |Y_n(\omega)| \geq \epsilon\}$이라 하자. 그러면

$$\omega \in A_n \Leftrightarrow |Y_n(\omega)|^2 \geq \epsilon^2 > 0$$

$$\Rightarrow \left(\frac{Y_n^{\,2}(\omega)}{1+Y_n^{\,2}(\omega)}\right)\left(\frac{1+\epsilon^2}{\epsilon^2}\right) \geq 1 \qquad \text{((4) 에 의해)}$$

이다. 따라서

$$A_n \subset \left\{w \in \Omega : \left(\frac{Y_n^{\,2}(\omega)}{1+Y_n^{\,2}(\omega)}\right)\left(\frac{1+\epsilon^2}{\epsilon^2}\right) \geq 1\right\}$$

이고 확률을 취하면

$$P(A_n) \leq P\left\{\frac{Y_n^2}{1+Y_n^2} \geq \frac{\epsilon^2}{1+\epsilon^2}\right\} \leq E\left(\frac{Y_n^2}{1+Y_n^2}\right) \Big/ \left(\frac{\epsilon^2}{1+\epsilon^2}\right)$$

(§ 3. 4 의 Markov 부등식에 의해)

$$\to 0, \quad n \to \infty \qquad \text{((3) 에 의해)}$$

가 되므로

$$\lim_{n\to\infty} P(A_n) = \lim_{n\to\infty} P\{|Y_n| \geq \epsilon\} = 0$$

이다. 그러므로 §6.1의 정의 2에 의해

$$Y_n = \frac{\sum_{i=1}^{n} X_i - \sum_{i=1}^{n} \mu_i}{n} \xrightarrow{\mathbf{P}} 0, \quad n \to \infty$$

이고, 정의 1에 의해 $\{X_i\}$는 약대수의 법칙에 따른다.

(⇒) $\{X_i\}$가 약대수의 법칙에 따른다고 하자. 그러면

$$Y_n := \frac{\sum_{i=1}^{n} X_i - \sum_{i=1}^{n} \mu_i}{n} \xrightarrow{\mathbf{P}} 0, \quad n \to \infty$$

이다. 즉, 임의의 $\epsilon > 0$에 대해서

$$\lim_{n \to \infty} P\{|Y_n| \geq \epsilon\} = 0 \tag{5}$$

이다. 그런데 Y_n의 밀도함수를 $f_n(y)$라 하면

$$\begin{aligned}
E\left\{\frac{Y_n^{\,2}}{1+Y_n^{\,2}}\right\} &= \int_{-\infty}^{\infty} \frac{y^2}{1+y^2} f_n(y)\,dy \\
&= \int_{|y|>\epsilon} \frac{y^2}{1+y^2} f_n(y)\,dy + \int_{|y|\leq\epsilon} \frac{y^2}{1+y^2} f_n(y)\,dy \\
&\leq \int_{|y|>\epsilon} f_n(y)\,dy + \int_{|y|\leq\epsilon} \left(1 - \frac{1}{1+y^2}\right) f_n(y)\,dy \\
&\leq P\{|Y_n| \geq \epsilon\} + \int_{-\epsilon}^{\epsilon} \left(1 - \frac{1}{1+\epsilon^2}\right) f_n(y)\,dy \\
&\leq P\{|Y_n| \geq \epsilon\} + \frac{\epsilon^2}{1+\epsilon^2} \int_{-\infty}^{\infty} f_n(y)\,dy \\
&= P\{|Y_n| \geq \epsilon\} + \frac{\epsilon^2}{1+\epsilon^2} \\
&\leq P\{|Y_n| \geq \epsilon\} + \epsilon^2
\end{aligned} \tag{6}$$

이 된다. $\epsilon \downarrow 0$이고 $n \to \infty$이면 (5)에 의해 (6)))우변은 0에 수렴한다. 따라서

(3)이 성립한다. Y_n이 이산 확률변수일 때도 같은 방법으로 증명된다. □

[예제 2] $X_1, \cdots, X_n \sim N(0, 1)$이고

$$\mathrm{Cov}(X_i, X_j) = \begin{cases} \rho, & |i-j| = 1 \\ 0, & |i-j| \neq 1 \end{cases}$$

일 때, $\{X_i\}_{i=1}^{\infty}$는 약대수의 법칙에 따름을 증명하여라.

【증명】 $Y_n = \frac{1}{n}\sum_{i=1}^{n} X_i$로 놓을 때, 정리 2에 의해

$$E\left(\frac{Y_n^2}{1+Y_n^2}\right) \to 0, \quad n \to \infty \tag{7}$$

임을 보이면 된다. $S_n = \sum_{i=1}^{n} X_i$이라 하면 $S_n \sim N(0, \sigma^2)$이다. 여기서

$$\begin{aligned} \sigma^2 &:= \mathrm{Var}(S_n) \\ &= \sum_{i=1}^{n} \mathrm{Var}(X_i) + 2\sum_{1 \le i < j \le n} \mathrm{Cov}(X_i, X_j) && \text{(§ 4.5의 정리 4에 의해)} \\ &= n + 2(n-1)\rho && \text{(가정에 의해)} \end{aligned}$$

이다. 따라서 다음 식이 성립한다.

$$\begin{aligned} E\left(\frac{Y_n^2}{1+Y_n^2}\right) &= E\left(\frac{S_n^2}{n^2+S_n^2}\right) \\ &= \int_{-\infty}^{\infty} \frac{x^2}{n^2+x^2} \frac{1}{\sqrt{2\pi}\,\sigma} e^{-\frac{x^2}{2\sigma^2}} dx \\ &= \int_{-\infty}^{\infty} \frac{\sigma^2 y^2}{n^2+\sigma^2 y^2} \frac{1}{\sqrt{2\pi}} e^{-\frac{y^2}{2}} dy && (x = \sigma y \text{로 치환}) \\ &= \frac{1}{\sqrt{2\pi}} \int_{-\infty}^{\infty} \frac{y^2 (n+2(n-1)\rho)}{n^2 + y^2 (n+2(n-1)\rho)} e^{-y^2/2} dy \end{aligned}$$

$$\leq \frac{n+2(n-1)\rho}{n^2}\int_{-\infty}^{\infty} y\cdot\frac{1}{\sqrt{2\pi}}ye^{-\frac{y^2}{2}}dy$$

($\sigma^2 = n+2(n-1)\rho > 0$ 이므로)

$$= \frac{n+2(n-1)\rho}{n^2}\left(0+\int_{-\infty}^{\infty}\frac{1}{\sqrt{2\pi}}e^{-\frac{y^2}{2}}dy\right) \qquad \text{(부분적분법을 사용)}$$

$$= \frac{n+2(n-1)\rho}{n^2} \to 0, \quad n\to\infty$$

결과적으로, (7) 이 증명되었다. □

[문제 2] $X_1, X_2, \cdots$ 는 독립인, 동일분포의 확률변수들이고, 다음의 공통 확률밀도함수를 갖는다고 하자.

$$f(x) = \begin{cases} \dfrac{1+\delta}{x^{2+\delta}}, & x \geq 1;\ ^\forall\delta > 1 \\ 0, & x < 1 \end{cases}$$

그러면, 다음의 약대수의 법칙이 성립함을 보여라.

$$\overline{X_n} := \frac{1}{n}\sum_{i=1}^{n} X_i \xrightarrow{\mathbf{P}} \frac{1+\delta}{\delta}, \qquad n\to\infty$$

연습문제 6.2

1. 다음의 독립 확률변수 열 $\{X_k\}_{k=1}^{\infty}$ 는 약대수의 법칙에 따르는가?

(a) $P\{X_k = \pm 2^k\} = \dfrac{1}{2}$

(b) $P\{X_k = \pm k\} = \dfrac{1}{2\sqrt{k}}$, $P\{X_k = 0\} = 1-\dfrac{1}{\sqrt{k}}$

(c) $P\{X_k = \pm\sqrt{k}\} = \dfrac{1}{2}$

2. $X_1, X_2, \cdots$ 는 독립 확률변수들이고, $k = 1,2,\cdots$에 대해 $\mathrm{Var}(X_k) < \infty$ 이며

$$\frac{1}{n^2}\sum_{k=1}^{n}\mathrm{Var}(X_k) \to 0, \quad n \to \infty$$

일 때, 정리 2를 써서 $\{X_k\}$가 약대수의 법칙에 따름을 증명하여라.

3. $\{X_i\}_{i=1}^{\infty}$가 확률변수 열이고 $\mathrm{Var}(X_i) =: \sigma^2 < \infty$이며 X_i와 X_j 사이의 상관계수가 $\rho < 0 \ (i \neq j)$이면, $\{X_i\}$는 약대수의 법칙에 따름을 증명하여라.

4. $X_1, X_2, \cdots$ 는 독립인, 동일분포의 확률변수들이고

$$EX_i =: \mu, \ \mathrm{Var}(X_i) =: \sigma^2 > 0, \ \ i = 1, 2, \cdots ; \quad S_n = \sum_{i=1}^{n} X_i$$

일 때, $\{X_i\}_{i=1}^{\infty}$가 약대수의 법칙에 따르는가?

§6.3 강대수의 법칙 (Strong Law of Large Numbers)

$X_1, X_2, \cdots$ 를 확률공간 $(\Omega, \mathcal{F}, P)$ 상의 확률변수들이라 하고, $S_n = \sum_{i=1}^{n} X_i$, $n = 1, 2, \cdots$ 라 하자.

> **정의 1** 양의 상수들의 열 $\{B_n\}_{n=1}^{\infty}$ 에 대해서 $n \to \infty$ 일 때 $B_n \to \infty$ 라 하자. 어떤 실 상수들의 열 $\{A_n\}_{n=1}^{\infty}$ 이 존재하여 다음 관계식
>
> $$\frac{S_n - A_n}{B_n} \xrightarrow{a.s.} 0, \quad n \to \infty \tag{**}$$
>
> 을 만족할 때, $\{X_i\}_{i=1}^{\infty}$ 는 $\{B_n\}$ 에 관해 **강대수의 법칙** (strong law of large numbers, 간단히 SLLN)**에 따른다**고 말하고, 식 (**) 를 **강대수의 법칙**이라 한다.

Borel-Cantelli의 보조정리를 언급하기 위해 우선 집합 열에 관한 다음의 정의들을 알아보자.

확률공간 $(\Omega, \mathcal{F}, P)$ 에서 $A_n \in \mathcal{F} (n = 1, 2, \cdots)$ 라 하자. 무한히 많은 n 들에 대해 A_n에 속하는 모든 점 $\omega \in \Omega$의 집합을 $\{A_n\}$ 의 **상극한**(limit superior)이라 부르고

$$\begin{aligned}\text{limsup}_{n\to\infty} A_n &:= \lim_{n\to\infty} \bigcup_{k=n}^{\infty} A_k \\ &= \lim_{n\to\infty} \{\omega : A_n,\ A_{n+1},\ \cdots \text{ 중에서 적어도 하나에 속하는 } \omega \text{ 들}\} \\ &= \bigcap_{n=1}^{\infty} \bigcup_{k=n}^{\infty} A_k\end{aligned}$$

로 정의한다. 또, 유한개를 제외한 모든 n에 대해 A_n에 속하는 모든 점 $\omega \in \Omega$의 집합을 $\{A_n\}$의 **하극한**(limit inferior)이라 부르고

$$\liminf_{n\to\infty} A_n := \lim_{n\to\infty} \bigcap_{k=n}^{\infty} A_k$$

$= \lim_{n\to\infty}\{\omega:\ A_1, \cdots, A_{n-1}$ 을 제외한 모든 A_k 들에 속하는 ω 들$\}$

$$= \bigcup_{n=1}^{\infty} \bigcap_{k=n}^{\infty} A_k$$

로 정의한다.

예를 들어 $A_n = \{\omega : \omega = (-1)^n,\ n \geq 1\}$ 이라 하면 $A_{2n} = \{\omega : \omega = 1\} = \{1\}$ 이고 홀수 열은 $A_{2n+1} = \{\omega : \omega = -1\} = \{-1\}$ 이므로 $\limsup_{n\to\infty} A_n = \{1, -1\}$ 인 반면에 정의에 의해 $\liminf_{n\to\infty} A_n = \varnothing$ 이 된다.

특히,

$$\liminf_{n\to\infty} A_n = \limsup_{n\to\infty} A_n$$

이 성립할 때 $\{A_n\}$ 의 **극한(limit)이 존재한다**고 말하고 $\lim\limits_{n\to\infty} A_n$ 으로 나타낸다. 때때로, 상극한에 대해서

$$P\{\limsup_{n\to\infty} A_n\} = P\{A_n,\ i.o.\}$$

로 나타내기도 한다. 여기서 $i.o.$ 는 영어의 infinitely often (무한히 자주)의 약자를 표시한다.

> **【정리 1】** (Borel-Cantelli 보조정리)
>
> (1) $\{A_n\}_{n=1}^{\infty}$ 을 사상들의 열이라 하고 $\sum_{n=1}^{\infty} P(A_n) < \infty$ 라 하자. 그러면 $P\{\limsup_{n\to\infty} A_n\} = 0$ 이다.
>
> (2) $\{A_n\}_{n=1}^{\infty}$ 을 독립사상들의 열이라 하고 $\sum_{n=1}^{\infty} P(A_n) = \infty$ 라 하자. 그러면 $P\{\limsup_{n\to\infty} A_n\} = 1$ 이다.

【증명】 (1): 가정에 의해

$$\infty > \sum_{k=1}^{\infty} P(A_k) = \sum_{k=1}^{n-1} P(A_k) + \sum_{k=n}^{\infty} P(A_k)$$

이므로

$$\lim_{n\to\infty} \sum_{k=n}^{\infty} P(A_k) = \sum_{k=1}^{\infty} P(A_k) - \lim_{n\to\infty} \sum_{k=1}^{n-1} P(A_k) \tag{1}$$

$$= \sum_{k=1}^{\infty} P(A_k) - \sum_{k=1}^{\infty} P(A_k) = 0 \qquad \text{(가정에 의해)}$$

이 된다. 한편

$$B_n = \bigcup_{k=n}^{\infty} A_k$$

이라 놓으면 $B_{n+1} \subset B_n\ (n=1, 2, \cdots)$임을 안다. 따라서

$$P\{\limsup_{n\to\infty} A_n\} = P\left\{\lim_{n\to\infty} \bigcup_{k=n}^{\infty} A_k\right\}$$

$$= \lim_{n\to\infty} P\left\{\bigcup_{k=n}^{\infty} A_k\right\} \qquad \text{(연습문제 1.2의 8번)}$$

$$\le \lim_{n\to\infty} \sum_{k=n}^{\infty} P(A_k) \qquad \text{(§1.2의 정리 5)}$$

$$= 0 \qquad \text{((1)에 의해)}$$

을 얻는다.

(2): $\{A_n\}$이 독립사상들의 열이므로 §1.4의 정리 1을 응용하면 $\{A_n{}^c\}$도 독립사상들의 열이다. 따라서 다음 등식이 성립한다. 임의의 $m > n$에 대해서

$$P\left(\bigcap_{k=n}^{m} A_k^c\right) = \prod_{k=n}^{m} P(A_k^c) = \prod_{k=n}^{m} \{1 - P(A_k)\} \tag{2}$$

한편, $0 \le x_k \le 1,\ k = 1, 2, \cdots, n$에 대해

$$1 - x_k \le \exp(-x_k)$$

이므로

$$\prod_{k=1}^{n} (1 - x_k) \le \exp\left(-\sum_{k=1}^{n} x_k\right) \tag{3}$$

가 성립한다. 또 가정에 의해

$$\infty = \sum_{k=1}^{\infty} P(A_k) = \sum_{k=1}^{n-1} P(A_k) + \sum_{k=n}^{\infty} P(A_k)$$

이고 $\sum_{k=1}^{n-1} P(A_k) < \infty$ 이므로

$$\sum_{k=n}^{\infty} P(A_k) = \infty \tag{4}$$

이다. $A = \limsup_{n\to\infty} A_n$ 이라 놓을 때

$$P(A) = 1$$

임을 보이면 된다. $\{A_n\}$의 상극한의 정의를 생각하면

$$A^c = \left(\bigcap_{n=1}^{\infty} \bigcup_{k=n}^{\infty} A_k \right)^c = \bigcup_{n=1}^{\infty} \bigcap_{k=n}^{\infty} A_k^c = \lim_{n\to\infty} \bigcap_{k=n}^{\infty} A_k^c$$

이므로

$$P(A^c) = P\left(\lim_{n\to\infty} \bigcap_{k=n}^{\infty} A_k^c \right) \tag{5}$$

$$= \lim_{n\to\infty} P\left(\bigcap_{k=n}^{\infty} A_k^c \right) \qquad \text{(§ 1.2 의 정리 9)}$$

이다. 그런데, 임의의 $m > n$에 대해서

$$\bigcap_{k=n}^{\infty} A_k^c \subset \bigcap_{k=n}^{m} A_k^c$$

이므로

$$P\left(\bigcap_{k=n}^{\infty} A_k^c \right) \le P\left(\bigcap_{k=n}^{m} A_k^c \right)$$

임은 명백하다. 따라서

$$P\left(\bigcap_{k=n}^{\infty} A_k^c \right) \le \lim_{m\to\infty} P\left(\bigcap_{k=n}^{m} A_k^c \right) \tag{6}$$

$$= \lim_{m\to\infty} \prod_{k=n}^{m} \{1 - P(A_k)\} \qquad \text{((2) 에 의해)}$$

$$\le \lim_{m\to\infty} \exp\left(-\sum_{k=n}^{m} P(A_k) \right) \qquad \text{((3) 에 의해)}$$

$$= \exp\left(-\sum_{k=n}^{\infty} P(A_k)\right) \qquad \text{(exp 함수는 연속함수이므로)}$$

$$= 0 \qquad \text{((4)에 의해)}$$

이 된다. 그러므로 (5)와 (6)으로부터

$$P(A^c) = \lim_{n\to\infty} P\left(\bigcap_{k=n}^{\infty} A_k^c\right) = 0$$

을 얻고, $P(A) = 1$은 우리가 원하는 결과이다. □

정리 1의 (2)에서 $\{A_n\}$이 독립사상들의 열이 아니면 그 결론은 참이 아님을 다음의 예로서 보여 줄 수 있다.

[예제 1] $(\Omega, \mathscr{F}, P)$를 확률공간이라 하자. 여기서 $\Omega = [0, 1]$, $\mathscr{F}$는 Ω의 모든 부분 집합들의 Borel $\sigma-$집합체이고 P는 Lebesgue 측도이다. $n = 1, 2, \cdots$ 에 대해서 $A_n := \left(0, \frac{1}{n}\right) \in \mathscr{F}$라 하면

$$\operatorname{limsup}_{n\to\infty} A_n = \bigcap_{n=1}^{\infty}\bigcup_{k=n}^{\infty} A_k = \bigcap_{n=1}^{\infty}\bigcup_{k=n}^{\infty}\left(0, \frac{1}{k}\right)$$

$$= \bigcap_{n=1}^{\infty}\left(0, \frac{1}{n}\right) = \varnothing$$

이다. 위의 우변이 성립하는 이유는 다음과 같다.

$$x \in \bigcap_{n=1}^{\infty}\left(0, \frac{1}{n}\right) \Leftrightarrow x \in \left(0, \frac{1}{n}\right), \ ^{\forall}n \geq 1$$

$$\Leftrightarrow 0 < x < \frac{1}{n}, \ ^{\forall}n \geq 1$$

$$\Rightarrow 0 < x \leq \lim_{n\to\infty}\frac{1}{n} = 0 \qquad \text{(모순)}$$

따라서 집합 $\bigcap_{n=1}^{\infty}\left(0, \frac{1}{n}\right)$에 속하는 원소가 존재하지 않는다. 그러므로

$$P\left\{\operatorname{limsup}_{n\to\infty} A_n\right\} = P(\varnothing) = 0$$

이다. 그러나

$$\sum_{n=1}^{\infty} P(A_n) = \sum_{n=1}^{\infty} \frac{1}{n} = \infty$$

이고, $\{A_n\}$은 독립사상들의 열이 아니다. 왜냐하면, 임의의 $1 \le m < n$에 대해서

$$P(A_m \cap A_n) = P(A_n) = \frac{1}{n} \neq \frac{1}{mn} = P(A_m)P(A_n)$$

이기 때문이다.

【따름정리 1】 $\{A_n\}_{n=1}^{\infty}$ 을 독립사상들의 열이라 하면 $P\{\limsup_{n\to\infty} A_n\}$ 은 0 또는 1 중 어느 하나이다.

【증명】 정리 1에 의해

$$\sum_{n=1}^{\infty} P(A_n) < \infty \Rightarrow P\{\limsup_{n\to\infty} A_n\} = 0$$

이고

$$\sum_{n=1}^{\infty} P(A_n) = \infty \Rightarrow P\{\limsup_{n\to\infty} A_n\} = 1$$

이기 때문이다. □

【정리 2】 $X_1, X_2, \cdots$ 를 $(\Omega, \mathscr{F}, P)$ 상의 독립확률변수들이라 하자. 그러면

$$X_n \xrightarrow{a.s.} 0 \quad \Leftrightarrow \quad \sum_{n=1}^{\infty} P\{|X_n| > \epsilon\} < \infty, \ \forall \epsilon > 0$$

【증명】 $(\Rightarrow)$: $E = \left\{\omega \in \Omega : \lim_{n\to\infty} X_n(\omega) \neq 0\right\}$이라 하고 $X_n \xrightarrow{a.s.} 0$ 이라 하자. 그러면

$$P(E^c) = P\left\{\omega \in \Omega : \lim_{n\to\infty} X_n(\omega) = 0\right\} = 1$$

이고 $P(E) = 0$이다. 임의로 주어진 양수 ϵ에 대해 $A_n = \{|X_n| > \epsilon\}$이라 하

자. $\{X_n\}_{n=1}^{\infty}$이 독립확률변수들의 열이므로, §4.2의 정리 1을 응용하면

$$P\{-\epsilon \le X_1 \le \epsilon,\ -\epsilon \le X_2 \le \epsilon, \cdots\}$$
$$= P\{-\epsilon \le X_1 \le \epsilon\} P\{-\epsilon \le X_2 \le \epsilon\} \cdots$$

에 의해 $\{A_n^c\}$도 독립사상들의 열이다. 따라서 연습문제 1.4의 4번에 의해 $\{A_n\}$은 독립사상들의 열이다. 집합 E^c에서 극한의 정의를 생각하면 점 $\omega \in E^c$는 유한개의 집합들 $\{A_n\}_{n=1}^{N}$에만 속한다. 따라서

$$\omega \in E^c \Rightarrow \exists N \ \ s.t.\ \omega \not\in A_n,\ \forall n \geqq N$$

이 명제의 대우를 취하면

$$\omega \in A_n,\ i.o. \Rightarrow \omega \in E$$

이므로

$$\limsup_{n\to\infty} A_n \subset E$$

가 성립한다. 앞에서 $P(E) = 0$에 의해

$$P(\limsup_{n\to\infty} A_n) = 0$$

이다. 따라서 정리 1의 (2)에 의해

$$\sum_{n=1}^{\infty} P(A_n) < \infty$$

이다. 왜냐하면, $\sum_{n=1}^{\infty} P(A_n) = \infty$이면 정리 1의 (2)에서 $P\{\limsup_{n\to\infty} A_n\} = 1$이므로 가정에 모순되기 때문이다.

(⇐): 각각의 $k \ge 1$에 대해

$$A_{1/k} = \limsup_{n\to\infty} \{|X_n| \ge 1/k\}$$

이라 놓으면, $A_{1/k}$은 k가 증가할 때 증가한다. $\epsilon = 1/k$이라 놓으면 가정에 의해

$$\sum_{n=1}^{\infty} P\{|X_n| \ge 1/k\} < \infty$$

이다. 따라서 정리 1의 (1)을 적용하면

$$0 = P(\limsup_{n\to\infty} \{|X_n| \ge 1/k\}) = P(A_{1/k})$$

이 된다. 그러므로

$$\begin{aligned} P\left\{\lim_{n\to\infty} X_n \neq 0\right\} &= P\left\{\limsup_{n\to\infty} |X_n| > 0\right\} \\ &= P\left(\limsup_{n\to\infty}\{|X_n| > 0\}\right) \\ &= P\left(\lim_{k\to\infty} \limsup_{n\to\infty}\{|X_n| \geq 1/k\}\right) \\ &= P\left(\lim_{k\to\infty} A_{1/k}\right) = P\left(\bigcup_{k=1}^{\infty} A_{1/k}\right) \leq 0 \qquad ((1)\text{에 의해}) \end{aligned}$$

을 얻고 $P\left\{\lim_{n\to\infty} X_n = 0\right\} = 1$은 우리가 원하는 결론이다. □

연습문제 6.3

1. 임의의 양수 ϵ에 대해 $A_n(\epsilon) = \{|X_n| > \epsilon\}$, $B_m(\epsilon) = \bigcup_{n\geq m} A_n(\epsilon)$이라 하자. 그러면 다음 명제들이 성립함을 증명하여라.

   (a) $X_n \xrightarrow{a.s.} 0 \;\Leftrightarrow\; P(B_m(\epsilon)) \to 0,\ m \to \infty$

   (b) $X_n \xrightarrow{a.s.} 0 \;\Leftarrow\; \sum_n P(A_n(\epsilon)) < \infty$

2. 정리 1(1)의 역이 성립하지 않는 예를 들어 보여라.

§6. 4 극한 적률생성함수
(Limiting Moment Generating Functions)

$\{X_n\}_{n=1}^{\infty}$ 을 확률변수들의 열이라 하고 X_n $(n = 1, 2, \cdots)$의 분포함수를 F_n이라 하자. 또, X_n의 적률생성함수 $M_n(t)$가 존재한다고 가정한다. 다음의 정리 1은 Levy와 Cramer에 의한 연속정리(continuity theorem)를 Curtiss (1942년)가 발전시킨 정리이다. 여기서는 증명을 생략한다.

【정리 1】 (연속정리) $\{F_n\}_{n=1}^{\infty}$ 을 $\{X_n\}$ 의 분포함수들의 열이라 하고, 대응하는 적률생성함수들의 열을 $\{M_n(t)\}_{n=1}^{\infty}$ 라 하자. 또, 모든 $n \ge 1$ 에 대해 $M_n(t)$는 구간 $-t_0 \le t \le t_0$ $(^{\exists}t_0 > 0)$ 에서 존재한다고 가정하자. 더욱이, 확률변수 X 의 분포함수 F 에 대응하는 적률생성함수 $M(t)$ 가 $|t| \le t_1$ $(< t_0)$ 에서 존재하고

$$\lim_{n \to \infty} M_n(t) = M(t), \quad -t_1 \le t \le t_1$$

이면, $\lim_{n \to \infty} F_n = F$ 이다. 즉, $X_n \xrightarrow{\mathcal{D}} X$ 이다.

[예제 1] $\{X_n\}_{n=1}^{\infty}$ 의 확률질량함수가

$$P\{X_n = 1\} = \frac{1}{n}, \quad P\{X_n = 0\} = 1 - \frac{1}{n}$$

일 때, X_n의 극한분포함수를 구하여라.

【풀이】 X_n의 분포함수는, 임의의 실수 x에 대해

$$F_n(x) := P\{\omega\in\Omega;\ X_n(\omega) \le x\} = \begin{cases} 0, & x < 0 \\ 1-\dfrac{1}{n}, & 0 \le x < 1 \\ 1, & x \ge 1 \end{cases}$$

이다. 또, X_n의 적률생성함수

$$M_n(t) = E(e^{tX_n}) = \sum_{x=0}^{1} e^{tx} P\{X_n = x\}$$
$$= 1 - \frac{1}{n} + e^t \frac{1}{n}$$

이므로 $M_n(t)$는 모든 실수 t에 대해 존재하고

$$\lim_{n\to\infty} M_n(t) = 1 =: M(t), \quad {}^\forall t \in \mathbb{R}$$

이다. 여기서 $M(t)=1$은, §5.1의 퇴화분포성질 (2)에 의해, 0에서의 퇴화확률변수 X의 적률생성함수이고, X의 확률분포는

$$P\{X=x\} = \begin{cases} 1, & x = 0 \\ 0, & x \neq 0 \end{cases}$$

이며, 그 분포함수는

$$F(x) = P\{X \le x\} = \begin{cases} 0, & x < 0 \\ 1, & x \ge 0 \end{cases}$$

가 된다. 따라서 정리 1로부터

$$\lim_{n\to\infty} F_n(x) = F(x)$$

이고, X_n의 극한 분포함수는 X의 분포함수 $F(x)$이다. □

[문제 1] $X_1, X_2, \cdots \overset{iid}{\sim} N(0, 1)$이라 하자. 그러면 $\overline{X_n} := \dfrac{1}{n}\sum_{i=1}^{n} X_i$의 극한 분포는?

【보조정리 1】 함수 $f(x)$에 대해서

$$\lim_{x \to 0\,(\infty)} \frac{f(x)}{x} = 0$$

일 때,

$$f(x) = o(x), \quad x \to 0\ (\infty)$$

으로 나타낸다. 이 경우, a가 실수일 때

$$\lim_{n \to \infty} \left\{1 + \frac{a}{n} + o\left(\frac{1}{n}\right)\right\}^n = e^a$$

가 성립한다.

【증명】 함수 f와 도함수 f'가 0에서 연속이면 Taylor 정리에 의해

$$\begin{aligned} f(x) &= f(0) + xf'(\theta x) \qquad (0 < {}^{\exists}\theta < 1) \\ &= f(0) + xf'(0) + (f'(\theta x) - f'(0))x \\ &= f(0) + xf'(0) + o(x), \quad x \to 0 \end{aligned} \tag{1}$$

이다. 위의 끝 식이 성립하는 이유는, 함수 g를

$$g(x) = (f'(\theta x) - f'(0))x$$

라 두면 함수 f'가 0에서 연속이므로

$$\frac{g(x)}{x} = f'(\theta x) - f'(0) \to 0, \quad x \to 0$$

이다. 따라서 $g(x) = o(x)$, $x \to 0$, 이기 때문이다.

한편, $f(x) = \log(1+x)$라 두면 $f'(x) = 1/(1+x)$이고, f와 f'는 $x = 0$에서 연속이다. 따라서 (1)에 의해

$$f(x) = \log(1+x) = x + o(x), \quad x \to 0 \tag{2}$$

이다. 그런데

$$x = \frac{a}{n} + o\left(\frac{1}{n}\right), \quad n \to \infty \tag{3}$$

라 놓으면

$$\left|o\left(\frac{1}{n}\right)\right| \le \left|\frac{o(1/n)}{1/n}\right| \to 0, \quad n\to\infty \tag{4}$$

이므로 $n\to\infty$일 때 $x\to 0$이다. 또, (4)에 의해

$$n\cdot o\left(\frac{a}{n}+o\left(\frac{1}{n}\right)\right) = o\left(\frac{a}{n}+o\left(\frac{1}{n}\right)\right)\Big/\left(\frac{1}{n}\right) \to 0, \quad n\to\infty \tag{5}$$

이 성립한다. 따라서 (2)-(5)를 고려하면

$$\begin{aligned} n\cdot\log\left\{1+\frac{a}{n}+o\left(\frac{1}{n}\right)\right\} &= n\left\{\frac{a}{n}+o\left(\frac{1}{n}\right)+o\left(\frac{a}{n}+o\left(\frac{1}{n}\right)\right)\right\} \\ &= a+n\,o\left(\frac{1}{n}\right)+o(1) \\ &= a+o(1), \quad n\to\infty \end{aligned}$$

이 되고, 결과적으로

$$\left\{1+\frac{a}{n}+o\left(\frac{1}{n}\right)\right\}^n = e^{a+o(1)}, \quad n\to\infty$$

을 얻는다. □

[예제 2] $X_1, \cdots, X_n \overset{iid}{\sim} b(1, p)$라 하고 $S_n = \sum_{i=1}^{n} X_i$라 할 때, S_n의 극한 분포를 구하여라. 단, $np = \lambda$ (상수)로 가정한다.

【풀이】 §5.1의 따름정리 1에 의해 $S_n \sim b(n, p)$이다. 또, §5.1의 이항분포 $b(n, p)$의 성질 2에서 S_n의 적률생성함수는

$$M_n(t) = (pe^t+1-p)^n, \quad -\infty < t < \infty$$

임을 안다. $p = \lambda/n$이므로 보조정리 1에서 $a=\lambda(e^t-1)$로 생각하면

$$\begin{aligned} \lim_{n\to\infty} M_n(t) &= \lim_{n\to\infty}\left(\frac{\lambda}{n}e^t+1-\frac{\lambda}{n}\right)^n \\ &= \lim_{n\to\infty}\left(1+\frac{\lambda}{n}(e^t-1)+o\left(\frac{1}{n}\right)\right)^n \end{aligned}$$

$$= \exp(\lambda(e^t - 1)) =: M(t)$$

이고, $M(t) = \exp(\lambda(e^t - 1))$은 §5.1의 포아송 분포 $\mathcal{P}(\lambda)$의 적률생성함수이다. 따라서 정리 1에 의해 S_n의 극한분포는 포아송 분포 $\mathcal{P}(\lambda)$이다. 즉, $\lambda = np$가 상수일 때는 $b(n, p) \to \mathcal{P}(\lambda)$, $n \to \infty$가 된다. □

[문제 2] $X \sim \mathcal{P}(\lambda)$이고 $Y := (Y - \lambda)/\sqrt{\lambda}$일 때, Y의 적률생성함수 $M_Y(t)$를 구하고 $\log M_Y(t) \to t^2/2$, $\lambda \to \infty$, 임을 보여라. 그러면 $\lambda \to \infty$일 때 Y의 극한분포는 무엇인가?

연습문제 6.4

1. $X_1, X_2, \cdots$ 가 독립 확률변수들이고 이들의 확률질량함수가

$$P\{X_n = \pm 1\} = \frac{1}{2}, \quad n = 1, 2, \cdots$$

이라 하자. 여기서 $Z_n = \sum_{j=1}^{n} X_j / 2^j$ 이라 두면, $Z_n \xrightarrow{\mathcal{D}} Z$ 임을 보여라. 단, $Z \sim \mathrm{U}_{[-1, 1]}$ 이다.

2. $Z_n \sim \chi^2(n)$일 때, $Y_n = (Z_n - n)/\sqrt{2n}$의 극한분포를 찾아라.

3. $X_n \sim G(n, \beta)$일 때, X_n/n의 극한분포를 찾아라.

4. $X_n \sim \chi^2(n)$일 때, X_n/n^2의 극한분포를 찾아라.

5. $X \sim \chi^2(50)$일 때, $P\{40 < X < 60\}$의 근사 값을 구하여라.

§6.5 중심극한 정리 (Central Limit Theorem)

$X_1, X_2, \cdots$ 를 확률변수들의 열이라 하고 $S_n = \sum_{i=1}^{n} X_i$ 라 할 때, §6.2와 §6.3에서 확률변수들 $(S_n - a_n)/b_n$이 퇴화 확률변수 $X=0$에 수렴하는 성질들을 조사하였다. 이 절에서는 $(S_n - a_n)/b_n$이 비퇴화 확률변수에 수렴하는 성질들을 조사한다.

[예제 1] $X_1, \cdots, X_n \overset{iid}{\sim} b(1, p)$라 하고, $S_n = \sum_{i=1}^{n} X_i$라 하자. $Z \sim N(0, 1)$이면

$$Y_n := \frac{S_n - np}{\sqrt{np(1-p)}} \xrightarrow{\mathcal{D}} Z, \qquad n \to \infty$$

임을 보여라.

【증명】 §5.1의 따름정리 1에 의해 $S_n \sim b(n, p)$이고, §5.1의 이항분포 $b(n, p)$의 성질에 의해

$$E(S_n) = np, \quad \mathrm{Var}(S_n) = np(1-p)$$

임을 안다. Y_n의 적률생성함수 $M_n(t)$를 계산해 보자.

$$M_n(t) := E\left(e^{tY_n}\right) = E\exp\left(t\frac{S_n - np}{\sqrt{np(1-p)}}\right)$$

$$= \prod_{i=1}^{n} E\exp\left(t\frac{X_i - p}{\sqrt{np(1-p)}}\right) \qquad (X_i \text{ 가 독립이므로})$$

$$= \exp\left(-\frac{npt}{\sqrt{np(1-p)}}\right)\prod_{i=1}^{n} E\exp\left(\frac{t}{\sqrt{np(1-p)}}X_i\right)$$

$$= \exp\left(-\frac{npt}{\sqrt{np(1-p)}}\right)\left\{1-p+p\exp\left(\frac{t}{\sqrt{np(1-p)}}\right)\right\}^n$$

($X_i \sim b(1, p)$이면 §5.1의 이항분포 성질에서 모든 실수 t에 대해 $M_{X_i}(t) = 1-p+pe^t$ 이므로)

$$= \left\{ q \exp\left(-\frac{pt}{\sqrt{npq}} \right) + p \exp\left(\frac{qt}{\sqrt{npq}} \right) \right\}^n \qquad (\text{단}, \quad q = 1 - p \text{ 임})$$

$$= \left\{ q \left(1 - \frac{pt}{\sqrt{npq}} + \frac{p^2 t^2}{2!\, npq} - \frac{p^3 t^3}{3!\, (npq)^{3/2}} + \cdots \right) \quad \left(e^x = \sum_{n=0}^{\infty} \frac{x^n}{n!} \text{ 를 적용} \right) \right.$$

$$\left. + p \left(1 + \frac{qt}{\sqrt{npq}} + \frac{q^2 t^2}{2!\, npq} + \frac{q^3 t^3}{3!\, (npq)^{3/2}} + \cdots \right) \right\}^n$$

$$= \left\{ 1 + \frac{t^2}{2n} + \frac{q-p}{3!\, \sqrt{pq}\, n^{3/2}} + \cdots \right\}^n$$

$$= \left\{ 1 + \frac{t^2}{2n} + o\left(\frac{1}{n} \right) \right\}^n$$

$$\to e^{t^2/2} =: M(t), \quad n \to \infty, \quad -\infty < t < \infty$$

(§6.4의 보조정리 1에 의해)

이고 $M(t) = e^{t^2/2}$는, §5.2의 정리 9에 의해 $Z \sim N(0, 1)$의 적률생성함수이다. 따라서 §6.4의 정리 1에 의해 $Y_n \xrightarrow{\mathcal{D}} Z$가 된다. □

예제 1에서 $X_1, \cdots, X_n \overset{iid}{\sim} b(1, p)$일 때 $S_n := \sum_{i=1}^{n} X_i \sim b(n, p)$이고, S_n의 표준화변수 $Y_n := \frac{S_n - np}{\sqrt{np(1-p)}}$의 분포함수 $F_n(x) = P\{Y_n \le x\}$는 n이 클 때 표준정규 분포함수 $F(x) = P\{Z \le x\}$에 가까워짐을 알 수 있다. 마찬가지로 임의의 독립인, 동일분포 확률변수들 $X_1, \cdots, X_n$에 대해서도 X_i $(i = 1, \cdots, n)$의 적률생성함수 $M_{X_i}(t)$가 존재하면 (따라서, 모든 차수의 적률이 존재하게 된다), 다음의 정리 1에서와 같이

$$\frac{S_n - E(S_n)}{\sqrt{\mathrm{Var}(S_n)}} \xrightarrow{\mathcal{D}} Z, \qquad n \to \infty$$

임을 보일 수 있다. 여기서 $Z \sim N(0, 1)$이다.

아래의 정리 1을 증명할 때 적률생성함수 대신에 특성함수를 사용하면, 적률생성함수의 존재를 구태여 가정하지 않아도 되니까 더 일반적인 증명방법이 되겠으나, 여기서는 편리를 위해 적률생성함수의 존재를 가정하고 증명한다.

【정리 1】(중심극한정리) $X_1, X_2, \cdots$ 를 유한인 평균 μ와 분산 $\sigma^2 > 0$을 갖는 독립인, 동일분포의 확률변수들이라 하자.

$$S_n = \sum_{i=1}^{n} X_i, \quad \overline{X}_n = \frac{1}{n} S_n$$

이라 하고, 표준화변수를

$$S_n^* := \frac{S_n - n\mu}{\sigma\sqrt{n}} = \frac{\overline{X}_n - \mu}{\sigma/\sqrt{n}}$$

으로 정의하면

$$S_n^* \xrightarrow{\mathscr{D}} Z, \quad Z \sim N(0, 1)$$

이다. 바꿔 말하면, $\lim_{n\to\infty} P\{S_n^* \le x\} = \Phi(x)$ 이다. 여기서

$$\Phi(x) := \int_{-\infty}^{x} \frac{1}{\sqrt{2\pi}} e^{-y^2/2}\, dy.$$

【증명】 어떤 양수 h에 대해 $-h < t < h$일 때, $X_i\,(i = 1, 2, \cdots)$의 적률생성함수 $M_{X_i}(t)$가 존재한다고 하자. 그러면

$$\begin{aligned} m(t) &:= M_{X_i - \mu}(t) = E\{e^{t(X_i - \mu)}\} \\ &= e^{-\mu t} M_{X_i}(t) \end{aligned}$$

가 존재한다. 따라서 $m(t)$를 두 번 계속해서 미분하면

$$m'(t) = \frac{d}{dt} E\{e^{t(X_i - \mu)}\} = E\left\{\frac{d}{dt} e^{t(X_i - \mu)}\right\} = E\{(X_i - \mu)\, e^{t(X_i - \mu)}\},$$

$$m''(t) = E\{(X_i - \mu)^2\, e^{t(X_i - \mu)}\}$$

이고, $m'(t)$와 $m''(t)$는 $-h < t < h$에서 연속이다. 또한

$$m(0) = 1, \quad m'(0) = E(X_i - \mu) = 0, \tag{1}$$
$$m''(0) = E(X_i - \mu)^2 = \sigma^2$$

이다. Taylor 정리를 적용하면, 다음 식을 만족하는 ξ $(0 < \xi < t)$가 존재한다.

$$\begin{aligned} m(t) &= m(0) + m'(0)t + \frac{m''(\xi)}{2!}t^2 \\ &= 1 + \frac{m''(\xi)}{2}t^2 && \text{((1) 에 의해)} \\ &= 1 + \frac{\sigma^2}{2}t^2 + \frac{m''(\xi) - \sigma^2}{2}t^2 && (2) \end{aligned}$$

S_n^*의 적률생성함수 $M_{S_n^*}(t)$를 계산하면 다음과 같다.

$$\begin{aligned} M_{S_n^*}(t) &= E\left\{e^{tS_n^*}\right\} = E\exp\left(t\frac{S_n - n\mu}{\sigma\sqrt{n}}\right) \\ &= E\exp\left(t\frac{(X_1-\mu) + \cdots + (X_n - \mu)}{\sigma\sqrt{n}}\right) \\ &= E\left\{\exp\left(\frac{t}{\sigma\sqrt{n}}(X_1-\mu)\right) \cdots \exp\left(\frac{t}{\sigma\sqrt{n}}(X_n-\mu)\right)\right\} \\ &= E\exp\left(\frac{t}{\sigma\sqrt{n}}(X_1-\mu)\right) \cdots E\exp\left(\frac{t}{\sigma\sqrt{n}}(X_n-\mu)\right) \\ & && (X_1, \cdots, X_n \text{ 는 독립확률변수들}) \\ &= \left\{E\exp\left(\frac{t}{\sigma\sqrt{n}}(X-\mu)\right)\right\}^n && (3) \\ & && (X_1, \cdots, X_n \text{ 는 동일분포를 하므로}) \\ &= \left\{m\left(\frac{t}{\sigma\sqrt{n}}\right)\right\}^n && (m(t) \text{ 의 정의에서}) \\ &= \left\{1 + \frac{\sigma^2}{2}\left(\frac{t}{\sigma\sqrt{n}}\right)^2 + \frac{m''(\xi) - \sigma^2}{2n\sigma^2}t^2\right\}^n && \text{((2)에서)} \end{aligned}$$

여기서, (2)에 의해 $0 < \xi < \dfrac{t}{\sigma\sqrt{n}}$ 이다. $m''(t)$는 $t = 0$에서 연속이고 $n \to \infty$일

때 $\xi \to 0$ 이므로 $m''(\xi) \to m''(0) = \sigma^2$ 이다. 따라서 $n \to \infty$ 일 때 위의 끝식에서

$$n\frac{m''(\xi)-\sigma^2}{2n\sigma^2}t^2 = \frac{m''(\xi)-\sigma^2}{2\sigma^2}t^2$$
$$\to \frac{m''(0)-\sigma^2}{2\sigma^2}t^2 = 0$$

가 되고, 결국

$$\frac{m''(\xi)-\sigma^2}{2n\sigma^2}t^2 = o\left(\frac{1}{n}\right), \quad n \to \infty \tag{4}$$

가 성립한다. 그러므로 (3)과 (4)에 의해

$$\lim_{n\to\infty} M_{S_n^*}(t) = \lim_{n\to\infty}\left\{1+\frac{t^2/2}{n}+o\left(\frac{1}{n}\right)\right\}^n$$
$$= e^{t^2/2} =: M(t) \qquad \text{(§6.4 의 보조정리 1 에서)}$$

이다. 여기서 $M(t) = e^{t^2/2}$ 는, §5.2 의 정리 9 에 의해, $Z \sim N(0,1)$의 적률생성 함수임을 안다. 따라서 §6.4 의 정리 1 을 적용하면 $S_n^* \xrightarrow{\mathcal{D}} Z$ 이다. □

[예제 2] $X_1, X_2, \cdots \overset{iid}{\sim} U_{(0,1)}$ 이고 $\overline{X}_n := \frac{1}{n}\sum_{i=1}^{n} X_i$ 일 때, 확률 $P\{0.45 < \overline{X}_{75} < 0.55\}$ 의 근사 값을 구하여라.

【풀이】 $X \sim U_{(0,1)}$ 이면, §5.2 의 균일분포에 의해 X의 밀도함수는

$$f(x) = \begin{cases} \dfrac{1}{1-0} = 1, & 0 < x < 1 \\ 0, & \text{그 외에서} \end{cases}$$

이다. 따라서 X의 평균과 분산은, 균일분포 $U_{(0,1)}$ 의 성질 3 에 의해

$$\mu_X := E(X) = \frac{1}{2}, \quad \sigma_X^2 := \mathrm{Var}(X) = \frac{1}{12}$$

이다. 그러므로 $n = 75$ 일 때

$$\mu_{\overline{X}_n} := E(\overline{X}_n) = E\left(\frac{1}{n}\sum_{i=1}^{n} X_i\right) = \frac{1}{n}(n\mu_X) = \frac{1}{2},$$

$$\sigma_{\overline{X}_n}^2 := \mathrm{Var}(\overline{X}_n) = \frac{1}{n^2}\sum_{i=1}^{n}\mathrm{Var}(X_i) \qquad (\S 4.5\text{의 정리 4에 의해})$$

$$= \frac{1}{n^2}(n\sigma_X^2) = \frac{1}{n}\sigma_X^2 = \frac{1}{75}\cdot\frac{1}{12} = \frac{1}{900}$$

을 얻는다. 중심극한정리 (정리 1)을 적용하면

$$S_n^* := \frac{\overline{X}_n - \mu_{\overline{X}_n}}{\sigma_{\overline{X}_n}} = \frac{\overline{X}_n - 0.5}{1/30} \xrightarrow{\mathcal{D}} Z, \quad n \to \infty$$

이고 $Z \sim N(0, 1)$이다. 따라서

$$P\left\{0.45 < \overline{X}_{75} < 0.55\right\}$$
$$= P\left\{\frac{0.45-0.5}{1/30} < \frac{\overline{X}_{75} - 0.5}{1/30} < \frac{0.55-0.5}{1/30}\right\}$$
$$= P\left\{-1.5 < S_{75}^* < 1.5\right\}$$
$$\fallingdotseq \Phi(1.5) - \Phi(-1.5) = 0.933 - (1-\Phi(1.5))$$
$$= 0.933 - (1-0.933) = 0.866$$

을 얻는다. □

[예제 3] $X_1, X_2, \cdots \overset{iid}{\sim} \mathcal{P}(1)$이고 $S_n = \sum_{i=1}^{n} X_i$일 때, 확률 $P\{50 < S_{64} \le 80\}$의 근사 값을 구하여라.

【풀이】 $X \sim \mathcal{P}(\lambda)$일 때 $\mu_X = \lambda = \sigma_X^2$이므로

$$\mu_{S_n} := E(S_n) = E(X_1) + \cdots + E(X_n) = n\lambda,$$

$$\sigma_{S_n}^2 := \mathrm{Var}(S_n) = n\mathrm{Var}(X) = n\lambda$$

가 된다. 중심극한정리에 의해, $Z \sim N(0, 1)$일 때

$$S_n^* := \frac{S_n - \mu_{S_n}}{\sigma_{S_n}} = \frac{S_n - n\lambda}{\sqrt{n\lambda}} \xrightarrow{\mathcal{D}} Z, \quad n \to \infty$$

이므로 가정에서 $\lambda = 1$, $n = 64$ 이면 정수치 확률변수 S_{64} 에 대해 구하는 확률 값은 다음과 같이 계산된다.

$$\begin{aligned} P\{50 < S_{64} \leq 80\} &= P\{50.5 < S_{64} < 80.5\} \\ &= P\left\{\frac{50.5-64}{8} < \frac{S_{64}-64}{8} < \frac{80.5-64}{8}\right\} \\ &\fallingdotseq P\{-1.69 < Z < 2.06\} \\ &= \Phi(2.06) - \Phi(-1.69) = 0.9803 - (1-0.9545) \\ &= 0.9348 \end{aligned}$$

□

[문제] $X_1, X_2, \cdots$ 는 독립 확률변수들이고

$$P\{X_i = \pm\frac{1}{2}\} = \frac{1}{2}, \quad i = 1, 2, \cdots; \quad S_n := \sum_{i=1}^{n} X_i$$

이라 하자. 그러면 $2S_n/\sqrt{n}$ 의 극한분포는?

연습문제 6.5

1. $X_1, X_2, \cdots$ 를 독립인, 동일분포의 확률변수들이라 하고 그 공통의 확률질량 함수를

$$P\{X = k\} = pq^k, \; k = 0, 1, 2, \cdots; \; 0 < p < 1, \; q = 1-p$$

이라 하자. $S_n := \sum_{i=1}^{n} X_i$ 일 때, 다음 등식을 증명하여라.

$$\lim_{n\to\infty} P\left\{\frac{S_n - n(q/p)}{\sqrt{nq}}\, p \leq x\right\} = \Phi(x)$$

2. $X_i \overset{iid}{\sim} G(\alpha, \beta),\ i = 1, 2, \cdots;\ \alpha = 2,\ \beta = 4;\ \overline{X}_n = \frac{1}{n}\sum_{i=1}^{n} X_i$ 일 때, 확률 $P\left\{7 < \overline{X}_{128} < 9\right\}$의 근사 값을 구하여라.

3. $Y \sim b\left(100, \frac{1}{2}\right)$일 때, 확률 $P\{Y = 50\}$의 근사 값은? 단, $\Phi(0.1) = 0.5398$ 이다.

4. $Y \sim b(n, 0.55)$일 때, 근사적으로 $P\left\{\frac{Y}{n} > 0.5\right\} \geq 0.95$ 가 되는 n의 최소 값을 구하여라. 단, $\Phi(1.645) = 0.95$ 이다.

5. $X_i\ (i = 1, 2, \cdots)$는 독립인, 동일분포의 확률변수들이고 $E(X_i) = \mu$, $\mathrm{Var}(X_i) = \sigma^2$ 이라 하자.

$$\overline{X}_n = \frac{1}{n}\sum_{i=1}^{n} X_i,\quad S_n^2 = \frac{1}{n-1}\sum_{i=1}^{n}(X_i - \overline{X}_n)^2,\quad Z \sim N(0, 1)$$

으로 정의할 때, 다음을 증명하여라.

$$\frac{\sqrt{n}\,(\overline{X}_n - \mu)}{S_n} \xrightarrow{\mathcal{D}} Z, \qquad n \to \infty$$

6. $X_1, \cdots, X_{100} \overset{iid}{\sim} \mathcal{P}(\lambda)$이고 $\lambda = 0.02$일 때, 확률 $P\left\{\sum_{i=1}^{100} X_i \geq 3\right\}$의 근사 값을 구하여라. 단, $\Phi(0.7) = 0.758$ 이다.

표본적률과 그 분포

(Sample Moments and their Distributions)

제 7 장

지금까지 배워 온 확률에 관한 이론을 기초로 하여, 앞으로 수리통계학에 관해서 공부할 것이다. 어떤 실험이나 조사를 할 때 관심의 대상이 되는 집단의 모든 자료 전체를 **모집단**(population)이라 부른다. 모집단의 어떤 수리적 특성치에 관해서 정보를 알고자 할 때, 시간이나 비용 때문에 모집단의 원소 하나 하나를 전부 알 수는 없으나, 적당히 선택된 표본 특성치(sample characteristic), 예를 들면, 표본평균, 표본분산 등에 대한 정보를 기초로 하여, 미지의 모집단에 대응하는 특성치인 모평균, 모분산 등에 관해서 어떤 결론을 이끌어 내려는 것이 우리의 목적이다.

§7. 1 확률표본 추출법 (Random Sampling Method)

확률공간 $(\Omega, \mathscr{F}, P)$ 상의 확률변수 X에 의해 가정된 값을 x라 하고, X의 분포함수를 F라 하자. 실제적으로는 F를 모르는 상태에 있다고 가정할 것이다. 구체적으로 F에 관해 하나 이상의 모수를 모른다고 가정할 것이다. 일반적으로 통계학자들의 관심은 이들의 **미지모수**(unknown parameter)를 추정하는데 목적을 두고 있다. 이러한 목적으로 확률변수 X에 관한 n개의 독립인 관찰치들을 얻을 수 있다. 즉 각각의 x_i $(i = 1, 2, \cdots, n)$를 확률변수 X_i에 의해 가정된 값이라 하자. 여기서, $X_1, \cdots, X_n$은 공통의 분포함수 F를 갖는 확률공간 $(\Omega, \mathscr{F}, P)$ 상의 독립 확률변수들이다. 이 경우에 집합 $\{X_1, \cdots, X_n\}$을 모집단 분포 F로부터 추출된 크기 n의 **표본**(sample)이라 부르고, 표본 $\{X_1, \cdots, X_n\}$의 관찰치 $\{x_1, \cdots, x_n\}$을 **실현치**(realization)라 부른다. 따라서 n차원 유클릿트 공간 $\mathbb{R}^n := \{(x_1, \cdots, x_n)\}$을 *표본공간*으로 간주했을 때, $(x_1, \cdots, x_n)(\in \mathbb{R}^n)$의 함수 $f(x_1, \cdots, x_n)$은 확률변수 $f(X_1, \cdots, X_n)$의 값이 된다.

정의 1 확률변수 X의 분포함수를 F라 하고, $X_1, \cdots, X_n$을 공통의 분포함수 F를 갖는 독립인, 동일분포의 확률변수 열(sequence of iidrv's)이라 하자. 이 경우, $X_1, \cdots, X_n$을 주어진 분포함수 F로부터의 크기 n인 **확률표본**(random sample) 혹은 간단히 **표본**(sample)이라 부른다.

$X_1, \cdots, X_n$이 분포함수 F로부터의 확률표본일 때, $X_1, \cdots, X_n$의 결합분포함수를 $F^*(x_1, \cdots, x_n)$로 나타내면, $F^*(x_1, \cdots, x_n)$는 §4.2의 정의 2로부터

$$F^*(x_1, \cdots, x_n) = \prod_{i=1}^{n} F(x_i)$$

으로 주어진다.

정의 2 $X_1, \cdots, X_n$을 분포함수 F로부터의 확률표본이라 하고, $f : \mathbb{R}^n \to \mathbb{R}$를 Borel 가측함수라 하자. 확률변수 $f(X_1, \cdots, X_n)$가 미지모수(unknown parameter)를 포함하지 않을 때, $f(X_1, \cdots, X_n)$를 **통계량**(statistic)이라 부른다.

정의 3 $X_1, \cdots, X_n$ 을 분포함수 F 로부터 추출된 확률표본이라 할 때, 통계량

$$\overline{X} := \frac{1}{n}S_n := \frac{1}{n}\sum_{i=1}^{n} X_i$$

를 **표본평균**(sample mean)이라 부르고, 통계량

$$S^2 := \frac{1}{n-1}\sum_{i=1}^{n}(X_i - \overline{X})^2 = \frac{1}{n-1}\left(\sum_{i=1}^{n} X_i^2 - n\overline{X}^2\right)$$

을 **표본분산**(sample variance)이라 부른다.

주의 3 통계량 $\overline{X}$, S^2 등은 확률변수들인 반면에, 모집단의 모수 μ, σ^2 등은 미지의 고정된 상수들로 가정할 수 있다.

[예제 1] $X \sim b(1, p)$ 이라 하고 p 를 미지모수라 하자. 그러면 §5.1의 두점 분포에서 $E(X) = p$, $\mathrm{Var}(X) = p(1-p)$ 임을 안다. 만약 X 에 관한 5개의 독립인 실현치(realizations)가 0, 1, 1, 1, 0 이면, 이들은 표본 $X_1, \cdots, X_5$ 의 관찰치들이다. 이 때 표본평균 $\overline{X}$ 의 값은

$$\bar{x} := \frac{0+1+1+1+0}{5} = 0.6$$

이 되고, 표본분산 S^2 의 값은

$$s^2 := \frac{1}{5-1}\sum_{i=1}^{5}(x_i - \bar{x})^2 = \frac{1}{4}\{2(0-0.6)^2 + 3(1-0.6)^2\} = 0.3$$

으로 구해진다.

[예제 2] $X \sim N(\mu, \sigma^2)$ 이라 하자. 여기서 모수 μ 는 기지이지만 모수 σ^2 은 미지로 가정한다. $X_1, \cdots, X_n$ 이 주어진 정규분포 $N(\mu, \sigma^2)$ 로부터의 표본이라 하자. 정의 2에 의하면 $f(X_1, \cdots, X_n) := \sum_{i=1}^{n} X_i/\sigma^2$ 은 통계량이 아니다.

● 연습문제 7.1

1. 예제 1에서 X에 관한 5개의 독립인 관찰치가 $-2.5, -1, 0, 2, 2.5$일 때, 표본평균 및 표본분산의 값을 각각 구하여라.

2. $X_1, \cdots, X_n$이 다음과 같은 분포로부터의 확률표본일 때, 각각의 결합 밀도함수 또는 결합 확률질량함수를 구하여라.
   (1) 구간 $[a, b]$ 상의 균일분포 $U_{[a, b]}$
   (2) 모수 μ, σ^2을 갖는 정규분포 $N(\mu, \sigma^2)$
   (3) 모수 p를 갖는 베르누이 분포 $b(1, p)$
   (4) 모수 λ를 갖는 포아송분포 $\mathcal{P}(\lambda)$
   (5) 모수 β를 갖는 지수분포 $\mathcal{E}(\beta)$

§7. 2 표본특성치와 그 분포
(Sample Characteristics and their Distributions)

$X_1, \cdots, X_n$ 이 분포함수 F 로부터 추출된 확률표본일 때, 이 절에서 나오는 표본특성치들과 그들의 분포에 관해 알아보자.

> **정의 1** $F_n^*(x) = \dfrac{1}{n}\sum_{j=1}^{n} \epsilon(x - X_j)$ 라 하자. 여기서, 함수 $\epsilon(\cdot)$은
>
> $$\epsilon(y) = \begin{cases} 1, & y \geq 0 \\ 0, & y < 0 \end{cases}$$
>
> 으로 정의된다. x 의 함수 $F_n^*(x)$의 정의를 생각하면, $nF_n^*(x)$는 x 보다 작거나 같은 $X_j\,(1 \leq j \leq n)$의 개수를 뜻한다. 이 경우 $F_n^*(x)$를 **표본 분포함수**(sample distribution function) 혹은 **경험 분포함수**(empirical distribution function)라 부른다.

위에서 정의된 $F_n^*(x)$는 분포함수의 의미를 갖는다. 그 이유를 알아보기 위해 §4.4에서 정의된 순서통계량을 생각하자. 표본 $X_1, \cdots, X_n$의 순서통계량이 $X_{(1)}, \cdots, X_{(n)}$일 때, 다음은 명백하다.

$$F_n^*(x) = \begin{cases} 0, & x < X_{(1)} \\ \dfrac{j}{n}, & X_{(j)} \leq x < X_{(j+1)} \quad (j = 1, \cdots, n-1) \\ 1, & x \geq X_{(n)} \end{cases}$$

따라서 $F_n^*(x) := P\{X_{(j)} \leq x\}$ 는 명백히 분포함수가 된다. 한편, 위의 정의 1을 고려하면, 고정된 $x \in \mathbb{R}$ 에 관해서 $F_n^*(x)$는 확률변수들 $X_1, \cdots, X_n$의 함수이므로 $F_n^*(x)$도 하나의 확률변수가 된다.

【정리 1】 $X_1, \cdots, X_n$이 분포함수 $F(x)$로부터의 확률표본일 때, 확률변수 $F_n^*(x)$는 다음의 확률함수를 갖는다.

$$P\left\{F_n^*(x)=\frac{i}{n}\right\}=\binom{n}{i}(F(x))^i(1-F(x))^{n-i},\quad i=0,1,\cdots,n$$

또, 그 평균과 분산은 각각 다음과 같다.

$$E(F_n^*(x))=F(x),\qquad \mathrm{Var}(F_n^*(x))=F(x)(1-F(x))/n$$

【증명】 정의 1에서 $F_n^*(x)=\dfrac{1}{n}\sum_{j=1}^{n}\epsilon(x-X_j)$이므로, 각각의 $j=1,\cdots,n$에 대해 $Y_j=\epsilon(x-X_j)$라 놓자. 그러면 함수 $\epsilon(\cdot)$의 정의에 의하여, 임의로 주어진 x에 대해서

$$Y_j=\begin{cases}1, & X_j\le x\\ 0, & X_j>x\end{cases}$$

이고, Y_j는 독립인, 동일 분포의 확률변수들이다. 왜냐하면, $X_j\ (j=1,\cdots,n)$가 독립 확률변수들이므로 §4.2의 정리 3을 응용하면 f가 Borel 가측함수일 때 $Y_j:=f(X_j):=I_{\{X_j\le x\}}$는 독립 확률변수들이고, 더욱

$$p:=P\{Y_j=1\}=P\{X_j\le x\}=F(x),$$
$$1-p=P\{Y_j=0\}=P\{X_j>x\}=1-F(x)$$

이므로 Y_j는 공통의 베르누이 분포 $b(1,p)$를 갖기 때문이다. $Y_j\sim b(1,p)$, $j=1,\cdots,n$, 가 독립인, 동일 분포의 확률변수들이므로 §5.1의 이항분포의 정의를 생각하면,

$$nF_n^*(x)=\sum_{j=1}^{n}\epsilon(x-X_j)=\sum_{j=1}^{n}Y_j\ \sim\ b(n,p)$$

이다. 따라서

$$P\left\{F_n^*(x)=\frac{i}{n}\right\}=P\{nF_n^*(x)=i\}$$

$$= \binom{n}{i} p^i (1-p)^{n-i} \qquad \text{(이항분포의 정의에 의해)}$$

$$= \binom{n}{i} (F(x))^i (1-F(x))^{n-i},$$

$$E(F_n^*(x)) = \frac{1}{n} E(nF_n^*(x)) = \frac{1}{n} \cdot np = F(x),$$

$$\mathrm{Var}(F_n^*(x)) = \frac{1}{n^2} \mathrm{Var}(nF_n^*(x)) = \frac{1}{n^2} \cdot np(1-p)$$

$$= \frac{1}{n} F(x)(1-F(x)).$$

□

【따름정리 1】 $n \to \infty$ 일 때 $F_n^*(x) \xrightarrow{\mathrm{P}} F(x)$ 이다.

【증명】 임의로 주어진 양수 K 에 대해

$$\epsilon = K\left(\frac{F(x)(1-F(x))}{n}\right)^{1/2}$$

이라 놓으면, 정리 1 과 § 3.4 의 Chebyshev 부등식에 의해

$$P\{\,|F_n^*(x) - F(x)| \geq \epsilon\}$$

$$= P\left\{\,|F_n^*(x) - F(x)| \geq K\left(\frac{F(x)(1-F(x))}{n}\right)^{1/2}\right\}$$

$$\leq \frac{1}{K^2} = \frac{F(x)(1-F(x))}{\epsilon^2 n} \longrightarrow 0, \quad n \to \infty$$

이므로 $F_n^*(x) \xrightarrow{\mathrm{P}} F(x)$ 이다. □

【따름정리 2】 $\dfrac{\sqrt{n}\,(F_n^*(x) - F(x))}{\{F(x)(1-F(x))\}^{1/2}} \xrightarrow{\mathcal{D}} Z$, 여기서 $Z \sim N(0, 1)$ 이다.

【증명】 $F_n^*(x) := \frac{1}{n}\sum_{j=1}^{n}\epsilon(x-X_j)$ 이고, 정리 1에 의해 $E(F_n^*(x)) = F(x)$이며 $\mathrm{Var}(F_n^*(x)) = F(x)(1-F(x))/n$이므로 §6.5의 정리 1을 이용하면

$$\frac{F_n^*(x)-E(F_n^*(x))}{\sqrt{\mathrm{Var}(F_n^*(x))}} = \frac{\sqrt{n}\,(F_n^*(x)-F(x))}{\{F(x)(1-F(x))\}^{1/2}} \xrightarrow{\mathscr{D}} Z$$

가 성립한다. □

$X_1, \cdots, X_n$이 분포함수 F로부터 추출된 표본일 때,

$$a_k := \frac{1}{n}\sum_{j=1}^{n}X_j^k, \quad k = 1, 2, \cdots$$

를 k차 **표본적률**(sample moment of order k)이라 부르고

$$b_k := \frac{1}{n}\sum_{j=1}^{n}(X_j-a_1)^k := \frac{1}{n}\sum_{j=1}^{n}(X_j-\overline{X})^k$$

를 k차 **표본중심적률**(sample central moment of order k)이라 부른다. 명백히 $b_1 = 0$이고, $S^2 := \frac{1}{n-1}\sum_{j=1}^{n}(X_j-\overline{X})^2$일 때 $b_2 = \frac{n-1}{n}S^2$이다.

보통 위의 S^2을 **표본분산**이라 부르지만 그 반면에, 다음 정리 3의 관점에서 보면 b_2를 표본분산이라 부르지 않는다. 또

$$b_2 = a_2 - a_1^2$$

인 관계가 있다. 2변수 (또는 다변수) 분포에 대해서도 적률에 관하여 다음과 같이 위와 유사한 정의들을 갖는다. 예를 들어, $(X_1, Y_1), \cdots, (X_n, Y_n)$이 (X, Y)의 2변수 분포로부터 추출된 표본일 때

$$\overline{X} := \frac{1}{n}\sum_{j=1}^{n}X_j, \quad \overline{Y} := \frac{1}{n}\sum_{j=1}^{n}Y_j$$

는 각각 X와 Y의 표본평균들이고, X와 Y의 2차 표본중심적률들은 각각

$$\frac{1}{n}\sum_{j=1}^{n}(X_j-\overline{X})^2, \qquad \frac{1}{n}\sum_{j=1}^{n}(Y_j-\overline{Y})^2$$

이다. 또, X와 Y의 표본분산들은 각각 다음과 같이 정의된다.

$$S_1^2 := \frac{1}{n-1}\sum_{j=1}^{n}(X_j-\overline{X})^2, \qquad S_2^2 := \frac{1}{n-1}\sum_{j=1}^{n}(Y_j-\overline{Y})^2.$$

그리고 X와 Y의 **표본공분산**(sample covariance)을

$$S_{11} := \frac{1}{n-1}\sum_{j=1}^{n}(X_j-\overline{X})(Y_j-\overline{Y})$$

으로 정의하고, **표본상관계수**(sample correlation coefficient)는

$$R := \frac{S_{11}}{S_1S_2}$$

으로 정의된다. 특히, $|R| \le 1$임을 보일 수 있다(연습문제 7.2의 3번). §4.7의 회귀직선에 관한 정의를 고려하면, X에 관한 Y의 **표본회귀직선**(sample regression line of Y on X)은

$$y-\overline{Y} = \frac{RS_2}{S_1}(x-\overline{X}) \tag{1}$$

로 주어진다(연습문제 7.2의 4번). 여기서 RS_2/S_1을 X에 관한 Y의 **표본회귀계수**(sample regression coefficient)라 부른다. 같은 방법으로, Y에 관한 X의 **표본회귀직선**은

$$x-\overline{X} = \frac{RS_1}{S_2}(y-\overline{Y})$$

로 주어진다.

이하에서는 표본 $X_1, \cdots, X_n$의 적률을 생각하려고 한다. 모집단의 모수들 중에서 모평균과 모분산을 각각 $\mu := E(X)$, $\sigma^2 := E(X-\mu)^2$으로 나타내고, 각각의 $k=1, 2, \cdots$에 대해서 모집단의 k차 적률

$$E(X^k) =: m_k$$

이 존재한다고 가정하자.

> **【정리 2】** $X_1, \cdots, X_n$ 이 모평균 μ 와 모분산 σ^2 을 갖는 분포로부터의 확률 표본이면 $E(\overline{X}) = \mu$ 이고 $\mathrm{Var}(\overline{X}) = \sigma^2/n$ 이다.

【증명】 §4.5의 따름정리 1에 의해

$$E(\overline{X}) = \frac{1}{n}\sum_{i=1}^{n} EX_i = \frac{1}{n} \cdot n\mu = \mu$$

이고, §4.5의 예제 6에 의해

$$\mathrm{Var}(\overline{X}) = \frac{\sigma^2}{n}$$

이다. □

> **【정리 3】** $X_1, \cdots, X_n$ 이 모평균 μ 와 모분산 σ^2 을 갖는 분포로부터의 표본이고 $S^2 := \frac{1}{n-1}\sum_{j=1}^{n}(X_j - \overline{X})^2$ 이면 $E(S^2) = \sigma^2$ 이다.

【증명】 가정에 의해서, $i \neq j = 1, 2, \cdots, n$ 에 대해 $m_2 := EX^2 = EX_j^2$ 이고 $E(X_iX_j) = (EX_i)(EX_j) = \mu^2$ 이다. 따라서

$$\begin{aligned} E(S^2) &= \frac{1}{n-1}E\left(\sum_{j=1}^{n} X_j^2 - n\overline{X}^2\right) \\ &= \frac{1}{n-1}E\left(\sum_{j=1}^{n} X_j^2 - \frac{1}{n}\left(\sum_{j=1}^{n} X_j\right)^2\right) \\ &= \frac{n}{n-1}m_2 - \frac{1}{n(n-1)}E\left(\sum_{j=1}^{n} X_j\right)^2 \\ &= \frac{n}{n-1}m_2 - \frac{1}{n(n-1)}E\left(\sum_{j=1}^{n} X_j^2 + \sum_{i \neq j} X_iX_j\right) \end{aligned}$$

$$= \frac{n}{n-1}m_2 - \frac{1}{n(n-1)}(nm_2 + n(n-1)\mu^2)$$

$$= m_2 - \mu^2 = \sigma^2$$ □

【정리 4】 2차원 확률변수 (X, Y)에 대해 $\mathrm{Var}(X) =: \sigma_1^2$, $\mathrm{Var}(Y) =: \sigma_2^2$, $\mathrm{Cov}(X, Y) =: \rho\sigma_1\sigma_2$라 하고, 이러한 (X, Y)의 분포로부터 추출된 표본을 $(X_1, Y_1), \cdots, (X_n, Y_n)$이라 하자. 그러면 다음 식이 성립한다.

$$ES_1^2 = \sigma_1^2, \quad ES_2^2 = \sigma_2^2, \quad ES_{11} = \rho\sigma_1\sigma_2$$

【증명】 정리 3으로부터 $ES_1^2 = \sigma_1^2$, $ES_2^2 = \sigma_2^2$ 임을 안다. 따라서 $ES_{11} = \rho\sigma_1\sigma_2$만 증명하면 된다. 각각의 $i \neq j = 1, 2, \cdots, n$에 대해 X_i와 X_j, X_i와 Y_j는 각각 독립이다.

$$(n-1)ES_{11} = E\left\{\sum_{j=1}^{n}(X_j - \overline{X})(Y_j - \overline{Y})\right\}$$

$$= \sum_{j=1}^{n} E\left\{(X_j - \overline{X})(Y_j - \overline{Y})\right\}$$

이고

$$E\left\{(X_j - \overline{X})(Y_j - \overline{Y})\right\}$$

$$= E\left\{X_j Y_j - X_j \cdot \frac{1}{n}\sum_{j=1}^{n} Y_j - Y_j \cdot \frac{1}{n}\sum_{j=1}^{n} X_j + \frac{1}{n^2}\sum_{j=1}^{n} X_j \sum_{j=1}^{n} Y_j\right\}$$

$$= E(XY) - \frac{1}{n}E(X_j Y_1 + \cdots + X_j Y_j + \cdots + X_j Y_n)$$

$$- \frac{1}{n}E(Y_j X_1 + \cdots + Y_j X_j + \cdots + Y_j X_n)$$

$$+ \frac{1}{n^2}E(X_1 Y_1 + \cdots + X_n Y_n + \sum_{i \neq j} X_i Y_j)$$

$$= E(XY) - \frac{1}{n}\{E(XY) + (n-1)EXEY\}$$
$$- \frac{1}{n}\{E(XY) + (n-1)EXEY\}$$
$$+ \frac{1}{n^2}\{nE(XY) + n(n-1)EXEY\}$$
$$= \frac{n-1}{n}\{E(XY) - EXEY\}$$

이므로

$$(n-1)ES_{11} = \sum_{j=1}^{n} \frac{n-1}{n}\{E(XY) - EXEY\}$$
$$= (n-1)\{E(XY) - EXEY\}$$

이다. 따라서

$$ES_{11} = E(XY) - EXEY = \mathrm{Cov}(X, Y) = \rho\sigma_1\sigma_2$$

으로 증명이 끝난다. □

확률변수 X 의 적률생성함수 $M_X(t) := E\exp(tX)$ 가 존재하면, 표본평균 $\overline{X} := \frac{1}{n}\sum_{i=1}^{n} X_i$ 의 적률생성함수는 다음과 같이 계산된다.

$$M_{\overline{X}}(t) = E\exp(t\overline{X}) = E\exp\left(\frac{t}{n}X_1 + \cdots + \frac{t}{n}X_n\right)$$
$$= E\exp\left(\frac{t}{n}X_1\right) \cdots E\exp\left(\frac{t}{n}X_n\right) \qquad (X_1, \cdots, X_n \text{ 은 독립이므로})$$
$$= \left\{E\exp\left(\frac{t}{n}X\right)\right\}^n \qquad (X_1, \cdots, X_n \text{ 은 동일 분포하므로})$$
$$= \left\{M_X\left(\frac{t}{n}\right)\right\}^n \tag{2}$$

[예제 1] $X_1, \cdots, X_n$ 이 감마분포 $G(\alpha, 1)$ 로부터의 표본일 때, $\overline{X}$ 의 분포를 구하여라.

【풀이】 §5.2의 정리 2에서 $X \sim G(\alpha, \beta)$일 때,

$$M_X(t) = (1-\beta t)^{-\alpha}, \quad t < 1/\beta \tag{3}$$

임을 안다. 따라서 $X \sim G(\alpha, 1)$이면

$$M_X(t) = (1-t)^{-\alpha}, \quad t < 1$$

이므로, (2)에 의해

$$M_{\overline{X}}(t) = \left\{\left(1-\frac{t}{n}\right)^{-\alpha}\right\}^n = \left(1-\frac{t}{n}\right)^{-\alpha n}, \quad t < n$$

이고, §3.2의 정리 3과 위의 식 (3)에 의해

$$\overline{X} \sim G\left(\alpha n, \frac{1}{n}\right)$$

이 된다. □

[문제] $X_1, \cdots, X_n$이 카이제곱분포 $\chi^2(1)$로부터의 표본일 때, 표본평균 $\overline{X}$의 분포는 무엇인가?

연습문제 7.2

1. $X_1, \cdots, X_n$이 분포함수 F로부터의 표본이고, $F_n^*(x)$가 경험분포함수일 때, $\text{Cov}(F_n^*(x), F_n^*(y))$를 계산하여라.

2. F_n^*가 분포함수 F로부터 표본에 의한 경험분포함수일 때, 다음 부등식이 성립함을 보여라.

$$P\left\{ \left| F_n^*(x) - F(x) \right| \geq \frac{\epsilon}{2\sqrt{n}} \right\} \leq \frac{1}{\epsilon^2}, \quad ^\forall \epsilon > 0$$

3. 표본상관계수 R은 $-1 \leq R \leq 1$임을 증명하여라.

4. X에 관한 Y의 표본회귀직선은 본문의 (1)과 같이 주어짐을 보여라.

5. $X_1, \cdots, X_n$이 다음 분포로부터의 표본일 때, 표본평균 $\overline{X}$의 분포를 각각 구하여라.
   (1) $X \sim \mathcal{P}(\lambda)$
   (2) $X \sim U_{[a,b]}$
   (3) $X \sim \chi^2(n)$

§7.3 카이제곱 분포(Chi-square Distribution), t-분포(t-distribution), F-분포(F-distribution)

이 절에서는 정규분포의 모집단으로부터 추출된 표본들에 대해서 몇 가지 분포들을 조사하기로 한다.

$X_1, \cdots, X_n$이 정규분포 $N(\mu, \sigma^2)$로부터의 표본이면, §5.2의 따름정리 4와 6으로부터 $\overline{X} \sim N(\mu, \sigma^2/n)$이고 $\{\sqrt{n}(\overline{X}-\mu)/\sigma\}^2 \sim \chi^2(1)$임을 안다.

우선 $X_1, \cdots, X_n$이 임의의 확률분포로부터의 표본일 때 다음 정리를 얻는다.

> **【정리 1】** $X_1, \cdots, X_n$이 독립인, 동일 분포의 확률변수들이고 $S_n = X_1 + \cdots + X_n$이라 하면, 각각의 $i=1, \cdots, n$에 대해 다음 관계가 성립한다.
>
> (a) $S_n \sim \chi^2(n) \iff X_i \sim \chi^2(1)$,
>
> (b) $X_i \sim N(0, 1) \implies \sum_{i=1}^{n} X_i^2 \sim \chi^2(n)$.

【증명】 (a): §5.2의 정리 4에 의해, $X \sim \chi^2(n)$이면 X의 적률생성함수는 $M_X(t) = (1-2t)^{-n/2},\ t<\frac{1}{2}$, 이다. 또, §3.2의 정리 3에 의해 이 역도 성립한다. 따라서 각각의 $i=1, \cdots, n$에 대해

$$\begin{aligned} X_i \sim \chi^2(1) &\iff M_{X_i}(t) = (1-2t)^{-1/2}, \quad t<\frac{1}{2} \\ &\iff M_{S_n}(t) := E\exp(tS_n) = \{M_{X_1}(t)\}^n \\ &\qquad\qquad = (1-2t)^{-n/2}, \quad t<\frac{1}{2} \\ &\iff S_n \sim \chi^2(n) \end{aligned}$$

(b): 각각의 $i=1, \cdots, n$에 대해 $X_i \sim N(0, 1)$이면, §5.2의 정리 11에 의

하여 $X_i^2 \sim \chi^2(1)$이고, 더욱 X_i $(i=1, \cdots, n)$는 독립인, 동일 분포의 확률변수들이므로 §5.2의 따름정리 7에 의해 $\sum_{i=1}^{n} X_i^2 \sim \chi^2(n)$이다. □

【정리 2】 (Fisher) 만일 $X \sim \chi^2(n)$ 이면, 양수 z에 대해

$$\lim_{n \to \infty} P\{\sqrt{2X} - \sqrt{2n-1} \le z\} = \Phi(z)$$

이다. 여기서 $\Phi(z)$는 표준 정규분포 함수이다. 즉,

$$\Phi(z) = \int_{-\infty}^{z} \frac{1}{\sqrt{2\pi}} e^{-y^2/2} dy$$

【증명】 $X_1, \cdots, X_n$을 독립인, 동일 분포의 확률변수들이라 하고, $S_n = X_1 + \cdots + X_n$이라 하자. 정리 1의 (a)에 의해

$$X := S_n \sim \chi^2(n) \quad \Leftrightarrow \quad X_i \sim \chi^2(1), \ i = 1, \cdots, n$$

이다. 더욱 §5.2의 정리 4에 의해 $E(X) = n$이고 $\mathrm{Var}(X) = 2n$이다. 따라서 §6.5의 중심극한정리 (정리 1)에 의해

$$S_n^* := \frac{X-n}{\sqrt{2n}} \xrightarrow{\mathcal{D}} Z$$

여기서, $Z \sim N(0, 1)$이다. 결국, 양수 z에 대해 다음이 성립한다.

$$\begin{aligned}
\Phi(z) &= \lim_{n\to\infty} P\{S_n^* \le z\} = \lim_{n\to\infty} P\left\{\frac{X-n}{\sqrt{2n}} \le z\right\} \\
&= \lim_{n\to\infty} P\left\{\frac{X-n}{\sqrt{2n-1}} \le z + \frac{z^2-1}{2\sqrt{2n-1}}\right\} \\
&= \lim_{n\to\infty} P\{2X \le 2n + 2z\sqrt{2n-1} + z^2 - 1\} \\
&= \lim_{n\to\infty} P\{\sqrt{2X} - \sqrt{2n-1} \le z\}
\end{aligned}$$

□

주 의 1 $X \sim \chi^2(n)$이고 n이 큰 수이면, 양수 z에 대해

$$\begin{aligned} P\{X \le z\} &= P\{\sqrt{2X} \le \sqrt{2z}\} \\ &= P\{\sqrt{2X} - \sqrt{2n-1} \le \sqrt{2z} - \sqrt{2n-1}\} \\ &\fallingdotseq \Phi(\sqrt{2z} - \sqrt{2n-1}) \qquad \text{(정리 2에 의해)} \end{aligned}$$

이다.

[예제 1] $X \sim \chi^2(25)$라 하자. 부록의 χ^2-분포 표에서

$$P\{X \le 37.7\} = 0.95 \quad ①$$

임을 안다. 한편, 위의 주의 1의 결과를 적용하면

$$P\{X \le 37.7\} \fallingdotseq \Phi(\sqrt{75.4} - 7) \fallingdotseq \Phi(1.7) = 0.9554 \quad ②$$

를 얻는다. 또, $E(X) = 25$이고 $\mathrm{Var}(X) = 50$이므로 중심극한정리에 의해

$$P\{X \le 37.7\} = P\left\{\frac{X-25}{\sqrt{50}} \le \frac{37.7-25}{\sqrt{50}}\right\} \fallingdotseq \Phi(1.8) = 0.9641 \quad ③$$

이다. 위의 ①, ②, ③을 비교하면 ③보다는 정리 2의 결과인 ②가 ①에 더 가까운 값임을 알 수 있다.

정의 1 $X \sim N(0,1)$, $Y \sim \chi^2(n)$이고 X와 Y가 독립일 때, 통계량

$$T := \frac{X}{\sqrt{Y/n}}$$

는 자유도 n인 t**-포분에 따른다**고 말하고, 기호로 $T \sim t(n)$으로 쓴다.

【정리 3】 $T \sim t(n)$이면 T의 확률밀도함수 $f_n(t)$는 다음과 같이 주어진다.

$$f_n(t) = \frac{\Gamma\left(\frac{n+1}{2}\right)}{\Gamma\left(\frac{n}{2}\right)\sqrt{n\pi}}\left(1+\frac{t^2}{n}\right)^{-\frac{n+1}{2}}, \quad -\infty < t < \infty$$

【증명】 가정과 정의 1에 의해

$$T := \frac{X}{\sqrt{Y/n}} \sim t(n)$$

이고, $X \sim N(0, 1)$, $Y \sim \chi^2(n)$이며 X와 Y는 독립이다. 따라서 X와 Y의 결합밀도함수는

$$g(x, y) := \frac{1}{\sqrt{2\pi}} e^{-x^2/2} \cdot \frac{1}{\Gamma\left(\frac{n}{2}\right) 2^{n/2}} y^{\frac{n}{2}-1} e^{-y/2}$$

$$= \frac{1}{\sqrt{\pi}\, 2^{(n+1)/2} \Gamma\left(\frac{n}{2}\right)} e^{-x^2/2} y^{\frac{n}{2}-1} e^{-y/2}$$

$$(-\infty < x < \infty,\ y > 0)$$

이다. §4.3의 변수변환법을 적용하자. 변수변환을

$$T = \frac{X}{\sqrt{Y/n}}, \qquad V = Y$$

라 놓으면, T와 V의 관찰치들의 함수인 *변환식*

$$t = \frac{x}{\sqrt{y/n}}, \qquad v = y$$

의 역변환식은 $x = t\sqrt{v/n}$, $y = v$이고, 이들에 관한 야코비안은

$$J = \frac{\partial(x, y)}{\partial(t, v)} = \begin{vmatrix} x_t & x_v \\ y_t & y_v \end{vmatrix} = \begin{vmatrix} \sqrt{v/n} & x_v \\ 0 & 1 \end{vmatrix} = \sqrt{v/n} \neq 0$$

이므로 T와 V의 결합밀도함수 $h(t, v)$를 계산하면

$$h(t, v) := g(t\sqrt{v/n}, v)\,|J|$$

$$= \frac{1}{\sqrt{\pi}\, 2^{(n+1)/2} \Gamma\left(\frac{n}{2}\right)} e^{-\frac{1}{2n}t^2 v} v^{\frac{n}{2}-1} e^{-\frac{v}{2}} \sqrt{\frac{v}{n}}$$

$$= \frac{1}{\sqrt{\pi n}\, 2^{(n+1)/2}\, \Gamma\left(\frac{n}{2}\right)} v^{\frac{n-1}{2}} e^{-(1+\frac{t^2}{n})\frac{v}{2}}$$

$$(v > 0, \quad -\infty < t < \infty)$$

이다. 따라서 T의 확률밀도함수 $f_n(t)$는 다음과 같이 계산된다.

$$\begin{aligned}
f_n(t) &= \int_0^\infty h(t, v)\,dv \\
&= \frac{1}{\sqrt{\pi n}\, 2^{(n+1)/2}\, \Gamma\left(\frac{n}{2}\right)} \int_0^\infty v^{\frac{n-1}{2}} e^{-(1+\frac{t^2}{n})\frac{v}{2}} dv \\
&= \frac{1}{\sqrt{\pi n}\, 2^{(n+1)/2}\, \Gamma\left(\frac{n}{2}\right)} \int_0^\infty \left\{2\left(1+\frac{t^2}{n}\right)^{-1} w\right\}^{\frac{n-1}{2}} \\
&\qquad \times e^{-w}\, 2\left(1+\frac{t^2}{n}\right)^{-1} dw
\end{aligned}$$

$$\left(\text{위의 식에서, } w := \left(1+\frac{t^2}{n}\right)\frac{v}{2} \Rightarrow v = 2\left(1+\frac{t^2}{n}\right)^{-1} w\right)$$

$$\begin{aligned}
&= \frac{1}{\sqrt{\pi n}\, 2^{(n+1)/2}\, \Gamma\left(\frac{n}{2}\right)} 2^{\frac{n+1}{2}} \left(1+\frac{t^2}{n}\right)^{-\frac{n+1}{2}} \\
&\qquad \times \int_0^\infty w^{\frac{n-1}{2}} e^{-w}\, dw \\
&= \frac{\Gamma\left(\frac{n+1}{2}\right)}{\sqrt{\pi n}\, \Gamma\left(\frac{n}{2}\right)} \left(1+\frac{t^2}{n}\right)^{-\frac{n+1}{2}}, \qquad -\infty < t < \infty
\end{aligned}$$

□

주 의 2 $T \sim t(n)$일 때 T의 확률밀도함수 $f_n(t)$는 정리 3에서 알 수 있듯이 $t = 0$에서 대칭이고 $\lim_{t \to \pm\infty} f_n(t) = 0$이다. 또, n이 충분히 커지면 t-분포는 표준

정규분포에 가까워진다. 이를 밝혀보자. 정리 3의 $f_n(t)$에서 $n\to\infty$ 일 때

$$\begin{aligned}\left(1+\frac{t^2}{n}\right)^{-\frac{n+1}{2}} &= \left(1+\frac{t^2}{n}\right)^{-\frac{1}{2}}\left(1+\frac{t^2}{n}\right)^{-\frac{n}{2}} \\ &\fallingdotseq \left(1+\frac{t^2}{n}\right)^{-\frac{n}{2}} = \left(\left(1+\frac{t^2}{n}\right)^n\right)^{-\frac{1}{2}} \\ &\fallingdotseq e^{-t^2/2}\end{aligned}$$

이므로

$$\frac{\Gamma\left(\frac{n+1}{2}\right)}{\Gamma\left(\frac{n}{2}\right)\sqrt{n}} \to \frac{1}{\sqrt{2}}, \qquad n\to\infty$$

을 보이면 증명이 끝난다. 충분히 큰 수 m에 대해 다음의 Stirling 공식

$$\Gamma(m+1) \fallingdotseq \sqrt{2\pi}\, e^{-m} m^{m+\frac{1}{2}}$$

을 적용하면

$$\begin{aligned}\frac{\Gamma\left(\frac{n+1}{2}\right)}{\Gamma\left(\frac{n}{2}\right)\sqrt{n}} &= \frac{\Gamma\left(\frac{n-1}{2}+1\right)}{\sqrt{n}\,\Gamma\left(\frac{n-2}{2}+1\right)} \\ &\fallingdotseq \frac{\sqrt{2\pi}\, e^{-\frac{n-1}{2}}\left(\frac{n-1}{2}\right)^{\frac{n-1}{2}+\frac{1}{2}}}{\sqrt{n}\,\sqrt{2\pi}\, e^{-\frac{n-2}{2}}\left(\frac{n-2}{2}\right)^{\frac{n-2}{2}+\frac{1}{2}}} \qquad \text{(Stirling 공식을 적용)} \\ &= \frac{1}{\sqrt{n}} e^{-\frac{1}{2}}\left(\frac{n-1}{2}\right)^{\frac{n}{2}}\left(\frac{2}{n-2}\right)^{\frac{n-1}{2}} \\ &= \frac{1}{\sqrt{n}} e^{-\frac{1}{2}} 2^{-\frac{1}{2}}\left(\frac{n-1}{n-2}\right)^{\frac{n}{2}}(n-2)^{\frac{1}{2}} \\ &= e^{-\frac{1}{2}}\frac{1}{\sqrt{2}}\left(\frac{n-1}{n-2}\right)^{\frac{n}{2}}\left(\frac{n-2}{n}\right)^{\frac{1}{2}} \\ &= \frac{1}{\sqrt{2}} e^{-\frac{1}{2}}\left(1+\frac{1}{n-2}\right)^{\frac{n}{2}}\left(\frac{n-2}{n}\right)^{\frac{1}{2}}\end{aligned}$$

$$\fallingdotseq \frac{1}{\sqrt{2}} e^{-\frac{1}{2}} e^{\frac{1}{2}} \cdot 1 = \frac{1}{\sqrt{2}}$$

이 얻어져서 증명이 끝났다.

한편, 작은 수 n에 대해서는 t −분포와 표준정규분포의 꼬리 확률들을 비교하면 상당한 편차가 있음을 알 수 있다. 왜냐하면, n 이 작고 $|t|$가 클 때에는

$$f_n(t) \geq \frac{1}{\sqrt{2\pi}} e^{-t^2/2}$$

인 관계가 있으므로, T 가 t −분포의 확률변수일 때, 큰 수 $t_0 > 0$ 에 대해

$$P\{|T| \geq t_0\} \geq P\{|Z| \geq t_0\}, \quad Z \sim N(0, 1)$$

이기 때문이다.

$$P\{T \leq -t\} = 1 - P\{T \leq t\}$$

이므로 $P\{|T| \geq t_{n,\alpha/2}\} = \alpha$ 인 값 $t_{n,\alpha/2}$ 를 부록의 t 분포 표에서 찾을 수 있다.

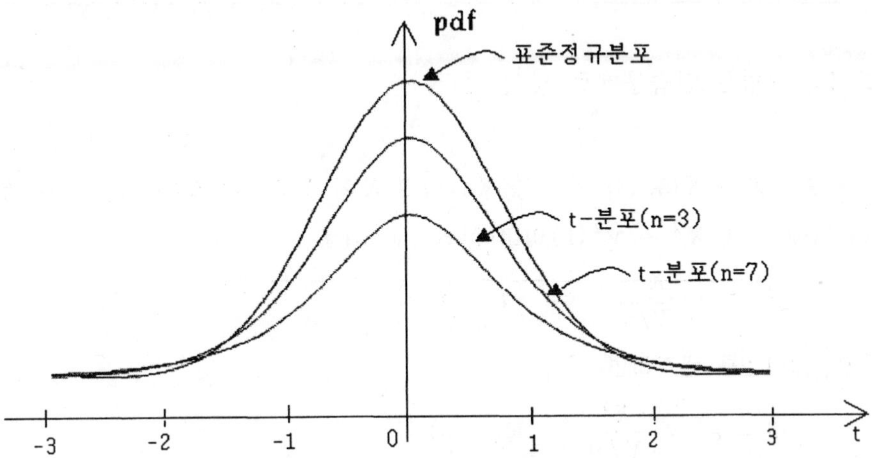

그림. t-분포와 표준정규분포와의 비교

다음에는 F−분포의 정의와 그 확률밀도함수를 알아보자.

정의 2 $X \sim \chi^2(m)$, $Y \sim \chi^2(n)$이고 X와 Y는 독립일 때, 확률변수

$$F := \frac{X/m}{Y/n}$$

는 자유도 (m, n)인 F**-분포(**F**-distribution)에 따른다**고 말하고 $F \sim F(m, n)$으로 쓴다.

【정리 4】 $F \sim F(m, n)$이면 F의 확률밀도함수 $g(f)$는 다음과 같이 주어진다.

$$g(f) = \begin{cases} \dfrac{\Gamma((m+n)/2)}{\Gamma(m/2)\Gamma(n/2)}\left(\dfrac{m}{n}\right)\left(\dfrac{m}{n}f\right)^{\frac{m}{2}-1}\left(1+\dfrac{m}{n}f\right)^{-(m+n)/2}, & f > 0 \\ 0, & f \le 0 \end{cases}$$

정리 4의 증명은 연습문제로 남겨 둔다.

주 의 3 $X \sim N(0, 1)$, $Y \sim \chi^2(n)$이고 X와 Y가 독립이라 하자. 그러면, 정리 1의 (b)에 의해 $X^2 \sim \chi^2(1)$이고 정의 1에 의해

$$T := \frac{X}{\sqrt{Y/n}} \quad \Leftrightarrow \quad T \sim t(n)$$

이다. 또, 정의 2를 생각하면

$$F := T^2 = \frac{X^2}{Y/n} \sim F(1, n)$$

이므로 $F(1, n) = \{t(n)\}^2$인 관계가 있다. 한편, $F \sim F(m, n)$이면 정의 2에 의해 $\frac{1}{F} \sim F(n, m)$임을 알 수 있다. 또, F-분포 $F(m, n)$의 오른쪽 100α 퍼센트의 점을 $F_{\alpha, m, n}$으로 나타내면, 즉

$$P\{F(m, n) > F_{\alpha, m, n}\} = \alpha \tag{1}$$

이면,

$$F_{1-\alpha, m, n} = \frac{1}{F_{\alpha, n, m}} \tag{2}$$

인 관계가 있다. 왜냐하면, (1)의 개념을 이용하면

$$\begin{aligned} 1-\alpha &= P\{F(m, n) > F_{1-\alpha, m, n}\} \\ &= P\left\{\frac{1}{F(m, n)} < \frac{1}{F_{1-\alpha, m, n}}\right\} \\ &= 1 - P\left\{\frac{1}{F(m, n)} \geq \frac{1}{F_{1-\alpha, m, n}}\right\} \end{aligned}$$

이므로

$$\alpha = P\left\{\frac{1}{F(m, n)} \geq \frac{1}{F_{1-\alpha, m, n}}\right\}$$

이 된다. 앞에서 $F(n, m) = 1/F(m, n)$인 관계로부터 다시 (1)의 개념을 이용하면

$$P\{F(n, m) \geq F_{\alpha, n, m}\} = \alpha = P\left\{\frac{1}{F(m, n)} \geq \frac{1}{F_{1-\alpha, m, n}}\right\}$$

이므로 (2)가 성립한다.

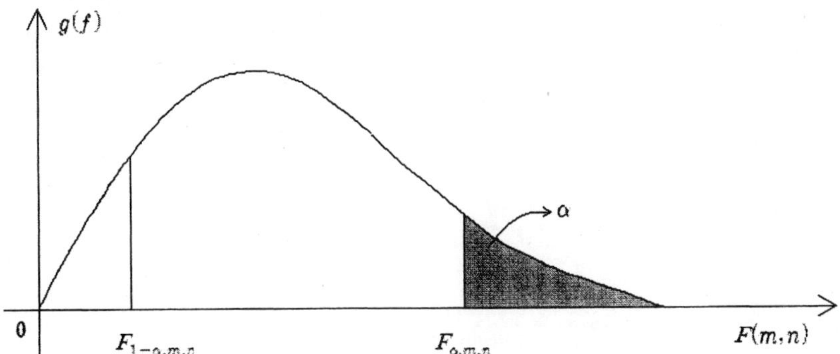

그림. F- 분포

[문제] X_1과 X_2를 확률밀도함수

$$f(x) = \begin{cases} e^{-x}, & 0 < x < \infty \\ 0, & \text{그 외에서} \end{cases}$$

를 갖는 분포로부터의 표본이라 하자. 그러면 $U := X_1/X_2$는 F−분포 $F(2,2)$에 따름을 증명하여라.

연습문제 7.3

1. 정리 4를 증명하여라. (힌트: 정리 3의 증명과 같은 방법으로 증명하면 된다)

2. $X_1, \cdots, X_5$가 정규분포 $N(0, 4)$로부터의 표본일 때, $P\left(\sum_{i=1}^{5} X_i^2 \geq 4.60\right)$을 구하여라.

3. $F \sim F(5, 10)$, $P\{F \leq a\} = 0.05$, $P\{F \leq b\} = 0.95$이고 $P\{a < F < b\} = 0.90$이 되는 수 a와 b를 구하여라.

4. $T \sim t(14)$일 때, $P\{-b < T < b\} = 0.90$이 되는 수 b의 값을 구하여라.

§7.4 정규분포로부터 추출된 $(\overline{X}, S^2)$ 의 분포

확률변수 $X_1, \cdots, X_n$ 을 정규분포 $N(\mu, \sigma^2)$ 으로 부터의 표본이라 하고

$$\overline{X} = \frac{1}{n}\sum_{i=1}^{n} X_i, \qquad S^2 = \frac{1}{n-1}\sum_{i=1}^{n}(X_i - \overline{X})^2$$

으로 쓰자. 이 절에서는 $\overline{X}$ 와 S^2 이 독립확률변수들임을 보이고, $\overline{X}$ 와 S^2 에 관한 여러 가지 분포들을 이끌어 낼 것이다.

【정리 1】 $X_1, \cdots, X_n \overset{iid}{\sim} N(\mu, \sigma^2)$ 이면, $\overline{X}$ 와 $(X_1 - \overline{X}, \cdots, X_n - \overline{X})$ 는 독립 확률변수들이다.

【증명】 $\overline{X}$ 와 $(X_1 - \overline{X}, \cdots, X_n - \overline{X})$ 의 결합 적률생성함수 $M(t, t_1, \cdots, t_n)$ (단, $t, t_1, \cdots, t_n$ 은 실수들임)를 계산하자. §4.5의 정의 4를 확장하여 생각하면

$$\begin{aligned}
& M(t, t_1, \cdots, t_n) \\
&:= E\exp(t\overline{X} + t_1(X_1 - \overline{X}) + \cdots + t_n(X_n - \overline{X})) \\
&= E\exp\left(\sum_{i=1}^{n} X_i t_i - \frac{1}{n}\sum_{i=1}^{n}\{X_i(t_1 + \cdots + t_n - t)\}\right) \\
&= E\left\{\prod_{i=1}^{n}\exp\left(\frac{X_i(nt_i - n\bar{t} + t)}{n}\right)\right\} \qquad (\text{단, } n\bar{t} = t_1 + \cdots + t_n \text{ 임}) \\
&= \prod_{i=1}^{n} E\exp\left(\frac{X_i(t + n(t_i - \bar{t}))}{n}\right) \qquad (X_1, \cdots, X_n \text{ 은 독립이므로}) \\
&=: \prod_{i=1}^{n} M_{X_i}\left(\frac{t + n(t_i - \bar{t})}{n}\right) \\
&= \prod_{i=1}^{n}\exp\left(\mu\frac{t + n(t_i - \bar{t})}{n} + \frac{\sigma^2}{2}\cdot\frac{1}{n^2}(t + n(t_i - \bar{t}))^2\right)
\end{aligned}$$

$$\left(\because \quad X_i \sim N(\mu, \sigma^2) \Leftrightarrow M_{X_i}(t) = \exp\left(\mu t + \frac{\sigma^2}{2} t^2\right)\right)$$

$$= \exp\left(\frac{\mu}{n}\left\{nt + n\sum_{i=1}^{n}(t_i - \bar{t}\,)\right\} + \frac{\sigma^2}{2n^2}\sum_{i=1}^{n}\left\{t + n(t_i - \bar{t}\,)\right\}^2\right)$$

$$= \exp\left(\mu t + \frac{\sigma^2}{2n} t^2\right)\exp\left(\frac{\sigma^2}{2}\sum_{i=1}^{n}(t_i - \bar{t}\,)^2\right) \tag{1}$$

이다. 그런데 $X \sim N(\mu, \sigma^2)$이므로 §7.2의 식 (2)에 의해

$$M_{\overline{X}}(t) = \left\{M_X\left(\frac{t}{n}\right)\right\}^n = \left\{\exp\left(\mu \cdot \frac{t}{n} + \frac{\sigma^2}{2}\left(\frac{t}{n}\right)^2\right)\right\}^n$$

$$= \exp\left(\mu t + \frac{\sigma^2}{2n} t^2\right) \tag{2}$$

이고

$$M_{X_1 - \overline{X}, \cdots, X_n - \overline{X}}(t_1, \cdots, t_n)$$

$$:= E\exp\left(t_1(X_1 - \overline{X}) + \cdots + t_n(X_n - \overline{X})\right)$$

$$= E\exp\left(\sum_{i=1}^{n} t_i X_i - \left(\sum_{i=1}^{n} X_i\right)\frac{1}{n}\sum_{i=1}^{n} t_i\right)$$

$$=: E\exp\left(\sum_{i=1}^{n}\left\{X_i(t_i - \bar{t}\,)\right\}\right) = \prod_{i=1}^{n} E\exp\left(X_i(t_i - \bar{t}\,)\right)$$

$$= \prod_{i=1}^{n} M_{X_i}(t_i - \bar{t}\,) = \exp\left(\frac{\sigma^2}{2}\sum_{i=1}^{n}(t_i - \bar{t}\,)^2\right) \tag{3}$$

이므로 (1), (2), (3)을 비교하면

$$M(t, t_1, \cdots, t_n) = M_{\overline{X}}(t)\, M_{X_1 - \overline{X}, \cdots, X_n - \overline{X}}(t_1, \cdots, t_n)$$

$$= M_{\overline{X}}(t, 0, \cdots, 0)\, M_{X_1 - \overline{X}, \cdots, X_n - \overline{X}}(0, t_1, \cdots, t_n)$$

으로 나타내진다. 따라서 §4.5의 정리 8을 확장하여 생각하면 $\overline{X}$와 $(X_1 - \overline{X}, \cdots, X_n - \overline{X})$는 독립이다. □

【따름정리 1】 $X_1, \cdots, X_n \overset{iid}{\sim} N(\mu, \sigma^2)$ 이라 하고

$$S^2 := \frac{1}{n-1}\sum_{i=1}^{n}(X_i - \overline{X})^2$$

이라 하자. 그러면 $\overline{X}$ 와 S^2 은 독립 확률변수들이다.

【증명】 정리 1에 의해 $\overline{X}$ 와 $(X_1 - \overline{X}, \cdots, X_n - \overline{X})$는 독립임을 안다. 그런데 $\overline{X}$와 S^2은 Borel 가측함수들이므로 §4.2의 정리 3에 의해 $\overline{X}$와 S^2은 독립이다. □

【따름정리 2】 $X_1, \cdots, X_n \overset{iid}{\sim} N(\mu, \sigma^2)$ 이면 다음 식이 성립한다.

$$(n-1)S^2/\sigma^2 \sim \chi^2(n-1)$$

【증명】 가정에 의해, 각각의 $i = 1, 2, \cdots, n$에 대해서 $(X_i - \mu)/\sigma \sim N(0, 1)$ 이므로 §7.3의 정리 1 (b)에 의해

$$\sum_{i=1}^{n}\left(\frac{X_i - \mu}{\sigma}\right)^2 \sim \chi^2(n) \tag{4}$$

이다. 한편, $\overline{X} \sim N(\mu, \sigma^2/n)$ 이므로

$$\left(\frac{\overline{X} - \mu}{\sigma/\sqrt{n}}\right)^2 \sim \chi^2(1) \tag{5}$$

임을 안다. 그런데

$$\begin{aligned}\sum_{i=1}^{n}\left(\frac{X_i - \mu}{\sigma}\right)^2 &= \frac{1}{\sigma^2}\left\{\sum_{i=1}^{n}(X_i - \overline{X})^2 + 2(\overline{X} - \mu)\sum_{i=1}^{n}(X_i - \overline{X}) + n(\overline{X} - \mu)^2\right\} \\ &= \frac{n-1}{\sigma^2}S^2 + \left(\frac{\overline{X} - \mu}{\sigma/\sqrt{n}}\right)^2 \end{aligned} \tag{6}$$

이고, 따름정리 1에 의해 $\overline{X}$와 S^2은 독립이다. 따라서 (4), (5), (6)을 고려하면 §7.3의 정리 1 (a)에 의해 다음 식이 성립한다.

$$\frac{n-1}{\sigma^2}S^2 \sim \chi^2(n-1) \qquad \square$$

【따름정리 3】 $X_1, \cdots, X_n \overset{iid}{\sim} N(\mu, \sigma^2)$이면 다음 식이 성립한다.

$$\sqrt{n}\,(\overline{X}-\mu)/S \sim t(n-1)$$

【증명】 §5.2의 따름정리 4에 의해 $\sqrt{n}\,(\overline{X}-\mu)/\sigma \sim N(0, 1)$이다. 한편, 위의 따름정리 2에 의해 $(n-1)S^2/\sigma^2 \sim \chi^2(n-1)$ 이고, 따름정리 1에 의해 $\overline{X}$와 S^2은 독립이므로 $\sqrt{n}\,(\overline{X}-\mu)/\sigma$와 $(n-1)S^2/\sigma^2$도 독립이다. 따라서 §7.3의 정의 1에 의해 다음 식이 성립한다.

$$T := \frac{\sqrt{n}\,(\overline{X}-\mu)/\sigma}{\sqrt{(n-1)S^2/\sigma^2(n-1)}} = \frac{\sqrt{n}\,(\overline{X}-\mu)}{S} \sim t(n-1) \qquad \square$$

【따름정리 4】 $X_1, \cdots, X_m \overset{iid}{\sim} N(\mu_1, \sigma_1^2)$, $Y_1, \cdots, Y_n \overset{iid}{\sim} N(\mu_2, \sigma_2^2)$

이고, 이들의 두 분포가 독립이라 하자. 또,

$$S_1^2 = \frac{1}{m-1}\sum_{i=1}^{m}(X_i - \overline{X})^2, \quad S_2^2 = \frac{1}{n-1}\sum_{j=1}^{n}(Y_j - \overline{Y})^2$$

이라 놓으면

$$\frac{S_1^2/\sigma_1^2}{S_2^2/\sigma_2^2} \sim F(m-1, n-1)$$

이다. 특히, $\sigma_1 = \sigma_2$이면 간단히 다음 식이 성립한다.

$$\frac{S_1^2}{S_2^2} \sim F(m-1, n-1)$$

【증명】 따름정리 2에 의해 $(m-1)S_1^2/\sigma_1^2 \sim \chi^2(m-1)$ 이고 $(n-1)S_2^2/\sigma_2^2 \sim \chi^2(n-1)$ 이다. 가정과 § 4.2의 정리 3에 의해 이들은 독립분포이므로 § 7.3의 정의 2에 의해 다음 식이 성립한다.

$$F = \frac{S_1^2/\sigma_1^2}{S_2^2/\sigma_2^2} \sim F(m-1, n-1)$$ □

【따름정리 5】 $X_1, \cdots, X_m \overset{iid}{\sim} N(\mu_1, \sigma_1^2)$, $Y_1, \cdots, Y_n \overset{iid}{\sim} N(\mu_2, \sigma_2^2)$ 이고 이들의 두 분포가 독립이라 하자. 또,

$$S_1^2 = \frac{1}{m-1}\sum_{i=1}^{m}(X_i - \overline{X})^2, \quad S_2^2 = \frac{1}{n-1}\sum_{j=1}^{n}(Y_j - \overline{Y})^2$$

이라 놓으면

$$T := \frac{(\overline{X} - \overline{Y}) - (\mu_1 - \mu_2)}{\{((m-1)S_1^2/\sigma_1^2) + ((n-1)S_2^2/\sigma_2^2)\}^{1/2}}\sqrt{\frac{m+n-2}{(\sigma_1^2/m) + (\sigma_2^2/n)}}$$

$$\sim t(m+n-2)$$

이다. 특히, $\sigma_1 = \sigma_2$ 이면 간단히 다음 식이 성립한다.

$$T := \frac{\overline{X} - \overline{Y} - (\mu_1 - \mu_2)}{\{(m-1)S_1^2 + (n-1)S_2^2\}^{1/2}}\sqrt{\frac{mn(m+n-2)}{m+n}}$$

$$\sim t(m+n-2)$$

【증명】 가정에 의해 $\overline{X}, \overline{Y}, S_1^2, S_2^2$ 은 독립 확률변수들이다. § 5.2의 따름정리 4에 의해

$$\overline{X} \sim N\left(\mu_1, \frac{\sigma_1^2}{m}\right), \quad \overline{Y} \sim N\left(\mu_2, \frac{\sigma_2^2}{n}\right)$$

이므로 § 4.5의 정리 4에 의해

$$E(\overline{X} - \overline{Y}) = \mu_1 - \mu_2, \quad \mathrm{Var}(\overline{X} - \overline{Y}) = \frac{\sigma_1^2}{m} + \frac{\sigma_2^2}{n}$$

이다. 따라서 §5.2의 정리 10의 증명과 같은 방법에 의하여

$$\overline{X}-\overline{Y} \sim N\left(\mu_1-\mu_2,\ \frac{\sigma_1^2}{m}+\frac{\sigma_2^2}{n}\right) \tag{7}$$

임을 쉽게 밝힐 수 있다. 한편, 위의 따름정리 2에 의해

$$(m-1)S_1^2/\sigma_1^2 \sim \chi^2(m-1), \quad (n-1)S_2^2/\sigma_2^2 \sim \chi^2(n-1)$$

이고, 이들의 두 분포는 독립이므로 §5.2의 따름정리 3을 응용하여

$$\frac{(m-1)}{\sigma_1^2}S_1^2+\frac{(n-1)}{\sigma_2^2}S_2^2 \sim \chi^2(m+n-2) \tag{8}$$

가 된다. 더욱 (7)과 (8)은 독립분포이므로 §7.3의 정의 1에 의해

$$T := \frac{(\overline{X}-\overline{Y}-(\mu_1-\mu_2))\Big/\sqrt{\dfrac{\sigma_1^2}{m}+\dfrac{\sigma_2^2}{n}}}{\left[\left\{((m-1)S_1^2/\sigma_1^2)+((n-1)S_2^2/\sigma_2^2)\right\}/(m+n-2)\right]^{1/2}}$$

$$\sim t\,(m+n-2)$$

이다. □

[문제] $X_1, \cdots, X_5 \overset{iid}{\sim} N(2.5, 36)$일 때, 확률 $P\{2.6<S^2<99.9\}$의 근사값은?

연습문제 7.4

1. $\overline{X}$가 정규분포 $N(\mu, 100)$로부터의 표본크기 n인 표본평균일 때,

$$P\{\mu-5<\overline{X}<\mu+5\}=0.954$$

가 되는 n을 구하여라.

2. $X_1, \cdots, X_{25} \overset{iid}{\sim} N(0, 16)$, $Y_1, \cdots, Y_{25} \overset{iid}{\sim} N(1, 9)$ 이고 두 분포는 독립이라 하자. $\overline{X}$ 와 $\overline{Y}$ 를 각각 대응하는 표본평균이라 할 때, 확률 $P\{\overline{X} > \overline{Y}\}$ 를 계산하여라.

3. $S^2 := \frac{1}{n-1}\sum_{i=1}^{n}(X_i - \overline{X})^2$ 의 평균과 분산을 각각 구하여라. 단, $X_1, \cdots, X_n$ 은 $N(\mu, \sigma^2)$ 으로부터의 표본이다.

4. S^2 을 정규분포 $N(\mu, 12)$ 로부터 추출한 표본크기 6 인 표본분산이라 할 때, 확률 $P\{2.30 < S^2 < 22.2\}$ 의 값을 계산하여라.

5. 같은 분산을 갖는 독립인 두 정규모집단 $N(\mu_1, \sigma^2)$, $N(\mu_2, \sigma^2)$ 으로부터 각각 추출한 표본크기 $n_1 = 5$, $n_2 = 4$ 인 표본분산들을 S_1^2 과 S_2^2 이라 하자. 이때, 확률 $P\{S_1^2/S_2^2 > 5\}$ 의 값을 계산하여라.

점추정과 구간추정

(Point Estimation and Interval Estimation)

제 8 장

이 장에서는 점추정과 신뢰구간 추정을 공부한다. 가령 $X \sim N(\mu, \sigma^2)$ 이라 하고 μ를 모르는 경우, μ를 추정하기 위해 X에 관한 표본 $X_1, \cdots, X_n$을 추출한다고 가정하자. 점추정의 문제는, 미지모수 μ를 가장 잘 추정할 수 있는, $X_1, \cdots, X_n$의 함수인 통계량 $T(X_1, \cdots, X_n)$를 찾는 데 그 목적이 있다. 사실, 미지모수 μ에 대응하는, $X_1, \cdots, X_n$의 통계량 $T(X_1, \cdots, X_n)$가 존재하면 T를 μ의 **점추정량**(point estimator)이라 말하고, T의 값 $T(x_1, \cdots, x_n)$를 μ의 **점추정치**(point estimate)라 말한다. 때로는 추정량과 추정치를 구별하지 않고 사용하기도 한다.

한편, 미지의 참값 θ의 점추정량 T가 잘 구해졌다 해도 추정량 그 자체는 확률변수이기 때문에 매회의 실험 때마다 그 결과들이 다르게 나타날 수도 있다. 다시 말해서 미지모수 θ를 추정하는 추정량이 구해졌다 해서 이것으로 만족한 추정을 했다고 결론지을 수 없다. θ의 추정량이 T라고 할 때, T가 좋은 점추정량이 되기 위해서는 추정량 T와 참값 θ의 거리 $|T-\theta|$가 작을 때 상대적으로 그 확률은 커야할 것이다. T와 θ의 거리가 어떤 값 c보다 작거나 같을 확률이 $1-\alpha$라고 하면

$$P\{|T-\theta| \le c\} = 1-\alpha$$

로 나타내진다. 즉,

$$P\{T-c \le \theta \le T+c\} = 1-\alpha$$

이다. 이 때, 구간 $[T-c, T+c]$를 θ의 $100(1-\alpha)\%$의 **신뢰구간**(confidence interval), $1-\alpha$를 **신뢰계수**(confidence coefficient)라 부른다. 이와 같이 미지모수 θ가 포함될 확률을 갖는 어떤 구간을 추정하는 것을 **신뢰구간 추정**(confidence interval estimation), 간단히, **구간추정**이라 말한다. 미지모수

θ의 좋은 신뢰구간을 구하려면, 먼저 θ를 잘 추정할 수 있는 점추정량을 찾아야 하고, 이 점추정량의 확률분포를 이용하여 주어진 신뢰계수에 해당하는 θ의 하한과 상한을 각각 구하면 된다.

§8.1 점추정 (Point Estimation)

$X := (X_1, \cdots, X_n)$를 확률공간 $(\Omega, \mathscr{F}, P)$상의 확률벡터라 하자. X의 분포함수 F가 몇 개의 모수들 $\theta_1, \cdots, \theta_n$에 의존한다고 하고, 이들의 모수에 의해 F의 함수적 형태를 안다고 가정한다. 이 경우, $\theta := (\theta_1, \cdots, \theta_n)$를 F에 관련된 모수들의 벡터라 말한다.

정의 1 분포함수 F의 모수들의 모든 값의 집합을 **모수공간**(parameter space)이라 부른다.

벡터 θ가 X의 분포함수 F에 관련된 모수들 $\theta_1, \cdots, \theta_n$의 벡터일 때, 즉 $\theta := (\theta_1, \cdots, \theta_n)$일 때, X의 분포함수를 F_θ로 나타내면 모수공간은

$$\Theta := \{\theta : \theta := (\theta_1, \cdots, \theta_n),\ \theta \text{는 } F\text{에 관련된 모수들의 벡터}\}$$

이고, 모수들 $\theta_1, \cdots, \theta_n$을 갖는 분포함수 F에 대하여

$$\{F_\theta : \theta \in \Theta\}$$

는 X의 분포함수들의 집합이다.

[예제 1] 만일 $X \sim N(\mu, \sigma^2)$이면, 모수공간은

$$\Theta := \{\theta : \theta := (\mu, \sigma^2),\ -\infty < \mu < \infty,\ \sigma^2 > 0\}$$

이고, X의 분포함수는

$$F(x) = P\{X \le x\} = \int_{-\infty}^{x} \frac{1}{\sqrt{2\pi}\,\sigma} \exp\left(-\frac{(t-\mu)^2}{2\sigma^2}\right) dt$$

이므로 결국 F는 θ에 의존하는 함수 F_θ, 즉 $F = F_\theta$임을 알 수 있다.

정의 2 모수공간을 $\Theta := \{\theta : \theta$는 분포함수 F에 관련된 모수 벡터$\}$이라 하고, $X_1, \cdots, X_n$을 분포함수 F_θ로부터의 표본이라 하자. 모수 $\theta \in \Theta$에 대응하는 통계량 $T(X_1, \cdots, X_n)$가 존재하면, 즉, 함수 $T : \mathbb{R}^n \to \Theta$가 존재하면, 통계량 $T(X_1, \cdots, X_n)$를 θ의 **점추정량**(point estimator)이라 부른다.

[예제 2] $X_1, \cdots, X_n$을, 미지모수 $\theta := \lambda \in \Theta$를 갖는 포아송분포 $\mathcal{P}(\lambda)$로부터의 표본이라 하자. 그러면 $X_1, \cdots, X_n$의 함수인 통계량 $\overline{X} = \frac{1}{n}\sum_{i=1}^{n} X_i$ 또는 $\frac{1}{n+1}\sum_{i=1}^{n} iX_i$는 λ의 점추정량이 된다. 따라서 어떠한 $X_1, \cdots, X_n$의 함수들도 λ의 점추정량이 될 수 있다.

§8. 2 점추정량의 성질 (Properties of Point Estimators)

정의 1 $X_1, X_2, \cdots$를, 공통의 분포함수 F_θ, $\theta \in \Theta$,를 갖는 독립인 동일 분포의 확률변수들이라 하자. θ의 점추정량 $T_n := T_n(X_1, \cdots, X_n)$에 대해서

$$T_n \xrightarrow{\ \mathrm{P}\ } \theta, \quad n \to \infty$$

이 성립할 때, T_n을 θ의 **일치추정량**(consistent estimator)이라 부른다.

[예제 1] $X_1, \cdots, X_n \overset{iid}{\sim} b(1, p)$이라 하고 $0 < p < 1$를 미지모수라 하자.

그러면 § 6.2 의 예제 1에 의해

$$\overline{X}_n := \frac{1}{n}\sum_{i=1}^{n} X_i \xrightarrow{\ \mathrm{P}\ } p, \qquad n \to \infty$$

이므로, $\overline{X}_n$는 p의 일치추정량이다. 또한

$$\frac{1}{n+2}\left(\sum_{i=1}^{n} X_i + 1\right) \xrightarrow{\ \mathrm{P}\ } p, \qquad n \to \infty$$

도 성립하므로 일치추정량은 꼭 유일해야 할 필요가 없다.

> **【정리 1】** T_n이 모수 θ의 점추정량이고
>
> $$\lim_{n\to\infty} E(T_n) = \theta, \quad \lim_{n\to\infty} \mathrm{Var}(T_n) = 0$$
>
> 이면, T_n은 θ의 일치추정량이다.

【증명】 임의의 양수 ϵ에 대해서

$$P\{|T_n - \theta| > \epsilon\} \le \frac{E(T_n - \theta)^2}{\epsilon^2} \qquad (\text{§ 3.4 의 Markov 부등식에 의해})$$

$$= \frac{1}{\epsilon^2}\left\{E(T_n - E(T_n))^2 + 2(E(T_n) - \theta)E(T_n - E(T_n)) + (E(T_n) - \theta)^2\right\}$$

$$= \frac{1}{\epsilon^2}\left\{E(T_n - E(T_n))^2 + (E(T_n) - \theta)^2\right\}$$

$$\longrightarrow 0, \quad n \to \infty \qquad (\text{가정에 의해})$$

이므로 $T_n \xrightarrow{\ \mathrm{P}\ } \theta$, $n \to \infty$, 이다. 따라서 T_n은 θ의 일치추정량이다. □

[예제 2] $X_1, \cdots, X_n \overset{iid}{\sim} N(\mu, \sigma^2)$이고 μ, σ^2을 모른다고 하자. 이 때, 다음의 표본분산은 $\theta := \sigma^2$의 일치추정량임을 보여라.

$$S_n^2 := \frac{1}{n-1}\sum_{i=1}^{n}(X_i - \overline{X})^2$$

【증명】 §7.4의 따름정리 2에 의해

$$(n-1)S_n^2/\sigma^2 \sim \chi^2(n-1)$$

이다. 따라서 §5.2의 정리 4에 의해

$$E((n-1)S_n^2/\sigma^2) = n-1, \quad \mathrm{Var}((n-1)S_n^2/\sigma^2) = 2(n-1)$$

이므로

$$E(S_n^2) = \sigma^2 = \theta, \quad \mathrm{Var}(S_n^2) = 2\sigma^4$$

이다. 그러므로 정리 1에 의해 S_n^2은 σ^2의 일치추정량이다. □

정의 2 $T: \mathbb{R}^n \to \Theta \subset \mathbb{R}$가 Borel 가측함수이고 $E(T) = \theta$, $\theta \in \Theta$, 일 때, T를 모수 θ의 **불편추정량**(unbiased estimator)이라 부른다. 만약

$$E(T) \neq \theta, \quad \theta \in \Theta$$

이면, T를 θ의 **편의추정량**(biased estimator)이라 부르고

$$b(\theta, T) := E(T) - \theta$$

를 T의 **편의**(bias)라 부른다. 또, 만약 θ의 함수 $d(\theta)$에 대해서

$$E(T) = d(\theta)$$

를 만족하는 통계량 T가 존재하면, $d(\theta)$를 **추정가능 함수**(estimable function)라 부른다.

[예제 3] $X_1, \cdots, X_n$을, 모평균 μ와 모분산 σ^2을 갖는 모집단으로부터의 표본이라 하자. 이 때,

$$\overline{X}_n := \frac{1}{n}\sum_{i=1}^{n}X_i, \quad S_n^2 := \frac{1}{n-1}\sum_{i=1}^{n}(X_i - \overline{X}_n)^2$$

이라 하면, §7.2의 정리 2와 정리 3에 의해

$$E(\overline{X}_n) = \mu, \quad E(S_n^2) = \sigma^2$$

이므로 $\overline{X}_n$ 와 S_n^2 은 각각 μ 와 σ^2 의 불편추정량이다. 그런데 각각의 $k=1, 2, \cdots$ 에 대해서 모집단의 k 차 적률을 $m_k := E(X^k)$, 표본에 의한 k 차 표본적률을 $a_k := \dfrac{1}{n}\sum_{j=1}^{n} X_j^k$ 라 하면,

$$E(a_k) = \frac{1}{n}\sum_{j=1}^{n} m_k = m_k$$

이므로 k차 표본적률 a_k 는 모집단의 k 차 적률 m_k 의 불편추정량이다.

[예제 4] $X_1, \cdots, X_n \overset{iid}{\sim} \mathcal{P}(\lambda)$ 이고 $d(\lambda) = e^{-3\lambda}$ 라 하면, $i=1,\cdots,n$ 에 대해 $T(X_i) := (-2)^{X_i}$ 는 $d(\lambda)$ 의 불편추정량들이다. 왜냐하면

$$E\{T(X_i)\} = e^{-\lambda}\sum_{x=0}^{\infty}\frac{(-2\lambda)^x}{x!} = e^{-3\lambda} = d(\lambda)$$

이기 때문이다. 또 정의 2에 의해 $d(\lambda)$ 는 추정가능 함수이다. 그러나 만일 X 의 관찰 값 x 가 홀수이면 $T(x) < 0$ 이므로, 가정에서 $d(\lambda) > 0$ 인 점을 고려하면 불편추정량이 때로는 불합리한 경우가 있다.

[예제 5] $X_1, \cdots, X_n \overset{iid}{\sim} \mathcal{P}(\lambda)$ 라 하자. 앞의 예제 3을 참고하면 $E(\overline{X_n}) = E(S_n^2) = \lambda$ 이므로 $\overline{X_n}$ 와 S_n^2 은 모두 λ 의 불편추정량들이다. 또한, 모든 $0 \le \alpha \le 1$ 에 대해서

$$E\left\{\alpha\overline{X_n} + (1-\alpha)S_n^2\right\} = \lambda$$

가 성립하므로 $\alpha\overline{X_n} + (1-\alpha)S_n^2$ 도 λ 의 불편추정량이다. 따라서 미지모수 $\theta := \lambda \in \Theta$ 의 불편추정량들은 얼마든지 많이 존재할 수도 있다.

이와 같이 미지모수 $\theta := \lambda \in \Theta$ 의 불편추정량들이 얼마든지 많이 존재할 수도 있기 때문에 더 좋은 불편추정량으로 다음의 최소분산 불편추정량을 정의한다.

> **정의 3** $U = \{T : T$는 $\theta \in \Theta$의 불편추정량, $E(T^2) < \infty\}$라 놓자. $T_0 \in U$가 미지모수 θ의 **균일 최소분산 불편추정량**(uniformly minimum variance unbiased estimator, 간단히 **UMVUE**로 표기함)이라 함은
>
> $$E(T_0 - \theta)^2 \le E(T - \theta)^2, \quad \forall T \in U, \ \forall \theta \in \Theta$$
>
> 을 만족할 때를 말한다.

주의 1 $a_1, \cdots, a_n$을 $\sum_{i=1}^{n} a_i = 1$을 만족하는 실수들이라 하자. $X_1, \cdots, X_n$을, 미지의 모평균 μ와 모분산 σ^2을 갖는 독립 확률변수들이라 하면, 이들의 일차결합 $T := \sum_{i=1}^{n} a_i X_i$는 μ의 불편추정량임이 명백하다. 따라서 임의의 실수 $a_1, \cdots, a_n$에 대해 $T := \sum_{i=1}^{n} a_i X_i$이고 $E(T) = \theta$일 때, T를 θ의 **선형 불편추정량**이라 부른다. 특히, 최소분산을 갖는 선형 불편추정량을 **최량 선형 불편추정량**(best linear unbiased estimator, 간단히 **BLUE**로 표기함)이라 부른다. 예를 들어 보자. §4.5의 정리 5에 의해, $X_1, \cdots, X_n$이 독립인 동일 분포의 확률변수들이고 $\mathrm{Var}(X_1) =: \sigma^2 < \infty$, $a_1 = \cdots = a_n = \frac{1}{n}$일 때, $\overline{X} := \frac{1}{n}\sum_{i=1}^{n} X_i$의 분산이 최소가 됨을 안다. 따라서 $\overline{X}$는 μ의 BLUE이다.

주의 2 주어진 미지모수 θ의 점추정량 T에 대한 정밀도를, **평균제곱오차**(mean square error, 간단히 **MSE**로 표기함)인 $E(T-\theta)^2$에 의해 측정하는 경우가 많다. 따라서 추정량 T_0가 어떠한 다른 추정량 T보다 좋다는 의미를 이러한 MSE의 개념으로 다음과 같이 수식으로 표현할 수 있다.

$$E(T_0 - \theta)^2 \le E(T - \theta)^2, \quad \forall \theta \in \Theta, \ \forall T$$

여기서, 만약 T와 T_0가 불편추정량들이면 정의 3은 이 개념의 특별한 경우가 된다. T의 평균제곱오차를 보통

$$\mathrm{MSE}(T) := E(T - \theta)^2$$

으로 나타낸다.

[예제 6] 앞의 주의 1 에서 $\overline{X} := \frac{1}{n}\sum_{i=1}^{n} X_i$ 가 미지모수 $\theta := \mu$의 BLUE 임을 언급했다. 한편, 미지의 모평균 μ를 갖는, 독립인 동일분포의 확률변수들 $X_1, \cdots, X_n$에 대해 μ의 선형추정량으로 $T := \sum_{i=1}^{n} a_i X_i$ 를 생각하자. 여기서 $a_1 = 1;\ a_2 = \cdots = a_n = 0$ 일 때의 T를 T_1이라 하면,

$$T_1 = X_1,\ E(T_1) = \mu \text{ 이고 } \mathrm{MSE}(T_1) = \mathrm{Var}(T_1) =: \sigma^2$$

이다. 그런데 μ의 BLUE인 $\overline{X}$에 대해서 $\mathrm{MSE}(\overline{X}) = \mathrm{Var}(\overline{X}) = \sigma^2/n$ 이므로 $\mathrm{MSE}(\overline{X}) \le \mathrm{MSE}(T_1)$ 이 된다. 따라서 $\overline{X}$가 $T_1 := X_1$보다 더 좋은 점 추정량임을 알 수 있다.

【정리 2】 (**Cramer-Rao의 부등식**) $X_1, \cdots, X_n$을, 확률밀도함수 $f(x, \theta)$, $\theta \in \Theta$,를 갖는 모집단 분포로부터의 표본이라 하자. $T_n := T_n(X_1, \cdots, X_n)$ 이 미지모수 θ 의 임의의 불편추정량일 때, 부등식

$$\mathrm{Var}(T_n) \ge \frac{1}{nE\left\{\frac{\partial}{\partial\theta}\log f(X, \theta)\right\}^2} \tag{1}$$

이 성립한다. 이 부등식 (1)을 **Cramer-Rao의 부등식**이라 부른다.

복잡한 수식관계로 정리 2의 증명을 생략한다.

[문제 1] $X_1, \cdots, X_n \overset{iid}{\sim} N(\mu, 4)$ 이고 모평균 μ를 모른다고 하자. 그러면 $\overline{X_n} := \frac{1}{n}\sum_{i=1}^{n} X_i$는 Cramer-Rao의 부등식 (1)을 만족함을 보여라.

정의 4 미지모수 θ의 임의의 불편추정량 T_n에 대한 Cramer-Rao 부등식 (1)의 우변이 $\mathrm{Var}(T)$와 같게 되는 추정량 T가 존재하면, 이 T를 θ의 **유효추정량**(efficient estimator)이라 부른다. 이 경우의 T는 θ의 최소분산 추정량이고 좋은 점추정량이 된다. 특히,

$$\lim_{n\to\infty} e(T \mid T_n) := \lim_{n\to\infty} \frac{\mathrm{Var}(T)}{\mathrm{Var}(T_n)} = 1$$

이 성립하면, T_n을 θ의 **근사 유효추정량**(asymptotic efficient estimator)이라 부르고, $e(T \mid T_n)$을 T_n에 대한 T의 **효율**(efficiency)이라 부른다. 더욱, $e(T_1 \mid T_2) \le 1$이 성립할 때, T_1은 T_2보다 더 **효율적**이라 말한다.

앞의 (1)에서

$$E\left\{\frac{\partial}{\partial\theta}\log f(X, \theta)\right\}^2 = -E\left\{\frac{\partial^2}{\partial\theta^2}\log f(X, \theta)\right\} \tag{2}$$

임을 쉽게 밝힐 수 있다(연습문제 8번).

[예제 7] $X_1, \cdots, X_n \overset{iid}{\sim} N(\mu, \sigma^2)$이라 하고 μ와 σ^2을 미지모수들이라 하자. 이 때, 표본분산 $S_n^2 := \frac{1}{n-1}\sum_{i=1}^{n}(X_i - \overline{X})^2$은 σ^2의 근사 유효추정량임을 보여라.

【증명】 §7.4의 따름정리 2에 의해 $(n-1)S_n^2/\sigma^2 \sim \chi^2(n-1)$이므로, $T_n := S_n^2$일 때, $E(T_n) = \sigma^2$이고 $\mathrm{Var}(T_n) = 2\sigma^4/(n-1)$이다. Cramer-Rao 부등식 (1)의 우변이 $\mathrm{Var}(T)$와 같게 되는 추정량 T가 있다 하고 $\mathrm{Var}(T)$를 구해보자. 정리 2를 생각하여 $\theta = \sigma^2$이라 놓고, $f(x, \theta)$가 $N(\mu, \theta)$의 밀도함수이면

$$\frac{\partial}{\partial\theta}\log f(x, \theta) = \frac{\partial}{\partial\theta}\log\left(\frac{1}{\sqrt{2\pi\theta}}\exp\left(-\frac{(x-\mu)^2}{2\theta}\right)\right) = \frac{(x-\mu)^2}{2\theta^2} - \frac{1}{2\theta}$$

이고, (2)를 고려하여 위의 식을 한 번 더 미분하면

$$\frac{\partial^2}{\partial\theta^2}\log f(x, \theta) = -\frac{(x-\mu)^2}{\theta^3}+\frac{1}{2\theta^2}$$

이므로

$$-E\left\{\frac{\partial^2}{\partial\theta^2}\log f(X, \theta)\right\} = \frac{1}{2\theta^2}$$

이다. 따라서 $\mathrm{Var}(T)=2\theta^2/n$을 얻고, Cramer-Rao의 부등식 (1)이 만족된다. 한편, $T_n := S_n^2$에 대한 T의 효율은

$$e(T \mid T_n) := \frac{\mathrm{Var}(T)}{\mathrm{Var}(T_n)} = \frac{n-1}{n} \leq 1$$

이고 $\lim_{n\to\infty} e(T \mid T_n)=1$ 이므로 S_n^2은 σ^2의 근사 유효추정량이다. 또한, T가 T_n보다 더 효율적이다. □

[문제 2] $X_1, \cdots, X_n \overset{iid}{\sim} \mathcal{P}(\theta)$이고 θ가 미지일 때, $\overline{X}$는 θ의 유효추정량임을 증명하여라.

연습문제 8.2

1. $X \sim b(n, p)$라 하자. 동전의 앞면이 나타나는 비율 $p\,(0<p<3/4)$를 추정하기 위해서 두 가지 추정량 $\bar{p}_1 := \dfrac{X}{n}$, $\bar{p}_2 := \dfrac{X+1}{n+2}$을 사용하기로 할 때, 각각의 MSE를 구해보고 어느 것이 더 좋은 추정량인지 조사하여라. 또, 위의 두 추정량은 p의 일치추정량임을 보여라.

2. θ의 추정량을 T라 하고, $b(\theta, T)$를 T의 편의라고 할 때, 다음 등식이 성립함을 보여라.

$$\mathrm{MSE}(T) = \mathrm{Var}(T)+(b(\theta, T))^2$$

3. $X_1, \cdots, X_n \overset{iid}{\sim} N(\mu, \sigma^2)$이라 하고, σ^2에 대한 두 추정량을

$$S^2 := \frac{1}{n-1}\sum_{i=1}^{n}(X_i - \overline{X})^2, \quad \hat{\sigma}^2 := \frac{1}{n}\sum_{i=1}^{n}(X_i - \overline{X})^2$$

이라 하자. 이 두 추정량 중 어느 쪽이 더 효율적인가?

4. $X_1,\cdots,X_n \overset{iid}{\sim} U(0, \theta)$이라 하자. θ를 추정하기 위해 θ의 두 추정량을

$$\hat{\theta}_1 = \max_{1 \le i \le n}\{X_i\}, \quad \hat{\theta}_2 = 2\overline{X}$$

로 택할 때, $\hat{\theta}_1$에 관한 $\hat{\theta}_2$의 효율을 계산하여라. 또, $\hat{\theta}_1$은 θ의 근사 유효추정량인가? 유효추정량은 무엇인가?

5. $X_1, \cdots, X_n \overset{iid}{\sim} \varepsilon(\mu)$이고 μ를 미지모수라 하자. 실수 $a_1, \cdots, a_n$에 대해 $\sum_{i=1}^{n} a_i = 1$이라 하고 $T = \sum_{i=1}^{n} a_i X_i$ 라 하자. μ의 최량선형 불편추정량은 무엇인가?

6. $X_1, \cdots, X_n$을 평균 μ, 분산 σ^2을 갖는 분포로부터의 표본이라 하자. $\overline{X}$에 대한 다음의 불편추정량

$$\frac{2}{n(n+1)}\sum_{i=1}^{n} iX_i$$

의 효율은 무엇인가?

7. $X_1, \cdots, X_n$을 $N(\mu, 1)$로부터의 표본이라 하자. Cramer-Rao의 부등식을 사용하여 μ의 최소분산 불편추정치를 구하여라.

8. 본문의 등식 (2)를 증명하여라.

§8. 3 적률법과 최우추정법 (Method of Moments and Method of Maximum Likelihood Estimators)

정의 1 모집단 분포의 k 차 적률 EX^k, $k \geq 1$, 가 미지(unknown)라 하고

$$\theta = h(EX, EX^2, \cdots, EX^k), \quad \theta \in \Theta$$

라 놓자. 여기서 h 는 알려진 함수이다. 위의 미지모수들 $EX, EX^2, \cdots$ EX^k 에 관한 함수 값 θ 에 대응하는 통계량

$$T := T(X_1, \cdots, X_n) := h\left(\frac{1}{n}\sum_{i=1}^{n} X_i, \frac{1}{n}\sum_{i=1}^{n} X_i^2, \cdots, \frac{1}{n}\sum_{i=1}^{n} X_i^k\right)$$

를, θ 의 추정량으로 간주하는 방법을 **적률추정량의 방법**(method of moment estimators) 혹은 간단히, **적률법**이라 말하고, T 를 θ 의 **적률추정량**이라 부른다.

적률법에 의해 미지모수들의 함수 값 θ를 추정하려면, 모집단의 적률과 표본들의 함수에 관한 연립방정식 $EX^k = \frac{1}{n}\sum_{i=1}^{n} X_i^k$, $k \geq 1$, 을 이용하여 미지모수들을 구함으로써 원하는 추정량을 찾는다(예제 1과 예제 2 참조).

[예제 1] $X_1, \cdots, X_n$ 을 모평균 μ와 모분산 σ^2 을 갖는 분포로부터의 표본이라 하자. 적률법에 의해 미지모수 $\theta := \sigma^2$ 를 추정하려고 한다. 만일

$$\theta := Var(X) := EX^2 - (EX)^2 =: h(EX, EX^2)$$

이면, θ 의 적률추정량 T 는 정의 1 에 의해 다음과 같이 구해진다.

$$\begin{aligned} T := T(X_1, \cdots, X_n) &:= h\left(\frac{1}{n}\sum_{i=1}^{n} X_i, \frac{1}{n}\sum_{i=1}^{n} X_i^2\right) \\ &= \frac{1}{n}\sum_{i=1}^{n} X_i^2 - \left(\frac{1}{n}\sum_{i=1}^{n} X_i\right)^2 \qquad (h \text{ 의 정의에 의해}) \\ &= \frac{1}{n}\sum_{i=1}^{n} (X_i - \overline{X})^2 \end{aligned}$$

[예제 2] $X_1, \cdots, X_n$ 을, 다음의 밀도함수를 갖는 분포로부터의 표본이라 하자.

$$f(x\,; a, b) = \begin{cases} \dfrac{1}{b-a}, & a \le x \le b \\ 0, & \text{그 외에서} \end{cases}$$

위에서 a, b 를 미지모수들이라 할 때 a, b 의 적률추정량을 각각 구하여라.

【풀이】 §5.2 의 균일분포에서

$$EX = \frac{a+b}{2}, \qquad \mathrm{Var}(X) = \frac{(b-a)^2}{12}.$$

임을 알고 있다. 미지모수 $\mu := EX$ 와 $\sigma^2 := \mathrm{Var}(X)$ 에 대응하는 통계량을 각각 적률법에 의해 연립방정식

$$\begin{cases} \dfrac{a+b}{2} = EX = \overline{X} & \text{①} \\ \dfrac{(b-a)^2}{12} = E\{X-EX\}^2 = \dfrac{1}{n}\displaystyle\sum_{i=1}^{n}(X_i-\overline{X})^2 \quad (\text{예제 1에 의해}) & \text{②} \end{cases}$$

으로 놓을 수 있고, ①과 ②에서 a, b 를 구하면 a, b 의 적률추정량 T_1, T_2 가 각각 다음과 같이 구해진다.

$$T_1(X_1, \cdots, X_n) := \overline{X} - \left(\frac{3}{n}\sum_{i=1}^{n}(X_i-\overline{X})^2\right)^{1/2}$$

$$T_2(X_1, \cdots, X_n) := \overline{X} + \left(\frac{3}{n}\sum_{i=1}^{n}(X_i-\overline{X})^2\right)^{1/2} \qquad \square$$

다음은 점추정에 관하여 자주 이용되는 최우추정법을 소개하기로 한다.

[예제 3] $X \sim b(1, \theta)$ 라 하자. 단, θ $(0<\theta<1)$ 는 미지모수이다. θ 를 추정하기 위해 확률표본 $X_1, \cdots, X_n$ 을 행하고, 이 표본의 결합 확률질량함수를 계산하면 다음과 같다.

$$
\begin{aligned}
P\{X_1 = x_1, \cdots, X_n = x_n\} &= P\{X_1 = x_1\} \cdots P\{X_n = x_n\} \\
&= \theta^{x_1}(1-\theta)^{1-x_1} \cdots \theta^{x_n}(1-\theta)^{1-x_n} \\
&= \theta^{\sum_{i=1}^{n} x_1}(1-\theta)^{n-\sum_{i=1}^{n} x_i} \qquad (1)
\end{aligned}
$$

여기서 x_i의 값은, 각각의 $i = 1,\cdots,n$에 대해, $x_i = 0$ 또는 1이다. 확률표본 $X_1, \cdots, X_n$의 값 $x_1, \cdots, x_n$에 대해 (1)의 우변을 θ의 함수 $L(\theta)$로 표기할 때, 이를 **우도함수**(likelihood function)라 부른다. 즉,

$$
L(\theta) := \theta^{\sum_{i=1}^{n} x_i}(1-\theta)^{n-\sum_{i=1}^{n} x_i}, \qquad 0<\theta<1. \qquad (2)
$$

이 경우, 확률 $L(\theta)$의 값을 최대로 하는 θ가 이들 $x_1, \cdots, x_n$에 관한 함수로 주어지면, 이는 특별한 $x_1, \cdots, x_n$에 대해 가장 출현할 가능성이 큰, θ의 추정치로 간주되는 함수이다. 이와 같이 해서 추정량을 찾아내는 방법을 **최우추정법**(method of maximum likelihood estimators)이라 부른다. 그런데, 함수 $y := L(\theta)$는 양의 값을 갖고 자연대수의 로그함수 $l_n y$는 y의 단조 증가이므로 y를 최대로 하는 θ의 값을 구한다는 의미는 $l_n y$를 최대로 하는 θ의 값을 구한다는 의미와 같다. 따라서 (2)에서 자연대수 l_n를 취한다. 즉,

$$
l_n L(\theta) = \left(\sum_{i=1}^{n} x_i\right) l_n \theta + \left(n - \sum_{i=1}^{n} x_i\right) l_n (1-\theta), \qquad 0<\theta<1.
$$

이것을 미분하여

$$
\frac{d}{d\theta} l_n L(\theta) = \frac{\sum_{i=1}^{n} x_i}{\theta} - \frac{n - \sum_{i=1}^{n} x_i}{1-\theta} = 0
$$

으로 두면

$$
(1-\theta)\sum_{i=1}^{n} x_i = \theta\left(n - \sum_{i=1}^{n} x_i\right)
$$

로부터 $\theta = \bar{x} := \sum_{i=1}^{n} x_i / n$가 구해진다. 그런데, $0<\theta = \bar{x} <1$이고

$$\frac{d^2}{d\theta^2} l_n L(\theta)\bigg|_{\theta=\bar{x}} = -\frac{n}{\bar{x}(1-\bar{x})} < 0$$

이므로 $l_n L(\theta)$는 $\theta = \bar{x}$에서 최대값을 가짐을 알 수 있다. 따라서 $\bar{x}$가 $L(\theta)$를 최대로 하는 θ의 값이 된다. 이 때, θ에 대응하는 통계량

$$\hat{\theta} := \bar{X} = \frac{1}{n}\sum_{i=1}^{n} X_i$$

를 θ의 **최우추정량**(maximum likelihood estimator)이라 부르고, $\bar{X}$의 값 $\bar{x}$를 θ의 **최우추정치**(maximum likelihood estimate)라 부른다. 예를 들어, 앞의 식 (2)에서 $n=5$이고 관찰치가 $x_1=1$, $x_2=0$, $x_3=0$, $x_4=1$, $x_5=1$이면, $L(\theta)=\theta^3(1-\theta)^2$이 되고 $\bar{x}=3/5$은 θ의 최우추정치가 된다.

정의 1 미지모수 θ를 갖는 모집단 분포의 확률 질량함수 또는 확률 밀도함수를 $f(x;\theta)$라 하고 $X_1, \cdots, X_n$을 이 모집단으로부터의 표본이라 하자. $X_1, \cdots, X_n$의 결합 확률질량함수 또는 결합밀도함수 $\prod_{i=1}^{n} f(x_i;\theta)$를 θ의 함수로 생각할 때, 이것을

$$L(\theta) := \prod_{i=1}^{n} f(x_i;\theta), \qquad \theta \in \Theta$$

로 나타내고 **우도함수**라 부른다. $L(\theta)$를 최대로 하는 θ가 $x_1, \cdots, x_n$의 함수로 주어지면, 대응하는 통계량 $\hat{\theta} := \hat{\theta}(X_1, \cdots, X_n)$을 θ의 **최우추정량**이라 부른다. 두 개 이상의 미지모수 $\theta_1, \cdots, \theta_n$를 갖는 모집단 분포에 대해서도 위와 같이 **최우추정량** $\hat{\theta} := (\hat{\theta}_1, \cdots, \hat{\theta}_n)$을 정의할 수 있다.

[예제 4] 정규 모집단 $N(\mu, \sigma^2)$으로부터의 표본을 $X_1, \cdots, X_n$이라 하자. 이 때, 미지모수들 $\theta_1 := \mu$, $\theta_2 := \sigma^2$의 최우추정량을 구하여라.

【풀이】 $X \sim N(\theta_1, \theta_2)$의 밀도함수는 명백히

$$f(x;\theta_1,\theta_2) = \frac{1}{\sqrt{2\pi\theta_2}}\exp\left(-\frac{1}{2\theta_2}(x-\theta_1)^2\right),$$
$$-\infty < \theta_1 < \infty, \quad 0 < \theta_2 < \infty$$

이고, 우도함수는

$$L(\theta_1,\theta_2) = \left(\frac{1}{2\pi\theta_2}\right)^{n/2}\exp\left(-\frac{1}{2\theta_2}\sum_{i=1}^{n}(x_i-\theta_1)^2\right) \tag{3}$$

이다. 따라서

$$l_n L(\theta_1,\theta_2) = -\frac{n}{2}l_n 2\pi - \frac{n}{2}l_n\theta_2 - \frac{1}{2\theta_2}\sum_{i=1}^{n}(x_i-\theta_1)^2$$

이고 미분하여

$$\frac{\partial}{\partial\theta_1}l_n L(\theta_1,\theta_2) = \frac{1}{\theta_2}\sum_{i=1}^{n}(x_i-\theta_1) = 0,$$
$$\frac{\partial}{\partial\theta_2}l_n L(\theta_1,\theta_2) = -\frac{n}{2\theta_2} + \frac{1}{2\theta_2^2}\sum_{i=1}^{n}(x_i-\theta_1)^2 = 0 \tag{4}$$

으로부터

$$\theta_1 = \frac{1}{n}\sum_{i=1}^{n}x_i =: \bar{x}, \quad \theta_2 = \frac{n-1}{n}s^2 := \frac{1}{n}\sum_{i=1}^{n}(x_i-\bar{x})^2 \tag{5}$$

을 얻는다. (3)에서 일시적으로 고정된 θ_2에 대해 $\theta_1 = \bar{x}$일 때 $L(\bar{x},\theta_2)$은 최대가 된다. 한편, (3)에서 θ_2에 관한 함수 $L(\bar{x},\theta_2)$를 생각할 때, $L(\bar{x},\theta_2) > 0$이고 $\theta_2 \to 0$ 또는 ∞일 때 $L(\bar{x},\theta_2) \to 0$이다. 그러므로 (4)와 (5)를 고려하면 $\theta_2 = \frac{n-1}{n}s^2$일 때 $L\left(\bar{x}, \frac{n-1}{n}s^2\right)$은 최대가 된다. 따라서 θ_1과 θ_2의 최우추정량은 각각 다음과 같다.

$$\hat{\theta}_1 = \bar{X}, \quad \hat{\theta}_2 = \frac{n-1}{n}S^2$$ □

[문제] $X_1, \cdots, X_n$이 다음의 확률밀도함수

$$f(x\,;\theta) = \frac{1}{2}e^{-|x-\theta|}, \quad -\infty < x < \infty$$

를 갖는 분포로부터의 표본일 때, 미지모수 θ의 최우추정량을 구하여라.

연습문제 8.3

1. $X_1, \cdots, X_n$ 이 다음 모집단 분포로부터의 표본일 때, 적률법에 의해 각 미지모수의 적률추정량을 구하여라.

   (1) 감마분포 $G(\alpha, \beta)$　　(2) 정규분포 $N(\mu, \sigma^2)$

   (3) 이항분포 $b(n, p)$　　(4) 지수분포 $\varepsilon(\lambda)$

2. $X_1, \cdots, X_n$ 이 다음 모집단 분포로부터의 표본일 때, 각 미지모수의 최우추정량을 구하여라.

   (1) X 의 밀도함수 $f(x\,;\theta) = e^{-x+\theta}, \quad \theta \le x < \infty$

   (2) 포아송분포 $\mathcal{P}(\lambda)$　　(3) 지수분포 $\varepsilon(\lambda)$

   (4) 균일분포 $\mathcal{U}(0, \theta)$

§8. 4 평균에 대한 신뢰구간 (Confidence Interval for Means)

확률변수 X가 $X \sim N(\mu, \sigma^2)$이고 $-\infty < \mu < \infty$, $\sigma > 0$이라 하자. 모평균 μ가 미지일 때, μ에 대한 신뢰구간을 찾기 위해 과거의 경험으로 비추어 다음과 같이 모분산 σ^2이 기지일 때와 미지일 때로 나누어 생각한다.

(i) **σ^2이 기지일 때:** $X_1, \cdots, X_n$을 정규모집단 $N(\mu, \sigma^2)$으로 부터 추출한 표본이라 하고, μ의 바람직한 점추정량으로서 $\overline{X} := \frac{1}{n}\sum_{i=1}^{n} X_i$를 택한다 (앞 절의 점추정량 참조). 그러면

$$\overline{X} \sim N(\mu, \sigma^2/n)$$

이므로

$$Z := \frac{\overline{X} - \mu}{\sigma/\sqrt{n}} \sim N(0, 1)$$

가 된다. 따라서 실수 z에 대해

$$\Phi(z) := P\{Z \le z\} = \int_{-\infty}^{z} \frac{1}{\sqrt{2\pi}} e^{-w^2/2}\, dw,$$

$$\Phi(-z) = 1 - \Phi(z)$$

이고, 주어진 $0 < \alpha < 1$에 대해서

$$P\{Z < z_{\alpha/2}\} = 1 - \frac{\alpha}{2}, \qquad z_{\alpha/2} > 0 \tag{1}$$

인 점 $z_{\alpha/2}$를 부록의 표준 정규분포 표에서 찾을 수 있어서

$$P\{-z_{\alpha/2} < Z < z_{\alpha/2}\} = 1 - \alpha$$

로 쓸 수 있다. 이 식을 다시 쓰면

$$P\left\{-z_{\alpha/2} < \frac{\overline{X} - \mu}{\sigma/\sqrt{n}} < z_{\alpha/2}\right\} = 1 - \alpha$$

혹은

$$P\left\{\overline{X} - z_{\alpha/2}\frac{\sigma}{\sqrt{n}} < \mu < \overline{X} + z_{\alpha/2}\frac{\sigma}{\sqrt{n}}\right\} = 1-\alpha$$

로 표현된다. 따라서 표본 $X_1, \cdots, X_n$ 의 관찰치가 $x_1, \cdots, x_n$ 이고 $\overline{X}$ 의 관찰치가 $\bar{x}$ 일 때, 미지모수 μ 에 대한 $100(1-\alpha)\%$ 의 **신뢰구간**은 다음과 같이 주어진다.

$$\left(\bar{x} - z_{\alpha/2}\frac{\sigma}{\sqrt{n}},\ \ \bar{x} + z_{\alpha/2}\frac{\sigma}{\sqrt{n}}\right) \tag{2}$$

주 의 1 표본크기 n 이 크면, 예를 들어 $n \geq 30$ 이면, 주어진 모집단이 정규분포의 모집단이 아니더라도 앞의 신뢰구간 (2)는 §6.5의 중심극한정리에 의해 근사적인 신뢰구간으로 사용될 수 있다.

[예제 1] 분산이 225 인 정규모집단 $N(\mu, 225)$ 으로부터 25 개의 확률표본을 $X_1, \cdots, X_{25}$ 이라 하자. 표본평균치가 $\bar{x} = 64.3$ 일 때, 모평균 μ 에 대한 95 % 의 신뢰구간을 구하여라.

【풀이】 $\alpha = 0.05$ 일 때, (1) 로부터

$$P\{Z \leq z_{0.025}\} = 0.975$$

를 만족하는 점 $z_{0.025}$ 를 부록의 표준 정규분포 표에서 찾으면 $z_{0.025} = 1.96$ 을 얻는다. 따라서 (2)로부터 μ 에 대한 95 % 의 신뢰구간은

$$\left(64.3 - 1.96\frac{15}{\sqrt{25}},\ \ 64.3 + 1.96\frac{15}{\sqrt{25}}\right)$$

이므로 이를 계산하면 (58.42, 70.18) 이 된다.

(ii) σ^2 이 미지일 때: $X_1, \cdots, X_n$ 을 정규모집단 $N(\mu, \sigma^2)$ 으로부터 추출한 표본이라 하고, σ^2 이 미지일 때, μ 와 σ^2 의 바람직한 점추정량으로서 각각 $\overline{X}$ 와 $S^2 := \dfrac{1}{n-1}\sum_{n=1}^{n}(X_i - \overline{X})^2$ 을 택한다(앞 절의 점추정량 참조). 그러

면 $T=\sqrt{n}\,(\overline{X}-\mu)/S$ 라 놓을 때, §7.4의 따름정리 3에 의해 $T\sim t(n-1)$ 이다. 만일 α $(0<\alpha<1)$와 n이 주어지면

$$P\left\{T < t_{\frac{\alpha}{2},\,n-1}\right\}=1-\frac{\alpha}{2} \tag{3}$$

을 만족하는 점 $t_{\frac{\alpha}{2},\,n-1}$ 을 부록의 t-분포 표로부터 찾을 수 있어서

$$P\left\{-t_{\frac{\alpha}{2},\,n-1} < T < t_{\frac{\alpha}{2},\,n-1}\right\}=1-\alpha \qquad \text{즉,}$$

$$P\left\{\overline{X}-t_{\frac{\alpha}{2},\,n-1}\frac{S}{\sqrt{n}} < \mu < \overline{X}+t_{\frac{\alpha}{2},\,n-1}\frac{S}{\sqrt{n}}\right\}=1-\alpha$$

로 쓸 수 있다. 따라서 표본의 관찰치로부터 $\overline{x}$ 와 s^2 의 값이 얻어졌을 때, 미지모수 μ에 대한 $100(1-\alpha)\%$의 **신뢰구간**은 다음과 같다.

$$\left(\overline{x}-t_{\frac{\alpha}{2},\,n-1}\frac{s}{\sqrt{n}},\ \ \overline{x}+t_{\frac{\alpha}{2},\,n-1}\frac{s}{\sqrt{n}}\right) \tag{4}$$

□

[예제 2] 정규모집단 $N(\mu,\sigma^2)$ 으로부터 9개의 표본을 $X_1,\cdots,X_9$ 라 하자. 여기서 μ와 σ^2 은 미지이다. 표본의 관찰치로부터 $\overline{x}=66.3$ 이고 $s=8.1$ 일 때, 모평균 μ에 대한 99%의 신뢰구간을 구하여라.

【풀이】 $\alpha=0.01$ 이고 $n=9$ 이므로 (3)에 의해

$$P\{T < t_{0.005,\,8}\}=0.995$$

인 점 $t_{0.005,\,8}$ 를 부록의 t-분포 표에서 찾으면 $t_{0.005,\,8}=3.355$ 을 얻는다. 따라서 (4)에 의해 μ에 대한 99%의 신뢰구간은

$$\left(66.3-3.355\frac{8.1}{\sqrt{9}},\ \ 66.3+3.355\frac{8.1}{\sqrt{9}}\right)$$

이고 이를 간단히 하면 (57.24, 75.36)이다. □

[문제] 지수분포 $\varepsilon(\beta)$로부터 표본 크기 36인 표본평균을 $\overline{X}$라 하자. 모평균 β에 대한 90%의 근사 신뢰구간을 구하여라. 단, $\Phi(1.645)=0.95$이다.

● 연습문제 8.4

1. 정규모집단 $N(\mu, 80)$으로부터 추출한 표본 크기 20인 표본의 평균치가 $\overline{x}=81.2$일 때 μ에 대한 95%의 신뢰구간을 구하여라.

2. 모평균 μ와 모분산 $\sigma^2=10$을 갖는 분포로부터 표본크기가 n인 표본평균을 $\overline{X}$로 나타내자. 구간 $(\overline{X}-0.5,\ \overline{X}+0.5)$이 μ를 포함할 확률이 근사적으로 0.954일 때, n을 구하여라.

3. 정규모집단 $N(\mu, \sigma^2)$으로부터 표본크기가 17인 표본을 행하였다. 여기서 μ와 σ^2은 미지이다. 표본의 관찰치로부터 $\overline{x}=4.7$이고 $s^2=5.76$일 때, μ에 대한 90%의 신뢰구간을 구하여라.

4. 감마분포 $G(4, \beta)$로부터 표본크기 36인 표본평균을 $\overline{X}$라 하자. 모평균 μ에 대한 95.4%의 근사 신뢰구간을 구하여라. 단, $\Phi(2)=0.977$이다.

§8. 5 평균들의 차에 대한 신뢰구간
(Confidence Intervals for Difference between Means)

$X \sim N(\mu_1, \sigma_1^2)$ 와 $Y \sim N(\mu_2, \sigma_2^2)$ 는 서로 독립인 분포라 하자. 모평균 μ_1과 μ_2가 미지일 때, 그들의 차 $\mu_1 - \mu_2$에 대한 신뢰구간을 구하기 위해 다음과 같이 모분산들 σ_1^2과 σ_2^2이 기지일 때와 미지일 때로 나누어 생각하기로 한다.

(i) σ_1^2과 σ_2^2이 기지일 때: $X_1, \cdots, X_{n_1}$과 $Y_1, \cdots, Y_{n_2}$를 각각 정규모집단 $N(\mu_1, \sigma_1^2)$, $N(\mu_2, \sigma_2^2)$으로부터 뽑은 표본들이라 하고, 그들의 표본평균을 각각 $\overline{X}$, $\overline{Y}$라 하면

$$E(\overline{X} - \overline{Y}) = \mu_1 - \mu_2, \qquad \mathrm{Var}(\overline{X} - \overline{Y}) = \frac{\sigma_1^2}{n_1} + \frac{\sigma_2^2}{n_2}$$

이다. 따라서 변환식

$$Z := \frac{\overline{X} - \overline{Y} - (\mu_1 - \mu_2)}{\left(\dfrac{\sigma_1^2}{n_1} + \dfrac{\sigma_2^2}{n_2}\right)^{1/2}} \tag{1}$$

는 표준정규분포의 확률변수가 된다. § 8. 4의 식 (1)과 같이하여

$$P\{-z_{\alpha/2} < Z < z_{\alpha/2}\} = 1 - \alpha \tag{2}$$

인 점 $z_{\alpha/2}$를 찾을 수 있어서 위의 식은

$$P\left\{\overline{X} - \overline{Y} - z_{\alpha/2}\left(\frac{\sigma_1^2}{n_1} + \frac{\sigma_2^2}{n_2}\right)^{1/2} < \mu_1 - \mu_2 < \overline{X} - \overline{Y} + z_{\alpha/2}\left(\frac{\sigma_1^2}{n_1} + \frac{\sigma_2^2}{n_2}\right)^{1/2}\right\} = 1 - \alpha$$

로 변형된다. 따라서 $\overline{X}$, $\overline{Y}$의 관찰치가 각각 $\bar{x}$, $\bar{y}$이면 두 모평균의 차 $\mu_1 - \mu_2$에 대한 $100(1-\alpha)\%$의 신뢰구간은 다음과 같다.

$$\left(\bar{x}-\bar{y}-z_{\alpha/2}\left(\frac{\sigma_1^2}{n_1}+\frac{\sigma_2^2}{n_2}\right)^{1/2},\ \ \bar{x}-\bar{y}+z_{\alpha/2}\left(\frac{\sigma_1^2}{n_1}+\frac{\sigma_2^2}{n_2}\right)^{1/2}\right) \tag{3}$$

주 의 1 표본크기 n_1 과 n_2 가 큰 수이면, 예를 들어 $n_1, n_2 \geq 30$ 이면, 주어진 모집단이 정규분포의 모집단이 아니더라도 위의 신뢰구간 (3)은 중심극한정리에 의해 근사적인 신뢰구간으로 사용될 수 있다.

[예제 1] 두 종류의 전구 A, B 형이 있다. 전구 A 형에서 40 개의 표본을 취하고, 그 표본의 평균 수명시간이 $\bar{x}=418$ 시간이었고, 전구 B 형에서는 50 개의 표본을 취하고 그 표본의 평균 수명시간이 $\bar{y}=402$ 시간이었다. 이들 두 형의 표준편차가 각각 $\sigma_1=26$, $\sigma_2=22$ 으로 알려져 있을 때, 두 모집단의 평균 수명시간의 차 $\mu_1-\mu_2$ 에 대한 94 % 의 근사 신뢰구간을 구하여라.

【풀이】 $\alpha=0.06$ 이므로 식 (2)를 만족하는 점 $z_{0.03}$ 을 부록의 표준 정규분포 표에서 찾으면 $z_{0.03}=1.88$ 이다. 따라서 식 (3)에 의해 $\mu_1-\mu_2$ 에 대한 94 %의 근사 신뢰구간은

$$\left(418-402-1.88\left(\frac{26^2}{40}+\frac{22^2}{50}\right)^{1/2},\ 418-402+1.88\left(\frac{26^2}{40}+\frac{22^2}{50}\right)^{1/2}\right)$$

이고, 이를 간단히 하면 (6.3, 25.7)을 얻는다. □

(ii) $\sigma_1^2=\sigma_2^2=:\sigma^2$ 이 미지일 때: 앞의 변환식 (1)에서 표준정규분포의 확률변수 Z 를 이용할 것이다. 독립인 두 정규모집단 $N(\mu_1, \sigma^2)$과 $N(\mu_2, \sigma^2)$으로부터 뽑은 표본의 분산을 각각

$$S_1^2=\frac{1}{n_1-1}\sum_{i=1}^{n_1}(X_i-\overline{X})^2, \qquad S_2^2=\frac{1}{n_2-1}\sum_{i=1}^{n_2}(Y_i-\overline{Y})^2$$

이라 하면, § 7.4 의 따름정리 5 에 의해

$$T := \frac{\overline{X} - \overline{Y} - (\mu_1 - \mu_2)}{\{(n_1-1)S_1^2 + (n_2-1)S_2^2\}^{1/2}} \sqrt{\frac{n_1 n_2 (n_1+n_2-2)}{n_1+n_2}} \sim t(n_1+n_2-2)$$

이다. $0 < \alpha < 1$과 n_1, n_2가 주어지면 부록의 t-분포 표에서

$$P\left\{-t_{\frac{\alpha}{2}, n_1+n_2-2} < T < t_{\frac{\alpha}{2}, n_1+n_2-2}\right\} = 1-\alpha \tag{4}$$

인 점 $t_{\frac{\alpha}{2}, n_1+n_2-2}$를 찾을 수 있고, 식 (4)는

$$P\left\{\overline{X} - \overline{Y} - t_{\frac{\alpha}{2}, n_1+n_2-2} S_p < \mu_1 - \mu_2 < \overline{X} - \overline{Y} + t_{\frac{\alpha}{2}, n_1+n_2-2} S_p\right\} = 1-\alpha$$

으로 표현된다. 여기서

$$S_p := \left\{\left((n_1-1)S_1^2 + (n_2-1)S_2^2\right) \Big/ \left(\frac{n_1 n_2}{n_1+n_2}(n_1+n_2-2)\right)\right\}^{1/2}$$

이다. 표본의 관찰치들로부터 $\overline{x}$, $\overline{y}$, s_1^2, s_2^2이 각각 얻어졌을 때, 모평균의 차 $\mu_1 - \mu_2$에 대한 $100(1-\alpha)\%$의 신뢰구간은

$$\left(\overline{x} - \overline{y} - t_{\frac{\alpha}{2}, n_1+n_2-2} s_p,\ \ \overline{x} - \overline{y} + t_{\frac{\alpha}{2}, n_1+n_2-2} s_p\right) \tag{5}$$

이 된다.

[예제 2] 두 종류 A, B의 담배니코틴 함유량들을 조사하려고 한다. A에서 10개의 담배를 임의로 뽑아 조사했더니 평균니코틴 함유량이 $\overline{x} = 3.1\text{mg}$이고 표준편차는 $s_1 = 0.5\text{mg}$이었다. 또한, B에서는 8개를 임으로 뽑아 조사했더니 평균니코틴 함유량이 $\overline{y} = 2.7\text{mg}$이고 표준편차는 $s_2 = 0.7\text{mg}$이었다. 두 자료치는 정규모집단으로부터 임의로 뽑은 표본들이라 하고 그들의 분산이 같다고 할 때, 두 종류 담배의 평균 니코틴 함유량의 차 $\mu_1 - \mu_2$에 대한 95%의 신뢰구간을 구하여라.

【풀이】 위의 자료치를 요약하면 다음과 같다.

A 담배	B 담배
$n_1 = 10$ $\overline{x} = 3.1$ $s_1 = 0.5$	$n_2 = 8$ $\overline{y} = 2.7$ $s_2 = 0.7$

$\alpha = 0.05$ 이고 $n_1 + n_2 - 2 = 16$ 이므로 식 (4)를 이용하면 t-분포 표로부터 $t_{0.025,\,16} = 2.12$ 를 얻는다. 또

$$s_p = \left(\frac{9(0.25)+7(0.49)}{16}\left(\frac{1}{10}+\frac{1}{8}\right)\right)^{1/2} = 0.285$$

이므로 $\mu_1 - \mu_2$ 에 대한 95%의 신뢰구간은, 식 (5)에 의해

$$(3.1-2.7-2.12(0.285),\ \ 3.1-2.7+2.12(0.285))$$

이다. 이를 간단히 하면 $(-0.20,\ 1.00)$을 얻는다. □

연습문제 8.5

1. $\overline{X}$, $\overline{Y}$를 독립인 두 정규모집단 $N(\mu_1, \sigma^2)$, $N(\mu_2, \sigma^2)$으로부터 뽑은 표본 크기 n인 표본평균들이라 하자. 여기서 σ^2은 기지이다. 확률

$$P\{\overline{X}-\overline{Y}-\sigma/5 < \mu_1-\mu_2 < \overline{X}-\overline{Y}+\sigma/5\} = 0.90$$

을 만족하는 수 n을 구하여라.

2. A 반에서 35명을 임의로 택해 영어성적의 평균을 계산했더니 $\overline{x}=70$이었고, B 반에서 40명을 택해 계산했더니 $\overline{y}=75$이었다. 각 반의 분산은 각각 $\sigma_1^2=60$, $\sigma_2^2=40$으로 알려져 있을 때, 모평균의 차 $\mu_1-\mu_2$에 대한 95%의 근사 신뢰구간을 구하여라.

3. 두 개의 서로 독립인 정규모집단 $N(\mu_1, \sigma^2)$, $N(\mu_2, \sigma^2)$으로부터 뽑은 표본 크기 10인 표본에서 $\overline{x}=4.8$, $\overline{y}=5.6$, $s_1^2=8.64$, $s_2^2=7.88$일 때, 모평균의 차 $\mu_1-\mu_2$에 대한 90%의 신뢰구간을 구하여라.

4. 두 학급에서 4명과 3명의 학생을 임의로 택해 수학 성적을 조사했더니 각각 64, 66, 89, 77과 56, 71, 53이었다. 두 학급의 평균 성적의 차 $\mu_1-\mu_2$에 대한 90%의 신뢰구간을 구하여라. 여기서, 각 학급 학생의 성적은 정규분포에 따르고 동일한 분산을 갖는다고 가정한다.

§8. 6 모비율에 대한 신뢰구간 (Confidence Intervals for Proportions)

확률변수 Y는 이항분포 $b(n, p)$에 따른다고 가정하자. 여기서 모비율 p $(0 < p < 1)$는 미지모수이다. §5.1의 이항분포 성질에 의해 $E(Y) = np$, $Var(Y) = np(1-p)$ 임을 안다. 따라서 §6.5의 예제 1에 의해

$$\frac{Y-np}{\sqrt{np(1-p)}} \xrightarrow{\mathcal{D}} Z, \qquad Z \sim N(0, 1)$$

이다. 그런데 연습문제 6. 1의 문제 2로부터 상대도수(relative frequency) Y/n에 대해

$$\frac{Y}{n} \xrightarrow{\mathrm{P}} p, \qquad 1-\frac{Y}{n} \xrightarrow{\mathrm{P}} 1-p$$

이므로 §6.1의 정리 1을 응용하면

$$\frac{Y-np}{\sqrt{n\left(\frac{Y}{n}\right)\left(1-\frac{Y}{n}\right)}} \xrightarrow{\mathcal{D}} Z$$

가 된다. 따라서 표본크기가 클 때

$$P\left\{-z_{\alpha/2} < (Y-np)\Big/\sqrt{n\left(\frac{Y}{n}\right)\left(1-\frac{Y}{n}\right)} < z_{\alpha/2}\right\} = 1-\alpha \tag{1}$$

인 점 $z_{\alpha/2}$를 부록의 표준 정규분포 표에서 찾을 수 있다. 식 (1)을 p에 관해 풀면 n이 큰 수일 때

$$P\left\{\frac{Y}{n} - z_{\alpha/2}\sqrt{\frac{Y}{n^2}\left(1-\frac{Y}{n}\right)} < p < \frac{Y}{n} + z_{\alpha/2}\sqrt{\frac{Y}{n^2}\left(1-\frac{Y}{n}\right)}\right\} = 1-\alpha$$

이다. 그러므로 모비율 p에 대한 $100(1-\alpha)\%$의 **근사 신뢰구간**은 Y의 관찰치가 y일 때

$$\left(\frac{y}{n} - z_{\alpha/2}\sqrt{\frac{y}{n^2}\left(1-\frac{y}{n}\right)},\ \frac{y}{n} + z_{\alpha/2}\sqrt{\frac{y}{n^2}\left(1-\frac{y}{n}\right)}\right) \tag{2}$$

으로 주어진다.

[예제 1] 어떤 단체에서 후보자 A를 지지하는 투표자의 비율을 추정하자. 임의로 선택된 400명중 140명이 A를 지지한다면, A를 지지할 모든 투표자의 모비율 p에 대한 95%의 근사 신뢰구간을 구하여라.

【풀이】 $\alpha = 0.05$이므로 §8.4의 예제 1의 풀이에서 $z_{0.025} = 1.96$이다. 또, $y/n = 140/400 = 0.35$이므로 식 (2)에 의해 모비율 p에 대한 95%의 근사 신뢰구간은

$$\left(0.35 - 1.96\sqrt{0.35(0.65)/400},\ 0.35 + 1.96\sqrt{0.35(0.65)/400}\right)$$

즉, (0.303, 0.397)이다. □

[문제] 42회의 베르누이 시행에서 33회의 성공이 있었다면 성공률 p의 95% 근사 신뢰구간은?

연습문제 8.6

1. 어떤 슈퍼마켓의 자료조사에서 임의로 선택된 300명의 손님 중 204명이 쿠폰을 정규적으로 사용했다. 쿠폰을 사용할 모든 손님의 모비율 p에 대한 99%의 근사 신뢰구간을 구하여라.

2. 어떤 지역에서 임의로 선택된 250명의 TV 시청자 중 190명이 A프로그램을 시청해 왔다. 이 프로그램을 시청할 전체인구의 모비율 p에 대한 95%의 근사 신뢰구간을 구하여라.

§8.7 모비율들의 차에 대한 신뢰구간
(Confidence Intervals for Difference between Proportions)

확률변수 Y_1과 Y_2는 각각 독립인 두 이항모집단 $b(n_1, p_1)$, $b(n_2, p_2)$에 따른다고 하자. 여기서 p_1과 $p_2(0<p_1<1,\ 0<p_2<1)$는 미지모수들이다. 그러면

$$E(Y_1) = n_1p_1, \qquad E(Y_2) = n_2p_2,$$
$$\mathrm{Var}(Y_1) = n_1p_1(1-p_1), \qquad \mathrm{Var}(Y_2) = n_2p_2(1-p_2)$$

이므로

$$E\left(\frac{Y_1}{n_1}-\frac{Y_2}{n_2}\right) = p_1-p_2,$$
$$\mathrm{Var}\left(\frac{Y_1}{n_1}-\frac{Y_2}{n_2}\right) = \frac{1}{n_1^2}\mathrm{Var}(Y_1)+\frac{1}{n_2^2}\mathrm{Var}(Y_2)$$
$$= \frac{p_1(1-p_1)}{n_1}+\frac{p_2(1-p_2)}{n_2}$$

이다. 따라서 중심극한정리에 의해

$$\frac{\dfrac{Y_1}{n_1}-\dfrac{Y_2}{n_2}-(p_1-p_2)}{\left\{\dfrac{p_1(1-p_1)}{n_1}+\dfrac{p_2(1-p_2)}{n_2}\right\}^{1/2}} \xrightarrow{\mathcal{D}} Z, \qquad Z \sim N(0, 1)$$

이고

$$\frac{Y_1}{n_1} \xrightarrow{\text{P}} p_1, \qquad \frac{Y_2}{n_2} \xrightarrow{\text{P}} p_2$$

이므로

$$\frac{\dfrac{Y_1}{n_1}-\dfrac{Y_2}{n_2}-(p_1-p_2)}{U(n_1, n_2)} \xrightarrow{\mathcal{D}} Z$$

가 된다. 여기서

$$U(n_1, n_2) = \left\{\frac{Y_1}{n_1^2}\left(1-\frac{Y_1}{n_1}\right) + \frac{Y_2}{n_2^2}\left(1-\frac{Y_2}{n_2}\right)\right\}^{1/2}$$

이다. 따라서 표본크기 n_1, n_2 가 클 때

$$P\left\{-z_{\alpha/2} < \left(\frac{Y_1}{n_1}-\frac{Y_2}{n_2}-(p_1-p_2)\right) \Big/ U(n_1, n_2) < z_{\alpha/2}\right\} = 1-\alpha \quad (1)$$

인 점 $z_{\alpha/2}$ 를 표준 정규분포 표에서 찾을 수 있다. 식 (1)을 p_1-p_2 에 관해 풀면

$$P\left\{\frac{Y_1}{n_1}-\frac{Y_2}{n_2}-z_{\alpha/2}U(n_1, n_2) < p_1-p_2 < \frac{Y_1}{n_1}-\frac{Y_2}{n_2}+z_{\alpha/2}U(n_1, n_2)\right\}= 1-\alpha$$

가 되므로 모비율들의 차 p_1-p_2 에 대한 $100(1-\alpha)\%$ 의 근사 신뢰구간은, Y_1 과 Y_2 의 관찰치가 각각 y_1, y_2 일 때

$$\left(\frac{y_1}{n_1}-\frac{y_2}{n_2}-z_{\alpha/2}u(n_1, n_2),\ \frac{y_1}{n_1}-\frac{y_2}{n_2}+z_{\alpha/2}u(n_1, n_2)\right) \quad (2)$$

으로 주어진다.

[예제 1] A 지역에서 임의로 선택된 200명의 투표자 중 132명이 K 후보자를 지지하는 것으로 나타났고, B 지역에서는 150명중 90명이 같은 후보자를 지지하는 것으로 나타났다. 두 지역에서 K 후보자를 지지할 투표자들의 실제 모비율들의 차 p_1-p_2 에 대한 99%의 근사 신뢰구간을 구하여라.

【풀이】 $\alpha = 0.01$ 이므로 식 (1)에 의해 표준 정규분포 표로부터 $z_{0.005} = 2.575$ 를 얻는다. 또, $n_1 = 200$, $n_2 = 150$, $y_1 = 132$, $y_2 = 90$ 이므로

$$u(200, 150) = \left\{\frac{132}{200^2}\left(1-\frac{132}{200}\right)+\frac{90}{150^2}\left(1-\frac{90}{150}\right)\right\}^{1/2} = 0.052$$

이다. 따라서 식 (2)에 의해 p_1-p_2 에 대한 99%의 근사 신뢰구간은

$$(0.66-0.60-2.575\times 0.052,\ 0.66-0.60+2.575\times 0.052)$$

즉, $(-0.074,\ 0.194)$ 이다. □

[문제] 독립인 두 개의 이항모집단 $b(100, p_1)$과 $b(400, p_2)$으로부터 얻은 표본비율이 각각 0.3과 0.2 이었다. 모비율들의 차 p_1-p_2에 대한 95 %의 근사 신뢰구간을 구하여라.

연습문제 8.7

1. 미지모수 p_1 과 p_2 를 각각 갖는, 독립인 두 이항모집단 $b(100, p_1)$, $b(100, p_2)$ 으로부터 각각의 확률변수 Y_1, Y_2 의 관찰치가 $y_1=50$, $y_2=40$ 일 때, 모비율들의 차 p_1-p_2 에 대한 90 %의 근사 신뢰구간을 구하여라.

2. 어떤 관광명소를 방문하는 방문객들의 표본조사에서 남자 250 명 중 84 명이, 여자 250 명 중 156 명이 여행 기념품을 샀다. 이 관광명소에서 여행기념품을 살 남자 및 여자의 실제 모비율들의 차 p_1-p_2에 대한 95 %의 근사 신뢰구간을 구하여라.

§8. 8 분산에 대한 신뢰구간
(Confidence Intervals for Variances)

확률변수 X가 $X \sim N(\mu, \sigma^2)$일 때, 미지모수 σ^2에 대한 신뢰구간을 추정하기 위해, 다음과 같이 μ가 기지일 때와 미지일 때로 나누어 생각하기로 한다.

(i) μ가 기지일 때: $X_1, \cdots, X_n$을 정규모집단 $X \sim N(\mu, \sigma^2)$으로부터의 표본이라 하면, § 7.3 의 정리 1 (b)에 의해

$$Y := \sum_{i=1}^{n}\left(\frac{X_i - \mu}{\sigma}\right)^2 \sim \chi^2(n)$$

임을 안다. 따라서 $\alpha\,(0 < \alpha < 1)$가 주어지면

$$P\left\{\chi^2_{\alpha/2,n} < Y < \chi^2_{1-\alpha/2,n}\right\} = 1 - \alpha \tag{1}$$

인 점 $\chi^2_{1-\alpha/2,n}$와 $\chi^2_{\alpha/2,n}$을 부록의 χ^2-분포 표에서 찾을 수 있다. 여기서

$$P\left\{Y < \chi^2_{\alpha,n}\right\} = \alpha \tag{2}$$

를 나타낸다. 위의 식 (1)에서 σ^2에 대해 풀면

$$P\left\{\sum_{i=1}^{n}(X_i - \mu)^2 \Big/ \chi^2_{1-\frac{\alpha}{2},n} < \sigma^2 < \sum_{i=1}^{n}(X_i - \mu)^2 \Big/ \chi^2_{\frac{\alpha}{2},n}\right\} = 1 - \alpha$$

가 된다. 따라서 표본 $X_1, \cdots, X_n$의 관찰치가 $x_1, \cdots, x_n$이면 모분산 σ^2에 대한 $100(1-\alpha)\%$의 신뢰구간은

$$\left(\sum_{i=1}^{n}(x_i - \mu)^2 \Big/ \chi^2_{1-\frac{\alpha}{2},n},\quad \sum_{i=1}^{n}(x_i - \mu)^2 \Big/ \chi^2_{\frac{\alpha}{2},n}\right) \tag{3}$$

이다.

[예제 1] 앞의 식 (2)에서 $\mu=0,\ n=10,\ \sum_{i=1}^{10} x_i^2 = 106.6$ 일 때, 모분산 σ^2 에 대한 95 %의 신뢰구간을 구하자. $\alpha=0.05$ 이므로 식 (1)과 (2)로 부터

$$P\left\{Y < \chi^2_{0,975,10}\right\} = 0.975, \quad P\left\{Y < \chi^2_{0.025,10}\right\} = 0.025$$

인 점들 $\chi^2_{0,975,10}$ 와 $\chi^2_{0.025,10}$ 을 χ^2-분포 표에서 찾으면 각각

$$\chi^2_{0,975,10} = 20.5, \quad \chi^2_{0.025,10} = 3.25$$

이다. 따라서 식 (3)에 의해 모분산 σ^2 에 대한 95 %의 신뢰구간은

$$(106.6/20.5,\ 106.6/3.25)$$

이고, 이를 간단히 하면 (5.2, 32.8)을 얻는다.

(ii) μ 가 미지일 때: $X_1, \cdots, X_n$ 이 정규모집단 $X \sim N(\mu, \sigma^2)$의 표본이면, 미지모수 μ 에 적합한 추정량 $\overline{X}$ 에 대해서, §7.4의 따름정리 2로부터

$$(n-1)S^2/\sigma^2 \sim \chi^2(n-1)$$

을 이용한다. 그러면 앞의 식 (1)에서와 같이 생각하면

$$P\left\{\chi^2_{\frac{\alpha}{2},n-1} < \frac{(n-1)S^2}{\sigma^2} < \chi^2_{1-\frac{\alpha}{2},n-1}\right\} = 1-\alpha \tag{4}$$

가 되므로 이를 σ^2 에 대해 풀어서

$$P\left\{(n-1)S^2/\chi^2_{1-\frac{\alpha}{2},n-1} < \sigma^2 < (n-1)S^2/\chi^2_{\frac{\alpha}{2},n-1}\right\} = 1-\alpha$$

을 얻고, α 와 관찰치 $x_1, \cdots, x_n$ 및 표본분산의 값 s^2 이 주어지면, 이들로부터 모분산 σ^2 에 대한 $100(1-\alpha)$ %의 신뢰구간

$$\left((n-1)s^2/\chi^2_{1-\frac{\alpha}{2},n-1},\quad (n-1)s^2/\chi^2_{\frac{\alpha}{2},n-1}\right) \tag{5}$$

이 구해진다.

[예제 2] 어떤 시험엔진의 기름소비량 측정을 16회 시행한 결과 그 표준편차가 2.2갈론이었다. 관찰된 자료가 정규모집단으로부터의 표본이라 가정하고, 이 엔진의 기름소비량의 실제 표준편차 σ에 대한 90%의 신뢰구간을 구하여라.

【풀이】 가정에 의해 $n=16$, $\alpha=0.1$, $s=2.2$ 이다. 식 (2)를 응용하면

$$\chi^2_{0.05,\,15} = 7.26, \quad \chi^2_{0.95,\,15} = 25.0$$

을 얻는다. 따라서 식 (5)에 의해 σ^2 에 대한 90%의 신뢰구간은

$$(15\times4.84/25,\ 15\times4.84/7.26)$$

즉, (2.904, 10)이다. 이 구간의 양 끝점에 제곱근을 취하면 σ에 대한 신뢰구간 (1.7, 3.16)을 얻는다. □

[문제] 정규모집단 $N(0, \sigma^2)$으로부터 뽑은 10개의 표본 관찰치에 의해 $\sum_{i=1}^{10}(x_i-0)^2=107$이었다. 모분산 σ^2 에 대한 90%의 신뢰구간을 구하여라.

연습문제 8.8

1. 정규모집단 $N(8, \sigma^2)$으로부터 뽑은 표본크기 9인 표본의 관찰치가 8.6, 7.9, 8.3, 6.4, 8.4, 9.8, 7.2, 7.8, 7.5이다. 모분산 σ^2 에 대한 90%의 신뢰구간을 구하여라.

2. 정규모집단 $N(\mu, \sigma^2)$으로부터 추출한 표본크기가 15인 표본으로부터 $\bar{x}=3.2$, $s^2=4.24$를 얻었다. 실제 표준편차 σ에 대한 95%의 신뢰구간을 구하여라.

§8. 9 분산비에 대한 신뢰 구간
(Confidence Intervals for Ratios of two Variances)

두 확률변수 X, Y의 분포가 각각 $X \sim N(\mu_1, \sigma_1^2)$, $Y \sim N(\mu_2, \sigma_2^2)$이고 이들은 서로 독립이며 μ_1과 μ_2는 미지라고 가정한다. 이 때 두 분산의 비 σ_2^2/σ_1^2에 대한 신뢰구간을 구해보자. 미지모수 μ_1 과 μ_2에 적합한 점 추정량을 각각 $\overline{X}$, $\overline{Y}$라 하고

$$S_1^2 := \frac{1}{m-1}\sum_{i=1}^{m}(X_i-\overline{X})^2 \text{을 } N(\mu_1, \sigma_1^2) \text{으로부터의 표본분산,}$$

$$S_2^2 := \frac{1}{n-1}\sum_{i=1}^{n}(Y_i-\overline{Y})^2 \text{을 } N(\mu_2, \sigma_2^2) \text{으로부터의 표본분산}$$

이라 하면

$$(m-1)S_1^2/\sigma_1^2 \sim \chi^2(m-1), \qquad (n-1)S_2^2/\sigma_2^2 \sim \chi^2(n-1)$$

이므로 §7.4의 따름정리 4에 의해

$$F := \frac{\sigma_2^2 S_1^2}{\sigma_1^2 S_2^2} \sim F(m-1, n-1)$$

이다. 따라서 $\alpha\,(0<\alpha<1)$가 주어지면 §7.3의 식 (1)을 참조하여

$$P\left\{F_{1-\frac{\alpha}{2}, m-1, n-1} < F < F_{\frac{\alpha}{2}, m-1, n-1}\right\} = 1-\alpha \tag{1}$$

인 두 점 $F_{\frac{\alpha}{2}, m-1, n-1}$와 $F_{1-\frac{\alpha}{2}, m-1, n-1}$를 부록의 F-분포표로부터 찾을 수 있다. 또 §7.3의 식 (2)로부터

$$F_{1-\frac{\alpha}{2}, m-1, n-1} = 1\Big/F_{\frac{\alpha}{2}, n-1, m-1}$$

인 관계가 있어서 위의 식 (1)에 의해

$$P\left\{ \frac{S_2^2}{S_1^2} \frac{1}{F_{\frac{\alpha}{2}, n-1, m-1}} < \frac{\sigma_2^2}{\sigma_1^2} < \frac{S_2^2}{S_1^2} F_{\frac{\alpha}{2}, m-1, n-1} \right\} = 1-\alpha$$

을 얻고, 실험의 관찰치로부터 s_1^2, s_2^2 이 얻어지면 분산비 σ_2^2/σ_1^2 에 대한 $100(1-\alpha)$ %의 신뢰구간은 다음과 같이 구해진다.

$$\left(\frac{s_2^2}{s_1^2} \frac{1}{F_{\frac{\alpha}{2}, n-1, m-1}}, \quad \frac{s_2^2}{s_1^2} F_{\frac{\alpha}{2}, m-1, n-1} \right) \tag{2}$$

[예제 1] § 8.5의 예제 2에서 분산비 σ_2^2/σ_1^2 에 대한 98 %의 신뢰구간을 구하여라.

【풀이】 위에서 $\alpha = 0.02$ 이다. § 8.5의 예제 2에서 $m = 10$, $n = 8$ 일 때 F-분포표로부터

$$F_{0.99, 9, 7} = 6.72, \qquad F_{0.99, 7, 9} = 5.61$$

을 얻는다. 여기서 $P\left\{F \le F_{1-\alpha, m, n}\right\} = 1-\alpha$ 이다. 따라서 (2)로부터 분산비 σ_2^2/σ_1^2 에 대한 98 %의 신뢰구간은

$$\left(\frac{0.49}{0.25}\left(\frac{1}{5.61}\right), \ \frac{0.49}{0.25}(6.72) \right)$$

즉, (0.35, 13.17) 이다. □

◐ 연습문제 8.9

1. 두 광산 A, B 에서 석탄의 발열량이 톤당 100만 칼로리의 단위로 다음과 같이 측정되었다.

광산 A: 8500, 8330, 8480, 7960, 8030

광산 B: 7710, 7890, 7920, 8270, 7860

이 자료가 독립인 두 정규 모집단으로부터의 표본일 때, 분산비 σ_2^2/σ_1^2 에 대한 98%의 신뢰구간을 구하여라.

가설검정 (Testing of Hypotheses)

제 9 장

통계학의 주된 목적은 표본자료에 포함된 정보를 기초로 하여 모집단의 미지모수들을 추론하는데 있다. 이 추론의 방법은 각각의 모수를 추정 (점추정 또는 구간추정)하는 방법이 있거나 아니면 그 모수들에 대해 가설을 설정하고 이를 검정하는 방법이 있다.

§9. 1 가설검정의 기본원리 (Fundamental Principles of Hypothesis Testing)

제 8장에서는 모수의 추정법에 관해서 공부했으나, 여기서는 통계적 가설을 검정하는 일반적 방법을 다룬다. 다음 예제들을 통하여 가설검정의 기본원리를 하나하나 설명하기로 하자.

[예제 1] 확률실험의 결과를 나타내는 확률변수 X가 정규모집단 $N(\theta, 100)$에 따른다고 가정하자. 여기서 $\theta\,(-\infty < \theta < \infty)$는 미지모수이다. 예를 들면, X가 어떤 검사에서 점수를 나타낼 수 있다. 과거 경험으로는 $\theta = 75$라 한다. 어떤 변화에 의해 이제는 $\theta > 75$라 추측된다고 하자. $\theta > 75$라는 아직 공식적인 실증이 없기 때문에 $\theta > 75$는 하나의 **통계적 가설**(statistical hypothesis)이다. 따라서 모수공간 $\Theta = \{\theta : -\infty < \theta < \infty\}$에서 $\theta > 75$에 반대되는 가설, 즉 어떤 변화가 있기 이전의 가설 $\theta \leq 75$를 **귀무가설** 혹은 **영가설**(null hypothesis)이라 말하고 기호로는

$$H_0 : \theta \le 75 \quad \text{혹은} \quad H_0 : \theta \in \Theta_0 \ (\text{단, } \Theta_0 \subset \Theta)$$

로 표시한다. 어떤 변화에 의해 $\theta > 75$ 라고 추측되는 가설은 H_0 에 대립되기 때문에 **대립가설**(alternative hypothesis)이라 말하고 기호로는

$$H_1 : \theta > 75 \quad \text{혹은} \quad H_1 : \theta \in \Theta_1 \ (\text{단, } \Theta_1 := \Theta - \Theta_0)$$

으로 표시한다. 이들 가설의 진위를 파악하기 위해 주어진 모집단 분포 $N(\theta, 100)$로부터 확률표본을 행하고 그 표본치 $x_1, \cdots, x_n$ 에 의해 어떤 결정을 말해 주는 규칙을, H_1 에 대해 H_0 의 **검정**(test of H_0 against H_1)이라 말한다. 표본공간 $\mathbb{R}^n := \{(x_1, \cdots, x_n) : -\infty < x_i < \infty, i = 1, 2, \cdots, n\}$의 어떤 부분집합 C 가 있어서 $\mathbb{R}^n$ 이

$$\mathbb{R}^n = C \cup C^c \quad (\text{단, } C^c \text{는 } C \text{의 여집합이다})$$

으로 분할되고 표본치 $\boldsymbol{x}_1, \cdots, \boldsymbol{x}_n$에 대해 다음과 같이 정의한다고 하자.

$(x_1, \cdots, x_n) \in C \quad \Leftrightarrow \quad H_0$ 를 **기각한다**(reject H_0). 즉

H_1 을 **채택한다**(accept H_1).

또한, 같은 의미로서

$(x_1, \cdots, x_n) \in C^c \quad \Leftrightarrow \quad H_0$ 를 채택한다. 즉, H_1 을 기각한다.

이러한 집합 C 를 H_0의 **기각역**(critical region)이라 부른다.

앞의 예제 1 에 대한 가설을 검정하는데 다음과 같이 여러 가지 검정 유형들이 있을 수 있으나, 사실 보다 더 좋은 검정방법을 찾는 것이 우리의 목표이다.

〔검정 1〕 표본크기 $n = 25$ 인 표본공간을

$$\mathbb{R}^n := \{(x_1, \cdots, x_{25}) : -\infty < x_i < \infty, \ i = 1, 2, \cdots, 25\}$$

이라 하고, 앞에서 언급한 귀무가설 $H_0 : \theta \le 75$ 의 기각역을

$$C := \left\{(x_1, \cdots, x_{25}) : \bar{x} := \frac{1}{25}(x_1+\cdots+x_{25}) > 75\right\}$$

으로 설정하면, 표본치 $x_1, \cdots, x_{25}$에 대해 다음과 같이 정의할 수 있다.

$$H_0\ (\theta \le 75)\text{를 기각한다} \quad \Leftrightarrow \quad (x_1, \cdots, x_{25}) \in C$$

$$\Leftrightarrow \quad \bar{x} > 75$$

이 경우 기각역 C가 잘 설정된 것인지, 즉 [검정 1]은 좋은 검정방법인지를 파악하기 위해 표본을 통해서 H_0를 기각할 확률

$$P\{(X_1, \cdots, X_{25}) \in C\} = P\{\bar{X} > 75\}$$

을 계산해 볼 것이다.

$$X_1, \cdots, X_{25} \overset{iid}{\sim} N(\theta, 100)$$

이므로 $E(\bar{X}) = \theta$ 이고 $\mathrm{Var}(\bar{X}) = \dfrac{100}{25} = 4$ 이다. 따라서

$$Z := \frac{\bar{X} - \theta}{2} \sim N(0, 1)$$

이므로 $H_0 : \theta \le 75$를 기각할 확률은, 위의 정의에 준해서

$$P\{\bar{X} > 75\} = P\left\{Z > \frac{75-\theta}{2}\right\} = 1 - \Phi\left(\frac{75-\theta}{2}\right)$$

$$=: K_1(\theta)$$

가 된다. 여기서 θ의 함수 $K_1(\theta)$를 [검정 1]의 **검정력함수**(power function of test)라 말하고, 각각의 θ에서 $K_1(\theta)$의 값을 **검정력**(power of test)이라 부른다. 부록의 표준 정규분포 표에 의해 다음 각각의 검정력이 구해진다.

$$K_1(75) = 1 - \Phi(0) = 1 - 0.5 = 0.5$$

$$K_1(73) = 1 - \Phi(1) = 1 - 0.841 = 0.159$$

$$K_1(77) = 1 - \Phi(-1) = 1 - (1 - \Phi(1)) = \Phi(1) = 0.841$$

$$K_1(79) = 1 - \Phi(-2) = \Phi(2) = 0.977$$

위에서 $\theta = 75$ 인 경우는 영가설 $H_0 : \theta \le 75$ 의 영역 안에 있으므로 참인 가설 H_0 를 기각할 확률 0.5는 높다고 할 수 있다. 참인 가설 H_0 를 기각할 확률이 높다는 것은 바람직하지 못한 검정방법이 된다. 이와 같은 과오는 처음부터 기각역 C 를 설정할 때 잘못이 있다고 보아야 한다. 이러한 단점을 갖지 않을 다른 검정방법을 생각해 보기로 하자.

〔검정 2〕 표본크기 $n = 25$ 인, H_0 의 기각역을 이번에는

$$C := \left\{(x_1, \cdots, x_{25}) : \bar{x} > 78\right\}$$

으로 설정하면, [검정 1] 과 같이 생각하여

$$Z := \frac{\overline{X} - \theta}{2} \sim N(0, 1)$$

으로부터 가설 $H_0 : \theta \le 75$ 를 기각할 확률은

$$P\{\overline{X} > 78\} = P\left\{Z > \frac{78 - \theta}{2}\right\} = 1 - \Phi\left(\frac{78 - \theta}{2}\right) =: K_2(\theta)$$

가 된다. 따라서

$$K_2(75) = 1 - \Phi(1.5) = 1 - 0.933 = 0.067$$

$$K_2(73) = 1 - \Phi(2.5) = 1 - 0.994 = 0.006$$

$$K_2(77) = 1 - \Phi(0.5) = 1 - 0.691 = 0.309$$

$$K_2(79) = 1 - \Phi(-0.5) = \Phi(0.5) = 0.691$$

위에서 $\theta = 75$ 인 경우는 참인 가설 $H_0 : \theta \le 75$ 를 기각할 확률 0.067 이 낮아서 좋으나, 예를 들어 $\theta = 77$ 인 때는 $H_0 : \theta \le 75$ 의 영역 안에 없으므로 거짓인 가설 H_0 를 기각할 확률 0.309 가 낮기 때문에 좋지 않다. 따라서 [검정 2] 도 역시 바람직하지 못한 검정방법이 된다.

[검정 1] 과 [검정 2] 에서의 과오를 어느 정도 줄이기 위해 다음과 같은 검정방법을 생각할 수 있다.

〔검정 3〕 표본크기를 n 이라 가정하고 앞의 검정들에서와 같이

$$H_0 : \theta \le 75 \text{를 기각한다} \iff \overline{x_n} := \frac{1}{n}\sum_{i=1}^{n} x_i > c$$

(여기서 n 과 c 는 구해야할 상수들이다)

으로 정의하자. 그러면 H_0 의 기각역은

$$C := \left\{(x_1, \cdots, x_n) : \overline{x}_n > c\right\}$$

인 형태이다.

$$\overline{X}_n \sim N\left(\theta, \frac{100}{n}\right)$$

이므로

$$Z_n := \frac{\overline{X}_n - \theta}{10/\sqrt{n}} \sim N(0, 1)$$

이 된다. 따라서 검정력 함수는

$$P\left\{\overline{X_n} > c\right\} = P\left\{Z_n > \frac{c-\theta}{10/\sqrt{n}}\right\} = 1 - \Phi\left(\frac{c-\theta}{10/\sqrt{n}}\right) =: K_3(\theta) \qquad (1)$$

이다. 영가설 $H_0 : \theta \le 75$ 가 참일 때, $\theta = 75$ 에서 검정력이 작고 $\theta = 77$ 에서 검정력이 크도록 다음과 같이 검정력 함수 $K_3(\theta)$ 를 가정하자.

$$\begin{cases} K_3(75) = 0.159 \\ K_3(77) = 0.841 \end{cases} \tag{2}$$

이렇게 가정했을 때, 과연 이 검정방법이 좋은 것인지 어떤지를 알아보기로 한다. 앞의 식 (1)과 (2)에 의하여

$$\begin{cases} 0.159 = K_3(75) = 1 - \Phi\left(\dfrac{c-75}{10/\sqrt{n}}\right) \\ 0.841 = K_3(77) = 1 - \Phi\left(\dfrac{c-77}{10/\sqrt{n}}\right) \end{cases}$$

이므로

$$\begin{cases} \Phi\left(\dfrac{c-75}{10/\sqrt{n}}\right) = 0.841 \\ \Phi\left(\dfrac{c-77}{10/\sqrt{n}}\right) = 0.159 \end{cases}$$

인 관계를 얻는다. 부록의 표준 정규분포 표에서 찾으면

$$\frac{c-75}{10/\sqrt{n}} = 1, \qquad \frac{c-77}{10/\sqrt{n}} = -1$$

임을 알 수 있고, 이 두 방정식을 연립해 풀어서

$$c = 76, \quad n = 100$$

을 얻는다. 따라서 식 (1)에 의해서

$$\begin{aligned} K_3(73) &= 1-\Phi\left(\frac{76-73}{10/\sqrt{100}}\right) = 1-\Phi(3) \\ &= 1-0.999 = 0.001 \quad \text{(낮아서 좋다)} \end{aligned} \tag{3}$$

$$\begin{aligned} K_3(79) &= 1-\Phi(-3) = \Phi(3) \\ &= 0.999 \quad \text{(높아서 좋다)} \end{aligned}$$

가 된다. (2)와 (3)을 종합하여 [검정 1] 및 [검정 2]에 있는 검정력과 비교해 보면 [검정 3]이 그런대로 더 바람직하지만 표본크기($n=100$)가 크다는 결함이 있다.

다음은 가설검정에 대한 일반적인 개념을 소개한다.

정의 1 **통계적 가설**(statistical hypothesis)은 하나 또는 그 이상의 확률변수들의 분포에 관한 주장이다. 만약 하나의 통계적 가설이 그 분포를 특징지울 수 있다면 그것은 **단순가설**(simple hypothesis), 그렇지 않으면 **복합가설**(composite hypothesis)이라 말한다.

예를 들어 예제 1에서 $H_0 : \theta \le 75$ 와 $H_1 : \theta > 75$ 는 모두 복합가설이다. 왜냐하면, 이들의 가설이 그 분포를 완전히 특징짓지 못하기 때문이다. 한편, $H_0 : \theta \le 75$ 대신에, $H_0 : \theta = 75$ 는 그 분포를 특징지울 수 있으므로 단순가설이 된다.

정의 2 **통계적 가설의 검정**(test of statistical hypothesis)은, 표본치가 얻어졌을 때, 주어진 가설을 채택 또는 기각할 결정을 이끄는 규칙이다.

정의 3 주어진 가설의 기각을 이끌어 내는 표본공간의 부분집합을 그 가설에 대한 검정의 **기각역**(critical region)이라 부른다.

정의 4 대립가설 H_1 에 대해(against alternative hypothesis H_1) 영가설 H_0 의 **검정력 함수**(power function of test)는, 표본점 $(x_1, \cdots, x_n)$ 이 기각역 C 에 떨어질 확률을 나타내는 함수, 즉, 주어진 가설을 기각할 확률을 나타내는 함수이다. 다시 말해서, θ 가 주어졌을 때, 표본점 $(x_1, \cdots, x_n)$ 이 기각역 C 에 떨어질 확률

$$P\{(X_1, \cdots, X_n) \in C\,;\, \theta\} =: K(\theta)$$

은 **검정력 함수**이다.

정의 5 대립가설 H_1 에 대하여 귀무가설 H_0 를 검정하려고 할 때, 참인 H_0 를 기각할 확률의 최대치, 즉 H_0 가 참일 때 검정력 함수의 최대치를 그 검정의 **유의수준**(significance level) 혹은 **제 I 종의 과오의 크기**(size of Type I error)라 말하고, 기호로는

$$\alpha := \max_{H_0} P\{(X_1, \cdots, X_n) \in C\,;\, H_0\}$$

로 표시한다.

정의 6 대립가설 H_1 에 대하여 귀무가설 H_0 를 검정하려고 할 때, 거짓인 H_0 를 채택함으로써 발생되는 과오의 크기를 **제 II 종의 과오의 크기**(size of Type II error)라 말하고. 기호로는

$$\beta := P\{(X_1, \cdots, X_n) \in C^c\,;\, H_1\}$$

로 표시한다.

앞의 [검정 1], [검정 2], [검정 3]의 유의 수준은 각각 0.500, 0.067, 0.159 이다.

[예제 2] 확률변수 X 의 밀도함수가 다음과 같다고 하자.

$$f(x;\theta) = \begin{cases} \dfrac{1}{\theta}\exp\left(-\dfrac{x}{\theta}\right), & 0 < x < \infty;\ \theta > 0, \\ 0, & -\infty < x \le 0 \end{cases}$$

단순대립가설 $H_1 : \theta = 4$ 에 대해 단순귀무가설 $H_0 : \theta = 2$ 를 검정하기 위해 표본 X_1, X_2를 행하였다. 가설의 기각역을 $C = \{(x_1, x_2) : x_1 + x_2 \ge 9.5\}$로 정할 때, 유의수준 α 와 제 II 종의 과오의 크기 β를 구하여라.

【풀이】 검정력 함수는

$$K(\theta) := P\{(X_1, X_2) \in C;\theta\} = P\{X_1 + X_2 \ge 9.5;\theta\}$$

이다. 귀무가설 $H_0 : \theta = 2$ 가 참일 때 유의수준을 구하면, 정의 5에 의해

$$\begin{aligned} \alpha &:= \max_{H_0} P\{(X_1, X_2) \in C;\ H_0\} \\ &= P\{X_1 + X_2 \ge 9.5;\ \theta = 2\} \\ &= 1 - P\{X_1 + X_2 < 9.5;\ \theta = 2\} \\ &= 1 - \int_0^{9.5}\int_0^{9.5 - x_2} f(x_1, x_2;\theta = 2)\, dx_1\, dx_2 \\ &= 1 - \int_0^{9.5}\int_0^{9.5 - x_2} f(x_1;\theta = 2) f(x_2;\theta = 2)\, dx_1\, dx_2 \end{aligned}$$

$$= 1 - \int_0^{9.5} \int_0^{9.5-x_2} \frac{1}{4} e^{-(x_1+x_2)/2} dx_1 dx_2$$

$$\fallingdotseq 0.05$$

이 된다. 한편, H_0가 거짓일 때 (즉, H_1이 참일 때), 제 II 종의 과오의 크기를 구하면, 정의 6에 의해

$$\beta := P\{(X_1, X_2) \in C^c ; H_1\} = P\{X_1 + X_2 < 9.5 ; \theta = 4\}$$

$$= \int_0^{9.5} \int_0^{9.5-x_2} \frac{1}{16} e^{-(x_1+x_2)/4} dx_1 dx_2$$

$$\fallingdotseq 0.69$$

이 된다. $\beta \fallingdotseq 0.69$의 의미는 상당히 높은 과오의 크기를 보여준다. 따라서 처음부터 기각역 C의 설정에서 잘못이 있다고 보인다. □

[문제] 앞의 예제 2에서 기각역을 $C = \{(x_1, x_2) : x_1 + x_2 \geq 4\}$로 정할 때, 유의수준 α와 제 II 종의 과오의 크기 β를 구하여라.

연습문제 9.1

1. X의 밀도함수가 다음과 같다고 하자.

$$f(x ; \theta) = \begin{cases} \theta x^{\theta - 1}, & 0 < x < 1,\ \theta > 0 \\ 0, & \text{그 외에서} \end{cases}$$

대립가설 $H_1 : \theta = 2$에 대해 단순가설 $H_0 : \theta = 1$을 검정하기 위해 표본 X_1, X_2를 행하였다. 기각역을

$$C = \left\{(x_1, x_2)\,;\ \frac{3}{4x_1} \le x_2\right\}$$

으로 정할 때, 검정력 함수와 α, β 를 구하여라.

2. $X \sim b(10, p)$ 로부터 표본 X_1 를 택하여 그 관찰치가 $x_1 \le 3$ 이면 $H_0 : p = 0.5$ 는 기각되고 $H_1 : p = 0.25$ 는 채택된다고 할 때, 검정력 함수와 α, β 를 구하여라.

3. 타이어 수명시간 X 는 마일단위로 평균 θ 와 표준편차 5,000 인 정규분포에 따른다고 하자. 과거의 경험으로 $\theta = 30{,}000$ 이라 한다. 제조업자는 새로운 기술로 $\theta > 30{,}000$ 이라고 주장한다. 대립가설 $H_1 : \theta > 30{,}000$ 에 대해 귀무가설 $H_0 : \theta \le 30{,}000$ 을 검정하기 위해 표본치 $x_1, \cdots, x_n$ 을 조사하고 $\bar{x} \ge c$ 이면 H_0 를 기각한다고 할 때, 검정력 함수 $K(\theta)$ 가

$$K(30{,}000) = 0.01, \qquad K(35{,}000) = 0.98$$

의 값을 갖도록 n 과 c 를 구하여라.

§9. 2 최량검정 (Best Tests)

제 I 종의 과오의 크기, 즉 유의수준 α와 제 II 종의 과오의 크기 β를 동시에 작게 할 수 있는 검정방법은 없을까 하는 의문을 갖게 된다. 그러나 이것은 불가능하다는 사실을 다음 예제 1을 통해서 알 수 있다.

[예제 1] 정규모집단 $N(\theta, 1)$으로부터의 표본 $X_1, \cdots, X_9$에 의해, 대립가설 $H_1 : \theta = 11$에 대해 귀무가설 $H_0 : \theta = 10$을 검정하려고 한다. 실수 k에 대해 기각역을 $C = \left\{(x_1, \cdots, x_9) : \bar{x} > k\right\}$로 정할 때, α와 β의 값을 동시에 작게 할 수 없음을 보여라.

【풀이】 $\overline{X} \sim N\left(\theta, \dfrac{1}{9}\right)$ 이므로

$$Z := \frac{\overline{X}-\theta}{1/3} \sim N(0, 1)$$

이다. 따라서

$$\begin{aligned}\alpha &:= \max_{H_0} P\{(X_1, \cdots, X_9) \in C\,;\, H_0\} \\ &= \max_{\theta=10} P\{\overline{X} > k\,;\, \theta = 10\} \qquad (1) \\ &= P\left\{Z > \frac{k-10}{1/3}\right\} =: 1-\Phi(3(k-10))\end{aligned}$$

이고

$$\begin{aligned}\beta &:= P\{\overline{X} \le k\,;\, H_1\} = P\left\{Z \le \frac{k-\theta}{1/3}\,;\, \theta = 11\right\} \\ &=: \Phi(3(k-11)) \qquad (2)\end{aligned}$$

이다. 그런데 표준 정규분포함수 $\Phi(\cdot)$는 증가함수이므로 (1)과 (2)의 끝식에서 각각 k의 값이 커지면 α 값은 작아지고 β 값은 커지는 반면, k가 작아지면 각각 α 값은 커지고 β 값은 작아진다. 그러므로 두 과오의 크기

α, β를 동시에 작게 할 수 없음을 알 수 있다. □

결국 우리는 제 I종의 과오의 크기 α를 가능한 작게 허용하는 값으로 고정하고 제 II종의 과오의 크기 β를 최대한 축소할 수 있도록 해야 할 것이다. 이것이 가능한 경우는 그것이 최량검정법이 될 수 있음은 자명하다. 이러한 관점에서 다음과 같이 최량 검정법 (최량 기각법)을 정의한다.

정의 1 미지모수 θ를 갖는 모집단 분포로부터의 표본 $X_1, \cdots, X_n$에 의해 단순대립가설 $H_1 : \theta = \theta_1$에 대해 단순귀무가설 $H_0 : \theta = \theta_0$를 검정하려고 한다. 여기서 $\theta_0 \neq \theta_1$이다. 다음 식

$$P\{(X_1, \cdots, X_n) \in A\,;\, H_0\} = \alpha$$

을 만족하는, 표본공간 $\mathbb{R}^n$의 임의의 부분집합 A에 대하여, 다음 두 조건을 만족하는 $\mathbb{R}^n$의 부분집합 C가 존재할 때, 이 집합 C를 유의수준 α인 **최량 기각역**(best critical region)이라 말한다.

(a) $P\{(X_1, \cdots, X_n) \in C\,;\, H_0\} = \alpha$,

(b) $P\{(X_1, \cdots, X_n) \in C\,;\, H_1\} \geq P\{(X_1, \cdots, X_n) \in A\,;\, H_1\}$

주 의 1 정의 1에서의 최량 기각역 C가 존재한다는 것은 이것이 곧 최량검정법이 됨을 뜻한다. 정의 1의 의미를 해석하면, 조건 (a)에 의해 유의수준 α가 주어진 기각역 C에서, 조건 (b)에 의해 거짓인 H_0를 기각할 확률이 최대가 되어야 함을 뜻한다. 특히, 조건 (b)의 좌변에서

$$\begin{aligned} &P\{(X_1, \cdots, X_n) \in C\,;\, H_1\} \\ &= 1 - P\{(X_1, \cdots, X_n) \in C^c ; H_1\} \\ &= 1 - \beta \end{aligned}$$

인 관계로부터 조건 (b)는 최량 기각역 C에서 β가 최소가 되어야 함을 뜻한다.

[예제 2] $X \sim b(5, \theta)$인 이항분포로부터 단 한 개의 표본 X_1을 택하여 $H_1 : \theta = 0.75$에 대해 $H_0 : \theta = 0.5$를 검정하려 할 때, 유의수준 $\alpha = \frac{1}{32}$인 최량 기각역을 구하여라.

【풀이】 X_1의 확률함수는

$$P\{X_1 = x_1 ; \theta\} = \binom{5}{x_1}\theta^{x_1}(1-\theta)^{5-x_1}, \quad x_1 = 0, 1, \cdots, 5$$

이다. H_0와 H_1이 각각 참일 때의 확률분포는 다음과 같다.

$X_1 = x_1$	0	1	2	3	4	5
$P\{X_1 = x_1 ; 0.5\}$	$\frac{1}{32}$	$\frac{5}{32}$	$\frac{10}{32}$	$\frac{10}{32}$	$\frac{5}{32}$	$\frac{1}{32}$
$P\{X_1 = x_1 ; 0.75\}$	$\frac{1}{1024}$	$\frac{15}{1024}$	$\frac{90}{1024}$	$\frac{270}{1024}$	$\frac{405}{1024}$	$\frac{243}{1024}$
$\frac{P\{X_1 = x_1 ; 0.5\}}{P\{X_1 = x_1 ; 0.75\}}$	32	$\frac{32}{3}$	$\frac{32}{9}$	$\frac{32}{27}$	$\frac{32}{81}$	$\frac{32}{243}$

위의 확률분포에서 표본공간 $R := \{x_1 : x_1 = 0, 1, \cdots, 5\}$의 부분집합을

$$A_1 = \{x_1 : x_1 = 0\}, \quad A_2 = \{x_1 : x_1 = 5\}$$

이라 하면

$$P\{X_1 \in A_1 ; H_0\} = P\{X_1 = 0 ; \theta = 0.5\} = \frac{1}{32},$$

$$P\{X_1 \in A_2 ; H_0\} = P\{X_1 = 5 ; \theta = 0.5\} = \frac{1}{32}$$

이므로 정의 1에 의해 $\alpha = \frac{1}{32}$인 최량기각역 C는 A_1이 아니면 A_2이다. 그런데 이들 A_1, A_2의 경우에 H_1이 참일 때의 검정력은 각각

$$P\{X_1 \in A_1 ; H_1\} = P\{X_1 = 0 ; \theta = 0.75\} = \frac{1}{1024},$$

$$P\{X_1 \in A_2 ; H_1\} = P\{X_1 = 5 ; \theta = 0.75\} = \frac{243}{1024}$$

이므로 정의 1의 (b)에 의해 최량 기각역 C는 A_2가 된다. 따라서 실험을 통하여 관찰치가 $x_1 = 5$이면 H_0는 기각되고 H_1을 채택한다. □

위에서 최량 기각역 $C = A_2$에서 확률비의 값

$$\frac{P\{X_1 \in C ; H_0\}}{P\{X_1 \in C ; H_1\}} = \frac{32}{243} \tag{3}$$

이 최소가 됨에 유의하자. 이 사실은 최량기각역을 결정함에 있어서 아래의 중요한 정리를 이해하는데 도움이 될 것이다.

【정리 3】 (Neyman-Pearson 정리) 확률함수 또는 밀도함수 $f(x;\theta)$를 갖는 모집단 분포로부터의 표본을 $X_1, \cdots, X_n$이라 하고 그 결합 확률함수 또는 결합밀도함수를

$$L(\theta; x_1, \cdots, x_n) := f(x_1;\theta) \cdots f(x_n;\theta)$$

라 하자. 이 때 $L(\theta) := L(\theta; x_1, \cdots, x_n)$를 **우도함수**(likelihood function)라 부른다. 여기서 θ는 미지모수이다. 단순대립가설 $H_1 : \theta = \theta_1$에 대해 단순귀무가설 $H_0 : \theta = \theta_0$ $(\theta_0 \neq \theta_1)$를 검정하려 할 때, 표본공간 $\mathbb{R}^n$의 부분집합 C가 있어서 어떤 양수 k에 대해 다음 조건

(i) $P\{(X_1, \cdots, X_n) \in C ; H_0\} = \alpha$,

(ii) 모든 점 $(x_1, \cdots, x_n) \in C$에 대해

$$\frac{L(\theta_0 ; x_1, \cdots, x_n)}{L(\theta_1 ; x_1, \cdots, x_n)} \leq k, \tag{4}$$

(iii) 모든 점 $(x_1, \cdots, x_n) \notin C$에 대해

$$\frac{L(\theta_0 ; x_1, \cdots, x_n)}{L(\theta_1 ; x_1, \cdots, x_n)} > k$$

을 만족하면, C는 유의수준 α인 최량기각역이다.

주의 1 위의 정리 3에서 확률변수 X가 이산형일 때, 식 (4)의 부등식 방향은 식 (3)과 관련해서 생각하면 그 타당성이 명백하다.

【정리 3의 증명】 X가 연속 확률변수일 때 증명하자. 이산 확률변수일 때는 다음의 적분기호 대신에 합의 기호를 사용하면 된다. 표본 $X_1, \cdots, X_n$의 결합밀도함수를 간단히

$$L(\theta) = L(\theta\ ;\ x_1, \cdots, x_n)$$

로 나타내고 $\mathbb{R}^n$의 부분집합 B상의 적분에 대해

$$\int_B L(\theta) = \int \cdots \int_B L(\theta : x_1, \cdots, x_n) dx_1 \cdots dx_n$$

로 나타내자. 조건 (i)을 만족하는 어떤 부분집합 C가 유의수준 α인 최량기각역이 되기 위해서는, 정의 1에 준해서 생각하면

$$P\{(X_1, \cdots, X_n) \in A\ ;\ H_0\} = \alpha$$

를 만족하는 임의의 $A \subset \mathbb{R}^n$에 대해

$$P\{(X_1, \cdots, X_n) \in C\ ;\ H_1\} \geq P\{(X_1, \cdots, X_n) \in A\ ;\ H_1\}$$

즉,

$$\int_C L(\theta_1) \geq \int_A L(\theta_1) \tag{5}$$

을 보여야 한다. 그런데

$$C = (C \cap A) \cup (C \cap A^c), \quad A = (A \cap C) \cup (A \cap C^c)$$

이므로

$$\int_C L(\theta_1) - \int_A L(\theta_1)$$

$$= \int_{C \cap A} L(\theta_1) + \int_{C \cap A^c} L(\theta_1) - \int_{A \cap C} L(\theta_1) - \int_{A \cap C^c} L(\theta_1)$$

$$= \int_{C \cap A^c} L(\theta_1) - \int_{A \cap C^c} L(\theta_1) \tag{6}$$

가 된다. 조건 (ii)에 의해 $C \cap A^c$ 안의 모든 점 $(x_1, \cdots, x_n)$에 대해

$$\frac{L(\theta_0)}{L(\theta_1)} \leq k, \quad 즉 \quad L(\theta_1) \geq \frac{1}{k} L(\theta_0)$$

이므로

$$\int_{C \cap A^c} L(\theta_1) \geq \frac{1}{k} \int_{C \cap A^c} L(\theta_0) \tag{7}$$

이다. 또, 조건 (iii)에 의해 $A \cap C^c$ 안의 모든 점 $(x_1, \cdots, x_n)$에 대해서

$$\frac{L(\theta_0)}{L(\theta_1)} > k, \quad 즉 \quad L(\theta_1) < \frac{1}{k} L(\theta_0)$$

이므로

$$\int_{A \cap C^c} L(\theta_1) \leq \frac{1}{k} \int_{A \cap C^c} L(\theta_0) \tag{8}$$

이다. 따라서 (6), (7), (8)에 의해 다음 부등식을 얻으므로 (5)가 성립한다.

$$\int_C L(\theta_1) - \int_A L(\theta_1) \geq \frac{1}{k} \int_{C \cap A^c} L(\theta_0) - \frac{1}{k} \int_{A \cap C^c} L(\theta_0)$$

$$= \frac{1}{k} \left(\int_{C \cap A^c} L(\theta_0) + \int_{C \cap A} L(\theta_0) - \int_{C \cap A} L(\theta_0) - \int_{A \cap C^c} L(\theta_0) \right)$$

$$= \frac{1}{k} \left(\int_C L(\theta_0) - \int_A L(\theta_0) \right)$$

$$= \frac{1}{k} \left(P\{(X_1, \cdots, X_n) \in C \,;\, H_0\} - P\{(X_1, \cdots, X_n) \in A \,;\, H_0\} \right)$$

$$= \frac{1}{k} (\alpha - \alpha) = 0 \qquad \text{(조건 (i)과 정의 1 에 의해)}$$

□

[예제 3] X의 밀도함수가

$$f(x;\theta)=\begin{cases}\theta x^{\theta-1}, & 0<x<1;\ \theta>0,\\ 0, & \text{그 외에서}\end{cases}$$

인 모집단 분포로부터 뽑은 단 한 개의 표본 X_1에 의해 단순대립가설 $H_1:\theta=2$에 대해 단순귀무가설 $H_0:\theta=1$을 검정하려 할 때, 유의수준 $\alpha=0.05$인 최량 기각역 C를 구하여라.

【풀이】 정리 3에 의해 H_0의 최량 기각역 C는, $0<x_1<1$일 때

$$\frac{L(\theta=1;x_1)}{L(\theta=2;x_1)}=\frac{f(x_1;1)}{f(x_1;2)}=\frac{1}{2x_1}\le k,\quad {}^\forall x_1\in C$$

즉, $x_1\ge\dfrac{1}{2k}=:k'$를 만족하는 집합 $C=\{x_1: x_1\ge k'\}$이다. 따라서

$$\begin{aligned}\alpha&=0.05=P\{X_1\in C;H_0\}\\&=P\{X_1\ge k';\theta=1\}=\int_{k'}^{1}f(x_1;\theta=1)\,dx_1\\&=\int_{k'}^{1}1\,dx_1=1-k'\end{aligned}$$

이므로 $k'=0.95$이다. 그러므로 구하는 최량 기각역은 $C=\{x_1: x_1\ge 0.95\}$가 된다. 만약 표본의 관찰치로부터 x_1의 값이 $x_1\ge 0.95$이면 유의수준 $\alpha=0.05$에서 귀무가설 H_0를 기각하고 H_1을 채택한다. □

[문제] 앞의 예제 3에서 $H_1:\theta=3$에 대해 $H_0:\theta=2$를 검정하기 위해서 하나의 표본 X_1을 택할 때, 유의수준 $\alpha=0.19$인 최량 기각역은?

연습문제 9. 2

1. 어떤 보험회사의 세일즈 담당자는 매주 평균해서 겨우 15건의 세일즈가 이루어진다고 주장한다. 그의 주장을 검사하기 위해 임의의 한 주 동안 36명의 세일즈맨을 임의로 뽑아 조사했더니 세일즈 건수의 표본 평균치가 $\bar{x} = 17$ 건, 표준편차는 $s = 3$ 이었다. 이 세일즈 담당자의 주장에 모순이 있는지를 유의수준 $\alpha = 0.05$ 로 검정하여라. 또 $H_1 : \mu = 16$ 에 대해 $H_0 : \mu = 15$ 를 검정하려 할 때 β의 값을 구하라.

2. $X_1, \cdots, X_n \overset{iid}{\sim} N(\mu, \sigma^2)$, 여기서 μ는 미지이고 σ^2은 기지라 하자. $H_1 : \mu = \mu_1$ 에 대해 $H_0 : \mu = \mu_0$ 를 검정할 때 유의수준 α인 최량 기각역을 구하여라.

3. $X_1, \cdots, X_n \overset{iid}{\sim} N(\mu, \sigma^2)$ 이라 하자. 여기서 μ는 미지이고 $\sigma^2 = 25$ 라 한다. $H_1 : \mu = 5$에 대해 $H_0 : \mu = 10$ 을 검정할 때, $\alpha = \beta = 0.025$ 가 되도록 최량 기각역의 표본크기 n을 구하여라.

4. 평균 λ인 포아송 분포로부터의 표본을 $X_1, \cdots, X_n$ 이라 하고 $H_1 : \lambda = 5$ 에 대해 $H_0 : \lambda = 2$ 를 검정하려 한다. 유의수준 $\alpha = 0.064$ 인 최량 기각역을 구하고 β를 계산하여라. 단, $n \geq 30$ 이다.

5. $X \sim b(1, p)$이고 $p\ (0 < p < 1)$가 미지모수라 하자. 이 모집단으로부터 표본 $X_1, \cdots, X_n$ 을 행하여 $H_1 : p = \dfrac{1}{3}$에 대해 $H_0 : p = \dfrac{1}{2}$을 검정하려 할 때, $C := \{(x_1, \cdots, x_n) : \sum_{i=1}^{n} x_i \leq c\}$ 가 최량 기각역임을 밝혀라. 또, 중심극한정리를 이용하여 근사적으로

$$P\left\{\sum_{i=1}^{n} X_i \leq c\ ;\ H_0\right\} = 0.10\ ,\quad P\left\{\sum_{i=1}^{n} X_i \leq c\ ;\ H_1\right\} = 0.80$$

이 되도록 n과 c를 구하여라.

§9. 3 균일 최강력 검정 (Uniformly Most Powerful Tests)

여기서는 복합대립가설 H_1 에 대해 단순귀무가설 H_0 을 검정하는 방법에 대해서 공부한다.

[예제 1] 확률변수 X 의 밀도함수

$$f(x;\theta) = \begin{cases} \dfrac{1}{\theta} e^{-x/\theta}, & 0 < x < \infty;\ \theta > 0 \\ 0, & -\infty < x \le 0 \end{cases}$$

를 갖는 모집단분포로부터 표본 X_1, X_2 에 의해 복합대립가설 $H_1 : \theta > 2$ 에 대해 단순귀무가설 $H_0 : \theta = \theta_0 := 2$ 를 검정하려고 한다. 기각역 C 를

$$C = \{(x_1, x_2) : x_1 + x_2 \ge 9.5\}$$

로 정할 때, § 9.1 의 예제 2 에 의해 유의수준은 $\alpha \fallingdotseq 0.05$ 이다. 또, 복합대립가설 $H_1 : \theta > 2$ 의 영역 내의 임의의 점 $\theta = \theta_1$ 에서 Neyman-Pearson 정리를 적용하면, 주어진 기각역 C 는 $\alpha \fallingdotseq 0.05$ 인 최량기각역이 됨을 다음에서 알 수 있다. 사실, 어떤 $k > 0$ 에 대해서 § 9.2 의 정리 3의 (ii)에 의해

$$\begin{aligned} \frac{L(\theta_0)}{L(\theta_1)} &= \frac{f(x_1;2) f(x_2;2)}{f(x_1;\theta_1) f(x_2;\theta_1)} = \frac{e^{-(x_1+x_2)/2}}{e^{-(x_1+x_2)/\theta_1}} \left(\frac{\theta_1^2}{4}\right) \\ &= \exp\left(\frac{2-\theta_1}{2\theta_1}(x_1+x_2)\right)\frac{\theta_1^2}{4} \\ &\le k, \qquad \forall (x_1, x_2) \in C \end{aligned}$$

로부터 자연대수 l_n을 취하면

$$x_1 + x_2 \ \ge\ \frac{2\theta_1}{2-\theta_1}\left(l_n k - l_n \frac{\theta_1^2}{4}\right) =: c$$

를 얻는다. 따라서 기각역은

$$C = \{(x_1, x_2) : x_1 + x_2 \geq c\}$$

인 형태이다. 여기서 만일 $c = 9.5$ 이면 § 9.1 의 예제 2 에 의해

$$\alpha = P\{X_1 + X_2 \geq 9.5 ; H_0\} \fallingdotseq 0.05$$

이므로 Neyman-Pearson 정리를 이용하면 $C = \{(x_1, x_2) : X_1 + X_2 \geq 9.5\}$ 가 최량기각역이 된다.

예제 1에서와 같이 복합대립가설 H_1 에 대해 단순귀무가설 H_0 를 검정할 때, 보다 더 일반화된 개념으로 **다**음과 같이 정의할 수 있다.

> **정의 1** 복합대립가설 H_1 의 영역 내에 있는 임의의 점에서 각 단순가설에 대해 단순귀무가설 H_0 를 검정하기 위해 유의수준 α 의 최량기각역이 C 이면, 이 C 를 복합대립가설 H_1 에 대해 단순귀무가설 H_0 를 검정하기 위한, 유의수준 α 의 **균일 최강력 기각역**(uniformly most powerful critical region)이라 부른다. 이 기각역 C 에 의한 검정을 **균일 최강력 검정** (간단히, UMP Test 로 표기함)이라 말한다.

[예제 2] 정규모집단 $N(\mu, \sigma^2)$에서 μ는 미지이고 σ^2은 기지일 때, 표본 $X_1, \cdots, X_n$에 의해서 복합대립가설 $H_1 : \mu > \mu_0$ (μ_0는 어떤 상수)에 대해 단순귀무가설 $H_0 : \mu = \mu_0$를 검정하려고 한다. 유의수준 $\alpha = 0.05$ 인 균일 최강력 기각역을 구하여라.

【풀이】 $H_1 : \mu > \mu_0$의 영역에 속하는 임의의 점 $\mu = \mu_1$에 대해서 Neyman-Pearson 정리를 적용하자. $X \sim N(\mu, \sigma^2)$ 일 때, 그 밀도함수는

$$f(x\,;\mu) = \frac{1}{\sigma\sqrt{2\pi}}\exp\left(-\frac{(x-\mu)^2}{2\sigma^2}\right), \quad -\infty < x < \infty$$

이다. 어떤 $k>0$ 에 대해서 Neyman-Pearson 정리의 조건 (ii)를 생각하면

$$\begin{aligned}\frac{L(\mu_0)}{L(\mu_1)} &= \exp\left\{\frac{1}{2\sigma^2}\left(n(\mu_1^2-\mu_0^2)-2(\mu_1-\mu_0)\sum_{i=1}^{n}x_i\right)\right\} \\ &\le k, \qquad {}^\forall(x_1, \cdots, x_n) \in C\end{aligned}$$

라 하자. 위의 식에서 자연대수 l_n을 취하면

$$\frac{n}{2\sigma^2}(\mu_1^2-\mu_0^2)-\frac{1}{\sigma^2}(\mu_1-\mu_0)\sum_{i=1}^{n}x_i \le l_n k$$

이므로 $n\bar{x} = \sum_{i=1}^{n}x_i$ 에 의해

$$\bar{x} \ge \frac{\mu_1+\mu_0}{2} - \frac{\sigma^2 l_n k}{n(\mu_1-\mu_0)} =: c$$

를 얻는다. 따라서 Neyman-Pearson 정리에 의해 최량 기각역은

$$C := \left\{(x_1, \cdots, x_n) : \bar{x} \ge c\right\}$$

이다. 여기서 유의수준이 0.05 이면

$$\alpha = 0.05 = P\left\{\overline{X} \ge c\,;H_0\right\} \tag{1}$$

로부터 c를 구하면 된다. 가정에 의해

$$\overline{X} \sim N\left(\mu, \frac{\sigma^2}{n}\right)$$

이므로

$$Z := \frac{\overline{X}-\mu}{\sigma/\sqrt{n}} \sim N(0, 1)$$

이다. 따라서 (1)로 부터

$$0.05 = P\left\{Z \ge \frac{c-\mu}{\sigma/\sqrt{n}}\ ;\ \mu = \mu_0\right\}$$

$$= P\left\{Z \ge \frac{c-\mu_0}{\sigma/\sqrt{n}}\right\} = 1-\Phi\left(\frac{c-\mu_0}{\sigma/\sqrt{n}}\right)$$

이고 표준 정규분포 표에 의해

$$\frac{c-\mu_0}{\sigma/\sqrt{n}} = 1.645$$

즉,

$$c = \mu_0 + 1.645\frac{\sigma}{\sqrt{n}}$$

을 얻는다. 그러므로 정의 1에 의해 $\alpha = 0.05$ 인 균일 최강력 기각역은

$$C = \left\{(x_1,\cdots,x_n)\ :\ \bar{x} \ \ge \mu_0 + 1.645\frac{\sigma}{\sqrt{n}}\right\}$$

이 된다. □

주 의 1 위의 예제 2를 고려하면, 단순귀무가설이 $H_0 : \theta = \theta_0$ 이고 복합대립가설이 $H_1 : \theta > \theta_0$ (θ_0는 어떤 상수) 또는 $H_1 : \theta < \theta_0$ 중의 어느 하나일 때는 균일 최강력 기각역이 존재하지만, $H_1 : \theta \neq \theta_0$ 일 때는 균일 최강력 기각역이 존재하지 않는다. 왜냐하면, 만일 $H_1 : \theta > \theta_0$ 이면 예제 2에서와 같이 최량 기각역이 $\{(x_1, \cdots, x_n) : \bar{x} \ge c\}$ 와 같이 되지만, 만일 $H_1 : \theta < \theta_0$ 이면 최량기각역이 $\{(x_1, \cdots, x_n) : \bar{x} \le c\}$ 가 되어 서로 다른 결과가 되기 때문에 균일 최강력 기각역이 유일하게 존재할 수 없다. 그래서 복합대립가설 $H_1 : \theta \neq \theta_0$ 일 때의 기각역은 다음 절의 우도비 검정에서 다룰 것이다.

[문제] 정규모집단 $N(\mu, 1)$에서 μ가 미지일 때, 표본 $X_1, \cdots, X_n$에 의해서 복합대립가설 $H_1 : \mu \neq \mu_0$ (μ_0는 어떤 상수)에 대해 단순귀무가설 $H_0 : \mu = \mu_0$를 검정하려 할 때, 균일 최강력 검정이 존재하지 않음을 보여라.

연습문제 9.3

1. 예제 2에서 $H_1 : \mu < \mu_0$일 때 유의수준 0.05인 균일 최강력 기각역을 구하여라.

2. 정규모집단 $N(0, \sigma^2)$으로부터 표본 $X_1, \cdots, X_n$에 의해 $H_1 : \sigma^2 > \sigma_0^2$ (σ_0^2은 어떤 상수)에 대해 $H_0 : \sigma^2 = \sigma_0^2$을 검정하려고 한다. 유의수준 α인 균일 최강력 기각역을 구하여라.

§9.4 우도비 검정 (Likeihood Ratio Tests)

복합대립가설 H_1에 대해 단순귀무가설 혹은 복합귀무가설 H_0를 검정하기 위한 방법으로 우도비 검정법이 있다. 다음 예제를 통해서 이 방법을 알아보자.

[예제 1] $X \sim N(\theta_1, \theta_2)$이라 하고 모수공간을

$$\Theta := \{(\theta_1, \theta_2) : -\infty < \theta_1 < \infty,\ 0 < \theta_2 < \infty\}$$

라 하자. $N(\theta_1, \theta_2)$으로부터 뽑은 표본 $X_1, \cdots, X_n$에 의해서 복합대립가설 $H_1 : \theta_1 \neq 0,\ \theta_2 > 0$에 대해 복합귀무가설 $H_0 : \theta_1 = 0,\ \theta_2 > 0$을 검정하려고 한다. 여기서

$$\Theta_0 = \{(\theta_1, \theta_2) : \theta_1 = 0,\ \ \theta_2 > 0\} \subset \Theta$$

로 쓰면 $H_0 : (\theta_1, \theta_2) \in \Theta_0$이다. 따라서 $(\theta_1, \theta_2) \in \Theta_0$일 때의 우도함수를 $L(\Theta_0) := L(\theta_1, \theta_2; x_1, \cdots, x_n) := f(x_1; \theta_1, \theta_2) \cdots f(x_n; \theta_1, \theta_2)$라 하면

$$L(\Theta_0) = \left(\frac{1}{2\pi\theta_2}\right)^{n/2} \exp\left(-\frac{1}{2\theta_2}\sum_{i=1}^{n} x_i^2\right) \tag{1}$$

이다. $L(\Theta_0)$의 최대값 $L(\widehat{\Theta_0})$을 구해보자. l_n함수는 증가함수이므로

$$l_n L(\Theta_0) = -\frac{n}{2} l_n(2\pi\theta_2) - \frac{1}{2\theta_2}\sum_{i=1}^{n} x_i^2$$

$$\therefore\ \frac{\partial}{\partial\theta_2} l_n L(\Theta_0) = -\frac{n}{2\theta_2} + \frac{1}{2\theta_2^2}\sum_{i=1}^{n} x_i^2 = 0$$

$$\therefore\ \theta_2 = \frac{1}{n}\sum_{i=1}^{n} x_i^2 \qquad (l_n L(\Theta_0)\text{를 최대로 하는 최대값}) \tag{2}$$

§8.3 의 예제 4의 풀이를 고려하면, (2)를 (1)에 대입하여

$$L(\hat{\Theta}_0) = \left(\frac{ne^{-1}}{2\pi \sum_{i=1}^{n} x_i^2} \right)^{n/2} \tag{3}$$

을 얻는다. 한편, $(\theta_1, \theta_2) \in \Theta$일 때의 우도함수를 $L(\Theta)$라 하면

$$L(\Theta) = \left(\frac{1}{2\pi\theta_2} \right)^{n/2} \exp\left(-\frac{1}{2\theta_2} \sum_{i=1}^{n} (x_i - \theta_1)^2 \right) \tag{4}$$

이다. §8.3 의 예제 4 에 의해

$$\theta_1 = \bar{x}, \quad \theta_2 = \frac{n-1}{n} s^2 := \frac{1}{n} \sum_{i=1}^{n} (x_i - \bar{x})^2 \tag{5}$$

일 때 $L(\Theta)$는 최대가 되므로 $L(\Theta)$의 최대값은, (5)를 (4)에 대입하여

$$L(\hat{\Theta}) = \left(\frac{ne^{-1}}{2\pi s^2 (n-1)} \right)^{n/2} \tag{6}$$

을 얻는다. (3)과 (6)으로부터

$$\lambda := \lambda(x_1, \cdots, x_n) = \frac{L(\hat{\Theta}_0)}{L(\hat{\Theta})} \tag{7}$$

라 놓을 때 λ를 **우도비**(likelihood ratio)라 부른다. $L(\hat{\Theta})$은 임의의 θ_1, θ_2에 대한 최대값이므로 $0 \le \lambda \le 1$ 은 명백하다. 그런데

$$\sum_{i=1}^{n} x_i^2 = \sum_{i=1}^{n} (x_i - \bar{x})^2 + n\bar{x}^2 = (n-1)s^2 + n\bar{x}^2$$

이기 때문에 (3), (6), (7)에 의해

$$\lambda = \left(1 + \frac{n\bar{x}^2}{(n-1)s^2} \right)^{-n/2} \tag{8}$$

가 된다. 그런데 (8)에서 $\bar{x} \to 0$이면 $\lambda \to 1$ 이고 $H_0 : \theta_1 = 0,\ \theta_2 > 0$이므로 H_0를 채택하려 할 것이고, 반대로 (8)에서 $\bar{x}^2/s^2 \to \infty$이면 $\bar{x} \not\to 0$ 이고 $\lambda \to 0$ 이므로 H_0를 기각하려 할 것이다. 따라서 λ를 가설검정의 한 측도로 사용할 수 있어서, 어떤 $\lambda_0\ (0 < \lambda_0 \le 1)$에 대해 부등식

$$0 \le \lambda \le \lambda_0 \tag{9}$$

을 만족하는 표본점 $(x_1, \cdots, x_n)$들의 집합을 H_0의 기각역으로 사용한다. 이러한 기각역을 갖는 검정을 **우도비 검정**(likelihood ratio test)이라 부른다. (8)을 (9)에 대입하면

$$\frac{\sqrt{n}\,|\bar{x}|}{s} \ge \left\{(n-1)(\lambda_0^{-\frac{2}{n}} - 1)\right\}^{1/2} =: c$$

인 형태를 얻는다. 즉, H_0의 기각역은 $C := \{(x_1, \cdots, x_n) : \sqrt{n}\,|\bar{x}|/s \ge c\}$이다. 따라서 $H_0 : \theta_1 = 0,\ \theta_2 > 0$가 참일 때, §7.4의 따름정리 3에 의해서

$$T := \frac{\sqrt{n}\,(\bar{X} - 0)}{S} \sim t\,(n-1)$$

이므로 이 우도비검정은 T통계량에 의해 검정될 수 있다. 그러므로 표본크기 n과 유의수준 $\alpha\ (0 < \alpha < 1)$가 주어지면 부록의 t-분포 표에서

$$\alpha = P\{|\mathrm{T}| \ge \mathrm{c} : \mathrm{H}_0\} = P\left\{|T| \ge t_{\frac{\alpha}{2}, n-1}\right\}$$

인 점 $t_{\frac{\alpha}{2}, n-1}$을 찾을 수 있다. 따라서 유의수준 α인 H_0의 기각역은

$$C = \left\{(x_1, \cdots, x_n) : |T| \ge t_{\frac{\alpha}{2}, n-1}\right\}$$

이다. 이 기각역 C에 의한 검정을 t-**검정**이라 부른다.

앞의 예제 1을 참조하여 우도비 검정법의 일반적인 정의를 다음과 같이 정의한다.

정의 1 미지모수들의 공간 $\Theta := \{(\theta_1, \cdots, \theta_k) \in \mathbb{R}^k\}$를 갖는 모집단분포의 확률 질량함수 또는 밀도함수를 $f(x; \theta_1, \cdots, \theta_k)$라 하자. 이 모집단으로부터 뽑은 표본 $X_1, \cdots, X_n$의 관찰치가 $x_1, \cdots, x_n$이면, 우도함수는

$$L(\Theta) = \prod_{i=1}^{n} f(x_i; \theta_1, \cdots, \theta_k)$$

이다. 복합대립가설에 대해 단순 (또는 복합) 귀무가설

$$H_0 : (\theta_1, \cdots, \theta_k) \in \Theta_0 \subset \Theta$$

을 검정하고자 한다. $L(\Theta_0)$의 최대값 $L(\hat{\Theta}_0)$과 $L(\Theta)$의 최대값 $L(\hat{\Theta})$이 존재할 때

$$\lambda := \lambda(x_1, \cdots, x_n) := \frac{L(\hat{\Theta}_0)}{L(\hat{\Theta})} \tag{10}$$

를 **우도비**(likelihood ratio)라 부른다. 어떤 λ_0 $(0 \le \lambda_0 \le 1)$에 대해

$$\lambda \le \lambda_0 \tag{11}$$

인 점 $(x_1, \cdots, x_n)$들의 집합을 H_0의 기각역으로 정하는 검정 방법을 **우도비 검정법**이라 부른다. 이 검정법에서의 유의수준은

$$\alpha = P\{\lambda \le \lambda_0 : H_0\}$$

로 주어진다.

[예제 2] 정규모집단 $N(\mu, \sigma^2)$에서 분산 σ^2은 기지이고 모평균 μ는 미지일 때, 표본 $X_1, \cdots, X_n$에 의해서 복합대립가설 $H_1 : \mu \ne \mu_0$에 대해 단순 귀무가설 $H_0 : \mu = \mu_0$를 검정하려고 한다. 유의수준 0.05인 기각역 C를 구하여라.

【풀이】 $X \sim N(\mu, \sigma^2)$ 일 때 밀도함수는

$$f(x;\mu) = \frac{1}{\sigma\sqrt{2\pi}}\exp\left(-\frac{(x-\mu)^2}{2\sigma^2}\right), \quad -\infty < x < \infty$$

이다. 미지모수들의 공간 $\Theta := \{\mu : -\infty < \mu < \infty\}$의 우도함수는

$$L(\Theta) := \prod_{i=1}^{n} f(x_i;\mu) = \left(\frac{1}{2\pi\sigma^2}\right)^{n/2}\exp\left(-\frac{1}{2\sigma^2}\sum_{i=1}^{n}(x_i-\mu)^2\right)$$

이므로 자연대수 l_n를 취하면

$$l_n L(\Theta) = -\frac{n}{2} l_n(2\pi\sigma^2) - \frac{1}{2\sigma^2}\sum_{i=1}^{n}(x_i-\mu)^2$$

이고

$$\frac{\partial}{\partial\mu} l_n L(\Theta) = \frac{1}{\sigma^2}\sum_{i=1}^{n}(x_i-\mu) = 0, \qquad \frac{\partial^2}{\partial\mu^2} l_n L(\Theta) = -\frac{n}{\sigma^2} < 0$$

으로부터 μ의 최우추정치 $\hat{\mu}$은

$$\hat{\mu} = \frac{1}{n}\sum_{i=1}^{n} x_i =: \bar{x} \qquad (\mu \text{ 의 최대값})$$

이다. 따라서

$$L(\hat{\Theta}) = \left(\frac{1}{2\pi\sigma^2}\right)^{n/2}\exp\left(-\frac{1}{2\sigma^2}\sum_{i=1}^{n}(x_i-\bar{x})^2\right)$$

이고, $\Theta_0 = \{\mu : \mu = \mu_0\}$라 두면 우도함수 $L(\Theta_0)$는 최대가 되므로

$$L(\widehat{\Theta_0}) = \left(\frac{1}{2\pi\sigma^2}\right)^{n/2}\exp\left(-\frac{1}{2\sigma^2}\sum_{i=1}^{n}(x_i-\mu_0)^2\right)$$

이다. 어떤 $\lambda_0\ (0 \le \lambda_0 \le 1)$에 대해서

$$\begin{aligned}\lambda &:= \frac{L(\hat{\Theta}_0)}{L(\hat{\Theta})} = \exp\left(-\frac{1}{2\sigma^2}\left(\sum_{i=1}^{n}(x_i-\mu_0)^2 - \sum_{i=1}^{n}(x_i-\bar{x})^2\right)\right) \\ &= \exp\left(-\frac{1}{2\sigma^2} n(\bar{x}-\mu_0)^2\right) \le \lambda_0, \qquad \forall (x_1, \cdots, x_n) \in C\end{aligned}$$

이면

$$-\frac{1}{2\sigma^2}n(\bar{x}-\mu_0)^2 \le l_n\lambda_0$$

이므로

$$\left|\frac{\bar{x}-\mu_0}{\sigma/\sqrt{n}}\right| \ge \sqrt{-2l_n\lambda_0} =: c, \quad {}^\forall(x_1, \cdots, x_n) \in C$$

가 되고, 정의 1에 의해 H_0 의 기각역은

$$C := \left\{(x_1, \cdots, x_n) : \left|\frac{\bar{x}-\mu_0}{\sigma/\sqrt{n}}\right| \ge c\right\} \tag{12}$$

이다. 여기서

$$Z = \frac{\overline{X}-\mu_0}{\sigma/\sqrt{n}}$$

이라 두면, 가정에서 유의수준이 $\alpha = 0.05$ 이므로 (12)로부터

$$P\{|Z| \ge c; H_0\} = 0.05$$

가 된다. 따라서 부록의 표준정규분포 표에 의해 $c = 1.96$ 을 얻는다. 그러므로 유의수준 0.05 를 갖는 H_0 의 기각역은, (12)에 의해,

$$C = \{(x_1,\cdots,x_n);\ |z| \ge 1.96\}$$

이다. □

[문제] X의 밀도함수가

$$f(x;\theta) = \begin{cases}(1+\theta)x^\theta, & 0 < x < 1, \\ 0, & \text{그 외에서}\end{cases}$$

인 분포로부터 두개의 표본에 의해 $H_1 : \theta \neq 2$에 대해 $H_0 : \theta = 2$를 검정하려고 할 때, H_0 의 기각역 C 를 구하여라.

연습문제 9.4

1. $X_1, \cdots, X_n$ 을 정규모집단 $N(\mu, \sigma^2)$ 으로부터 추출한 표본이라 하자. 여기서 σ^2 은 기지이다. 복합대립가설 $H_1 : \mu > \mu_0$ (μ_0 는 어떤 상수)에 대해 단순귀무가설 $H_0 : \mu = \mu_0$ 을 검정하려 할 때, 유의수준 0.01 을 갖는 기각역을 구하여라.

2. $X_1, \cdots, X_n$ 은 지수분포 $\mathcal{E}(\theta_1)$로부터 뽑은 표본이고 $Y_1, \cdots, Y_n$ 은 지수분포 $\mathcal{E}(\theta_2)$로부터의 표본이며 두 분포는 독립이라 하자. 복합대립가설 $H_1 : \theta_1 \neq \theta_2$ 에 대해 단순귀무가설 $H_0 : \theta_1 = \theta_2$ 을 검정하기 위한 기각역을 구하여라.

3. 예제 1에서 $n = 10$, $\overline{x} = 0.6$, $\sum_{i=1}^{10} (x_i - \overline{x})^2 = 3.6$ 이라 하자. 예제 1의 방법을 사용하면 유의수준 0.05 에서 $H_0 : \theta_1 = 0$ 을 채택할 것인가? 아니면 기각할 것인가?

4. $X_1, \cdots, X_n$ 을 정규모집단 $N(\theta, 1)$ 로부터의 표본이라 하자. 대립가설 $H_1 : \theta \neq \theta'$(단, θ'는 어떤 상수임)에 대해 영가설 $H_0 : \theta = \theta'$ 를 검정하기 위해 사용될 우도비 검정의 기각역은 다음과 같음을 밝혀라.

$$C := \left\{ (x_1, \cdots, x_n) : |\overline{x} - \theta'| \geq c \right\}$$

참고문헌

[1] R. B. Ash, *Basic Probability Theory*, John Wiley & Sons, Inc., New York, 1970.

[2] R. B. Ash, *Real Analysis and Probability*, Academic Press, New York, 1972.

[3] P. Billingsley, *Probability and Measure*, John Wiley & Sons, New York, 1979.

[4] J. H. Curtiss, *A note on the theory of moment generating functions*, Ann. Math. Statist. 13 (1942), 430-433.

[5] G. Grimmett and D. Stirzaker, *Probability and Random Processes*, Clarendon Press, Oxford, 1982.

[6] P. G. Hoel, S. C. Port and C. J. Stone, *Introduction to Probability Theory*, Houghton Mifflin Company, Los Angeles, 1971.

[7] P. G. Hoel, S. C. Port and C. J. Stone, *Introduction to Stochastic Processes*, Houghton Mifflin Company, Los Angeles, 1972.

[8] R. V. Hogg and A. T. Craig, *Introduction to Mathematical Statistics*, 4th ed., Macmillan, New York, 1978.

[9] D. Kannan, *An Introduction to Stochastic Processes*, Elsevier, North Holland, Inc., New York, 1979.

[10] R. G. Laha and V. K. Rohatgi, *Probability Theory*, John Wiley & Sons, New York, 1979.

[11] M. Loeve, *Probability Theory* (2nd edition), D. Van Nostrand Company, Inc., New York, 1960.

[12] K. S. Miller, *Advanced Real Calculus*, Harper, New York, 1957.

[13] C. C. Pinter, *Set Theory*, Addison-Wesley Pub. Co., California, 1971.

[14] V. K. Rohatgi, *An Introduction to Probability Theory and Mathematical Statistics*, Ohio, 1975.

[15] G. G. Roussas, *A First Course in Mathematics Statistics*, Addison-Wesely Publishing Company, California, 1973.

[16] H. L. Royden, *Real Analysis* (2nd edition), Macmillan Publishing Co., Inc., New York, 1968.

[17] W. Rudin, *Real and Complex Analysis*, McGraw-Hill Inc., New York, 1966.

[18] D. V. Widder, *Advanced Calculus* (2nd edition), Prentice-Hall, Englewood Cliffs, N. J., 1961.

부 록

1. 제곱과 제곱근
2. 지수함수
3. 분포표
4. 이항누적분포함수
5. 포아송분포표
6. 표준정규분포표
7. χ^2 분포표
8. t 분포표
9. F 분포표

1. 제곱과 제곱근

N	N^2	$\sqrt{N}$	$\sqrt{10N}$	N	N^2	$\sqrt{N}$	$\sqrt{10N}$
1.00	1.0000	1.00000	3.16228	**5.60**	31.3600	2.36643	7.48331
1.10	1.2100	1.04881	3.31662	**5.70**	32.4900	2.38747	7.54983
1.20	1.4400	1.09545	3.46410	**5.80**	33.6400	2.40832	7.61577
1.30	1.6900	1.14018	3.60555	**5.90**	34.8100	2.42899	7.68115
1.40	1.9600	1.18322	3.74166	**6.00**	36.0000	2.44949	7.74597
1.50	2.2500	1.22474	3.87298	**6.10**	37.2100	2.46982	7.81025
1.60	2.5600	1.26491	4.00000	**6.20**	38.4400	2.48998	7.87401
1.70	2.8900	1.30384	4.12311	**6.30**	39.6900	2.50998	7.93725
1.80	3.2400	1.34164	4.24264	**6.40**	40.9600	2.52982	8.00000
1.90	3.6100	1.37840	4.35890	**6.50**	42.2500	2.54951	8.06226
2.00	4.0000	1.41421	4.47214	**6.60**	43.5600	2.56905	8.12404
2.10	4.4100	1.44914	4.58258	**6.70**	44.8900	2.58844	8.18535
2.20	4.8400	1.48324	4.69042	**6.80**	46.2400	2.60768	8.24621
2.30	5.2900	1.51658	4.79583	**6.90**	47.6100	2.62679	8.30662
2.40	5.7600	1.54919	4.89898	**7.00**	49.0000	2.64575	8.36660
2.50	6.2500	1.58114	5.00000	**7.10**	50.4100	2.66458	8.42615
2.60	6.7600	1.61245	5.09902	**7.20**	51.8400	2.68328	8.48528
2.70	7.2900	1.64317	5.19615	**7.30**	53.2900	2.70185	8.54400
2.80	7.8400	1.67332	5.29150	**7.40**	54.7600	2.72029	8.60233
2.90	8.4100	1.70294	5.38516	**7.50**	56.2500	2.73861	8.66025
3.00	9.0000	1.73205	5.47723	**7.60**	57.7600	2.75681	8.71780
3.10	9.6100	1.76068	5.56776	**7.70**	59.2900	2.77489	8.77496
3.20	10.2400	1.78885	5.65685	**7.80**	60.8400	2.79285	8.83176
3.30	10.8900	1.81659	5.74456	**7.90**	62.4100	2.81069	8.88819
3.40	11.5600	1.84391	5.83095	**8.00**	64.0000	2.82843	8.94427
3.50	12.2500	1.87083	5.91608	**8.10**	65.6100	2.84605	9.00000
3.60	12.9600	1.89737	6.00000	**8.20**	67.2400	2.86356	9.05539
3.70	13.6900	1.92354	6.08276	**8.30**	68.8900	2.88097	9.11045
3.80	14.4400	1.94936	6.16441	**8.40**	70.5600	2.89828	9.16515
3.90	15.2100	1.97484	6.24500	**8.50**	72.2500	2.91548	9.21954
4.00	16.0000	2.00000	6.32456	**8.60**	73.9600	2.93258	9.27362
4.10	16.8100	2.02485	6.40312	**8.70**	75.6900	2.94958	9.32738
4.20	17.6400	2.04939	6.48074	**8.80**	77.4400	2.96648	9.38083
4.30	18.4900	2.07364	6.55744	**8.90**	79.2100	2.98329	9.43398
4.40	19.3600	2.09762	6.63325	**9.00**	81.0000	3.00000	9.48683
4.50	20.2500	2.12132	6.70820	**9.10**	82.8100	3.01662	9.53939
4.60	21.1600	2.14476	6.78233	**9.20**	84.6400	3.03315	9.59166
4.70	22.0900	2.16795	6.85565	**9.30**	86.4900	3.04959	9.64365
4.80	23.0400	2.19089	6.92820	**9.40**	88.3600	3.06594	9.69536
4.90	24.0100	2.21359	7.00000	**9.50**	90.2500	3.08221	9.74679
5.00	25.0000	2.23607	7.07107	**9.60**	92.1600	3.09839	9.79796
5.10	26.0100	2.25832	7.14143	**9.70**	94.0900	3.11448	9.84886
5.20	27.0400	2.28035	7.21110	**9.80**	96.0400	3.12050	9.89949
5.30	28.0900	2.30217	7.28011	**9.90**	98.0100	3.14643	9.94987
5.40	29.1600	2.32379	7.34847	**10.00**	100.0000	3.16228	10.0000
5.50	30.2500	2.34521	7.41620				

2. 지수함수

x	e^{-x}	e^{x}	$\log_{10}e^{x}$
.01	.9900	1.0101	.00434
.02	.9802	1.0202	.00869
.03	.9704	1.0305	.01303
.04	.9608	1.0408	.01737
.05	.9512	1.0513	.02171
.06	.9418	1.0618	.02606
.07	.9324	1.0725	.03040
.08	.9231	1.0833	.03474
.09	.9139	1.0942	.03909
.10	.9048	1.1052	.04343
.20	.8187	1.2214	.08686
.30	.7408	1.3499	.13029
.40	.6703	1.4918	.17372
.50	.6065	1.6487	.21715
.60	.5488	1.8221	.26058
.70	.4966	2.0138	.30401
.80	.4493	2.2255	.34744
.90	.4066	2.4596	.39087
1.00	.3679	2.7183	.43429
2.00	.1353	7.3891	.86859
3.00	.04979	20.0886	1.30288
4.00	.01832	54.598	1.73718
5.00	.00674	148.41	2.17147
6.00	.00248	403.43	2.60577
7.00	.000912	1096.6	3.04006
8.00	.000335	2981.0	3.47536
9.00	.000123	8103.1	3.90865
10.00	.000045	22026.0	4.34294

3. 분포표 (1)

분포이름	밀 도 함 수	모수공간	평 균 $\mu=E[X]$	분 산 $\sigma^2=E[(X-\mu)^2]$	적률모함수 $E[e^{tX}]$
이산형균일분포 Discrete uniform	$f(x)=\frac{1}{N}\ x=1,\cdots,N$	$N=1,2,\cdots$	$\frac{N+1}{2}$	$\frac{N^2-1}{12}$	$\sum_{j=1}^{N}\frac{1}{N}e^t$
베르누이분포 Bernoulli	$f(x)=p^x q^{1-x}\ x=0,1$	$0\le p\le 1$ $(q=1-p)$	p	pq	$q+pe^t$
이 항 분 포 Binomial	$f(x)=\binom{n}{x}p^x q^{n-x}\ x=0,1,\cdots,n$	$0\le p\le 1$ $n=1,2,3,\cdots$ $(q=1-p)$	np	npq	$(q+pe^t)^n$
초기하분포 Hypergeometric	$f(x)=\frac{\binom{K}{x}\binom{M-K}{n-x}}{\binom{M}{n}}\ x=0,1,\cdots,n$	$M=1,2,\cdots$ $K=0,1,\cdots,M$ $n=1,2,\cdots,M$	$n\frac{K}{M}$	$n\frac{K}{M}\frac{M-N}{M}\cdot\frac{M-n}{M-1}$	
포아송분포 Poisson	$f(x)=\frac{e^{-\lambda}\lambda^x}{x!}\ x=0,1,\cdots$	$\lambda>0$	λ	λ	$\exp[\lambda(e^t-1)]$
기 하 분 포 Geometric	$f(x)=pq^x\ x=0,1,\cdots$	$0<p\le 1$ $(q=1-p)$	$\frac{q}{p}$	$\frac{q}{p^2}$	$\frac{p}{1-qe^t}$
부의이항분포 Negative binomial	$f(x)=\binom{r+x-1}{x}p^r q^x\ x=0,1,\cdots$	$0<p\le 1$ $r>0$ $(q=1-p)$	$\frac{rq}{p}$	$\frac{rq}{p^2}$	$\left(\frac{p}{1-qe^t}\right)^r$

3. 분포표 (2)

분포이름	밀 도 함 수	모수공간	평 균 $\mu=E[X]$	분 산 $\sigma^2=E[(X-\mu)^2]$	적률모함수 $E[e^{tX}]$
균 일 분 포 Uniform or rectangular	$f(x)=\frac{1}{b-a},\quad a<x<b$	$-\infty<a<b<\infty$	$\frac{a+b}{2}$	$\frac{(b-a)^2}{12}$	$\frac{e^{bt}-e^{at}}{(b-a)t}$
정 규 분 포 Normal	$f(x)=\frac{1}{\sqrt{2\pi}\sigma}\exp[-(x-\mu)^2/2\sigma^2]$	$-\infty<\mu<\infty$ $\sigma>0$	μ	σ^2	$\exp\left[\mu t+\frac{1}{2}\sigma^2t^2\right]$
지 수 분 포 Exponential	$f(x)=\lambda e^{-\lambda x},\ 0<x<\infty$	$\lambda>0$	$\frac{1}{\lambda}$	$\frac{1}{\lambda^2}$	$\frac{\lambda}{\lambda-t},\ t>\lambda$
감 마 분 포 Gamma	$f(x)=\frac{\lambda^r}{\Gamma(r)}x^{r-1}e^{-\lambda x},\ 0<x<\infty$	$\lambda>0$ $r>0$	$\frac{r}{\lambda}$	$\frac{r}{\lambda^2}$	$\left(\frac{\lambda}{\lambda-t}\right)^r,\ t<\lambda$
베 타 분 포 Beta	$f(x)=\frac{1}{B(a,b)}x^{a-1}(1-x)^{b-1},$ $0<x<1$	$a>0$ $b>0$	$\frac{a}{a+b}$	$\frac{ab}{(a+b+1)(a+b)^2}$	
코 쉬 분 포 Cauchy	$f(x)=\frac{1}{\pi\beta\{1+[(x-a)/\beta]^2\}}$	$-\infty<a<\infty$ $\beta>0$			
대수정규분포 Lognormal	$f(x)=$ $\frac{1}{x\sqrt{2\pi}\sigma}\exp[-(\log_e x-\mu)^2/2\sigma^2],$ $0<x<\infty$	$-\infty<\mu<\infty$ $\sigma>0$	$\exp\left[\mu+\frac{1}{2}\sigma^2\right]$	$\exp[2\mu+2\sigma^2]$ $-\exp[2\mu+2\sigma^2]$	

3. 분포표 (3)

분포이름	밀 도 함 수	모수공간	평 균 $\mu=E[X]$	분 산 $\sigma^2=E[(X-\mu)^2]$	적률모함수 $E[e^{tX}]$
이중지수분포 Double exponential	$f(x)=\frac{1}{2\beta}\exp\left(-\frac{\lvert x-a\rvert}{\beta}\right)$	$-\infty<a<\infty$ $\beta>0$	a	$2\beta^2$	$\frac{e^{at}}{1-(\beta t)^2}$
와이블분포 Weibull	$f(x)=ab^{b-1}\exp[-ax^b]I_{(0,\infty)}(x)$	$a<0$ $b>0$	$a^{-1/b}\Gamma(1+b^{-1})$	$a^{-2/b}[\Gamma(1+2b^{-1})$ $-\Gamma^2(1+b^{-1})]$	$\epsilon[X^t]$ $=a^{-t/b}\Gamma\left(1+\frac{t}{b}\right)$
t-분포 t distribution	$f(x)=\frac{\Gamma[(k+1)/2]}{\Gamma(k/2)}\frac{1}{\sqrt{k\pi}}\frac{1}{(1+x^2/k)^{(k+1)/2}}$	$k>0$	$\mu=0$, $k>1$	$\frac{k}{k-2}$, $k>2$	
F-분포 F distribution	$f(x)=\frac{\Gamma[(m+n)/2]}{\Gamma(m/2)\Gamma(n/2)}\left(\frac{m}{n}\right)^{m/2}$ $\times\frac{x^{(m-2)/2}}{[1+(m/n)x]^{(m+n)/2}}$, $0<x<\infty$	$m, n=1, 2, \cdots$	$\frac{n}{n-2}$, $n>2$	$\frac{2n^2(m+n-2)}{m(n-2)^2(n-4)}$, $n>4$	
카이제곱분포 Chi-square distribution	$f(x)=\frac{1}{\Gamma(k/2)}\left(\frac{1}{2}\right)^{k/2}x^{k/2-1}e^{-(1/2)x}$, $0<x<\infty$	$k=1, 2, \cdots$	k	$2k$	$\left(\frac{1}{1-2t}\right)^{k/2}$, $t<1/2$

4. 이항 누적분포함수

$$B(x;n,p)=\sum_{k=0}^{x}\binom{n}{k}p^k(1-p)^{n-k}$$

n	x	p = 0.05	0.10	0.15	0.20	0.25	0.30	0.35	0.40	0.45
1	0	0.9500	0.9000	0.8500	0.8000	0.7500	0.7000	0.6500	0.6000	0.5500
2	0	0.9025	0.8100	0.7225	0.6400	0.5625	0.4900	0.4225	0.3600	0.3025
	1	0.9975	0.9900	0.9775	0.9600	0.9375	0.9100	0.8775	0.8400	0.7975
3	0	0.8574	0.7290	0.6141	0.5120	0.4219	0.3430	0.2746	0.2160	0.1664
	1	0.9928	0.9720	0.9393	0.8960	0.8438	0.7840	0.7182	0.6480	0.5748
	2	0.9999	0.9990	0.9967	0.9920	0.9844	0.9730	0.9571	0.9360	0.9089

n	x	p = 0.50	0.55	0.60	0.65	0.70	0.75	0.80	0.85	0.90	0.95
1	0	0.5000	0.4500	0.4000	0.3500	0.3000	0.2500	0.2000	0.1500	0.1000	0.0500
2	0	0.2500	0.2025	0.1600	0.1225	0.0900	0.0625	0.0400	0.0225	0.0100	0.0025
	1	0.7500	0.6975	0.6400	0.5775	0.5100	0.4375	0.3600	0.2775	0.1900	0.0975
3	0	0.1250	0.0911	0.0640	0.0429	0.0270	0.0156	0.0080	0.0034	0.0010	0.0001
	1	0.5000	0.4252	0.3520	0.2818	0.2160	0.1406	0.1040	0.0608	0.0280	0.0072
	2	0.8750	0.8336	0.7840	0.7254	0.6570	0.5625	0.4880	0.3859	0.2710	0.1426

		p								
n	*x*	0.05	0.10	0.15	0.20	0.25	0.30	0.35	0.40	0.45
4	0	0.8145	0.6561	0.5220	0.4096	0.3164	0.2401	0.1785	0.1296	0.0915
	1	0.9860	0.9477	0.8905	0.8192	0.7383	0.6517	0.5630	0.4752	0.3910
	2	0.9995	0.9963	0.9880	0.9728	0.9492	0.9163	0.8735	0.8208	0.7585
	3	1.0000	0.9999	0.9995	0.9984	0.9961	0.9919	0.9850	0.9744	0.9590
5	0	0.7738	0.5905	0.4437	0.3277	0.2373	0.1681	0.1160	0.0778	0.0503
	1	0.9774	0.9185	0.8352	0.7373	0.6328	0.5282	0.4284	0.3370	0.2562
	2	0.9988	0.9914	0.9734	0.9421	0.8965	0.8369	0.7648	0.6826	0.5931
	3	1.0000	0.9995	0.9978	0.9933	0.9844	0.9692	0.9460	0.9130	0.8688
	4	1.0000	1.0000	0.9999	0.9997	0.9990	0.9976	0.9947	0.9898	0.9815
6	0	0.7351	0.5314	0.3771	0.2621	0.1780	0.1176	0.0754	0.0467	0.0277
	1	0.9672	0.8857	0.7765	0.6554	0.5339	0.4202	0.3191	0.2333	0.1636
	2	0.9978	0.9842	0.9527	0.9011	0.8306	0.7443	0.6471	0.5443	0.4415
	3	0.9999	0.9987	0.9941	0.9830	0.9624	0.9295	0.8826	0.8208	0.7447
	4	1.0000	0.9999	0.9996	0.9984	0.9954	0.9891	0.9777	0.9590	0.9308
	5	1.0000	1.0000	1.0000	0.9999	0.9998	0.9993	0.9982	0.9959	0.9917
7	0	0.6983	0.4783	0.3206	0.2097	0.1335	0.0824	0.0490	0.0280	0.0152
	1	0.9556	0.8503	0.7166	0.5767	0.4449	0.3294	0.2338	0.1586	0.1024
	2	0.9962	0.9743	0.9262	0.8520	0.7564	0.6471	0.5323	0.4199	0.3164
	3	0.9998	0.9973	0.9879	0.9667	0.9294	0.8740	0.8002	0.7102	0.6083
	4	1.0000	0.9998	0.9988	0.9953	0.9871	0.9712	0.9444	0.9037	0.8471
	5	1.0000	1.0000	0.9999	0.9996	0.9987	0.9962	0.9910	0.9812	0.9643
	6	1.0000	1.0000	1.0000	1.0000	0.9999	0.9998	0.9994	0.9984	0.9963

		p									
n	x	0.50	0.55	0.60	0.65	0.70	0.75	0.80	0.85	0.90	0.95
4	0	0.0625	0.0410	0.0256	0.0150	0.0081	0.0039	0.0016	0.0005	0.0001	0.0000
	1	0.3125	0.2415	0.1792	0.1265	0.0837	0.0508	0.0272	0.0120	0.0037	0.0005
	2	0.6875	0.6090	0.5248	0.4370	0.3483	0.2617	0.1808	0.1095	0.0523	0.0140
	3	0.9375	0.9085	0.8704	0.8215	0.7599	0.6836	0.5904	0.4780	0.3439	0.1855
5	0	0.0312	0.0185	0.0102	0.0053	0.0024	0.0010	0.0003	0.0001	0.0000	0.0000
	1	0.1875	0.1312	0.0870	0.0540	0.0308	0.0156	0.0067	0.0022	0.0005	0.0000
	2	0.5000	0.4069	0.3174	0.2352	0.1631	0.1035	0.0579	0.0266	0.0086	0.0012
	3	0.8125	0.7438	0.6630	0.5716	0.4718	0.3672	0.2627	0.1648	0.0815	0.0226
	4	0.9688	0.9497	0.9222	0.8840	0.8319	0.7627	0.6723	0.5563	0.4095	0.2262
6	0	0.0156	0.0083	0.0041	0.0018	0.0007	0.0002	0.0001	0.0000	0.0000	0.0000
	1	0.1094	0.0692	0.0410	0.0223	0.0109	0.0046	0.0016	0.0004	0.0001	0.0000
	2	0.3438	0.2553	0.1792	0.1174	0.0705	0.0376	0.0170	0.0059	0.0013	0.0001
	3	0.6562	0.5585	0.4557	0.3529	0.2557	0.1694	0.0989	0.0473	0.0158	0.0022
	4	0.8906	0.8364	0.7667	0.6809	0.5798	0.4661	0.3446	0.2235	0.1143	0.0328
	5	0.9844	0.9723	0.9533	0.9246	0.8824	0.8220	0.7379	0.6229	0.4686	0.2649
7	0	0.0078	0.0037	0.0016	0.0006	0.0002	0.0001	0.0000	0.0000	0.0000	0.0000
	1	0.0625	0.0357	0.0188	0.0090	0.0038	0.0013	0.0004	0.0001	0.0000	0.0000
	2	0.2266	0.1529	0.0963	0.0556	0.0288	0.0129	0.0047	0.0012	0.0002	0.0000
	3	0.5000	0.3917	0.2898	0.1998	0.1260	0.0706	0.0333	0.0121	0.0027	0.0002
	4	0.7734	0.6836	0.5801	0.4677	0.3529	0.2436	0.1480	0.0738	0.0257	0.0038
	5	0.9375	0.8976	0.8414	0.7662	0.6706	0.5551	0.4233	0.2834	0.1497	0.0444
	6	0.9922	0.9848	0.9720	0.9510	0.9176	0.8665	0.7903	0.6794	0.5217	0.3017

		p								
n	x	0.05	0.10	0.15	0.20	0.25	0.30	0.35	0.40	0.45
8	0	0.6634	0.4305	0.2725	0.1678	0.1001	0.0576	0.0319	0.0168	0.0084
	1	0.9428	0.8131	0.6572	0.5033	0.3671	0.2553	0.1691	0.1064	0.0632
	2	0.9942	0.9619	0.8948	0.7969	0.6785	0.5518	0.4278	0.3154	0.2201
	3	0.9996	0.9950	0.9786	0.9437	0.8862	0.8059	0.7064	0.5941	0.4770
	4	1.0000	0.9996	0.9971	0.9896	0.9727	0.9420	0.8939	0.8263	0.7396
	5	1.0000	1.0000	0.9998	0.9988	0.9958	0.9887	0.9747	0.9502	0.9115
	6	1.0000	1.0000	1.0000	0.9999	0.9996	0.9987	0.9964	0.9915	0.9819
	7	1.0000	1.0000	1.0000	1.0000	1.0000	0.9999	0.9998	0.9993	0.9983
9	0	0.6302	0.3874	0.2316	0.1342	0.0751	0.0404	0.0207	0.0101	0.0046
	1	0.9288	0.7748	0.5995	0.4362	0.3003	0.1960	0.1211	0.0705	0.0385
	2	0.9916	0.9470	0.8591	0.7382	0.6007	0.4628	0.3373	0.2318	0.1495
	3	0.9994	0.9917	0.9661	0.9144	0.8343	0.7297	0.6089	0.4826	0.3614
	4	1.0000	0.9991	0.9944	0.9804	0.9511	0.9012	0.8283	0.7334	0.6214
	5	1.0000	0.9999	0.9994	0.9969	0.9900	0.9747	0.9464	0.9006	0.8342
	6	1.0000	1.0000	1.0000	0.9997	0.9987	0.9957	0.9888	0.9750	0.9502
	7	1.0000	1.0000	1.0000	1.0000	0.9999	0.9996	0.9986	0.9962	0.9909
	8	1.0000	1.0000	1.0000	1.0000	1.0000	1.0000	0.9999	0.9997	0.9992
	0	0.5987	0.3487	0.1969	0.1074	0.0563	0.0282	0.0135	0.0060	0.0025
	1	0.9139	0.7361	0.5443	0.3758	0.2440	0.1493	0.0860	0.0464	0.0233
10	2	0.9885	0.9298	0.8202	0.6778	0.5256	0.3828	0.2616	0.1673	0.0996
	3	0.9990	0.9872	0.9500	0.8791	0.7759	0.6496	0.5138	0.3823	0.2660
	4	0.9999	0.9984	0.9901	0.9672	0.9219	0.8497	0.7515	0.6331	0.5044
	5	1.0000	0.9999	0.9986	0.9936	0.9803	0.9527	0.9051	0.8338	0.7384
	6	1.0000	1.0000	0.9999	0.9991	0.9965	0.9894	0.9740	0.9452	0.8980
	7	1.0000	1.0000	1.0000	0.9999	0.9996	0.9984	0.9952	0.9877	0.9726
	8	1.0000	1.0000	1.0000	1.0000	1.0000	0.9999	0.9995	0.9983	0.9955
	9	1.0000	1.0000	1.0000	1.0000	1.0000	1.0000	1.0000	0.9999	0.9997

		p									
n	*x*	0.50	0.55	0.60	0.65	0.70	0.75	0.80	0.85	0.90	0.95
8	0	0.0039	0.0017	0.0007	0.0002	0.0001	0.0000	0.0000	0.0000	0.0000	0.0000
	1	0.0352	0.0181	0.0085	0.0036	0.0013	0.0004	0.0001	0.0000	0.0000	0.0000
	2	0.1445	0.0885	0.0498	0.0253	0.0113	0.0042	0.0012	0.0002	0.0000	0.0000
	3	0.3633	0.2604	0.1737	0.1061	0.0580	0.0273	0.0104	0.0029	0.0004	0.0000
	4	0.6367	0.5230	0.4059	0.2936	0.1941	0.1138	0.0563	0.0214	0.0050	0.0004
	5	0.8555	0.7799	0.6846	0.5722	0.4482	0.3215	0.2031	0.1052	0.0381	0.0058
	6	0.9648	0.9368	0.8936	0.8309	0.7447	0.6329	0.4967	0.3428	0.1869	0.0572
	7	0.9961	0.9916	0.9832	0.9681	0.9424	0.8999	0.8322	0.7275	0.5695	0.3366
9	0	0.0020	0.0008	0.0003	0.0001	0.0000	0.0000	0.0000	0.0000	0.0000	0.0000
	1	0.0195	0.0091	0.0038	0.0014	0.0004	0.0001	0.0000	0.0000	0.0000	0.0000
	2	0.0898	0.0498	0.0250	0.0112	0.0043	0.0013	0.0003	0.0000	0.0000	0.0000
	3	0.2539	0.1658	0.0994	0.0536	0.0253	0.0100	0.0031	0.0006	0.0001	0.0000
	4	0.5000	0.3786	0.2666	0.1717	0.0988	0.0489	0.0196	0.0056	0.0009	0.0000
	5	0.7461	0.6386	0.5174	0.3911	0.2703	0.1657	0.0856	0.0339	0.0083	0.0006
	6	0.9102	0.8505	0.7682	0.6627	0.5372	0.3993	0.2618	0.1409	0.0530	0.0084
	7	0.9805	0.9615	0.9295	0.8789	0.8040	0.6997	0.5638	0.4005	0.2252	0.0712
	8	0.9980	0.9954	0.9899	0.9793	0.9596	0.9249	0.8658	0.7684	0.6126	0.3698
	0	0.0010	0.0003	0.0001	0.0000	0.0000	0.0000	0.0000	0.0000	0.0000	0.0000
	1	0.0107	0.0045	0.0017	0.0005	0.0001	0.0000	0.0000	0.0000	0.0000	0.0000
10	2	0.0547	0.0274	0.0123	0.0048	0.0016	0.0004	0.0001	0.0000	0.0000	0.0000
	3	0.1719	0.1020	0.0548	0.0260	0.0106	0.0035	0.0009	0.0001	0.0000	0.0000
	4	0.3770	0.2616	0.1662	0.0949	0.0473	0.0197	0.0064	0.0014	0.0001	0.0000
	5	0.6230	0.4956	0.3669	0.2485	0.1503	0.0781	0.0328	0.0099	0.0016	0.0001
	6	0.8281	0.7340	0.6177	0.4862	0.3504	0.2241	0.1209	0.0500	0.0128	0.0010
	7	0.9453	0.9004	0.8327	0.7384	0.6172	0.4474	0.3222	0.1798	0.0702	0.0115
	8	0.9893	0.9767	0.9536	0.9140	0.8507	0.7560	0.6242	0.4557	0.2639	0.0861
	9	0.9990	0.9975	0.9940	0.9865	0.9718	0.9437	0.8926	0.8031	0.6513	0.4013

n	x	p = 0.05	0.10	0.15	0.20	0.25	0.30	0.35	0.40	0.45
15	0	0.4633	0.2059	0.0874	0.0352	0.0134	0.0047	0.0016	0.0005	0.0001
	1	0.8290	0.5490	0.3186	0.1671	0.0802	0.0353	0.0142	0.0052	0.0017
	2	0.9638	0.8159	0.6042	0.3980	0.2361	0.1268	0.0617	0.0271	0.0107
	3	0.9945	0.9444	0.8227	0.6482	0.4613	0.2969	0.1727	0.0905	0.0424
	4	0.9994	0.9873	0.9383	0.8358	0.6865	0.5155	0.3519	0.2173	0.1204
	5	0.9999	0.9978	0.9832	0.9389	0.8516	0.7216	0.5643	0.4032	0.2608
	6	1.0000	0.9997	0.9964	0.9819	0.9434	0.8689	0.7548	0.6098	0.4522
	7	1.0000	1.0000	0.9994	0.9958	0.9827	0.9500	0.8868	0.7869	0.6535
	8	1.0000	1.0000	0.9999	0.9992	0.9958	0.9848	0.9578	0.9050	0.8182
	9	1.0000	1.0000	1.0000	0.9999	0.9992	0.9963	0.9876	0.9662	0.9231
	10	1.0000	1.0000	1.0000	1.0000	0.9999	0.9993	0.9972	0.9907	0.9745
	11	1.0000	1.0000	1.0000	1.0000	1.0000	0.9999	0.9995	0.9981	0.9937
	12	1.0000	1.0000	1.0000	1.0000	1.0000	1.0000	0.9999	0.9997	0.9989
	13	1.0000	1.0000	1.0000	1.0000	1.0000	1.0000	1.0000	1.0000	0.9999
	14	1.0000	1.0000	1.0000	1.0000	1.0000	1.0000	1.0000	1.0000	1.0000
20	0	0.3585	0.1216	0.0388	0.0115	0.0032	0.0008	0.0002	0.0000	0.0000
	1	0.7358	0.3917	0.1756	0.0692	0.0243	0.0076	0.0021	0.0005	0.0001
	2	0.9245	0.6769	0.4049	0.2061	0.0913	0.0355	0.0121	0.0036	0.0009
	3	0.9841	0.8670	0.6477	0.4114	0.2252	0.1071	0.0444	0.0160	0.0049
	4	0.9974	0.9568	0.8298	0.6296	0.4148	0.2375	0.1182	0.0510	0.0189
	5	0.9997	0.9887	0.9327	0.8042	0.6172	0.4164	0.2454	0.1256	0.0553
	6	1.0000	0.9976	0.9781	0.9133	0.7858	0.6080	0.4166	0.2500	0.1299
	7	1.0000	0.9996	0.9941	0.9679	0.8982	0.7723	0.6010	0.4159	0.2520
	8	1.0000	0.9999	0.9987	0.9900	0.9591	0.8867	0.7624	0.5956	0.4143
	9	1.0000	1.0000	0.9998	0.9974	0.9861	0.9520	0.8782	0.7553	0.5914
	10	1.0000	1.0000	1.0000	0.9994	0.9961	0.9829	0.9468	0.8725	0.7507
	11	1.0000	1.0000	1.0000	0.9999	0.9991	0.9949	0.9804	0.9435	0.8692
	12	1.0000	1.0000	1.0000	1.0000	0.9998	0.9987	0.9940	0.9790	0.9420
	13	1.0000	1.0000	1.0000	1.0000	1.0000	0.9997	0.9985	0.9935	0.9786
	14	1.0000	1.0000	1.0000	1.0000	1.0000	1.0000	0.9997	0.9984	0.9936
	15	1.0000	1.0000	1.0000	1.0000	1.0000	1.0000	1.0000	0.9997	0.9985
	16	1.0000	1.0000	1.0000	1.0000	1.0000	1.0000	1.0000	1.0000	0.9997
	17	1.0000	1.0000	1.0000	1.0000	1.0000	1.0000	1.0000	1.0000	1.0000
	18	1.0000	1.0000	1.0000	1.0000	1.0000	1.0000	1.0000	1.0000	1.0000
	19	1.0000	1.0000	1.0000	1.0000	1.0000	1.0000	1.0000	1.0000	1.0000
	20	1.0000	1.0000	1.0000	1.0000	1.0000	1.0000	1.0000	1.0000	1.0000

		p									
n	x	0.50	0.55	0.60	0.65	0.70	0.75	0.80	0.85	0.90	0.95
15	0	0.0000	0.0000	0.0000	0.0000	0.0000	0.0000	0.0000	0.0000	0.0000	0.0000
	1	0.0005	0.0001	0.0000	0.0000	0.0000	0.0000	0.0000	0.0000	0.0000	0.0000
	2	0.0037	0.0011	0.0003	0.0001	0.0000	0.0000	0.0000	0.0000	0.0000	0.0000
	3	0.0176	0.0063	0.0019	0.0005	0.0001	0.0000	0.0000	0.0000	0.0000	0.0000
	4	0.0592	0.0255	0.0093	0.0028	0.0007	0.0001	0.0000	0.0000	0.0000	0.0000
	5	0.1509	0.0769	0.0338	0.0124	0.0037	0.0008	0.0001	0.0000	0.0000	0.0000
	6	0.3036	0.1818	0.0950	0.0422	0.0152	0.0042	0.0008	0.0001	0.0000	0.0000
	7	0.5000	0.3465	0.2131	0.1132	0.0500	0.0173	0.0042	0.0006	0.0000	0.0000
	8	0.6964	0.5478	0.3902	0.2452	0.1311	0.0566	0.0181	0.0036	0.0003	0.0000
	9	0.8491	0.7392	0.5968	0.4357	0.2784	0.1484	0.0611	0.0168	0.0022	0.0001
	10	0.9408	0.8796	0.7827	0.6481	0.4845	0.3135	0.1642	0.0617	0.0127	0.0006
	11	0.9824	0.9576	0.9095	0.8273	0.7031	0.5387	0.3518	0.1773	0.0556	0.0055
	12	0.9963	0.9893	0.9729	0.9383	0.8732	0.7639	0.6020	0.3958	0.1841	0.0362
	13	0.9995	0.9983	0.9948	0.9858	0.9647	0.9198	0.8329	0.6814	0.4510	0.1710
	14	1.0000	0.9999	0.9995	0.9984	0.9953	0.9866	0.9648	0.9126	0.7941	0.5367
20	0	0.0000	0.0000	0.0000	0.0000	0.0000	0.0000	0.0000	0.0000	0.0000	0.0000
	1	0.0000	0.0000	0.0000	0.0000	0.0000	0.0000	0.0000	0.0000	0.0000	0.0000
	2	0.0002	0.0000	0.0000	0.0000	0.0000	0.0000	0.0000	0.0000	0.0000	0.0000
	3	0.0013	0.0003	0.0000	0.0000	0.0000	0.0000	0.0000	0.0000	0.0000	0.0000
	4	0.0059	0.0015	0.0003	0.0000	0.0000	0.0000	0.0000	0.0000	0.0000	0.0000
	5	0.0207	0.0064	0.0016	0.0003	0.0000	0.0000	0.0000	0.0000	0.0000	0.0000
	6	0.0577	0.0214	0.0065	0.0015	0.0003	0.0000	0.0000	0.0000	0.0000	0.0000
	7	0.1316	0.0580	0.0210	0.0060	0.0013	0.0002	0.0000	0.0000	0.0000	0.0000
	8	0.2517	0.1308	0.0565	0.0196	0.0051	0.0009	0.0001	0.0000	0.0000	0.0000
	9	0.4119	0.2493	0.1275	0.0532	0.0171	0.0039	0.0006	0.0000	0.0000	0.0000
	10	0.5881	0.4086	0.2447	0.1218	0.0480	0.0139	0.0026	0.0002	0.0000	0.0000
	11	0.7483	0.5857	0.4044	0.2376	0.1133	0.0409	0.0100	0.0013	0.0001	0.0000
	12	0.8684	0.7480	0.5841	0.3990	0.2277	0.1018	0.0321	0.0059	0.0004	0.0000
	13	0.9423	0.8701	0.7500	0.5834	0.3920	0.2142	0.0867	0.0219	0.0024	0.0000
	14	0.9793	0.9447	0.8744	0.7546	0.5836	0.3828	0.1958	0.0673	0.0113	0.0003
	15	0.9941	0.9811	0.9490	0.8818	0.7625	0.5852	0.3704	0.1702	0.0432	0.0026
	16	0.9987	0.9951	0.9840	0.9556	0.8929	0.7748	0.5886	0.3523	0.1330	0.0159
	17	0.9998	0.9991	0.9964	0.9879	0.9645	0.9087	0.7939	0.5951	0.3231	0.0755
	18	1.0000	0.9999	0.9995	0.9979	0.9924	0.9757	0.9308	0.8244	0.6083	0.2642
	19	1.0000	1.0000	1.0000	0.9998	0.9992	0.9968	0.9885	0.9612	0.8784	0.6415
	20	1.0000	1.0000	1.0000	1.0000	1.0000	1.0000	1.0000	1.0000	1.0000	1.0000

5. 포아송분포표 (1)

$$P[X \leq x] = \sum_{k=0}^{x} \frac{\lambda^k e^{-\lambda}}{k!}$$

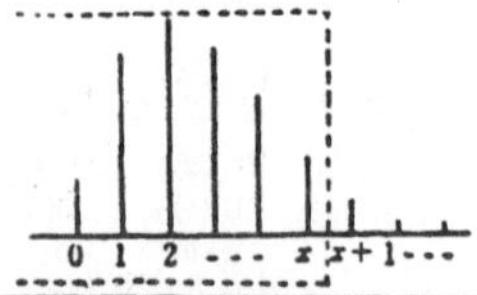

x	$\lambda = E(X)$									
	0.1	0.2	0.3	0.4	0.5	0.6	0.7	0.8	0.9	1.0
0	0.905	0.819	0.741	0.670	0.607	0.549	0.497	0.449	0.407	0.368
1	0.995	0.982	0.963	0.938	0.910	0.878	0.844	0.809	0.772	0.736
2	1.000	0.999	0.996	0.992	0.986	0.977	0.966	0.953	0.937	0.920
3	1.000	1.000	1.000	0.999	0.998	0.997	0.994	0.991	0.987	0.981
4	1.000	1.000	1.000	1.000	1.000	1.000	0.999	0.999	0.998	0.996
5	1.000	1.000	1.000	1.000	1.000	1.000	1.000	1.000	1.000	0.999
6	1.000	1.000	1.000	1.000	1.000	1.000	1.000	1.000	1.000	1.000

x	1.1	1.2	1.3	1.4	1.5	1.6	1.7	1.8	1.9	2.0
0	0.333	0.301	0.273	0.247	0.223	0.202	0.183	0.165	0.150	0.135
1	0.699	0.663	0.627	0.592	0.558	0.525	0.493	0.463	0.434	0.406
2	0.900	0.879	0.857	0.833	0.809	0.783	0.757	0.731	0.704	0.677
3	0.974	0.966	0.957	0.946	0.934	0.921	0.907	0.891	0.875	0.857
4	0.995	0.992	0.989	0.986	0.981	0.976	0.970	0.964	0.956	0.947
5	0.999	0.998	0.998	0.997	0.996	0.994	0.992	0.990	0.987	0.983
6	1.000	1.000	1.000	0.999	0.999	0.999	0.998	0.997	0.997	0.995
7	1.000	1.000	1.000	1.000	1.000	1.000	1.000	0.999	0.999	0.999
8	1.000	1.000	1.000	1.000	1.000	1.000	1.000	1.000	1.000	1.000

x	2.2	2.4	2.6	2.8	3.0	3.2	3.4	3.6	3.8	4.0
0	0.111	0.091	0.074	0.061	0.050	0.041	0.033	0.027	0.022	0.018
1	0.355	0.308	0.267	0.231	0.199	0.171	0.147	0.126	0.107	0.092
2	0.623	0.570	0.518	0.469	0.423	0.380	0.340	0.303	0.269	0.238
3	0.819	0.779	0.736	0.692	0.647	0.603	0.558	0.515	0.473	0.433
4	0.928	0.904	0.877	0.848	0.815	0.781	0.744	0.706	0.668	0.629
5	0.975	0.964	0.951	0.935	0.916	0.895	0.871	0.844	0.816	0.785
6	0.993	0.988	0.983	0.976	0.966	0.955	0.942	0.927	0.909	0.889
7	0.998	0.997	0.995	0.992	0.988	0.983	0.977	0.969	0.960	0.949
8	1.000	0.999	0.989	0.998	0.996	0.994	0.992	0.988	0.984	0.979
9	1.000	1.000	1.000	0.999	0.999	0.998	0.997	0.996	0.994	0.992
10	1.000	1.000	1.000	1.000	1.000	1.000	0.999	0.999	0.998	0.997
11	1.000	1.000	1.000	1.000	1.000	1.000	1.000	1.000	0.999	0.999
12	1.000	1.000	1.000	1.000	1.000	1.000	1.000	1.000	1.000	1.000

5. 포아송분포표 (2)

x	$\lambda = E(X)$									
	4.2	4.4	4.6	4.8	5.0	5.2	5.4	5.6	5.8	6.0
0	0.015	0.012	0.010	0.008	0.007	0.006	0.005	0.004	0.003	0.002
1	0.078	0.066	0.056	0.048	0.040	0.034	0.029	0.024	0.021	0.017
2	0.210	0.185	0.163	0.143	0.125	0.109	0.095	0.082	0.072	0.062
3	0.395	0.359	0.326	0.294	0.265	0.238	0.213	0.191	0.170	0.151
4	0.590	0.551	0.513	0.476	0.440	0.406	0.373	0.342	0.313	0.285
5	0.753	0.720	0.686	0.651	0.616	0.581	0.546	0.512	0.478	0.446
6	0.867	0.844	0.818	0.791	0.762	0.732	0.702	0.670	0.638	0.606
7	0.936	0.921	0.905	0.887	0.867	0.845	0.822	0.797	0.771	0.744
8	0.972	0.964	0.955	0.944	0.932	0.918	0.903	0.886	0.867	0.847
9	0.989	0.985	0.980	0.975	0.968	0.960	0.951	0.941	0.929	0.916
10	0.996	0.994	0.992	0.990	0.986	0.982	0.977	0.972	0.965	0.957
11	0.999	0.998	0.997	0.996	0.995	0.993	0.990	0.988	0.984	0.980
12	1.000	0.999	0.999	0.999	0.998	0.997	0.996	0.995	0.993	0.991
13	1.000	1.000	1.000	1.000	0.999	0.999	0.999	0.998	0.997	0.996
14	1.000	1.000	1.000	1.000	1.000	1.000	0.999	0.999	0.999	0.999
15	1.000	1.000	1.000	1.000	1.000	1.000	1.000	1.000	1.000	0.999
16	1.000	1.000	1.000	1.000	1.000	1.000	1.000	1.000	1.000	1.000

x	6.5	7.0	7.5	8.0	8.5	9.0	9.5	10.0	10.5	11.0
0	0.002	0.001	0.001	0.000	0.000	0.000	0.000	0.000	0.000	0.000
1	0.011	0.007	0.005	0.003	0.002	0.001	0.001	0.000	0.000	0.000
2	0.043	0.030	0.020	0.014	0.009	0.006	0.004	0.003	0.002	0.001
3	0.112	0.082	0.059	0.042	0.030	0.021	0.015	0.010	0.007	0.005
4	0.224	0.173	0.132	0.100	0.074	0.055	0.040	0.029	0.021	0.015
5	0.369	0.301	0.241	0.191	0.150	0.116	0.089	0.067	0.050	0.038
6	0.527	0.450	0.378	0.313	0.256	0.207	0.165	0.130	0.102	0.079
7	0.673	0.599	0.525	0.453	0.386	0.324	0.269	0.220	0.179	0.143
8	0.792	0.729	0.662	0.593	0.523	0.456	0.392	0.333	0.279	0.232
9	0.877	0.830	0.776	0.717	0.653	0.587	0.522	0.458	0.397	0.341
10	0.933	0.901	0.862	0.816	0.763	0.706	0.645	0.583	0.521	0.460
11	0.966	0.947	0.921	0.888	0.849	0.803	0.752	0.697	0.639	0.579
12	0.984	0.973	0.957	0.936	0.909	0.876	0.836	0.792	0.742	0.689
13	0.993	0.987	0.978	0.966	0.949	0.926	0.898	0.864	0.825	0.781
14	0.997	0.994	0.990	0.983	0.973	0.959	0.940	0.917	0.888	0.854
15	0.999	0.998	0.995	0.992	0.986	0.978	0.967	0.951	0.932	0.907
16	1.000	0.999	0.998	0.996	0.993	0.989	0.982	0.973	0.960	0.944
17	1.000	1.000	0.999	0.998	0.997	0.995	0.991	0.986	0.978	0.968
18	1.000	1.000	1.000	0.999	0.999	0.998	0.996	0.993	0.988	0.982
19	1.000	1.000	1.000	1.000	0.999	0.999	0.998	0.997	0.994	0.991
20	1.000	1.000	1.000	1.000	1.000	1.000	0.999	0.998	0.997	0.995
21	1.000	1.000	1.000	1.000	1.000	1.000	1.000	0.999	0.999	0.998
22	1.000	1.000	1.000	1.000	1.000	1.000	1.000	1.000	0.999	0.999
23	1.000	1.000	1.000	1.000	1.000	1.000	1.000	1.000	1.000	1.000

6. 표준정규분포표 (1)

$$\Phi(z) = \int_{-\infty}^{z} \frac{1}{\sqrt{2\pi}} \exp\left(-\frac{1}{2}u^2\right) du = P(Z \le z)$$

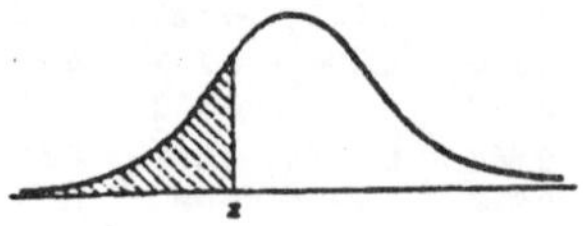

z	0	1	2	3	4	5	6	7	8	9
−3.	.0013	.0010	.0007	.0005	.0003	.0002	.0002	.0001	.0001	.0000
−2.9	.0019	.0018	.0017	.0017	.0016	.0016	.0015	.0015	.0014	.0014
−2.8	.0026	.0025	.0024	.0023	.0023	.0022	.0021	.0021	.0020	.0019
−2.7	.0035	.0034	.0033	.0032	.0031	.0030	.0029	.0028	.0027	.0026
−2.6	.0047	.0045	.0044	.0043	.0041	.0040	.0039	.0038	.0037	.0036
−2.5	.0062	.0060	.0059	.0057	.0055	.0054	.0052	.0051	.0049	.0048
−2.4	.0082	.0080	.0078	.0075	.0073	.0071	.0069	.0068	.0066	.0064
−2.3	.0107	.0104	.0102	.0099	.0096	.0094	.0091	.0089	.0087	.0084
−2.2	.0139	.0136	.0132	.0129	.0126	.0122	.0119	.0116	.0113	.0110
−2.1	.0179	.0174	.0170	.0166	.0162	.0158	.0154	.0150	.0146	.0143
−2.0	.0228	.0222	.0217	.0212	.0207	.0202	.0197	.0192	.0188	.0183
−1.9	.0287	.0281	.0274	.0268	.0262	.0256	.0250	.0244	.0238	.0233
−1.8	.0359	.0352	.0344	.0336	.0329	.0322	.0314	.0307	.0300	.0294
−1.7	.0446	.0436	.0427	.0418	.0409	.0401	.0392	.0384	.0375	.0367
−1.6	.0548	.0537	.0526	.0516	.0505	.0495	.0485	.0475	.0465	.0455
−1.5	.0668	.0655	.0643	.0630	.0618	.0606	.0594	.0582	.0570	.0559
−1.4	.0808	.0793	.0778	.0764	.0749	.0735	.0722	.0708	.0694	.0681
−1.3	.0968	.0951	.0934	.0918	.0901	.0885	.0869	.0853	.0838	.0823
−1.2	.1151	.1131	.1112	.1093	.1075	.1056	.1038	.1020	.1003	.0985
−1.1	.1357	.1335	.1314	.1292	.1271	.1251	.1230	.1210	.1190	.1170
−1.0	.1587	.1562	.1539	.1515	.1492	.1469	.1446	.1423	.1401	.1379
− .9	.1841	.1814	.1788	.1762	.1736	.1711	.1685	.1660	.1635	.1611
− .8	.2119	.2090	.2061	.2033	.2005	.1977	.1949	.1922	.1894	.1867
− .7	.2420	.2389	.2358	.2327	.2297	.2266	.2236	.2206	.2177	.2148
− .6	.2743	.2709	.2676	.2643	.2611	.2578	.2546	.2514	.2483	.2451
− .5	.3085	.3050	.3015	.2981	.2946	.2912	.2877	.2843	.2810	.2776
− .4	.3446	.3409	.3372	.3336	.3300	.3264	.3228	.3192	.3156	.3121
− .3	.3821	.3783	.3745	.3707	.3669	.3632	.3594	.3557	.3520	.3483
− .2	.4207	.4168	.4129	.4090	.4052	.4013	.3974	.3936	.3897	.3859
− .1	.4602	.4562	.4522	.4483	.4443	.4404	.4364	.4325	.4286	.4247
− 0	.5000	.4960	.4920	.4880	.4840	.4801	.4761	.4721	.4681	.4641

6. 표준정규분포표 (2)

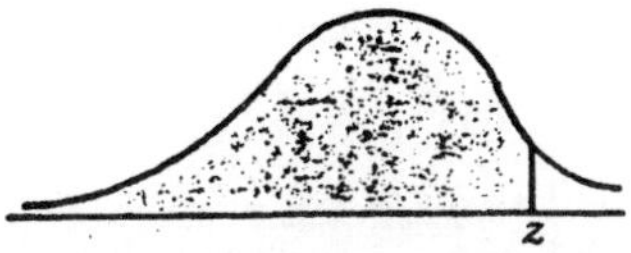

z	0	1	2	3	4	5	6	7	8	9
.0	.5000	.5040	.5080	.5120	.5160	.5199	.5239	.5279	.5319	.5359
.1	.5398	.5438	.5478	.5517	.5557	.5596	.5636	.5675	.5714	.5753
.2	.5793	.5832	.5871	.5910	.5948	.5987	.6026	.6064	.6103	.6141
.3	.6179	.6217	.6255	.6293	.6331	.6368	.6406	.6443	.6480	.6517
.4	.6554	.6591	.6628	.6664	.6700	.6736	.6772	.6808	.6844	.6879
.5	.6915	.6950	.6985	.7019	.7054	.7088	.7123	.7157	.7190	.7224
.6	.7257	.7291	.7324	.7357	.7389	.7422	.7454	.7486	.7517	.7549
.7	.7580	.7611	.7642	.7673	.7703	.7734	.7764	.7794	.7823	.7852
.8	.7881	.7910	.7939	.7967	.7995	.8023	.8051	.8078	.8106	.8133
.9	.8159	.8186	.8212	.8238	.8264	.8289	.8315	.8340	.8365	.8389
1.0	.8413	.8438	.8461	.8485	.8508	.8531	.8554	.8577	.8599	.8621
1.1	.8643	.8665	.8686	.8708	.8729	.8749	.8770	.8790	.8810	.8830
1.2	.8849	.8869	.8888	.8907	.8925	.8944	.8962	.8980	.8997	.9015
1.3	.9032	.9049	.9066	.9082	.9099	.9115	.9131	.9147	.9162	.9177
1.4	.9192	.9207	.9222	.9236	.9251	.9265	.9278	.9292	.9306	.9319
1.5	.9332	.9345	.9357	.9370	.9382	.9394	.9406	.9418	.9430	.9441
1.6	.9452	.9463	.9474	.9484	.9495	.9505	.9515	.9525	.9535	.9545
1.7	.9554	.9564	.9573	.9582	.9591	.9599	.9608	.9616	.9625	.9633
1.8	.9641	.9648	.9656	.9664	.9671	.9678	.9686	.9693	.9700	.9706
1.9	.9713	.9719	.9726	.9732	.9738	.9744	.9750	.9756	.9762	.9767
2.0	.9772	.9778	.9783	.9788	.9793	.9798	.9803	.9808	.9812	.9817
2.1	.9821	.9826	.9830	.9834	.9838	.9842	.9846	.9850	.9854	.9857
2.2	.9861	.9864	.9868	.9871	.9874	.9878	.9881	.9884	.9887	.9890
2.3	.9893	.9896	.9898	.9901	.9904	.9906	.9909	.9911	.9913	.9916
2.4	.9918	.9920	.9922	.9925	.9927	.9929	.9931	.9932	.9934	.9936
2.5	.9938	.9940	.9941	.9943	.9945	.9946	.9948	.9949	.9951	.9952
2.6	.9953	.9955	.9956	.9957	.9959	.9960	.9961	.9962	.9963	.9964
2.7	.9965	.9966	.9967	.9968	.9969	.9970	.9971	.9972	.9973	.9974
2.8	.9974	.9975	.9976	.9977	.9977	.9978	.9979	.9979	.9980	.9981
2.9	.9981	.9982	.9982	.9983	.9984	.9984	.9985	.9985	.9986	.9986
3.	.9987	.9990	.9993	.9995	.9997	.9998	.9998	.9999	.9999	1.0000

α	.1	.05	.01	.005	.0001
Z_α	1.2816	1.6449	2.3263	2.5758	3.0902

7. χ^2 분포표

$$\Pr(X \leq x) = \int_0^x \frac{1}{\Gamma(n/2)2^{n/2}} w^{n/2-1} e^{-w/2} dw$$

n	Pr (X ≤ x)					
	0.01	0.025	0.050	0.95	0.975	0.99
1	0.000	0.001	0.004	3.84	5.02	6.63
2	0.020	0.051	0.103	5.99	7.38	9.21
3	0.115	0.216	0.352	7.81	9.35	11.3
4	0.297	0.484	0.711	9.49	11.1	13.3
5	0.554	0.831	1.15	11.1	12.8	15.1
6	0.872	1.24	1.64	12.6	14.4	16.8
7	1.24	1.69	2.17	14.1	16.0	18.5
8	1.65	2.18	2.73	15.5	17.5	20.1
9	2.09	2.70	3.33	16.9	19.0	21.7
10	2.56	3.25	3.94	18.3	20.5	23.2
11	3.05	3.82	4.57	19.7	21.9	24.7
12	3.57	4.40	5.23	21.0	23.3	26.2
13	4.11	5.01	5.89	22.4	24.7	27.7
14	4.66	5.63	6.57	23.7	26.1	29.1
15	5.23	6.26	7.26	25.0	27.5	30.6
16	5.81	6.91	7.96	26.3	28.8	32.0
17	6.41	7.56	8.67	27.6	30.2	33.4
18	7.01	8.23	9.39	28.9	31.5	34.8
19	7.63	8.91	10.1	30.1	32.9	36.2
20	8.26	9.59	10.9	31.4	34.2	37.6
21	8.90	10.3	11.6	32.7	35.5	38.9
22	9.54	11.0	12.3	33.9	36.8	40.3
23	10.2	11.7	13.1	35.2	38.1	41.6
24	10.9	12.4	13.8	36.4	39.4	43.0
25	11.5	13.1	14.6	37.7	40.6	44.3
26	12.2	13.8	15.4	38.9	41.9	45.6
27	12.9	14.6	16.2	40.1	43.2	47.0
28	13.6	15.3	16.9	41.3	44.5	48.3
29	14.3	16.0	17.7	42.6	45.7	49.6
30	15.0	16.8	18.5	43.8	47.0	50.9

8. t 분포표

$$\Pr(T \le t) = \int_{-\infty}^{t} \frac{\Gamma[(r+1)/2]}{\sqrt{\pi r}\,\Gamma(r/2)(1+w^2/r)^{(r+1)/2}}\,dw$$

$$[\Pr(T \le -t) = 1 - \Pr(T \le t)]$$

r	Pr $(T \le t)$ 0.90	0.95	0.975	0.99	0.995
1	3.078	6.314	12.706	31.821	63.657
2	1.886	2.920	4.303	6.965	9.925
3	1.638	2.353	3.182	4.541	5.841
4	1.533	2.132	2.776	3.747	4.604
5	1.476	2.015	2.571	3.365	4.032
6	1.440	1.943	2.447	3.143	3.707
7	1.415	1.895	2.365	2.998	3.499
8	1.397	1.860	2.306	2.896	3.355
9	1.383	1.833	2.262	2.821	3.250
10	1.372	1.812	2.228	2.764	3.169
11	1.363	1.796	2.201	2.718	3.106
12	1.356	1.782	2.179	2.681	3.055
13	1.350	1.771	2.160	2.650	3.012
14	1.345	1.761	2.145	2.624	2.977
15	1.341	1.753	2.131	2.602	2.947
16	1.337	1.746	2.120	2.583	2.921
17	1.333	1.740	2.110	2.567	2.898
18	1.330	1.734	2.101	2.552	2.878
19	1.328	1.729	2.093	2.539	2.861
20	1.325	1.725	2.086	2.528	2.845
21	1.323	1.721	2.080	2.518	2.831
22	1.321	1.717	2.074	2.508	2.819
23	1.319	1.714	2.069	2.500	2.807
24	1.318	1.711	2.064	2.492	2.797
25	1.316	1.708	2.060	2.485	2.787
26	1.315	1.706	2.056	2.479	2.779
27	1.314	1.703	2.052	2.473	2.771
28	1.313	1.701	2.048	2.467	2.763
29	1.311	1.699	2.045	2.462	2.756
30	1.310	1.697	2.042	2.457	2.750

9. F 분포표

$$\Pr(F \le f) = \int_0^f \frac{\Gamma[(r_1 + r_2)/2](r_1/r_2)^{r_1/2} w^{r_1/2-1}}{\Gamma(r_1/2)\Gamma(r_2/2)(1 + r_1 w/r_2)^{(r_1+r_2)/2}} dw$$

$\Pr(F \le f)$	r_2	r_1 = 1	2	3	4	5	6	7	8	9	10	12	15
0.95	1	161	200	216	225	230	234	237	239	241	242	244	246
0.975		648	800	864	900	922	937	948	957	963	969	977	985
0.99		4052	4999	5403	5625	5764	5859	5928	5982	6023	6056	6106	6157
0.95	2	18.5	19.0	19.2	19.2	19.3	19.3	19.4	19.4	19.4	19.4	19.4	19.4
0.975		38.5	39.0	39.2	39.2	39.3	39.3	39.4	39.4	39.4	39.4	39.4	39.4
0.99		98.5	99.0	99.2	99.2	99.3	99.3	99.4	99.4	99.4	99.4	99.4	99.4
0.95	3	10.1	9.55	9.28	9.12	9.01	8.94	8.89	8.85	8.81	8.79	8.74	8.70
0.975		17.4	16.0	15.4	15.1	14.9	14.7	14.6	14.5	14.5	14.4	14.3	14.3
0.99		34.1	30.8	29.5	28.7	28.2	27.9	27.7	27.5	27.3	27.2	27.1	26.9
0.95	4	7.71	6.94	6.59	6.39	6.26	6.16	6.09	6.04	6.00	5.96	5.91	5.86
0.975		12.2	10.6	9.98	9.60	9.36	9.20	9.07	8.98	8.90	8.84	8.75	8.66
0.99		21.2	18.0	16.7	16.0	15.5	15.2	15.0	14.8	14.7	14.5	14.4	14.2
0.95	5	6.61	5.79	5.41	5.19	5.05	4.95	4.88	4.82	4.77	4.74	4.68	4.62
0.975		10.0	8.43	7.76	7.39	7.15	6.98	6.85	6.76	6.68	6.62	6.52	6.43
0.99		16.3	13.3	12.1	11.4	11.0	10.7	10.5	10.3	10.2	10.1	9.89	9.72

$Pr(F \le f)$	r_2	r_1 = 1	2	3	4	5	6	7	8	9	10	12	15
0.95	6	5.99	5.14	4.76	4.53	4.39	4.28	4.21	4.15	4.10	4.06	4.00	3.94
0.975		8.81	7.26	6.60	6.23	5.99	5.82	5.70	5.60	5.52	5.46	5.37	5.27
0.99		13.7	10.9	9.78	9.15	8.75	8.47	8.26	8.10	7.98	7.87	7.72	7.56
0.95	7	5.59	4.74	4.35	4.12	3.97	3.87	3.79	3.73	3.68	3.64	3.57	3.51
0.975		8.07	6.54	5.89	5.52	5.29	5.12	4.99	4.90	4.82	4.76	4.67	4.57
0.99		12.2	9.55	8.45	7.85	7.46	7.19	6.99	6.84	6.72	6.62	6.47	6.31
0.95	8	5.32	4.46	4.07	3.84	3.69	3.58	3.50	3.44	3.39	3.35	3.28	3.22
0.975		7.57	6.06	5.42	5.05	4.82	4.65	4.53	4.43	4.36	4.30	4.20	4.10
0.99		11.3	8.65	7.59	7.01	6.63	6.37	6.18	6.03	5.91	5.81	5.67	5.52
0.95	9	5.12	4.26	3.86	3.63	3.48	3.37	3.29	3.23	3.18	3.14	3.07	3.01
0.975		7.21	5.71	5.08	4.72	4.48	4.32	4.20	4.10	4.03	3.96	3.87	3.77
0.99		10.6	8.02	6.99	6.42	6.06	5.80	5.61	5.47	5.35	5.26	5.11	4.96
0.95	10	4.96	4.10	3.71	3.48	3.33	3.22	3.14	3.07	3.02	2.98	2.91	2.85
0.975		6.94	5.46	4.83	4.47	4.24	4.07	3.95	3.85	3.78	3.72	3.62	3.52
0.99		10.0	7.56	6.55	5.99	5.64	5.39	5.20	5.06	4.94	4.85	4.71	4.56
0.95	12	4.75	3.89	3.49	3.26	3.11	3.00	2.91	2.85	2.80	2.75	2.69	2.62
0.975		6.55	5.10	4.47	4.12	3.89	3.73	3.61	3.51	3.44	3.37	3.28	3.18
0.99		9.33	6.93	5.95	5.41	5.06	4.82	4.64	4.50	4.39	4.30	4.16	4.01
0.95	15	4.54	3.68	3.29	3.06	2.90	2.79	2.71	2.64	2.59	2.54	2.48	2.40
0.975		6.20	4.77	4.15	3.80	3.58	3.41	3.29	3.20	3.12	3.06	2.96	2.86
0.99		8.68	6.36	5.42	4.89	4.56	4.32	4.14	4.00	3.89	3.80	3.67	3.52

연습문제 풀이 및 해답

연습문제 1.1

1. $\{\varnothing, \Omega\}$

2. $$\begin{aligned}(A-(A\cap B))\cup B &= (A\cap(A\cap B)^c)\cup B\\ &= (A\cap B^c)\cup B = A\cup B\end{aligned}$$

3. (i) $[0, 1]$, $x \in \bigcup_{n=1}^{\infty}\left[0, \frac{1}{n}\right] \Leftrightarrow {}^{\exists} n \geq 1$ s.t. $0 \leq x \leq \frac{1}{n} \Leftrightarrow 0 \leq x \leq 1.$

   (ii) $\{0\}$ (iii) $\{x\}$ (iv) $[x, x+1)$

4. (i) $A, B \in \mathscr{F}$ 이면 $A^c, B^c \in \mathscr{F}$, $B^c \cup A \in \mathscr{F}$, $(B^c \cup A)^c \in \mathscr{F}$ 이므로
   $B - A = B \cap A^c = (B^c \cup A)^c \in \mathscr{F}$.

   (ii) $A_1, A_2, \cdots \in \mathscr{F}$ 이면 $\bigcup_{i=1}^{\infty} A_i^c \in \mathscr{F}$ 이고 $\bigcap_{i=1}^{\infty} A_i = \left(\bigcup_{i=1}^{\infty} A_i^c\right)^c \in \mathscr{F}$.

5. $\prod_{i=1}^{n}(c_i, d_i] \in \mathcal{B}_n$ 이므로
   $$\prod_{i=1}^{n}(c_i, d_i) = \prod_{i=1}^{n}\bigcup_{k=1}^{\infty}\left(c_i, d_i - \frac{1}{k}\right] = \bigcup_{k=1}^{\infty}\prod_{i=1}^{n}\left(c_i, d_i - \frac{1}{k}\right] \in \mathcal{B}_n.$$

연습문제 1.2

1. $\Omega = \{\omega : \omega = HH, HT, TH, TT\}$ 이고 $\mathscr{F} = 2^{\Omega}$ 이다. 임의의 $A \in \mathscr{F}$ 에 대해 $P(A) \geq 0$ 이고 $P(\Omega) = 1$ 은 분명하다. $\mathscr{F}$ 내의 서로 배반인 사상들, 예를 들면 $A_1 = \{HH, HT\}$, $A_2 = \{TT\}$ 에 대해
   $$P(A_1 \cup A_2) = P(\{HH\} \cup \{HT\} \cup \{TT\}) = \frac{3}{4} = P(A_1) + P(A_2)$$
   이다. 따라서 $(\Omega, \mathscr{F}, P)$ 는 하나의 확률공간이다.

2. (1) $\dfrac{1}{{}_nC_2} = \dfrac{2}{n(n-1)}$ (2) $1 - \dfrac{{}_{n-1}C_2}{{}_nC_3} = \dfrac{n-3}{n}$

(3) $3\dfrac{{}_{n-3}C_4}{{}_nC_5} = \dfrac{15(n-5)(n-6)}{n(n-1)(n-2)}$

3. (1) 정의로부터 $P(A) \geq 0, \ \forall A \in \mathscr{F}$ 이고, Maclaurin 급수전개로부터

$$P(\Omega) = \sum_{x=0}^{\infty} \frac{e^{-\lambda}\lambda^x}{x!} = e^{-\lambda}\sum_{x=0}^{\infty}\frac{\lambda^x}{x!} = e^{-\lambda}\cdot e^{\lambda} = 1.$$

그리고 서로소인 사건 열 $\{A_n\}$에 대하여

$$P\left(\bigcup_{i=1}^{\infty} A_i\right) = \sum_{x \in \cup_{i=1}^{\infty} A_i} \frac{e^{-\lambda}\lambda^x}{x!} = \sum_{i=1}^{\infty}\sum_{x\in A_i}\frac{e^{-\lambda}\lambda^x}{x!} = \sum_{i=1}^{\infty} P(A_i).$$

따라서 $(\Omega, \mathscr{F}, P)$는 하나의 확률공간이다.

4. (1) 각각의 $A \in \mathscr{F}$에 대하여 $P(A) = \sum_{x\in A}\dfrac{e^{-\lambda}\lambda^x}{x!}$, $\lambda > 0$ 이므로

$$P(A) = \sum_{x=3}^{\infty}\frac{e^{-\lambda}\lambda^x}{x!} = e^{-\lambda}\left(\sum_{x=0}^{\infty}\frac{\lambda^x}{x!} - \sum_{x=0}^{2}\frac{\lambda^x}{x!}\right) = e^{-\lambda}\left(e^{\lambda} - 1 - \lambda - \frac{\lambda^2}{2}\right),$$

$$P(B) = \sum_{x=0}^{2}\frac{e^{-\lambda}\lambda^x}{x!} = e^{-\lambda}\left(1 + \lambda + \frac{\lambda^2}{2}\right),$$

$$P(C) = \sum_{x=4}^{5}\frac{e^{-\lambda}\lambda^x}{x!} = \frac{e^{-\lambda}\lambda^4}{4!}\left(1 + \frac{\lambda}{5}\right),$$

$$P(A\cap B) = P(\varnothing) = 0,$$

$$P(A\cup B) = \sum_{x=0}^{\infty}\frac{e^{-\lambda}\lambda^x}{x!} = e^{-\lambda}\sum_{x=0}^{\infty}\frac{\lambda^x}{x!} = e^{-\lambda}\cdot e^{\lambda} = 1,$$

$$P(A\cup B\cup C) = P(A\cup B) = 1.$$

(2) 각각의 $A \in \mathscr{F}$에 대하여 $P(A) = \sum_{x\in A} p(1-p)^x$, $0 < p < 1$ 이고, $0 < 1-p < 1$

이므로

$$P(A) = \sum_{x=3}^{\infty} p(1-p)^x = \frac{p(1-p)^3}{1-(1-p)} = (1-p)^3,$$

$$P(B) = \sum_{x=0}^{2} p(1-p)^x = p(p^2 - 3p + 3),$$

$$P(C) = \sum_{x=4}^{5} p(1-p)^x = p(1-p)^4(2-p),$$
$$P(A \cap B) = P(\varnothing) = 0,$$
$$P(A \cup B) = \sum_{x=0}^{\infty} p(1-p)^x = \frac{p}{1-(1-p)} = 1,$$
$$P(A \cup B \cup C) = P(A \cup B) = 1.$$

5. $P(A) = \dfrac{1/2}{1} = \dfrac{1}{2} \ (x + y \geq 1 \Leftrightarrow y \geq -x+1)$

$$P(B) = \int_{1/4}^{1}\int_{1/4x}^{1} dy\,dx = \int_{1/4}^{1}\left(1-\frac{1}{4x}\right)dx = \frac{3-\ln 4}{4} \quad (xy \geq \frac{1}{4} \Leftrightarrow y \geq \frac{1}{4x})$$

6. $n=2$ 일 때 $P(A_1)+P(A_2)-P(A_1 \cap A_2) = P(A_1 \cup A_2)$이므로 준 식은 성립한다. $n=3$ 일 때는

$$P\left(\bigcup_{i=1}^{3} A_i\right) = \sum_{i=1}^{3} P(A_i) - \sum_{i<j} P(A_i \cap A_j) + P(A_1 \cap A_2 \cap A_3)$$

이므로 역시 준 식은 성립한다. $3 < m \leq n-1$에 대해 준 식이 성립한다고 하고, $m+1$에 대해 준 식이 성립함을 보일 것이다.

$$P\left(\bigcup_{i=1}^{m+1} A_i\right) = P\left(\left(\bigcup_{i=1}^{m} A_i\right) \cup A_{m+1}\right)$$
$$= P\left(\bigcup_{i=1}^{m} A_i\right) + P(A_{m+1}) - P\left(A_{m+1} \cap \left(\bigcup_{i=1}^{m} A_i\right)\right)$$
$$\geq \sum_{i=1}^{m+1} P(A_i) - \sum_{i<j}^{m} P(A_i \cap A_j) - P\left(\bigcup_{i=1}^{m} A_i \cap A_{m+1}\right) \quad \text{(귀납법 가정에 의해)}$$
$$= \sum_{i=1}^{m+1} P(A_i) - \sum_{i<j}^{m+1} P(A_i \cap A_j).$$

7. Boole의 부등식에서 $B = \bigcap_{j=2}^{\infty} A_j$, $A = A_1$이라 두면 된다.

8. $A_n \supset A_{n+1}$이므로 $\{A_n^c\}$는 사상들의 비감소열이다. 따라서 정리 9에 의하여

$$\lim_{n \to \infty} P(A_n^c) = P\left(\lim_{n \to \infty} A_n^c\right) = P\left(\bigcup_{n=1}^{\infty} A_n^c\right).$$

그러므로

$$1 - \lim_{n \to \infty} P(A_n) = 1 - P\left(\bigcap_{n=1}^{\infty} A_n\right)$$

이고

$$\lim_{n \to \infty} P(A_n) = P\left(\bigcap_{n=1}^{\infty} A_n\right) = P\left(\lim_{n \to \infty} A_n\right).$$

9. $A \cap B \subset C$ 이므로 $C^c \subset (A \cap B)^c$ 이다. 정리 3에 의해

$$P(C^c) \le P(A \cap B)^c = P(A^c \cap B^c) \qquad (1)$$

이고 정리 4에 의해

$$P(A^c \cup B^c) = P(A^c) + P(B^c) - P(A^c \cap B^c) \le P(A^c) + P(B^c) \qquad (2)$$

이다. (1)과 (2)에 의해

$$P(C^c) \le P(A^c) + P(B^c).$$

10. 명백히 $\bigcap_{k \ge n} A_k \subset A_n \subset \bigcup_{k \ge n} A_k$ 이므로

$$P\left(\bigcap_{k \ge n} A_k\right) \le P(A_n) \le P\left(\bigcup_{k \ge n} A_k\right) \qquad (*)$$

이다. 그런데, 상극한 및 하극한의 정의들에 의하여

$$\bigcap_{k \ge n} A_k \uparrow \liminf_{n \to \infty} A_n, \qquad \bigcup_{k \ge n} A_k \downarrow \limsup_{n \to \infty} A_n$$

인 관계가 있다. 또한 극한의 정의에 의하여

$$A = \lim_{n \to \infty} A_n = \liminf_{n \to \infty} A_n = \limsup_{n \to \infty} A_n$$

이므로 정리 9에 의하여

$$\lim_{n \to \infty} P\left(\bigcap_{k \ge n} A_k\right) = P(A)$$

이고, 연습문제 1.2 (8) 에 의해

$$\lim_{n \to \infty} P\left(\bigcup_{k \ge n} A_k\right) = P(A)$$

이다. 따라서 (*) 식을 고려하면 $\lim_{n \to \infty} P(A_n) = P(A)$ 임을 알 수 있다.

연습문제 1.3

1. $P(A\cap B)=P\{$다섯장 모두 스페이스이다$\}=P(B)$이므로

$$P(B|A)=\frac{P(A\cap B)}{P(A)}=\frac{\binom{13}{5}\binom{52}{5}}{\left\{\binom{13}{3}\binom{39}{2}+\binom{13}{4}\binom{39}{1}+\binom{13}{5}\right\}\binom{52}{5}}$$

$$=\frac{\binom{13}{5}}{\binom{13}{3}\binom{39}{2}+\binom{13}{4}\binom{39}{1}+\binom{13}{5}}.$$

2. (i) 전 확률 공식에 의해서

$$P(A)=P(U)P(A|U)+P(V)P(A|V)+P(W)P(A|W)$$
$$=\frac{1}{2}\cdot\frac{1}{3}+\frac{1}{6}\cdot\frac{2}{3}+\frac{1}{3}\cdot\frac{1}{2}=\frac{4}{9}.$$

(ii) 베이즈 공식과 (i)을 적용하면

$$P(V|A)=\frac{P(V)P(A|V)}{P(A)}=\frac{(1/6)\cdot(2/3)}{4/9}=\frac{1}{4}.$$

3. $P(A\cap B)=P(A)+P(B)-P(A\cup B)$ 이므로 다음이 성립한다.

$$P(B|A)=\frac{P(A\cap B)}{P(A)}=\frac{P(A)+P(B)-P(A\cup B)}{P(A)}$$
$$\geq\frac{p_1+p_2-P(\Omega)}{p_1}=\frac{p_1+p_2-1}{p_1}.$$

4. (1) A 카드가 뽑히는 사건을 E, 2장 모두 빨간 카드가 뽑히는 사건을 F 라 하자. 그러면

$$P(E)=\frac{1}{5}+\frac{4}{5}\cdot\frac{1}{4}=\frac{2}{5},\quad P(E\cap F)=\frac{1}{5}\cdot\frac{3}{4}+\frac{3}{5}\cdot\frac{1}{4}=\frac{3}{10}$$
$$\therefore\ P(F|E)=\frac{P(E\cap F)}{P(E)}=\frac{3}{4}.$$

(2) 적어도 1장의 빨간 카드가 뽑히는 사건을 G, 2장 모두 빨간 카드가 뽑히는 사건을 F 로 두면,

$$P(F|G) = \frac{P(F \cap G)}{P(G)} = \frac{\frac{4}{5} \cdot \frac{3}{4}}{\frac{4}{5} \cdot \frac{1}{4} + \frac{1}{5} \cdot \frac{4}{4} + \frac{4}{5} \cdot \frac{3}{4}} = \frac{3}{5}.$$

연습문제 1.4

1. A, B 가 독립이면 $P(A \cap B) = P(A)P(B)$ 이다. 따라서

$$P(B|A) = \frac{P(A \cap B)}{P(A)} = \frac{P(A)P(B)}{P(A)} = P(B).$$

2. $E_1 = \{A_1, A_1A_2A_3\}$, $E_2 = \{A_2, A_1A_2A_3\}$, $E_3 = \{A_3, A_1A_2A_3\}$ 이므로

$$P(E_1 \cap E_2) = P(\{A_1A_2A_3\}) = \frac{1}{4} = \frac{1}{2} \cdot \frac{1}{2} = P(E_1)P(E_2).$$

같은 방법으로

$$P(E_2 \cap E_3) = P(E_2) \cdot P(E_3), \quad P(E_3 \cap E_1) = P(E_3) \cdot P(E_1).$$

따라서 $\mathfrak{U}$는 쌍으로 독립이다. 한편,

$$P(E_1 \cap E_2 \cap E_3) = \frac{1}{4}, \qquad P(E_1)P(E_2)P(E_3) = \frac{1}{8}$$

이므로 $\mathfrak{U}$는 상호독립이 아니다.

3. $A \cap B = \{(3, 1), (3, 2), (3, 3), (3, 4), (3, 5), (3, 6)\}$, $A \cap C = \{(3, 6)\}$, $B \cap C = \{(3, 6), (4, 5), (5, 4)\}$, $A \cap B \cap C = \{(3, 6)\}$ 이므로

$$P(A \cap B) = \frac{1}{6} \neq \frac{1}{4} = \frac{1}{2} \cdot \frac{1}{2} = P(A)P(B).$$

같은 방법으로

$$P(A \cap C) \neq P(A)P(C), \quad P(B \cap C) \neq P(B)P(C).$$

따라서 A, B, C 는 쌍으로 독립이 아니다. 한편,

$$P(A \cap B \cap C) = \frac{1}{36} = \frac{1}{2} \cdot \frac{1}{2} \cdot \frac{1}{9} = P(A)P(B)P(C)$$

이지만 A, B, C 는 독립이 아니다.

4. 먼저, $B=\bigcup_{i=1}^{n}A_i$ 일 때

$$P(B\cap A_{n+1})=P(B)P(A_{n+1}) \tag{1}$$

을 보이자.

$$P(B)P(A_{n+1})=P\left(\bigcup_{i=1}^{n}A_i\right)P(A_{n+1})$$

$$=\left\{\sum_{i=1}^{n}P(A_i)-\sum_{i<j}^{n}P(A_i\cap A_j)+\sum_{i<j<l}^{n}P(A_i\cap A_j\cap A_l)+\cdots\right.$$

$$\left.+(-1)^{n-1}P\left(\bigcap_{i=1}^{n}A_i\right)\right\}P(A_{n+1}) \qquad (\S\,1.2\text{의 정리 7에 의해})$$

$$=\sum_{i=1}^{n}P(A_i)P(A_{n+1})-\sum_{i<j}^{n}P(A_i)P(A_j)P(A_{n+1})+\cdots$$

$$+(-1)^{n-1}P(A_1)\cdots P(A_{n+1})$$

$$=\sum_{i=1}^{n}P(A_i\cap A_{n+1})-\sum_{i<j}^{n}P(A_i\cap A_j\cap A_{n+1})+\cdots$$

$$+(-1)^{n-1}P(A_1\cap\cdots\cap A_{n+1})$$

$$=P\left(\bigcup_{i=1}^{n}(A_i\cap A_{n+1})\right)=P(B\cap A_{n+1})$$

그런데,

$$P\left(\bigcap_{i=1}^{n}A_i^c\right)=\prod_{i=1}^{n}P(A_i^c) \tag{2}$$

가 성립함을 수학적 귀납법으로 보일 수 있다. $n=2$일 때는 정리 1에 의해 성립한다. n에 대해 성립한다고 하고 $n+1$ 일 때 성립함을 보이자.

$$P\left(\bigcap_{i=1}^{n+1}A_i^c\right)=P(B^c\cap A_{n+1}^c)=1-P(B\cup A_{n+1})$$

$$=1-P(B)-P(A_{n+1})+P(B\cap A_{n+1})$$

$$=1-P(B)-P(A_{n+1})+P(B)P(A_{n+1}) \qquad ((1)\text{에서})$$

$$=P(B^c)-P(A_{n+1})(1-P(B))$$

$$= P(B^c)P(A_{n+1}^c) = P\left(\bigcap_{i=1}^{n} A_i^c\right)P(A_{n+1}^c)$$

$$= \left(\prod_{i=1}^{n} P(A_i^c)\right)P(A_{n+1}^c) \qquad \text{(귀납법 가정에 의해)}$$

$$= \prod_{i=1}^{n+1} P(A_i^c)$$

따라서 다음이 성립한다.

$$P\left(\bigcap_{i=1}^{\infty} A_i^c\right) = P\left(\lim_{n\to\infty}\bigcap_{i=1}^{n} A_i^c\right)$$

$$= \lim_{n\to\infty} P\left(\bigcap_{i=1}^{n} A_i^c\right) \qquad \text{(연습문제 1.2 의 8 번을 응용)}$$

$$= \lim_{n\to\infty}\prod_{i=1}^{n} P(A_i^c) \qquad \text{((2) 에 의해)}$$

$$= \prod_{i=1}^{\infty} P(A_i^c)$$

연습문제 2.1

1. X가 확률변수이므로 임의의 실수 x에 대하여

$a > 0$일 때, $\{aX+b \le x\} = \left\{X \le \dfrac{x-b}{a}\right\} \in \mathscr{F}$.

$a < 0$일 때,

$$\{aX+b \le x\} = \left\{X \ge \frac{x-b}{a}\right\} = \left\{X < \frac{x-b}{a}\right\}^c$$

$$= \left(\bigcup_{n=1}^{\infty}\left\{X \le \frac{x-b}{a} - \frac{1}{n}\right\}\right)^c \in \mathscr{F}.$$

$a = 0$일 때, $\{aX-b \le x\} = \begin{cases} \Omega, & x-b \ge 0 \\ \varnothing, & x-b < 0 \end{cases}$

$\in \mathscr{F}$.

그러므로, $aX+b$는 하나의 확률변수이다.

2. $\Omega = \{HH, HT, TH, TT\}$, $\mathscr{F} = 2^{\Omega}$ 이고 함수 $X : \Omega \to \mathbb{R}$ 은

$$X(\{HH\}) = 2,\ X(\{HT\}) = X(\{TH\}) = 1,\ X(\{TT\}) = 0.$$

임의의 실수 x 에 대하여

$$\{\omega \in \Omega : X(\omega) \le x\} = \begin{cases} \varnothing, & x < 0 \\ \{TT\}, & 0 \le x < 1 \\ \{TT, HT, TH\}, & 1 \le x < 2 \\ \Omega, & x \ge 2 \end{cases}$$

이므로 $\{\omega \in \Omega : X(\omega) \le x\} \in \mathscr{F}$ 이다. 그러므로 X 는 $(\Omega, \mathscr{F})$ 상의 확률변수이다.

3. X 를 확률공간 $(\Omega, \mathscr{F}, P)$ 상의 확률변수라 하자.

(i) X^2 은 $(\Omega, \mathscr{F}, P)$ 상의 확률변수이다. 왜냐하면

$x < 0$ 일 때 $\{X^2 \le x\} = \varnothing$ 이고

$x \ge 0$ 일 때 $\{X^2 \le x\} = \{X \le \sqrt{x}\} - \{X < -\sqrt{x}\} \in \mathscr{F}$.

(ii) $|X|$ 는 $(\Omega, \mathscr{F}, P)$ 상의 확률변수이다. 왜냐하면

$x < 0$ 일 때 $\{|X| \le x\} = \varnothing$ 이고

$x \ge 0$ 일 때 $\{|X| \le x\} = \{X \le x\} - \{X < -x\} \in \mathscr{F}$.

(iii) $X \ge 0$ 가 $(\Omega, \mathscr{F}, P)$ 상의 확률변수이면 $\sqrt{X}$ 도 $(\Omega, \mathscr{F}, P)$ 상의 확률변수이다. 왜냐하면

$x < 0$ 일 때 $\{\sqrt{X} \le x\} = \varnothing$ 이고

$x \ge 0$ 일 때 $\{\sqrt{X} \le x\} = \{0 \le X \le x^2\} = \{X \le x^2\} - \{X < 0\} \in \mathscr{F}$.

5. (i) 임의의 실수 x 에 대하여

$$\{\omega \in \Omega : X(\omega) \le x\} = \begin{cases} \varnothing, & x < 0 \\ [0, x] \cup \left[\frac{1}{2}, x + \frac{1}{2}\right], & 0 \le x \le \frac{1}{2} \\ \Omega, & x > \frac{1}{2} \end{cases}$$

$$\in \mathscr{F}$$

이므로 X 는 확률변수이다.

(ii) $(1/4, 1/2) \cup (3/4, 1)$.

연습문제 2.2

1. $F(x) = \begin{cases} 0, & x < 0 \\ \dfrac{1}{2}, & 0 \le x < 1 \\ 1, & x \ge 1 \end{cases}$

3. (a), (c), (d)의 F는 분포함수의 성질들을 만족한다. 그러나 (b)의 경우는 그렇지 않다. 왜냐하면,

$$F(\infty) = \lim_{x \to +\infty} \frac{1}{\pi} \tan^{-1} x = \frac{1}{2} \ne 1$$

이고, $0 \ne -\dfrac{1}{2} = \lim\limits_{x \to -\infty} \dfrac{1}{\pi} \tan^{-1} x = F(-\infty)$ 이기 때문이다.

4. (a) (i) $P\left\{X > \dfrac{1}{4}\right\} = \dfrac{3}{4}$.

(ii) $P\left\{\dfrac{1}{3} < X \le \dfrac{3}{8}\right\} = \dfrac{1}{24}$.

(b) $P\{-\infty < X \le 2\} = F(2) = 1 - e^{-2}$.

연습문제 2.3

1. (i) $F(x) = \begin{cases} 0, & x < 0 \\ x, & 0 \le x < 1 \\ 1, & x \ge 1 \end{cases}$

(ii) $P\{0.4 < X \le 0.6\} = F(0.6) - F(0.4) = 0.2$

(iii) 위의 (i)에서 $F'(x) = \begin{cases} 1, & 0 < x < 1 \\ 0, & \text{그 외에서} \end{cases}$

이므로 f의 연속인 점들에서 $F'(x) = f(x)$이다.

2. 모든 실수 x 에 대하여 $f(x) \geq 0$ 이고

$$\int_{-\infty}^{\infty} f(t)\,dt = \int_0^1 t\,dt + \int_1^2 (2-t)\,dt + \int_2^{\infty} 0\,dt = 1$$

이다. 또한 X 의 분포함수는 다음과 같다.

$$F(x) = \int_{-\infty}^{x} f(t)\,dt$$

$$= \begin{cases} 0, & x \leq 0 \\ \int_0^x t\,dt = \frac{1}{2}x^2, & 0 < x \leq 1 \\ \int_0^1 t\,dt + \int_1^x (2-t)\,dt = -\frac{1}{2}x^2 + 2x - 1, & 1 < x \leq 2 \\ 1, & x > 2 \end{cases}$$

이고 $P\{0.3 < X < 1.5\} = F(1.5) - F(0.3) = 0.83$ 이다.

3. 모든 x 에 대하여 $f(x) \geq 0$ 이고 $\int_{-\infty}^{\infty} f(x)\,dx = 1$ 을 만족하는 k 를 구하면

$k = 6$ 이다. 또한

$$P\{X > 0.3\} = 1 - \int_0^{0.3} 6x(1-x)\,dx = 0.784.$$

4. $p_k \geq 0$, $k = 0, 1, 2, \cdots$ 이고 $\sum_{k=0}^{\infty} p_k = 1$ 이다. 따라서 $\{p_k : k = 0, 1, 2, \cdots\}$ 는 X 의 확률질량함수이다. X 의 분포함수는

$$F(x) = \begin{cases} 0, & x < 0 \\ p \sum_{0 \leq k \leq x} (1-p)^k, & x \geq 0 \end{cases}$$

이므로

$$P\{n \leq X \leq N\} = (1-p)^{n-1} - (1-p)^N.$$

5. (a) $1 = \sum_{x=0}^{\infty} k \frac{\lambda^x}{x!} = ke^{\lambda}$ 이므로 $k = e^{-\lambda}$ 이다.

(b) $k = 1$

6. $f(x) \geq 0$ 이고 $\int_{-\infty}^{\infty} f(x)dx = 1$ 이며 $F(x) = \int_{-\infty}^{x} f(t)dt$ 로 쓰일 수 있으므로 $f(x)$는 하나의 밀도함수이다.

연습문제 2.4

1. Y 의 확률분포는 다음과 같다.

$$P\{Y=y\} = \begin{cases} \left(\dfrac{1}{2}\right)^3 \sqrt{y}, & y = 1, 8, 27, \cdots \\ 0, & \text{그 외에서} \end{cases}$$

2. $A = \{x : x = 0, 1, 2, \cdots, n\}$ 이라 하자.

(a) $B = \{y : y = b, a+b, 2a+b, \cdots, na+b\}$ 라 두면 함수

$y = g(x) = ax+b : A \to B$ 는 전단사이고 역함수는 $x = \dfrac{y-b}{a}$ 이므로

$Y = aX+b$ 의 확률함수는 다음과 같다.

$$P\{Y=y\} = \begin{cases} \dbinom{n}{(y-b)/a} p^{\frac{y-b}{a}} (1-p)^{n-\frac{y-b}{a}}, & y \in B \\ 0, & y \notin B \end{cases}$$

(b) $B = \{y : y = 0, 1, 4, 9, \cdots, n^2\}$ 라 두면 $Y = X^2$ 의 확률함수는 다음과 같다.

$$P\{Y=y\} = \begin{cases} \dbinom{n}{\sqrt{y}} p^{\sqrt{y}} (1-p)^{n-\sqrt{y}}, & y \in B \\ 0, & y \notin B \end{cases}$$

(c) $Y = \sqrt{X}$ 의 확률함수는

$$P\{Y=y\} = \begin{cases} \dbinom{n}{y^2} p^{y^2} (1-p)^{n-y^2}, & y \in B \\ 0, & y \notin B \end{cases}$$

이다. 단, $B = \{y : y = 0, 1, \sqrt{2}, \sqrt{3}, \cdots, \sqrt{n}\}$.

3. $A = \{x : 0 < x < 3\}$, $B = \{y : 0 < y < 27\}$ 로 두면 함수 $y = g(x) = x^3 : A \to B$

는 전단사이고 역함수는 $x = g^{-1}(y) = \sqrt[3]{y}$ 이다. 따라서 Y의 분포함수는

$$G(y) = P\{Y \le y\} = P\{X \le \sqrt[3]{y}\} = \int_0^{\sqrt[3]{y}} \frac{x^2}{9}\,dx = \begin{cases} 0, & y \le 0 \\ \dfrac{y}{27}, & 0 < y < 27 \\ 1, & y \ge 27 \end{cases}$$

이고, Y의 확률밀도함수는 다음과 같다

$$g(y) = \frac{dG(y)}{dy} = \begin{cases} \dfrac{1}{27}, & 0 < y < 27 \\ 0, & \text{그 외에서} \end{cases}$$

<u>별해</u> : Y의 확률밀도함수는 다음의 방법으로도 구할 수 있다.

$$g(y) = f(\sqrt[3]{y})\left|\frac{d}{dy}(\sqrt[3]{y})\right| = \begin{cases} \dfrac{1}{27}, & 0 < y < 27 \\ 0, & \text{그 외에서} \end{cases}$$

4. $y = g(x) = (x-1)^2$ 는 미분가능이고 $g'(x) = 2(x-1)$ 은 연속함수이다. 한편 $y = g(x) = (x-1)^2$ 의 역함수는

$$x = 1 + \sqrt{y} =: g_1(y), \quad x = 1 - \sqrt{y} =: g_2(y)$$

의 두 개의 함수로 구성된다. 따라서 $Y = (X-1)^2$ 의 확률밀도함수 $h(y)$를 구하면 다음과 같다.

(i) $0 < y \le 1$ 일 때

$$h(y) = \frac{2}{9}(1+\sqrt{y})\frac{1}{2\sqrt{y}} + \frac{2}{9}(1-\sqrt{y})\frac{1}{2\sqrt{y}}$$

(ii) $1 < y \le 4$ 일 때

$$h(y) = f(g_1(y))\left|\frac{dg_1(y)}{dy}\right| = \frac{1}{9}\left(\frac{1}{\sqrt{y}} + 1\right)$$

이므로

$$h(y) = \begin{cases} \dfrac{2}{9\sqrt{y}}, & 0 < y \le 1 \\ \dfrac{1}{9}\left(\dfrac{1}{\sqrt{y}} + 1\right), & 1 < y \le 4 \\ 0, & \text{그 외에서} \end{cases}$$

연습문제 3.1

1. $E(X) = \sum_{x=1}^{\infty} xP\{X=x\} = \sum_{x=1}^{\infty} xp(1-p)^{x-1}$

$$= p\{1(1-p)^0 + 2(1-p) + 3(1-p)^2 + \cdots\}.$$

여기서

$$A := 1(1-p)^0 + 2(1-p) + 3(1-p)^2 + \cdots$$

$$(1-p)A = 1(1-p) + 2(1-p)^2 + 3(1-p)^3 + \cdots$$

이므로 두 식의 양변을 빼면

$$pA = 1 + (1-p) + (1-p)^2 + \cdots = \frac{1}{1-(1-p)} = \frac{1}{p}.$$

따라서 $E(X) = \frac{1}{p}$.

2. $E(|X|^\alpha) = \int_{-\infty}^{\infty} |x|^\alpha f(x)\,dx = \int_0^1 x^\alpha \cdot \frac{x}{2}\,dx + \int_1^2 x^\alpha \cdot \frac{1}{2}\,dx + \int_2^3 x^\alpha \cdot \frac{3-x}{2}\,dx$

$$= \frac{3^{\alpha+2} - 2^{\alpha+2} - 1}{2(\alpha+2)(\alpha+1)} < \infty$$

이므로 X의 모든 α차 적률은 존재한다. $\alpha = 1$과 $\alpha = 2$를 대입하여 구하면

$$E(X) = \frac{3}{2}, \quad \mathrm{Var}(X) = \frac{8}{3} - \left(\frac{3}{2}\right)^2 = \frac{5}{12}.$$

3. $E(X) = \sum_x xP\{X=x\} = \frac{6}{5}$, $\quad E(X^2) = \sum_x x^2 P\{X=x\} = 6$,

$$\sqrt{\mathrm{Var}(X)} = \frac{\sqrt{114}}{5}. \quad \therefore E(Y) = -\frac{11}{5}$$

$$\mathrm{Var}(Y) = 16\,\mathrm{Var}(X) = \frac{16 \times 114}{5^2}, \quad \sqrt{\mathrm{Var}(Y)} = \frac{4\sqrt{114}}{5}.$$

4. (i) $P\{X < x\} = P\{X \le x\} = \int_0^x 3t^2\,dt = \frac{1}{2} \quad \therefore x = \frac{1}{2^{1/3}}$.

그러므로 X의 중앙값은 $\frac{1}{2^{1/3}}$이다.

(ii) x가 연속확률변수 X의 0.008 분위수이면

$$P\{X<x\}=P\{X\le x\}=\int_0^x 3t^2\,dt=0.008 \quad \therefore\ x=0.2.$$

따라서 X의 0.008 분위수는 0.2 이다.

5. $E(X)=\dfrac{1}{3}$, $E(X^2)=\displaystyle\int_0^1 x^2\cdot 2(1-x)\,dx=\dfrac{1}{6}$ 이므로

$$E(6X+3X^2)=6E(X)+3E(X^2)=\frac{5}{2}.$$

6. 정리 8을 응용하면 된다.

연습문제 3.2

1. (i) $|s|\le 1$에 대해

$$P(s)=\sum_{k=0}^{\infty}P\{X=k\}s^k=e^{-\lambda}\sum_{k=0}^{\infty}\frac{(\lambda s)^k}{k!}. \qquad \text{(Maclaurin 급수전개)}$$

양변을 미분하면 $P'(s)=\lambda e^{\lambda(s-1)}$, $P''(s)=\lambda^2 e^{\lambda(s-1)}$ 이므로

$$EX=P'(1)=\lambda,\ \mathrm{Var}(X)=P''(1)+P'(1)-(P'(1))^2=\lambda.$$

(ii) $EX=P'(1)=\dfrac{q}{p}$, $\mathrm{Var}(X)=P''(1)+P'(1)-(P'(1))^2=\dfrac{q}{p^2}$.

(iii) $P(s)=\dfrac{e^{-\lambda}}{1-e^{-\lambda}}\displaystyle\sum_{k=0}^{\infty}\frac{(\lambda s)^k}{k!}$ 이고

$$E(X)=\frac{\lambda}{1-e^{-\lambda}},\ \mathrm{Var}(X)=\frac{\lambda(1-e^{-\lambda})-\lambda^2e^{-\lambda}}{(1-e^{-\lambda})^2}.$$

2. $s>0$와 $0<\alpha<1$에 대하여, $x>0$이면

$$\int_0^{\infty}e^{sx}e^{-x^{\alpha}}dx=\int_0^{\infty}e^{x(s-x^{\alpha-1})}dx=\infty$$

이므로 X의 적률생성함수는 존재하지 않는다. 그러나 각각의 $n\ge 1$에 대해

$$E|X|^n = c\int_{-\infty}^{\infty} |x|^n e^{-|x|^\alpha} dx < \infty.$$

3. (i) $M(s) = E(e^{sX}) = \int_0^1 e^{sx} dx = \dfrac{e^s - 1}{s}$, $s \neq 0$ 이므로

$$E(X) = \lim_{s\to 0} M'(s) = \frac{1}{2},\ \mathrm{Var}(X) = \lim_{s\to 0}(M''(s) - (M'(s))^2) = \frac{1}{12}.$$

(ii) $M(s) = \dfrac{e^{2s} - e^{-s}}{3s}$ $(s \neq 0)$, $E(X) = \dfrac{1}{2}$, $\mathrm{Var}(X) = \dfrac{3}{4}$.

(iii) $M(s) = \dfrac{2}{5 - e^s}$ $(s \neq \ln 5)$, $E(X) = \dfrac{1}{8}$, $\mathrm{Var}(X) = \dfrac{11}{64}$.

4. $M(s) = \dfrac{1}{\pi}\displaystyle\int_{-\infty}^{\infty} \dfrac{e^{sx}}{1+x^2} dx$ 이고 $s > 0$ 에 대하여 $\displaystyle\lim_{x\to\infty} \dfrac{e^{sx}}{1+x^2} = \infty$ 이므로 $M(s)$는 존재하지 않는다.

연습문제 3.3

1. (i) $\phi_X(t) = Ee^{itX} = \displaystyle\sum_{k=0}^{n} e^{itk}\binom{n}{k} p^k (1-p)^{n-k} = (pe^{it} + 1 - p)^n$

이므로

$$EX = \frac{1}{i}\phi'_X(0) = np,\ EX^2 = \frac{1}{i^2}\phi''_X(0) = np(np - p + 1),$$

$$\mathrm{Var}(X) = EX^2 - (EX)^2 = np(1-p).$$

(ii) $\phi_X(t) = \displaystyle\sum_{k=0}^{\infty} e^{itk}\dfrac{e^{-\lambda}}{k!}\lambda^k = e^{\lambda(e^{it}-1)}$ 이고 $EX = \lambda = \mathrm{Var}(X)$.

(iii) $\phi_X(t) = \displaystyle\int_{-\infty}^{\infty} (\cos tx + i\sin tx)\dfrac{1}{\sigma\sqrt{2\pi}} e^{-\frac{(x-\mu)^2}{2\sigma^2}} dx$

$$= \int_{-\infty}^{\infty} \cos tx \frac{1}{\sigma\sqrt{2\pi}} e^{-\frac{(x-\mu)^2}{2\sigma^2}} dx + i\int_{-\infty}^{\infty} \sin tx \frac{1}{\sigma\sqrt{2\pi}} e^{-\frac{(x-\mu)^2}{2\sigma^2}} dx$$

$$= \int_{-\infty}^{\infty} \cos tx \frac{1}{\sigma\sqrt{2\pi}} e^{-\frac{(x-\mu)^2}{2\sigma^2}} dx + 0. \qquad (\because \sin y \text{ 는 기함수})$$

위에서 $y(t) = \sigma\sqrt{2\pi}\,\phi_X(t)$라 두면

$$y(t) = \int_{-\infty}^{\infty} \cos tx \cdot e^{-\frac{(x-\mu)^2}{2\sigma^2}} dx \qquad (1)$$

이고 $y(t)$는 존재한다. 한편

$$\int_{-\infty}^{\infty} \frac{\partial}{\partial t}(\cos tx)\cdot e^{-\frac{(x-\mu)^2}{2\sigma^2}} dx = -\sigma^2 \int_{-\infty}^{\infty} (\sin tx)\frac{x}{\sigma^2}\cdot e^{-\frac{(x-\mu)^2}{2\sigma^2}} dx$$

$$= 0 - \sigma^2 t \int_{-\infty}^{\infty} (\cos tx)\cdot e^{-\frac{(x-\mu)^2}{2\sigma^2}} dx = -\sigma^2 t\, y(t) \qquad (2)$$

따라서, $\int_{-\infty}^{\infty} \frac{\partial}{\partial t}(\cos tx)\cdot e^{-\frac{(x-\mu)^2}{2\sigma^2}} dx$ 는 존재한다. 정리 2에서

$$f(x, t) = (\cos tx)\cdot e^{-\frac{(x-\mu)^2}{2\sigma^2}}$$

으로 두고 위의 (1)과 (2)를 고려하면

$$\frac{d}{dt} y(t) = -\sigma^2 t\, y(t), \quad y(0) = \sigma\sqrt{2\pi}.$$

이것은 1계미분방정식의 초기치 문제이다. 준 미분방정식을 적분하면

$$\ln y(t) = -\frac{\sigma^2}{2}t^2 + c_1 \; (c_1 \text{ 은 임의의 상수}).$$

따라서 $y(t) = ce^{-\frac{\sigma^2}{2}t^2}$, $y(0) = c = \sigma\sqrt{2\pi}$ 이므로 $y(t) = \sigma\sqrt{2\pi}\, e^{-\frac{\sigma^2}{2}t^2}$ 이다. 그런데, 앞에서 $y(t) = \sigma\sqrt{2\pi}\,\phi_X(t)$ 이므로 $\phi_X(t) = e^{-\frac{\sigma^2}{2}t^2}$ $(-\infty < t < \infty)$가 된다. 이를 미분하고 정리 1의 결과를 이용하면

$$E(X) = 0, \quad \mathrm{Var}(X) = E(X^2) - \{E(X)\}^2 = \sigma^2.$$

(iv) $\phi_X(t) = \int_{-a}^{a} e^{itx}\frac{1}{2a}dx = \frac{1}{at}\sin at \; (t \neq 0)$ 이므로

$$E(X) = \frac{1}{i}\lim_{t\to 0}\phi'_X(t) = 0,$$

$$\mathrm{Var}(X) = EX^2 - (EX)^2 = \frac{1}{i^2}\lim_{t\to 0}\phi''_{X(t)} - 0 = \frac{a^2}{3}.$$

2. 반전공식(inversion formula)과 $\phi_X(t)$ 의 정의로부터

$$\begin{aligned} f(x) &= \frac{1}{2\pi}\int_{-\infty}^{\infty} e^{-itx}\phi_X(t)\,dt = \frac{1}{2\pi}\int_{-1}^{1} e^{-itx}(1-|t|)\,dt \\ &= \frac{1}{2\pi}\left\{\int_0^1 e^{-itx}(1-t)\,dt + \int_{-1}^{0} e^{-itx}(1+t)\,dt\right\} \\ &= \frac{1}{2\pi}\left\{\left(\frac{1}{ix} + \frac{1}{(ix)^2}e^{-ix} - \frac{1}{(ix)^2}\right) + \left(-\frac{1}{ix} + \frac{1}{(ix)^2}e^{ix} - \frac{1}{(ix)^2}\right)\right\} \\ &= -\frac{\cos x - 1}{\pi x^2}, \quad -\infty < x < \infty. \end{aligned}$$

연습문제 3.4

1. 부분적분법을 반복적용하면

$$\mu = E(X) = \frac{1}{\lambda!}(\lambda+1)\lambda(\lambda-1)\cdots 3\cdot 2\cdot 1 = \lambda+1,$$

$$E(X^2) = \int_0^{\infty} e^{-x}\frac{x^{\lambda+2}}{\lambda!}\,dx = \frac{(\lambda+2)!}{\lambda!} = (\lambda+2)(\lambda+1).$$

따라서 $\sigma^2 = \mathrm{Var}(X) = \lambda+1$. Chebychev 부등식을 적용하면

$$\begin{aligned} P\{0 < X < 2(\lambda+1)\} &= 1 - P\{|X-(\lambda+1)| \ge \lambda+1\} \\ &> 1 - \frac{1}{\lambda+1} = \frac{\lambda}{\lambda+1}. \end{aligned}$$

2. $\mu = EX = 0$, $\sigma = \sqrt{\mathrm{Var}(X)} = \frac{1}{2}$ 이므로 Chebychev 부등식에 의해

$$P\{|X| \ge 1\} = P\left\{|X-0| \ge 2\cdot\frac{1}{2}\right\} \le \frac{1}{4}.$$

따라서 구하는 상계는 $\frac{1}{4}$ 이다.

연습문제 4.1

1. $F(x, y)$가 어떤 확률벡터 (X, Y)의 결합분포함수이면

$$\begin{aligned}
&P\left\{\frac{1}{3}< X \le 1,\ \frac{1}{6}< Y \le \frac{1}{2}\right\} \\
&\quad = P\left\{X \le 1,\ Y \le \frac{1}{2}\right\} - P\left\{X \le \frac{1}{3},\ Y \le \frac{1}{2}\right\} \\
&\qquad - P\left\{X \le 1,\ Y \le \frac{1}{6}\right\} + P\left\{X \le \frac{1}{3},\ Y \le \frac{1}{6}\right\} \\
&\quad = F\left(1, \frac{1}{2}\right) - F\left(\frac{1}{3}, \frac{1}{2}\right) - F\left(1, \frac{1}{6}\right) + F\left(\frac{1}{3}, \frac{1}{6}\right) \\
&\quad = 1 - 1 - 1 + 0 = -1 < 0.
\end{aligned}$$

이것은 확률이 음이 아닌 값을 갖는 것에 모순이다. 따라서 F 는 분포함수가 아니다.

2. $$P\{X < Y < Z\} = \int_0^\infty \int_x^\infty \int_y^\infty e^{-x-y-z}\, dz\, dy\, dx = \frac{1}{6}.$$

$$P\{X = Y < Z\} = \int_y^y \int_x^\infty \int_y^\infty e^{-x-y-z}\, dz\, dy\, dx = 0.$$

3. $f_1(x) = \frac{8}{3}x + \frac{4}{3}x^2$ 이므로 $P\left\{X < \frac{1}{2}\right\} = \frac{7}{18}$ 이다. $P\left\{Y < 1,\ X < \frac{1}{2}\right\} = \frac{1}{9}$.

$$\therefore\ P\left\{Y < 1 \,\middle|\, X < \frac{1}{2}\right\} = \frac{1/9}{7/18} = \frac{2}{7}.$$

연습문제 4.2

1. $f(x)=x^2$, $g(y)=\sqrt{y}$ 라 두면 f 와 g 는 연속함수들이므로 Borel 가측함수들이다. X 와 Y 가 독립 확률변수들이고 f 와 g 가 Borel 가측함수들이므로 정리 3에 의해서 $f(X)=X^2$ 과 $g(Y)=\sqrt{Y}$ 는 독립확률변수들이다.

3. $X_i\,(i=1, 2, \cdots, n)$ 가 이산 확률변수일 때 증명한다. $n=2$ 일 때는, 정리 2(i)에 의해서 성립한다. $n=k$ 일 때, 준 명제가 성립한다고 가정하자. 즉, $X_1, \cdots, X_k$ 가 독립일 필요충분조건은

$$P\{X_i = x_i,\ i=1, \cdots, k\} = \prod_{i=1}^{k} P\{X_i = x_i\},\quad \forall\,(x_1, \cdots, x_k) \in \mathbb{R}^k$$

이라 하자. $n=k+1$ 일 때 $\{X_1, \cdots, X_k, X_{k+1}\}$ 이 독립일 필요충분조건은

$$\begin{aligned} &P\{X_1 = x_1, \cdots, X_k = x_k, X_{k+1} = x_{k+1}\} \\ &\quad = P\{(X_1 = x_1, \cdots, X_k = x_k),\ X_{k+1} = x_{k+1}\} \\ &\quad = P\{X_1 = x_1, \cdots, X_k = x_k\} P\{X_{k+1} = x_{k+1}\} \\ &\quad = \prod_{i=1}^{k+1} P\{X_i = x_i\} \end{aligned}$$

이다. 따라서 $n(n>2)$ 개의 확률변수 $X_1, \cdots, X_n$ 으로 확장한 경우에도 성립한다.

4. X_1, X_2, X_3 가 쌍으로 독립인 것은 쉽게 확인할 수 있다. 한편

$$P\{X_1 = 1, X_2 = -1, X_3 = -1\} = P\{X_1 = 1, X_2 = -1\} = \frac{1}{4},$$

$$\begin{aligned} &P\{X_1 = 1\} P\{X_2 = -1\} P\{X_3 = -1\} \\ &\quad = \frac{1}{2}\cdot\frac{1}{2}\cdot\left(P\{X_1 = 1, X_2 = -1\} + P\{X_1 = -1, X_2 = 1\}\right) = \frac{1}{8} \end{aligned}$$

이므로 X_1, X_2, X_3 는 독립이 아니다.

7. a, b, c 를 실상수들이라 하고, X 와 Y 를 이산 확률변수들이라 하자. $P\{X=a\} > 0$ 이라 가정한다. X 와 Y 가 독립이므로

$$P\{X=a,\ Y=b\} = P\{X=a\}P\{Y=b\}. \tag{1}$$

또, X 와 $X-Y$ 가 독립이므로

$$P\{X=a,\ X-Y=c\} = P\{X=a\}P\{X-Y=c\}. \tag{2}$$

그런데 (1)에 의해

$$\begin{aligned} P\{X=a,\ X-Y=c\} &= P\{X=a,\ Y=a-c\} \\ &= P\{X=a\}P\{Y=a-c\} \end{aligned} \tag{3}$$

이고, (2)와 (3)에 의해

$$P\{X=a\}\left(P\{X-Y=c\}-P\{Y=a-c\}\right) = 0.$$

$$\begin{aligned} \therefore\ P\{Y=a-c\} = P\{X-Y=c\} &= P\{Y=a-c,\ X=a\} \\ &= P\{Y=a-c\}\, P\{X=a\} \end{aligned}$$

$$\therefore\ P\{X=a\} = 1,\ P\{X \neq a\} = 0.$$

따라서 X는 a에서의 퇴화 확률변수이다.

연습문제 4.3

1. $P\{Y=y\} = P\left\{X = \dfrac{y-1}{2}\right\} = \begin{cases} \dfrac{1}{3}, & y = 3, 5, 7 \\ 0, & \text{그 외에서} \end{cases}$

2. 관계식

$$\begin{cases} y_1 = g_1(x_1, x_2) = x_1 - x_2 \\ y_2 = g_2(x_1, x_2) = x_1 + x_2 \end{cases}$$

을 x_1, x_2에 관하여 풀면, 역변환은

$$\begin{cases} x_1 = h_1(y_1, y_2) = \dfrac{y_1+y_2}{2} \\ x_2 = h_2(y_1, y_2) = \dfrac{y_2-y_1}{2} \end{cases}$$

이 된다. 따라서, $Y := (Y_1, Y_2)$의 결합확률함수는

$$P\{Y_1 = y_1,\ Y_2 = y_2\} = P\left\{X_1 = \frac{y_1+y_2}{2},\ X_2 = \frac{y_2-y_1}{2}\right\}$$

$$= \begin{cases} \left(\frac{2}{3}\right)^{y_2}\left(\frac{1}{3}\right)^{2-y_2}, & (y_1, y_2) = (0, 0), (-1, 1), (1, 1), (0, 2), \\ 0, & \text{그 외에서.} \end{cases}$$

3. $y = x^3\ (x > 0)$으로 두면 $x = \sqrt[3]{y}$ 이므로 Y 의 확률밀도함수는

$$w(y) = f(\sqrt[3]{y}\,)\left|\frac{1}{3\sqrt[3]{y^2}}\right| = \begin{cases} \frac{1}{27}, & 0 < y < 27 \\ 0, & \text{그 외에서} \end{cases}$$

4. X_1, X_2 는 독립인, 동일분포의 확률변수들이므로, (X_1, X_2) 의 결합 밀도함수는

$$f(x_1, x_2) = f(x_1)f(x_2) = \begin{cases} 1, & 0 < x_1,\ x_2 < 1, \\ 0, & \text{그 외에서.} \end{cases}$$

이고, 확률변수들 Y_1, Y_2 에 대한 역변환은 $x_1 = \frac{y_1 + y_2}{2}$, $x_2 = \frac{y_1 - y_2}{2}$ 가 된다. 또 이들의 야코비안은

$$J = \begin{vmatrix} 1/2 & 1/2 \\ 1/2 & -1/2 \end{vmatrix} = -\frac{1}{2}$$

이며 변환 영역은 $A := \{(x_1, x_2);\ 0 < x_1 < 1,\ 0 < x_2 < 1\}$

$$\rightarrow B := \{(y_1, y_2);\ -y_1 < y_2 < 2 - y_1,\ y_1 > y_2 > y_1 - 2\}$$

가 된다. 따라서 Y_1, Y_2 의 결합 밀도함수와 Y_1의 주변밀도함수는 각각 다음과 같다.

$$w(y_1, y_2) = f\left(\frac{y_1 + y_2}{2}, \frac{y_1 - y_2}{2}\right)|J| = \begin{cases} \frac{1}{2}, & (y_1, y_2) \in B, \\ 0, & \text{그 외에서} \end{cases}$$

$$f_1(y_1) = \begin{cases} \int_{-y_1}^{y_1} \frac{1}{2} dy_2 = y_1, & 0 < y_1 < 1, \\ \int_{y_1 - 2}^{2 - y_1} \frac{1}{2} dy_2 = 2 - y_1, & 1 < y_1 < 2 \end{cases}$$

5. (a) $U = X + Y$, $V = X - Y$로 두면 문제 4로 부터 U, V의 결합 확률밀도함수는

$$w(u, v) = f\left(\frac{u+v}{2}, \frac{u-v}{2}\right)|J| = \begin{cases} \frac{1}{2}e^{-u}, & -u < v < u,\ u > 0 \\ 0, & \text{그 외에서} \end{cases}$$

이 되고, $U=X+Y$와 $V=X-Y$의 주변 확률밀도함수는 각각

$$g_U(u)=\int_{-u}^{u}\frac{1}{2}e^{-u}\,dv=ue^{-u},\quad u>0,$$

$$g_V(v)=\begin{cases}\displaystyle\int_{v}^{\infty}\frac{1}{2}e^{-u}\,du, & v>0\\ \displaystyle\int_{-v}^{\infty}\frac{1}{2}e^{-u}\,du, & v<0\end{cases}$$

$$=\frac{1}{2}e^{-|v|},\quad -\infty<v<\infty.$$

6. $U=X-Y$, $V=X$로 두면 변수변환법에 의해 U와 V의 결합 확률밀도함수는

$$f_{UV}(u,v)=f(v,v-u)$$
$$=1+\alpha+2\alpha(2v^2-2(u+1)v+u),\quad v-1\le u\le v,\ 0\le v\le 1$$

이 되고, U의 주변 밀도함수는

$$f_U(u)=\int_0^{u+1}1+\alpha+2\alpha(2v^2-2(u+1)v+u)\,dv$$
$$=1+\frac{1}{3}\alpha+(1+\alpha)u-2\alpha\frac{u^3}{3},\quad -1<u\le 0$$
$$f_U(u)=\int_u^{1}1+\alpha+2\alpha(2v^2-2(u+1)v+u)\,dv$$
$$=1+\frac{1}{3}\alpha-(1+\alpha)u+2\alpha\frac{u^3}{3},\quad 0<u<1$$

이다. 한편 $f_U(-u)=f_U(u)$이므로

$$P\{U\le -u\}=\int_{-\infty}^{-u}f_U(t)\,dt=\int_u^{\infty}f_U(-t)\,dt$$
$$=\int_u^{\infty}f_U(t)\,dt=P\{U\ge u\}.$$

따라서 U는 대칭 확률변수이다.

연습문제 4.4

1. $X_1, \cdots, X_4$의 공통 분포함수는

$$F(x)=\begin{cases}1, & x \geq 1 \\ x^2, & 0<x<1 \\ 0, & \text{그 외에서}\end{cases}$$

이고, 정리 2에 의해

$$\begin{aligned} g_3(y_3) &= \frac{4!}{(3-1)!\,(4-3)!}\left[F(y_3)\right]^{3-1}\left[1-F(y_3)\right]^{4-3} f(y_3) \\ &= \begin{cases} 24(y_3)^5(1-y_3^2), & 0<y_3<1 \\ 0, & \text{그 외에서} \end{cases} \end{aligned}$$

이다. 또, $P\{Y_3 > 1/2\} = \int_{\frac{1}{2}}^{\infty} g_3(y_3)\,dy_3 = \frac{243}{256}$.

3. Y_1 과 Y_2 의 결합밀도함수는 정리 3에 의해

$$\begin{aligned} g(y_1, y_2) &= \frac{2!}{(1-1)!\,(2-1-1)!\,(2-2)!} f(y_1)f(y_2), \quad y_1<y_2 \\ &= \frac{1}{\pi} e^{-\frac{1}{2}(y_1^2+y_2^2)}, \quad -\infty<y_1<y_2<\infty \end{aligned}$$

이다. 따라서 Y_1 의 밀도함수는

$$g_1(y_1) = \int_{y_1}^{\infty} \frac{1}{\pi} e^{-\frac{1}{2}(y_1^2+y_2^2)}\,dy_2$$

이고

$$\begin{aligned} E(Y_1) &= \int_{-\infty}^{\infty}\int_{y_1}^{\infty} y_1 \cdot \frac{1}{\pi} e^{-\frac{1}{2}(y_1^2+y_2^2)}\,dy_2\,dy_1 \\ &= \int_{-\infty}^{\infty}\int_{-\infty}^{y_2} y_1 \frac{1}{\pi} e^{-\frac{1}{2}(y_1^2+y_2^2)}\,dy_1\,dy_2 && \text{(적분순서 변경)} \\ &= \int_{-\infty}^{\infty}\left(-\frac{1}{\pi}\right) e^{-y_2^2}\,dy_2 \\ &= -\frac{1}{\sqrt{\pi}}\int_{-\infty}^{\infty}\frac{1}{\sqrt{2\pi}} e^{-z^2/2}\,dz && (z=\sqrt{2}\,y_2 \text{ 로 치환}) \\ &= -\frac{1}{\sqrt{\pi}}. \end{aligned}$$

연습문제 4.5

1. (1) $E(X^jY^k) = \int_0^1\int_0^1 x^j y^k\,dx\,dy = \dfrac{1}{(j+1)(k+1)}$ 이므로

(2) $Cov(X, Y) = E(XY) - E(X)E(Y) = \dfrac{1}{4} - \dfrac{1}{2}\cdot\dfrac{1}{2} = 0.$

2. $E(X+1) = 2,\ E(Y) = 1$ 이다. X, Y 가 독립이므로

$$f(x, y) = \begin{cases} e^{-x}e^{-y}, & 0 < x < \infty, 0 < x < \infty \\ 0, & \text{그 외에서} \end{cases}$$

이고

$$E\{(X+1)Y\} = \int_{-\infty}^{\infty}\int_{-\infty}^{\infty}(x+1)ye^{-x}e^{-y}\,dx\,dy = 2.$$

따라서 $E\{(X+1)Y\} = 2 = E(X+1)E(Y).$

3. $E(X) = 2,\ E(Y) = 8,$

$E(XY) = 1\times6\times0.2 + 1\times10\times0.2 + 2\times8\times0.2$
$\qquad + 3\times6\times0.2 + 3\times10\times0.2 = 16.$

따라서, $\mathrm{Cov}(X, Y) = 0$ 이다. 그러나, 예를 들면

$$P\{X = 1, Y = 6\} = 0.2 \neq 0.4\times0.4 = P\{X = 1\}\cdot P\{Y = 6\}$$

이므로 X, Y 는 독립이 아니다. 따라서 따름정리 2의 역이 성립하지 않는다.

4. (i) Cauchy-Schwarz 부등식을 응용하면

$$\{E(\sqrt{X}\cdot 1)\}^2 \le E(\sqrt{X})^2E(1)^2 = EX$$

이므로 $E(\sqrt{X}) \le \sqrt{EX}$ 가 성립한다.

(ii) Cauchy-Schwarz 부등식을 응용하면

$$\left\{E\left(\frac{1}{\sqrt{X}}\cdot\sqrt{X}\right)\right\}^2 \le E\left(\frac{1}{\sqrt{X}}\right)^2 EX$$

이므로 $\dfrac{1}{EX} \le E\left(\dfrac{1}{X}\right)$ 가 성립한다.

5. $M(t_1, t_2) = E\left(e^{t_1 X + t_2 Y}\right) = \int_0^1 \int_x^1 2e^{t_1 x + t_2 y}\, dy dx$

$$= \frac{2e^{t_2}}{t_2}\left(\frac{e^{t_1}-1}{t_1}\right) - \frac{2}{t_2}\left(\frac{e^{t_1+t_2}-1}{t_1+t_2}\right).$$

연습문제 4.6

1. X 와 Y 의 주변 밀도함수들은 다음과 같다.

$$f_1(x) = 2(1-x),\ 0 \le x \le 1,$$

$$f_2(y) = \int_{-\infty}^{\infty} f(x, y)\, dy = \int_0^{1-y} 2\, dx = 2(1-y),\ 0 \le y \le 1$$

따라서 $f_{X|Y}(x|y) = \dfrac{1}{1-y}$, $0 \le y \le 1$. 또한

$$E(X) = \int_{-\infty}^{\infty} x f_1(x)\, dx = \frac{1}{3}.$$

한편,

$$E(X|y) = \int_{-\infty}^{\infty} x f_{X|Y}(x|y) dx = \frac{1-y}{2},\quad 0 \le y \le 1$$

이므로

$$E\{E(X|Y)\} = E\left\{\frac{1-Y}{2}\right\} = \int_0^1 (1-y)^2\, dy = \frac{1}{3}.$$

그러므로 $EX = \dfrac{1}{3} = E\{E(X|Y)\}$.

2. 문제 1의 풀이를 적용하면

$$E(Y|x) = \int_0^{1-x} \frac{y}{1-x}\, dy = \frac{1-x}{2},\ 0 \le x \le 1,$$

$$E\{E(Y|X)\} = E\left\{\frac{1-X}{2}\right\} = \frac{1}{3}$$

이다. 한편,

$$E(Y^2 | x) = \frac{(1-x)^2}{3}, \quad 0 \le x \le 1.$$

이므로

$$\mathrm{Var}(Y | x) = E(Y^2 | x) - (E(Y | x))^2 = \frac{(1-x)^2}{12}, \quad 0 \le x \le 1.$$

연습문제 4.7

1. X 와 Y 의 주변 밀도함수는 각각

$$f_1(x) = 2(1-x), \ 0 < x < 1, \quad f_2(y) = 2y, \ 0 < y < 1$$

이고 조건부 밀도함수들은

$$f_{X|Y}(x | y) = \frac{1}{y}, \ 0 < y < 1, \quad f_{Y|X}(y | x) = \frac{1}{1-x}, \ 0 < x < 1.$$

따라서 조건부 기대치들은 다음과 같다.

$$E(X | y) = \int_0^y x \cdot \frac{1}{y}\, dx = \frac{1}{2}y, \quad E(Y | x) = \int_x^1 y \cdot \frac{1}{1-x}\, dy = \frac{1+x}{2}.$$

그러므로 회귀직선의 정의로 부터

$$\frac{\mathrm{Cov}(X, Y)}{\mathrm{Var}(X)} = \frac{1}{2} = \frac{\mathrm{Cov}(X, Y)}{\mathrm{Var}(Y)}.$$

위 식에서 $\mathrm{Cov}(X, Y) > 0$ 이므로 $\rho > 0$ 임을 알 수 있다. 따라서

$$\rho^2 = \frac{[\mathrm{Cov}(X, Y)]^2}{\mathrm{Var}(X)\mathrm{Var}(Y)} = \frac{\mathrm{Cov}(X, Y)}{\mathrm{Var}(X)} \cdot \frac{\mathrm{Cov}(X, Y)}{\mathrm{Var}(Y)} = \frac{1}{4}$$

$$\therefore \ \rho = \frac{1}{2}.$$

2. (a) §3. 1 의 정리 13 과 §4. 5 의 정리 4 그리고 §4. 7 의 주의 1에 의해

$$\mathrm{Var}(Y) = \mathrm{Var}(a + bX + U) = \mathrm{Var}(bX + U)$$
$$= b^2\mathrm{Var}(X) + \mathrm{Var}(U)$$

(b) $E(XY) = aE(X) + bE(X^2) + E(XU)$,

$E(X)E(Y) = aE(X) + b(E(X))^2 + E(X)E(U)$ 이므로

$$\rho = \frac{E(XY) - E(X)E(Y)}{\sigma_X (b^2 \mathrm{Var}(X) + \mathrm{Var}(U))^{1/2}} = \frac{b\sigma_X}{(b^2 \mathrm{Var}(X) + \mathrm{Var}(U))^{1/2}}.$$

(c) $\rho = \dfrac{\sigma_U}{\sigma_Y}$.

연습문제 5.1

1. 이항분포의 성질에 의해

$$E\left(\frac{X}{n}\right) = \frac{1}{n}E(X) = \frac{1}{n}(np) = p,$$

$$\mathrm{Var}\left(\frac{X}{n}\right) = \frac{1}{n^2}\mathrm{Var}(X) = \frac{1}{n^2}(np(1-p)) = \frac{p(1-p)}{n}.$$

2. $P\left\{X_i > \dfrac{1}{2}\right\} = \displaystyle\int_{\frac{1}{2}}^{1} 3x^2\,dx = \frac{7}{8}$ $(i = 1, 2, 3)$ 이므로 구하는 확률 값은

$$\binom{3}{2}\left(\frac{7}{8}\right)^2\left(\frac{1}{8}\right)^{3-2} = \frac{147}{512}.$$

3. (1) 정리 2에 의해

$$P\{X_1 = x_1 \mid X_2 = x_2, \cdots, X_{k-1} = x_{k-1}\}$$
$$= \frac{(n - x_2 - \cdots - x_{k-1})!}{x_1!(n - x_1 - \cdots - x_{k-1})!}\left(\frac{p_1}{p_1 + p_k}\right)^{x_1}\left(\frac{p_k}{p_1 + p_k}\right)^{n - x_1 - \cdots - x_{k-1}}.$$

(2) 위의 (1)에 의해 $X_1 |_{X_2 = x_2, \cdots, X_{k-1} = x_{k-1}} \sim b\left(n - x_2 - \cdots - x_{k-1}, \dfrac{p_1}{p_1 + p_k}\right)$ 이므로

$$E(X_1 \mid x_2, \cdots, x_{k-1}) = (n - x_2 - \cdots - x_{k-1})\frac{p_1}{p_1 + p_k}$$
$$= \frac{(n - x_2 - \cdots - x_{k-1})p_1}{1 - p_2 - \cdots - p_{k-1}}.$$

4. X_1과 X_2의 결합분포의 적률생성함수는 $M(t_1, t_2) = (p_1 e^{t_1} + p_2 e^{t_2} + p_3)^n$ 이므로

$$\mathrm{Cov}(X_1, X_2) = \frac{\partial^2 M(0,0)}{\partial t_1 \partial t_2} - \frac{\partial M(0,0)}{\partial t_1}\frac{\partial M(0,0)}{\partial t_2} = -np_1p_2.$$

5. $X_i \sim \mathcal{P}(\lambda_i)$ $(i=1,2,\cdots,n)$이고 $\{X_i\}$는 독립확률변수 열이라 하자.

$l = k_1 + \cdots + k_n$, $k_i = 0, 1, \cdots, l$ $(i=1,2,\cdots,n)$으로 두면

$$P\left\{X_1 = k_1, \cdots, X_{n-1} = k_{n-1} \,\middle|\, \sum_{i=1}^{n} X_i = l\right\}$$

$$= \frac{P\{X_1 = k_1, \cdots, X_n = k_n\}}{P\{X_1 + \cdots + X_n = l\}} = \frac{P\{X_1 = k_1\}\cdots P\{X_n = k_n\}}{P\{X_1 + \cdots + X_n = l\}}$$

$$= \frac{e^{-\lambda_1}\lambda_1^{k_1}\cdots e^{-\lambda_n}\lambda_n^{k_n}}{k_1!\cdots k_n!}\cdot\frac{l!}{(\lambda_1 + \cdots + \lambda_n)^l e^{-(\lambda_1 + \cdots + \lambda_n)}} \qquad (\because \text{ 정리 } 5)$$

$$= \frac{l!}{k_1!\cdots k_n!}p_1^{k_1}\cdots p_n^{k_n},$$

여기서 $p_i = \dfrac{\lambda_i}{\lambda_1 + \cdots + \lambda_n}$, $i = 1, \cdots, n$이다. 따라서 주어진 조건부 분포는 다항 분포를 따른다.

6. $P\{X_1 - X_2 + n_2 = k\} = P\{X_1 = x_1,\ X_2 = x_1 + n_2 - k\}$

$$= P\{X_1 = x_1\}P\{X_2 = x_1 + n_2 - k\}$$

$$= \binom{n_1}{x_1}\left(\frac{1}{2}\right)^{x_1}\left(\frac{1}{2}\right)^{n_1 - x_1}\binom{n_2}{x_1 + n_2 - k}\left(\frac{1}{2}\right)^{x_1 + n_2 - k}\left(\frac{1}{2}\right)^{k - x_1}$$

$$= \binom{n_1}{x_1}\binom{n_2}{x_1 + n_2 - k}\left(\frac{1}{2}\right)^{n_1 + n_2}, \quad 0 \leqq x_1 \leqq \min\{k, n_1\}$$

7. $\mu = \sigma^2 = 100$인 Poisson 분포에 의해

$$P\{75 < X < 125\} = P\{|X - 100| < 2.5\cdot 10\} \geq 1 - \frac{1}{(2.5)^2} = 0.84.$$

8. $P\{X \leq 2\} = \sum_{x=0}^{2} \frac{\binom{10}{x}\binom{90}{8-x}}{\binom{100}{8}} = 0.97.$

연습문제 5.2

1. $F(x) = \begin{cases} 0, & x \leq -1 \\ \frac{x+1}{2}, & -1 < x < 1, \\ 1, & x \geq 1 \end{cases} \qquad M(t) = \frac{1}{2t}(e^{-t} - e^{-t}), \quad t \neq 0,$

$E(X) = 0$, $\mathrm{Var}(X) = \frac{1}{3}$, $P\left\{-\frac{1}{3} < X < \frac{1}{3}\right\} = \int_{-\frac{1}{3}}^{\frac{1}{3}} \frac{1}{2} dx = \frac{1}{3}.$

2. $y = \frac{2x}{\beta}$ 로 두면 $x = \frac{\beta y}{2}$ 이고 $\frac{dx}{dy} = \frac{\beta}{2}$ 이므로 변수변환법에 의해 Y의 밀도함수는

$$g(y) := f\left(\frac{\beta y}{2}\right)\left|\frac{dx}{dy}\right| = \frac{1}{\Gamma(r/2)\, 2^{r/2}}\, y^{\frac{r}{2}-1} e^{-\frac{y}{2}}, \quad 0 < y < \infty.$$

그러므로 $Y \sim \chi^2(r)$ 이다.

3. $P\{X \geq 5\} = e^{-50}$, $P\{5 \leq X < 10\} = e^{-50} - e^{-100}.$

4. $x_1 = 15.1$, $x_2 = 11.1.$

5. $P\left\{-b < \frac{X-\mu}{\sigma} < b\right\} = 2\Phi(b) - 1 = 0.90$ 이므로 $b = 1.645.$

6. $E(|X-\mu|) = \int_{-\infty}^{\infty} |x-\mu| \frac{1}{\sqrt{2\pi}\,\sigma} e^{-\frac{1}{2}\left(\frac{x-\mu}{\sigma}\right)^2} dx$

$$= \int_{-\infty}^{\mu} (-x+\mu)\frac{1}{\sqrt{2\pi}\,\sigma} e^{-\frac{1}{2}\left(\frac{x-\mu}{\sigma}\right)^2} dx$$

$$+ \int_{\mu}^{\infty} (x-\mu)\frac{1}{\sqrt{2\pi}\,\sigma} e^{-\frac{1}{2}\left(\frac{x-\mu}{\sigma}\right)^2} dx$$

여기서 $y = \dfrac{x-\mu}{\sigma}$ 라 두면

$$E(|X-\mu|) = \int_{-\infty}^{0} -y\frac{\sigma}{\sqrt{2\pi}\,\sigma} e^{-y^2/2}\sigma\, dy + \int_{0}^{\infty} y\frac{\sigma}{\sqrt{2\pi}\,\sigma} e^{-y^2/2}\sigma\, dy$$

$$= \sigma\sqrt{\frac{2}{\pi}}\,.$$

7. $P\{1 < X^2 < 9\} = \Phi(-1) - \Phi(-2) + \Phi(1) - \Phi(0) = 0.477.$

8. $E(Y|X=5) = 10$, $\mathrm{Var}(Y|X=5) = 25(1-\rho^2)$ 이므로 $X=5$가 주어진, Y의 조건부 분포는 $N(10,\, 25(1-\rho^2))$을 따른다. 따라서

(1) $$P\{4 < Y < 16 \,|\, X=5\} = P\left\{\frac{4-10}{5\sqrt{1-\rho^2}} < \frac{Y-10}{5\sqrt{1-\rho^2}} < \frac{16-10}{5\sqrt{1-\rho^2}}\right\}$$

$$= 2\Phi\left(\frac{6}{5\sqrt{1-\rho^2}}\right) - 1 = 0.954$$

이고 $\Phi\left(\dfrac{6}{5\sqrt{1-\rho^2}}\right) = 0.977$ 이므로 수표에 의해 $\rho = 0.8 > 0$ 이다.

(2) $$P\{5 < Y < 15\} = P\left\{\frac{5-10}{5} < \frac{Y-\mu_2}{\sigma_2} < \frac{15-10}{5}\right\} = 2\Phi(1) - 1 = 0.682.$$

(3) $$P\{2 < X < 6\} = P\left\{\frac{2-5}{1} < \frac{X-\mu_1}{\sigma_1} < \frac{6-5}{1}\right\} = \Phi(1) + \Phi(3) - 1 = 0.840.$$

9. $Z = aX + bY$의 분포함수는 다음과 같이 구해진다.

$$G(z) := P\{Z \le z\} = P\{aX + bY \le z\}$$

$$= \frac{1}{2\pi\sqrt{1-\rho^2}} \int_{-\infty}^{\infty}\int_{-\infty}^{\frac{z}{b}-\frac{a}{b}x} \exp\left(-\frac{1}{2(1-\rho^2)}(x^2 - 2\rho x y + y^2)\right) dy\, dx$$

따라서 Z의 밀도함수는

$$
\begin{aligned}
g(z) &:= G'(z) \\
&= \frac{1}{2\pi\sqrt{1-\rho^2}} \int_{-\infty}^{\infty} \frac{\partial}{\partial z} \int_{-\infty}^{\frac{z}{b}-\frac{a}{b}} \exp\left(-\frac{1}{2(1-\rho^2)}(x^2-2\rho xy+y^2)\right) dy\,dx \\
&= \frac{1}{2\pi\sqrt{1-\rho^2}} \int_{-\infty}^{\infty} \exp\left(-\frac{1}{2(1-\rho^2)}\left\{x^2-2\rho x\left(\frac{z}{b}-\frac{a}{b}x\right)\right.\right. \\
&\qquad\qquad \left.\left. +\left(\frac{z}{b}-\frac{a}{b}x\right)^2\right\}\right)\frac{1}{b}\,dx \\
&= \frac{1}{2\pi\sqrt{1-\rho^2}} \int_{-\infty}^{\infty} \exp\left(-\frac{1+2\rho\frac{a}{b}+\frac{a^2}{b^2}}{2(1-\rho^2)}\right. \\
&\qquad\qquad \left. \times\left\{x^2-2\frac{\frac{z}{b}(\rho+\frac{a}{b})}{1+2\rho\frac{a}{b}+\frac{a^2}{b^2}}x\right\}-\frac{z^2}{2(1-\rho^2)b^2}\right)dx \\
&= \frac{1}{\sqrt{2\pi}\sqrt{a^2+2\rho ab+b^2}} \exp\left(-\frac{z^2}{2(b^2+2\rho ab+a^2)}\right)
\end{aligned}
$$

이므로 $Z \sim N(0,\, b^2+2\rho ab+a^2)$.

연습문제 6.1

1. §4.3 의 예제 1 로부터 M_n 의 분포함수는

$$
F_n(x) = \begin{cases} 0, & x<0 \\ (x/\theta)^n, & 0 \le x < \theta \\ 1, & x \ge \theta \end{cases}
$$

이고, $n \to \infty$ 이면 다음과 같이 극한분포함수가 구해진다.

$$
F_n(x) \to F(x) = \begin{cases} 0, & x<\theta \\ 1, & x \ge \theta \end{cases}
$$

2. $\epsilon > 0$ 이라 하자.

(i) Chebychev 부등식에 의하여

$$P\left\{\left|\frac{Y_n}{n} - p\right| > \epsilon\right\} = P\left\{\frac{|Y_n - np|}{\sqrt{npq}} > \epsilon\sqrt{\frac{n}{pq}}\right\} \leq \frac{pq}{\epsilon n} \to 0 \quad (n \to \infty)$$

(ii) 같은 방법으로 하여

$$P\left\{\left|1 - \frac{Y_n}{n} - (1-p)\right| > \epsilon\right\} = P\left\{\left|\frac{Y_n}{n} - p\right| > \epsilon\right\} \to 0 \quad (n \to \infty)$$

3. 임의의 $\epsilon > 0$ 에 대하여

$$P\left\{\left|\frac{1}{X_n} - 1\right| \geq \epsilon\right\} = P\left\{\frac{1}{X_n} > 1 + \epsilon\right\} + P\left\{\frac{1}{X_n} < 1 - \epsilon\right\}$$
$$= P\left\{\frac{1}{X_n} > 1 + \epsilon\right\} + P\left\{\frac{1}{X_n} \leq 0\right\} + P\left\{0 < \frac{1}{X_n} \leq 1 - \epsilon\right\}$$

이고, 우변의 세 항은 가정을 이용하면 $n \to \infty$ 일 때 0 으로 수렴함을 관찰하여라.

4. $\{X_n\}_{n=1}^{\infty}$ 이 양의 확률변수들의 강 감소 열이므로, 임의의 $\epsilon > 0$ 에 대해서

$$P\{\sup_{m \geq n} |X_m - 0| > \epsilon\} = P\{|X_n - 0| > \epsilon\}$$

이고, $X_n \xrightarrow{\mathbf{P}} 0$ 이므로,

$$\lim_{n \to \infty} P\{\sup_{m \geq n} |X_m - 0| > \epsilon\} = 0.$$

따라서 정리 4 에 의해 $X_n \xrightarrow{a.s.} 0$ 이다.

5. $a_n \to \infty$ 이므로 $\dfrac{X}{a_n} \to 0$ 이다. 따라서 $\dfrac{X_n}{a_n} \xrightarrow{\mathcal{D}} 0$ 이고, 정리 2에 의해 $\dfrac{X_n}{a_n} \xrightarrow{\mathbf{P}} 0$.

연습문제 6.2

1. (a) $\mu_k = EX_k = 0,\ \sigma_k^2 = \mathrm{Var}(X_k) = 2^{2k}$ 이고, Chebychev 부등식을 적용하면

$$P\left\{ |S_n - 0| > \epsilon \sum_{k=1}^{n} 2^{2k} \right\} \le \frac{1}{\epsilon^2 \sum_{k=1}^{n} 2^{2k}} \to 0, \quad n \to \infty$$

이므로 $\{X_k\}$는 약대수의 법칙에 따른다.

(b)와 (c)의 경우도 $\{X_k\}$는 약대수의 법칙에 따른다.

2. $EX_i = \mu_i,\ Y_n = \frac{1}{n}\sum_{i=1}^{n}(X_i - \mu_i)$로 두면, 가정에 의해

$$E\left\{\frac{Y_n^2}{1+Y_n^2}\right\} \le EY_n^{\ 2} = E\left\{\frac{1}{n^2}\left(\sum_{i=1}^{n}(X_i-\mu_i)\right)^2\right\}$$

$$= \frac{1}{n^2}E\left\{\sum_{i=1}^{n}(X_i-\mu_i)^2 + \sum_{i\ne j}^{n}(X_i-\mu_i)(X_j-\mu_j)\right\}$$

$$= \frac{1}{n^2}\sum_{i=1}^{n}\mathrm{Var}(X_i) \to 0, \quad n\to\infty$$

이므로 정리 2에 의해 $\{X_k\}$는 약대수의 법칙에 따른다.

3. 가정과 문제 2의 풀이를 적용하면

$$E\left\{\frac{Y_n^2}{1+Y_n^2}\right\} \le \frac{1}{n^2}E\left\{\sum_{i=1}^{n}(X_i-\mu_i)^2 + \sum_{i\ne j}^{n}(X_i-\mu_i)(X_j-\mu_j)\right\}$$

$$= \frac{1}{n^2}\{n\sigma^2 + 2\rho\sigma^2 n(n-1)\} \le \frac{\sigma^2}{n} \to 0, \quad n\to\infty$$

이다. 따라서 정리 2를 적용하면 $\{X_k\}$가 약대수의 법칙에 따른다.

4. $ES_n = n\mu,\ \mathrm{Var}(S_n) = n\sigma^2$ 이므로, 임의의 $\epsilon > 0$에 대해

$$P\left\{\left|\frac{S_n - ES_n}{\mathrm{Var}(S_n)} - 0\right| > \epsilon\right\} \le \frac{E(S_n - ES_n)^2}{\epsilon^2(\mathrm{Var}(S_n))^2} = \frac{1}{\epsilon^2 n\sigma^2} \to 0, \quad n\to\infty.$$

따라서 정의 1에 의해 $\{S_n\}$는 약대수의 법칙에 따른다.

연습문제 6.3

1. (a) §6.1의 정리 4를 적용하면 된다.

   (b) $\sum_n P(A_n(\epsilon)) < \infty$ 이면 Borel-Cantelli 보조정리에 의해

   $P(\limsup_{n\to\infty} A_n(\epsilon)) = 0$ 이므로 (a)에서와 같이 $X_n \xrightarrow{a.s.} 0$ 이다.

2. 확률공간 $(\Omega, \mathscr{F}, P)$에서 $\Omega = [0, 1]$, $\mathscr{F} = 2^{\Omega}$, P를 Lebesgue 측도라 하자. $n = 1, 2, \cdots$에 대하여 $E_n = (0, 1/n)$으로 두면, $E_n \downarrow \varnothing$ 이므로

$$\limsup_{n\to\infty} E_n = \bigcap_{n=1}^{\infty}\bigcup_{k=n}^{\infty} E_k = \bigcap_{n=1}^{\infty} E_n = \varnothing .$$

따라서 $P(\limsup_{n\to\infty} E_n) = 0$ 이다. 한편, $\sum_{n=1}^{\infty} P(E_n) = \sum_{n=1}^{\infty}\frac{1}{n} = \infty$ 이므로, 정리 1 (1)의 역이 성립하지 않는다.

연습문제 6.4

1. $X_1, X_2, \cdots$ 이 독립이므로 Z_n의 적률생성함수는

$$M_n(t) = E\exp\left(t\sum_{j=1}^{n} X_j/2^j\right) = \prod_{j=1}^{n} E\exp\left(t\frac{X_j}{2^j}\right) = \prod_{j=1}^{n}\frac{1}{2}\left(e^{t/2^j} + \frac{1}{e^{t/2^j}}\right)$$

$$= \frac{1}{2^n}\left(e^{\frac{2^n-1}{2^n}t} + e^{\frac{2^n-3}{2^n}t} + e^{\frac{2^n-5}{2^n}t} + \cdots + e^{\frac{1}{2^n}t} + e^{-\frac{1}{2^n}t} + \cdots + e^{-\frac{2^n-1}{2^n}t}\right)$$

$$= \frac{1}{2^n}\left(\frac{e^{\frac{t}{2^n}}\left(1-e^{\frac{t}{2^{n-1}}\cdot 2^{n-1}}\right)}{1-e^{\frac{t}{2^{n-1}}}} + \frac{e^{\frac{-t}{2^n}}\left(1-e^{-\frac{t}{2^{n-1}}\cdot 2^{n-1}}\right)}{1-e^{-\frac{t}{2^{n-1}}}}\right)$$

$$= \frac{1}{2^n}\left(\frac{1-e^t}{\left(1-e^{\frac{t}{2^{n-1}}}\right)/e^{\frac{t}{2^n}}} + \frac{1-e^{-t}}{\left(1-e^{-\frac{t}{2^{n-1}}}\right)/e^{-\frac{t}{2^n}}}\right) \to \frac{e^{-t}-e^t}{2t} =: M(t).$$

여기서 $M(t)$는 $U_{[-1,1]}$의 적률생성함수이므로 정리 1에 의해 $Z_n \xrightarrow{\mathscr{D}} Z$ 이다.

2. Z_n의 적률생성함수는 $M_{z_n}(t) = (1-2t)^{-n/2}$이므로, Y_n의 적률생성함수는

$$M_{Y_n} = E\exp(t(Z_n - n)/\sqrt{2n}) = \exp(-t\sqrt{n/2})M_{z_n}(t/\sqrt{2n})$$
$$= \{\exp(t\sqrt{2/n}) - t\sqrt{2/n}\exp(t\sqrt{2/n})\}^{-n/2} \quad (t < \sqrt{n/2}).$$

Taylor의 전개식을 적용하면

$$\exp\left(t\sqrt{\frac{2}{n}}\right) = 1 + t\sqrt{\frac{2}{n}} + \frac{t^2}{2}\left(\sqrt{\frac{2}{n}}\right)^2 + \frac{1}{6}\exp(\theta_n)\left(t\sqrt{\frac{2}{n}}\right)^3, \quad 0 < \theta_n < t\sqrt{\frac{2}{n}}$$

이므로

$$M_{Y_n}(t) = \left(1 - \frac{t^2}{n} + \frac{\zeta(n)}{n}\right)^{-n/2}$$

이고, 여기서 $\zeta(n) = -\sqrt{\frac{2}{n}}\,t^3 + \left(\frac{t^3}{3}\sqrt{\frac{2}{n}} - \frac{2t^4}{3n}\right)\exp(\theta_n) \to 0 \quad (n\to\infty)$. 따라서

임의의 실수 t에 대하여 $M_{Y_n}(t) \to e^{t^2/2} \quad (n\to\infty)$이므로 $Y_n \xrightarrow{\mathscr{D}} Z \sim N(0, 1)$.

3. X_n의 적률생성함수는 $(1-\beta t)^{-n} \quad (t < 1/\beta)$이므로, $Y_n := X_n/n$의 적률생성함수는

$$M_{Y_n}(t) = E\exp\left(\frac{tX_n}{n}\right) = \left(1 - \beta\frac{t}{n}\right)^{-n} \to e^{\beta t} =: M(t).$$

$M(t) = e^{\beta t}$는 점 β에서의 퇴화확률변수 Y의 적률모함수이므로 $Y_n \xrightarrow{\mathscr{D}} Y$.

4. X_n의 적률생성함수는 $(1-2t)^{-n/2}$이므로, $Y_n := X_n/n^2$의 적률생성함수는

$$M_{Y_n}(t) = E\exp\left(\frac{tX_n}{n^2}\right) = M_{X_n}\left(\frac{t}{n^2}\right) = \left(1 - \frac{2t}{n^2}\right)^{-n/2}$$
$$\to 1 =: M(t), \quad n\to\infty.$$

$M(t) = 1$은 점 0에서의 퇴화확률변수 Y의 적률모함수이므로, $Y_n \xrightarrow{\mathscr{D}} Y$.

5. 연습문제 6.4의 (2)를 적용하면

$$P\{40 < X < 60\} = P\left\{-1 < \frac{X-50}{\sqrt{100}} < 1\right\}$$
$$\approx P\{-1 < N(0,1) < 1\} = 2\Phi(1) - 1 \fallingdotseq 0.682.$$

연습문제 6.5

1. $EX = \frac{q}{p}$, $\mathrm{Var}(X) = \frac{q}{p^2}$ 이므로 중심극한 정리에 의해서, 임의의 실수 x 에 대하여

$$P\left\{\frac{S_n - n(q/p)}{\sqrt{nq}}\,p \le x\right\} \to \Phi(x) \quad (n \to \infty).$$

2. $EX_1 = 8$, $\mathrm{Var}(X_1) = 32$ 이므로, 중심극한정리에 의해

$$P\left\{7 < \overline{X}_{128} < 9\right\} = P\left\{\frac{7-8}{\sqrt{32}/\sqrt{128}} < \frac{\overline{X}_{128}-8}{\sqrt{32}/\sqrt{128}} < \frac{9-8}{\sqrt{32}/\sqrt{128}}\right\}$$
$$\approx 2\Phi(2) - 1 = 0.954.$$

3. $EY = 50$, $\mathrm{Var}(Y) = 25$ 이므로 중심극한정리에 의해
$$P\{Y=50\} = P\{49.5 < Y < 50.5\} \approx \Phi(0.1) - \Phi(-0.1) \fallingdotseq 0.08.$$

4. $EY = 0.55n$, $\mathrm{Var}(Y) = 0.55 \times 0.45 \times n$ 이므로 중심극한 정리에 의해

$$P\left\{\frac{Y}{n} > 0.5\right\} = P\left\{\frac{Y/n - 0.55}{\sqrt{0.55 \times 0.45}/\sqrt{n}} > \frac{0.5 - 0.55}{\sqrt{0.55 \times 0.45}/\sqrt{n}}\right\}$$
$$\approx 1 - \Phi(-0.1005\sqrt{n}) \ge 0.95.$$

정규분포 표를 이용하면 $n \ge 267.9$ 이므로 n 의 최소값은 268 이다.

5. 정리 1 (CLT)에 의해

$$\frac{\overline{X}_n - \mu}{\sigma/\sqrt{n}} \xrightarrow{\mathcal{D}} Z \quad (n \to \infty) \tag{1}$$

이다. 그런데 $S_n^2 \xrightarrow{p} \sigma^2$ 이므로 §6.1 의 정리 1 에 의해 S_n^2 은 σ^2 에 분포 수렴한다. 따라서 적당한 계산을 추가하면 주어진 결과가 얻어진다.

6. $E(S_{100}) = 100\lambda = 2$, $\mathrm{Var}(S_{100}) = \sum_{i=1}^{100} \mathrm{Var}(X_i) = 100\lambda = 2$ 이므로 중심극한 정리에 의해 다음이 성립한다.

$$P\{S_{100} \geq 3\} = P\left\{\frac{S_{100}-2}{\sqrt{2}} \geq \frac{3-2}{\sqrt{2}}\right\} \approx 1-\Phi(0.7) = 0.242$$

연습문제 7.1

1. $\overline{X} = \frac{1}{5}(-2.5-1+0+2+2.5) = 0.2$,

$$\overline{S}^2 = \frac{1}{4}\{(-2.5)^2+(-1)^2+2^2+2.5^2-5\times(0.2)^2\} = 4.325$$

2. (1) $X \sim U[a,b]$일 때, X의 pdf는 $f(x) = \frac{1}{b-a}$, $a \leq x \leq b$ 이므로

$$f(x_1,x_2,\cdots,x_n) = f(x_1)\cdots f(x_n) = \left(\frac{1}{b-a}\right)^n, \ a \leq x_i \leq b\ (i=1,2,\ldots,n).$$

(2) X의 결합 pdf는 $f(x_1,\cdots,x_n) = \frac{1}{(\sqrt{2\pi}\,\sigma)^n} e^{-\frac{1}{2\sigma^2}((x_1-\mu)^2+\cdots+(x_n-\mu)^2)}$ 이다.

(3) $X \sim b(1,p)$일 때, 결합 확률 질량함수는 다음과 같다.

$P\{X_1 = x_1,\cdots,X_n = x_n\} = p^i(1-p)^{n-i}$ (X_n중 i개가 1이고 나머지는 0)

(4) $X \sim \mathcal{P}(\lambda)$일 때, 결합 확률 질량함수는 다음과 같다.

$$P\{X_1 = x_1,\cdots,X_n = x_n\} = \prod_{i=1}^{n}\frac{e^{-\lambda}\lambda^{x_i}}{x_i!}, \quad x_i = 0,1,\cdots\ (i=1,2,\cdots)$$

(5) $X \sim \mathcal{E}(\beta) = G(1,\beta)$일 때, 결합 밀도함수는 다음과 같다.

$$f(x_1,\cdots,x_n) = \frac{1}{\beta^n}e^{-\frac{(x_1+\cdots+x_n)}{\beta}}, \quad 0<\beta<\infty.$$

연습문제 7.2

1. $Cov(F_n^*(x), F_n^*(y)) = E(F_n^*(x)F_n^*(y)) - F(x)F(y)$에서 $E(F_n^*(x)F_n^*(y))$을 계산하면 된다.

2. $E\left(F_n^*(x)\right)=F(x)$, $Var\left(F_n^*(x)\right)=\frac{1}{n}F(x)(1-F(x))$ 이므로

$\frac{\epsilon}{2\sqrt{n}}=K\sqrt{\frac{F(x)(1-F(x))}{n}}$ 이라 두고 Chebyshev 부등식을 이용하여라.

3. $R=\frac{S_{11}}{S_1 S_2}$ 이므로 $R^2=\frac{S_{11}^2}{S_1^2 S_2^2}$ 이다. $A_i=X_i-\overline{X}$, $B_i=Y_i-\overline{Y}$ 라 두면,

Cauchy-Schwarz 부등식에 의해 $\left(\sum_{i=1}^{n}A_iB_i\right)^2 \le \sum_{i=1}^{n}A_i^2\sum_{i=1}^{n}B_i^2$ 이므로

$$\left(\frac{1}{n-1}\sum_{i=1}^{n}A_iB_i\right)^2 \le \left(\frac{1}{n-1}\sum_{i=1}^{n}A_i^2\right)\left(\frac{1}{n-1}\sum_{i=1}^{n}B_i^2\right)$$

$$\Leftrightarrow \quad S_{11}^2 \le S_1^2 S_2^2 \quad \Leftrightarrow \quad R^2=\frac{S_{11}^2}{S_1^2 S_2^2}\le 1$$

$$\Leftrightarrow \quad -1 \le R \le 1.$$

4. $X=x$ 에 관한 Y 의 회귀직선은 $y-EY=\frac{Cov(X,Y)}{Var(X)}(x-EX)$ 이고 표본들에 관해 $\overline{X}=EX$, $\overline{Y}=EY$, $S_1^2=Var(X)$, $S_2^2=Var(Y)$, $Cov(X,Y)=S_{11}$, $R=\frac{S_{11}}{S_1S_2}$ 일 때는 다음이 명백하다.

$$y-\overline{Y}=\frac{S_{11}}{S_1}(x-\overline{X})=\frac{RS_2}{S_1}(x-\overline{X}).$$

5. (1) $M_X(t)=e^{\lambda(e^t-1)}$ 이므로 $\overline{X}$의 적률생성함수는

$$M_{\overline{X}}(t)=\left(M_X\left(\frac{t}{n}\right)\right)^n=\exp\left(n\lambda\left(\exp\left(\frac{t}{n}\right)-1\right)\right)$$

이고 $\overline{X}$ 의 분포는 이것을 적률생성함수로 갖는 분포이다.

(2) $M_X(t)=\frac{e^{tb}-e^{ta}}{t(b-a)}$ 이므로 $\overline{X}$ 의 분포는

$$M_{\overline{X}}(t)=\left(\frac{n}{t}\right)^n\frac{(e^{tb/n}-e^{ta/n})^n}{(b-a)^n}$$

를 적률생성함수로 갖는 분포이다.

(3) $M_X(t)=(1-2t)^{-n/2}$ 이므로 $\overline{X}$ 의 적률생성함수는 $M_{\overline{X}}(t)=\left(1-\frac{2}{n}t\right)^{-n^2/2}$ 이고 $\overline{X} \sim G\left(\frac{n^2}{2}, \frac{2}{n}\right)$ 이다.

연습문제 7.3

1. $F := \dfrac{X/m}{Y/n} \sim F(m,n)$ 이고, $X \sim \chi^2(m)$, $Y \sim \chi^2(n)$ 이며 X, Y 는 독립이라 하자. 이 때 X 와 Y 의 결합밀도함수 $g(x, y)$ 는

$$g(x,y)=\frac{1}{\Gamma(m/2)\Gamma(n/2)2^{(m+n)/2}}x^{\frac{m}{2}-1}y^{\frac{n}{2}-1}e^{-\frac{x+y}{2}} \qquad (x>0,\ y>0)$$

이다. 변수변환을 $F=\dfrac{X/m}{Y/n}$, $V=Y$ 라 놓으면, 변환식 $f=\dfrac{x/m}{y/n}$, $v=y$ 의 역변환식은 $x=\dfrac{mvf}{n}$, $y=v$ 이고, 야코비안은

$$J=\begin{vmatrix} \frac{mv}{n} & \frac{mf}{n} \\ 0 & 1 \end{vmatrix}=\frac{mv}{n}>0$$

이므로 F 와 V 의 결합밀도함수를 계산하면

$$\begin{aligned} h(f,v) &= g\left(\frac{mvf}{n}, v\right)|J| \\ &= \frac{1}{\Gamma(m/2)\Gamma(n/2)}2^{-\frac{m+n}{2}}\left(\frac{mv}{n}\right)^{\frac{m}{2}}f^{\frac{m}{2}-1}v^{\frac{n}{2}-1}e^{-\frac{(mf+n)v}{2n}} \\ & \qquad\qquad (f>0,\ v>0) \end{aligned}$$

이다. 따라서 F 의 확률밀도함수는 다음과 같이 계산된다.

$$\begin{aligned} g(f) &= \int_0^\infty h(f,v)\,dv \\ &= \frac{1}{\Gamma(m/2)\Gamma(n/2)}2^{-\frac{m+n}{2}}\left(\frac{m}{n}\right)^{\frac{m}{2}}f^{\frac{m}{2}-1}\int_0^\infty\left(\frac{2nw}{mf+n}\right)^{\frac{m+n}{2}-1}e^{-w}\frac{2n}{mf+n}dw \end{aligned}$$

(앞의 식에서, $w:=\dfrac{(mf+n)v}{2n} \Rightarrow v=\dfrac{2nw}{mf+n}$, $dv=\dfrac{2n}{mf+n}dw$)

$$= \frac{1}{\Gamma(m/2)\Gamma(n/2)} 2^{-\frac{m+n}{2}} \left(\frac{m}{n}\right)^{\frac{m}{2}} f^{\frac{m}{2}-1} \left(\frac{2n}{mf+n}\right)^{\frac{m+n}{2}} \int_0^{\infty} w^{\frac{m+n}{2}-1} e^{-w} dw$$

$$= \frac{1}{\Gamma(m/2)\Gamma(n/2)} 2^{-\frac{m+n}{2}} \left(\frac{m}{n}\right)^{\frac{m}{2}} f^{\frac{m}{2}-1} \left(\frac{mf+n}{2n}\right)^{-\frac{m+n}{2}} \Gamma\left(\frac{m+n}{2}\right)$$

$$= \frac{\Gamma((m+n)/2)}{\Gamma(m/2)\Gamma(n/2)} \left(\frac{m}{n}\right) \left(\frac{m}{n} f\right)^{\frac{m}{2}-1} \left(1 + \frac{m}{n} f\right)^{-\frac{m+n}{2}} \qquad (f \geq 0)$$

2. $X_i \sim N(0, 4)$ 이므로 $\frac{X_i}{2} \sim N(0, 1)$, $\left(\frac{X_i}{2}\right)^2 \sim \chi^2(1)$ 이고 $\frac{1}{4}\sum_{i=1}^{5} X_i^2 \sim \chi^2(5)$ 이므로 $P\left\{\sum_{i=1}^{5} X_i^2 \geq 4.60\right\} = 1 - P\left\{\frac{1}{4}\sum_{i=1}^{5} X_i^2 < 1.15\right\} = 0.95$이다.

3. $0.05 = P\{F \leq a\} = 1 - P\left\{\frac{1}{F} < \frac{1}{a}\right\}$ 이므로 $P\left\{\frac{1}{F} < \frac{1}{a}\right\} = 0.95$ 이다. 그런데 $F \sim F(5, 10)$ 이므로 $\frac{1}{F} \sim F(10, 5)$ 이다. 따라서 F-분포 표를 이용하면 $a \fallingdotseq 0.211$ 이고 $b = 3.33$ 이다.

4. $P\{T < b\} = 0.95$ 이므로 t-분포 표에서 $b = 1.761$ 이다.

연습문제 7.4

1. $\overline{X} \sim N\left(\mu, \frac{100}{n}\right)$ 이므로

$$P\{\mu - 5 < \overline{X} < \mu + 5\} = P\left\{-\frac{\sqrt{n}}{2} < \frac{\overline{X} - \mu}{10/\sqrt{n}} < \frac{\sqrt{n}}{2}\right\}$$

$$= 2\Phi\left(\frac{\sqrt{n}}{2}\right) - 1 = 0.954.$$

따라서 $\Phi\left(\frac{\sqrt{n}}{2}\right) = 0.977$ 이므로 $\frac{\sqrt{n}}{2} = 2$ 이고 $n = 16$ 이다.

2. $\overline{X} - \overline{Y} \sim N\left(0-1, \frac{16}{25}+\frac{9}{25}\right) = N(-1,1)$ 이므로 $\overline{X} - \overline{Y}+1 \sim Z$ 이고
$Z \sim N(0,1)$ 이다. 따라서
$$P\{\overline{X} > \overline{Y}\} = P\{\overline{X} - \overline{Y}+1 > 1\} = 1-\Phi(1) = 0.1587.$$

3. $\frac{(n-1)S^2}{\sigma^2} \sim \chi(n-1)$ 이므로 $n-1 = E\left(\frac{(n-1)S^2}{\sigma^2}\right) = \frac{n-1}{\sigma^2}E(S^2)$ 이고
$2(n-1) = Var\left(\frac{(n-1)S^2}{\sigma^2}\right) = \frac{(n-1)^2}{\sigma^4}Var(S^2)$ 이다. 따라서 $E(S^2) = \sigma^2$ 이고
$Var(S^2) = \frac{2\sigma^4}{n-1}$ 이다.

4. 위의 3번 문제에 의해 $E(S^2) = \sigma^2 = 12$, $Var(S^2) = \frac{2\sigma^4}{n-1} = \frac{2 \cdot 12^2}{5}$ 이므로
$$P\{2.30 < S^2 < 22.2\} \fallingdotseq P\left\{-1.28 < \frac{S^2-12}{12\sqrt{2/5}} < 1.34\right\}$$
$$\fallingdotseq \Phi(1.34) - \Phi(-1.28) = 0.8096.$$

5. $F := \frac{S_1^2}{S_2^2} \sim F(4,3)$ 이므로 $P\{S_1^2/S_2^2 > 5\} = 1 - P\{F \le 5\}$ 이다. 그런데
$$P\{F \le 5\} = \int_0^5 \frac{\Gamma(7/2)}{\Gamma(2)\Gamma(3/2)} \frac{4}{3}\left(\frac{4}{3}f\right)\left(1+\frac{4}{3}f\right)^{-\frac{7}{2}} df$$
$$= \frac{20}{3}\int_0^5 f\left(1+\frac{4}{3}f\right)^{-\frac{7}{2}} df$$
$$\left(\because \Gamma(1) = 1,\ \Gamma\left(\frac{1}{2}\right) = \sqrt{\pi},\ \Gamma(a) = (a-1)\Gamma(a-1)\right)$$
$$= \frac{20}{3}\int_1^{\frac{23}{3}} \frac{3}{4}(t-1)t^{-\frac{7}{2}}\frac{3}{4}dt$$
$$(\because \text{위의 식에서, } t := 1+\frac{4}{3}f \Rightarrow f = \frac{3}{4}(t-1),\ df = \frac{3}{4}dt)$$
$$= \frac{15}{4}\left(-\frac{2}{3}\frac{3\sqrt{3}}{23\sqrt{23}} + \frac{2}{5}\frac{9\sqrt{3}}{23^2\sqrt{23}} + \frac{4}{15}\right)$$
이다. 따라서

$$P\{S_1^2/S_2^2>5\}=1-\frac{15}{4}\left(-\frac{2}{3}\frac{3\sqrt{3}}{23\sqrt{23}}+\frac{2}{5}\frac{9\sqrt{3}}{23^2\sqrt{23}}+\frac{4}{15}\right)$$
$$=\frac{15}{4}\frac{212\sqrt{3}}{5\cdot 23^2\sqrt{23}}=\frac{159\sqrt{69}}{12167}\doteqdot 0.1086.$$

연습문제 8.2

1. $E(\bar{p}_1)=p$ 이므로

$$MSE(\bar{p}_1)=E\left(\frac{X}{n}-p\right)^2=Var\left(\frac{X}{n}\right)=\frac{p(1-p)}{n},$$
$$MSE(\bar{p}_2)=E\left(\frac{X+1}{n+2}-p\right)^2=\frac{np(1-p)+(2p-1)^2}{(n+2)^2}$$

이다. 따라서 가정에 의해 $MSE(\bar{p}_1)\geq MSE(\bar{p}_2)$ 이므로 $\bar{p}_2$ 가 $\bar{p}_1$ 보다 더 좋은 추정량이다. 또,

$$\lim_{n\to\infty}E(\bar{p}_1)=p,\quad \lim_{n\to\infty}Var(\bar{p}_1)=0 \text{ 이고}$$
$$\lim_{n\to\infty}E(\bar{p}_2)=\lim_{n\to\infty}\frac{np+1}{n+2}=p,\quad \lim_{n\to\infty}Var(\bar{p}_2)=0$$

이므로 정리 1에 의해 $\bar{p}_1$, $\bar{p}_2$ 는 p 의 일치추정량이다.

2. $b(\theta, T)$ 가 T 의 편의이므로 $b(\theta, T)=ET-\theta$ 이다. 따라서

$$MSE(T)=E(T-\theta)^2=E(T-ET+b(\theta,T))^2=Var(T)+(b(\theta,T))^2.$$

3. $\hat{\sigma}^2=\frac{n-1}{n}S^2$ 이므로 $e(\hat{\sigma}^2|S^2)=\left(\frac{n-1}{n}\right)^2\leq 1$ 이다. 따라서 $\hat{\sigma}^2$ 이 S^2 보다 더 효율적이다.

4. $\hat{\theta}_1=X_{(n)}$ (n 번째 순서통계량)이라 하자. 그러면 $X_{(n)}$ 의 밀도함수는

$$g_n(x)=\frac{n}{\theta^n}x^{n-1},\quad 0<x<\theta$$

이다. 따라서 $E(\widehat{\theta_1}) = \dfrac{n\theta}{n+1}$ 이고 $Var(\widehat{\theta_1}) = \dfrac{n\theta^2}{(n+2)(n+1)^2}$ 이다. 한편,

$Var\left(\hat{\theta}_2\right) = \dfrac{\theta^2}{3n}$ 이므로 $\hat{\theta}_1$ 에 대한 $\hat{\theta}_2$ 의 효율은

$$e\left(\hat{\theta}_2 | \hat{\theta}_1\right) = \frac{Var\left(\hat{\theta}_2\right)}{Var\left(\hat{\theta}_1\right)} = \frac{\theta^2/3n}{n\theta^2/\{(\mathrm{n}+2)(\mathrm{n}+1)^2\}} = \frac{(n+2)(n+1)^2}{3n^2} > 1, \quad n \geq 1$$

이다. θ 의 유효추정량을 T 라 하고 $Var(T)$ 를 구해보자. $f(x, \theta)$ 가 $U_{(0,\theta)}$ 의 밀도함수이면

$$\frac{\partial}{\partial\theta}\log f(x,\theta) = \frac{d}{d\theta}\log\frac{1}{\theta} = -\frac{1}{\theta}$$

이므로

$$E\left\{\frac{\partial}{\partial\theta}\log f(X,\theta)\right\}^2 = E\left(\frac{1}{\theta^2}\right) = \frac{1}{\theta^2}$$

이다. 따라서 $Var(T) = \dfrac{\theta^2}{n}$ 을 얻는다.

$$\lim_{n\to\infty} e\left(T \mid \hat{\theta}_1\right) = \lim_{n\to\infty}\frac{Var(T)}{Var\left(\hat{\theta}_1\right)} = \lim_{n\to\infty}\frac{(n+2)(n+1)^2}{n^2} = \infty$$

이므로 $\hat{\theta}_1$ 은 θ 의 근사 유효추정량이 아니다.

5. $a_1 = a_2 = \cdots = a_n = \dfrac{1}{n}$ 일 때, 즉 $\overline{X} = \dfrac{1}{n}\sum_{i=1}^{n} X_i$ 의 분산이 최소이고, $E(\overline{X}) = \mu$ 이므로 $\overline{X} = \dfrac{1}{n}\sum_{i=1}^{n} X_i$ 가 μ 의 최량 선형 불편추정량이 된다.

6. 먼저 $Var(\overline{X}) = \dfrac{\sigma^2}{n}$ 임을 알고 있고,

$$Var\left(\frac{2}{n(n+1)}\sum_{i=1}^{n} i\, X_i\right) = \frac{4}{n^2(n+1)^2}\sum_{i=1}^{n} i^2\, Var(X_i) = \frac{2(2n+1)\sigma^2}{3n(n+1)}$$

이다. 따라서 그 효율은 다음과 같다.

$$e\left(\frac{2}{n(n+1)}\sum_{i=1}^{n} i\, X_i \,|\, \overline{X}\right) = \frac{Var\left(\dfrac{2}{n(n+1)}\displaystyle\sum_{i=1}^{n} i\, X_i\right)}{Var(\overline{X})} = \frac{2(2n+1)}{3(n+1)}.$$

7. μ 의 최소분산 불편추정량을 T 라 하자. $f(x,\mu)$ 가 $N(\mu,1)$ 의 밀도함수이면

$$\frac{\partial}{\partial\mu}\log f(x,\mu)=\frac{\partial}{\partial\mu}\log\left(\frac{1}{\sqrt{2\pi}}e^{-\frac{(x-\mu)^2}{2}}\right)=x-\mu,\qquad \frac{\partial^2}{\partial\mu^2}\log f(x,\mu)=-1$$

이므로 Cramer-Rao의 부등식에 의해 $Var(T)=\dfrac{1}{n}$ 이다. 한편, $\overline{X}$ 는 μ의 불편추정량이고 $Var(\overline{X})=\dfrac{1}{n}=Var(T)$ 이므로 $\overline{X}$ 는 μ 의 최소분산 불편추정량이다.

8. 먼저 $\int_{-\infty}^{\infty}f(x,\theta)\,dx=1$ 임을 안다. 따라서

$$E\left\{\frac{\frac{\partial^2}{\partial\theta^2}f(X,\theta)}{f(X,\theta)}\right\}=\int_{-\infty}^{\infty}\frac{1}{f(x,\theta)}\left(\frac{\partial^2}{\partial\theta^2}f(X,\theta)\right)f(x,\theta)\,dx$$

$$=\int_{-\infty}^{\infty}\frac{\partial^2}{\partial\theta^2}f(X,\theta)\,dx=\frac{\partial^2}{\partial\theta^2}\int_{-\infty}^{\infty}f(x,\theta)\,dx=0$$

이므로 다음 결과가 얻어진다.

$$-E\left\{\frac{\partial^2}{\partial\theta^2}\log f(X,\theta)\right\}=-E\left\{\frac{\partial}{\partial\theta}\left(\frac{\frac{\partial}{\partial\theta}f(X,\theta)}{f(X,\theta)}\right)\right\}$$

$$=-E\left\{\frac{\frac{\partial^2}{\partial\theta^2}f(X,\theta)}{f(X,\theta)}\right\}+E\left\{\frac{\frac{\partial}{\partial\theta}f(X,\theta)}{f(X,\theta)}\right\}^2$$

$$=E\left\{\frac{\frac{\partial}{\partial\theta}f(X,\theta)}{f(X,\theta)}\right\}^2=E\left\{\frac{\partial}{\partial\theta}\log f(X,\theta)\right\}^2$$

연습문제 8.3

1. (1) $E(X)=\alpha\beta$, $Var(X)=\alpha\beta^2$ 이므로

$$\begin{cases}\alpha\beta=\overline{X}\\ \alpha\beta^2=\dfrac{1}{n}\sum_{i=1}^{n}(X_i-\overline{X})^2=\dfrac{n-1}{n}S^2\end{cases}$$

으로 놓을 수 있다. 이를 연립해서 풀면 α, β의 두 추정량

$$\hat{\alpha} = \frac{n\overline{X}^2}{(n-1)S^2}, \quad \hat{\beta} = \frac{(n-1)S^2}{n\overline{X}}$$

를 얻는다.

(2) $E(X)=\mu$, $Var(X)=\sigma^2$ 이므로 μ, σ^2 의 두 추정량은

$$\hat{\mu}=\overline{X}, \quad \hat{\sigma}^2 = \frac{n-1}{n}S^2$$

이다.

(3) $E(X)=np$, $Var(X)=np(1-p)$ 이므로

$$\begin{cases} np = \overline{X} \\ np(1-p) = \frac{n-1}{n}S^2 \end{cases}$$

으로 놓을 수 있고, 이를 연립해서 풀면 다음 p의 추정량을 얻는다.

$$\hat{p} = 1 - \frac{(n-1)S^2}{n\overline{X}}$$

(4) $E(X)=\lambda$ 이므로 λ 의 적률추정량은 $\lambda = \overline{X}$ 이다.

2. (1) X 의 밀도함수가 $f(x;\theta) = e^{-(x-\theta)}$ 이므로 우도함수는

$$L(\theta) = f(x_1, \cdots, x_n;\theta) = f(x_1;\theta)\cdots f(x_n;\theta) = e^{-\sum_{i=1}^{n}(x_i-\theta)}, \quad \theta \le x < \infty$$

이다. 따라서 $L(\theta)$ 를 최대화 하려면 $\sum_{i=1}^{n}(x_i-\theta)$가 최소화 되어야 한다. 결국 θ 의 최우추정량은 $\hat{\theta}=\min_{1\le i\le n}\{X_i\}$이다.

(2) $E(X)=\lambda=\theta$ 라 두자. X 의 질량함수가

$$f(x;\theta) = \frac{e^{-\theta}\theta^x}{x!}, \quad x=0,1,\cdots;\ 0\le\theta<\infty$$

이므로

$$L(\theta) = \frac{e^{-n\theta}\theta^{\sum_{i=1}^{n}x_i}}{\prod_{i=1}^{n}x_i!}, \qquad \ln L(\theta) = -n\theta + \sum_{i=1}^{n}x_i\ln\theta - \ln\prod_{i=1}^{n}x_i!$$

이다. 여기서 $\frac{d}{d\theta}\ln L(\theta) = -n + \frac{1}{\theta}\sum_{i=1}^{n}x_i = 0$ 이라 놓으면 $\theta = \frac{1}{n}\sum_{i=1}^{n}x_i =: \overline{x}$ 를

얻는다. 그런데 $\frac{d^2}{d\theta^2}\ln L(\theta) = -\frac{1}{\theta^2}\sum_{i=1}^{n} x_i < 0$ 이므로 $\theta = \overline{x}$ 일 때 $L(\theta)$ 는 최대가 된다. 따라서 θ 의 최우추정량은 $\hat{\theta} = \overline{X}$ 이다.

(3) $E(X) = \lambda = \theta$ 라 두자. X 의 밀도함수가

$$f(x, \theta) = \frac{1}{\theta} e^{-\frac{x}{\theta}}, \quad 0 < x < \infty;\ \theta > 0$$

이고 $L(\theta) = \frac{1}{\theta^n}\exp\left(-\frac{1}{\theta}\sum_{i=1}^{n} x_i\right)$ 이므로 θ 의 추정량으로 $\hat{\theta} = \frac{1}{n}\sum_{i=1}^{n} x_i =: \overline{x}$ 를 얻는다. 그런데

$$\frac{d^2}{d\theta^2}\ln L(\theta) = -\frac{n}{\theta^2} < 0$$

이므로 $\hat{\theta} = \overline{x}$ 일 때 $L(\theta)$ 는 최대가 된다.

(4) $E(X) = \frac{\theta}{2}$ 이고 X 의 밀도함수가

$$f(x; \theta) = \frac{1}{\theta}, \quad 0 < x \le \theta;\ 0 < \theta < \infty$$

이므로

$$L(\theta) = \frac{1}{\theta^n}$$

이다. 따라서 θ 가 최소일 때 $L(\theta)$ 는 최대가 된다. 즉, $\hat{\theta} = \max_{1 \le i \le n}\{X_i\}$.

연습문제 8. 4

1. $\alpha = 0.05$ 이므로 $P\{Z < z_{0.025}\} = 0.975$ 인 점은 $z_{0.025} = 1.96$ 이다. 따라서 μ 에 대한 95%의 신뢰구간은 다음과 같다.

$$\left(81.2 - 1.96\frac{\sqrt{80}}{\sqrt{20}},\ 81.2 + 1.96\frac{\sqrt{80}}{\sqrt{20}}\right) = (77.28,\ 85.12).$$

2. $P\{\overline{X}-0.5<\mu<\overline{X}+0.5\}=P\left\{-\frac{1}{2}\frac{\sqrt{n}}{\sqrt{10}}<\frac{\overline{X}-\mu}{\sqrt{10}/\sqrt{n}}<\frac{1}{2}\frac{\sqrt{n}}{\sqrt{10}}\right\}$

$$\fallingdotseq 2\Phi\left(\frac{1}{2}\frac{\sqrt{n}}{\sqrt{10}}\right)-1=0.954$$

$$\therefore\ \frac{1}{2}\frac{\sqrt{n}}{\sqrt{10}}=2.00,\quad \therefore\ n=160$$

3. $\alpha=0.1$ 이고 $n=17$ 이므로 $P\{T<t_{0.05,16}\}=0.95$인 점은 $t_{0.05,16}=1.746$ 이다. 따라서 μ 에 대한 90%의 신뢰구간은 다음과 같다.

$$\left(4.7-1.746\frac{2.4}{\sqrt{17}},\ 4.7+1.746\frac{2.4}{\sqrt{17}}\right)=(3.684,\ 5.716).$$

4. $\mu=E(\overline{X})=4\beta$, $Var(\overline{X})=\frac{1}{36}4\beta^2=\frac{1}{9}\beta^2$ 이므로 중심극한정리에 의해

$\frac{\overline{X}-4\beta}{\beta/3}\to N(0,1)$ 이다. 따라서

$$0.954=P\{-2<N(0,1)<2\}\fallingdotseq P\left\{-2<\frac{\overline{X}-4\beta}{\beta/3}<2\right\}$$

$$=P\left\{2-\frac{2}{3}\beta<4\beta<2+\frac{2}{3}\beta\right\}$$

이고 모평균 $\mu=4\beta$ 에 대한 95.4%의 근사 신뢰구간은 $\left(2-\frac{2}{3}\beta,\ 2+\frac{2}{3}\beta\right)$ 이다.

연습문제 8.5

1. $Z:=\frac{\overline{X}-\overline{Y}-(\mu_1-\mu_2)}{(2\sigma^2/n)^{1/2}}\sim N(0,\ 1)$ 이므로

$$P\{\overline{X}-\overline{Y}-\sigma/5<\mu_1-\mu_2<\overline{X}-\overline{Y}+\sigma/5\}=P\left\{-\frac{\sqrt{n}}{5\sqrt{2}}<Z<\frac{\sqrt{n}}{5\sqrt{2}}\right\}=0.90$$

$$\Leftrightarrow\quad P\left\{Z<\frac{\sqrt{n}}{5\sqrt{2}}\right\}=0.95$$

$$\therefore \frac{\sqrt{n}}{5\sqrt{2}} = 1.645 \qquad \therefore n = 135$$

2. $$\left(70-75-z_{0.025}\left(\frac{60}{35}+\frac{40}{40}\right)^{\frac{1}{2}},\ 70-75+z_{0.025}\left(\frac{60}{35}+\frac{40}{40}\right)^{\frac{1}{2}}\right) = (-8.234,\ -1.766)$$

3. $s_p = \left(\dfrac{9 \cdot 8.64+9 \cdot 7.88}{\frac{100}{20}(20-2)}\right)^{\frac{1}{2}} = 1.285$ 이므로 신뢰구간은 다음과 같다.

$$\begin{aligned}&(4.8-5.6-t_{0.05,18}s_p,\ 4.8-5.6+t_{0.05,18}s_p)\\&\quad=(-0.8-1.734 \cdot 1.285,\ -0.8+1.734 \cdot 1.285)\\&\quad=(-3.028,\ 1.428)\end{aligned}$$

4. 관찰치들의 표본평균과 표본분산들을 구하면 다음과 같다.

$$\bar{x}=\frac{64+66+89+77}{4}=74, \qquad \bar{y}=\frac{56+71+53}{3}=60,$$

$$s_1^2=\frac{10^2+8^2+15^2+3^2}{3} \fallingdotseq 132.67, \qquad s_2^2=\frac{4^2+11^2+7^2}{2}=93.$$

그런데 $s_p = \left(\dfrac{398+186}{\frac{12}{7} \cdot 5}\right)^{\frac{1}{2}} = 8.254$ 이므로 신뢰구간은 다음과 같다.

$$\begin{aligned}(14-t_{0.05,5}s_p,\ 14+t_{0.05,5}s_p)&=(14-2.015 \cdot 8.254,\ 14+2.015 \cdot 8.254)\\&=(-2.632,\ 30.632)\end{aligned}$$

연습문제 8.6

1. 근사 신뢰구간은 다음과 같다.

$$\left(\frac{204}{300}-z_{0.005}\sqrt{\frac{204}{300^2}\frac{96}{300}},\ \frac{204}{300}+z_{0.005}\sqrt{\frac{204}{300^2}\frac{96}{300}}\right)$$

$$=(0.68-2.58 \cdot 0.027,\ 0.68+2.58 \cdot 0.027)=(0.61,\ 0.75)$$

2. 근사 신뢰구간은 다음과 같다.

$$\left(\frac{190}{250}-z_{0.025}\sqrt{\frac{190}{250^2}\frac{60}{250}},\quad \frac{190}{250}+z_{0.025}\sqrt{\frac{190}{250^2}\frac{60}{250}}\right)$$
$$=(0.76-1.96\cdot 0.027,\quad 0.76+1.96\cdot 0.027)=(0.71,\ 0.81)$$

연습문제 8.7

1. $u(100,100)=\left(\frac{50}{100^2}\frac{50}{100}+\frac{40}{100^2}\frac{60}{100}\right)^{\frac{1}{2}}=0.07$ 이므로 근사 신뢰구간은 다음과 같다.

$$\left(\frac{50}{100}-\frac{40}{100}-z_{0.05}u(100,100),\ \frac{50}{100}-\frac{40}{100}+z_{0.05}u(100,100)\right)$$
$$=(0.5-0.4-1.645\cdot 0.07,\ 0.5-0.4+1.645\cdot 0.07)=(-0.015,\ 0.215)$$

2. $u(250,250)=\left(\frac{84}{250^2}\frac{166}{250}+\frac{156}{250^2}\frac{94}{250}\right)^{\frac{1}{2}}=0.043$ 이므로 근사 신뢰구간은 다음과 같다.

$$\left(\frac{84}{250}-\frac{156}{250}-z_{0.025}u(250,250),\ \frac{84}{250}-\frac{156}{250}+z_{0.025}u(250,250)\right)$$
$$=(-0.372,\ -0.204)$$

연습문제 8.8

1. $\sum_{i=1}^{9}(x_i-8)^2=7.35$ 이므로 90%의 신뢰구간은 다음과 같이 계산된다.

$$\left(\sum_{i=1}^{9}(x_i-8)^2/\chi^2_{0.95,9},\ \sum_{i=1}^{9}(x_i-8)^2/\chi^2_{0.05,9}\right)=\left(\frac{7.35}{16.9},\ \frac{7.35}{3.33}\right)$$
$$=(0.435,\ 2.207)$$

2. σ^2 에 대한 95%의 신뢰구간이

$$\left(\frac{(n-1)s^2}{\chi^2_{0.975,14}},\ \frac{(n-1)s^2}{\chi^2_{0.025,14}}\right)=\left(\frac{14\cdot 4.24}{26.1},\ \frac{14\cdot 4.24}{5.63}\right)=(2.27,\ 10.54)$$

이므로 제곱근을 취하여 σ 에 대한 신뢰구간 (1.51, 3.25)이 구해진다.

연습문제 8.9

1. 관찰치들의 표본평균과 표본분산들을 구하면

$$\bar{x}=8260,\ \bar{y}=7930,\ s_1^2=63450,\ s_2^2=42650$$

을 얻는다. 따라서 주어진 식 (1)과 (2)에 의해 신뢰구간은 다음과 같다.

$$\left(\frac{s_2^2}{s_1^2}\frac{1}{F_{0.01,4,4}},\ \frac{s_2^2}{s_1^2}F_{0.01,4,4}\right)=\left(\frac{42650}{63450}\frac{1}{16},\ \frac{42650}{63450}16\right)=(0.042,\ 10.755)$$

연습문제 9.1

1. $K(\theta)=P\{(X_1,X_2)\in C\ :\theta\}=P\left\{\frac{3}{4X_1}\le X_2:\theta\right\}$이므로

$$\alpha=\max_{H_0}P\{(X_1,X_2)\in C\ ;H_0\}=P\left\{\frac{3}{4X_1}\le X_2;\ \theta=1\right\}$$

$$=\int_{\frac{3}{4}}^{1}\int_{\frac{3}{4x_2}}^{1}f(x_1,x_2:\theta=1)\,dx_1dx_2=\frac{1}{4}+\frac{3}{4}l_n\frac{3}{4},$$

$$\beta=P\{(X_1,X_2)\in C^c;\ H_1\}=P\left\{\frac{3}{4X_1}>X_2;\ \theta=2\right\}$$

$$=1-\int_{\frac{3}{4}}^{1}\int_{\frac{3}{4x_2}}^{1}4x_1x_2\,dx_1dx_2=\frac{7}{16}+\frac{9}{8}l_n\frac{3}{4}.$$

2. H_0 의 기각역이 $C=\{x_1\ :x_1\le 3\}$ 이므로

$$K(p) = P\{X_1 \le 3;\ p\} = \sum_{x_1=0}^{3} \binom{10}{x_1} p^{x_1}(1-p)^{10-x_1},$$

$$\alpha = P\{X_1 \le 3;\ p=0.5\} = \frac{11}{64},$$

$$\beta = P\{X_1 > 3;\ p=0.25\} = 1-P\{X_1 \le 3,\ p=0.25\} = 31 \cdot \frac{3^8}{4^9}.$$

3. $n=20,\ c=32660.$

연습문제 9.2

1. $T := \dfrac{\sqrt{n}(\overline{X}-\mu)}{s} = 2(\overline{X}-\mu) \sim t(35)$ 이므로

$$0.05 = P\{\overline{X} \ge c\ :\mu=15\} = P\{T \ge 2(c-15)\} = 1-P\{T < 2(c-15)\}$$

$$\therefore c = 15.85$$

따라서 기각역은 $C = \{(x_1, \cdots, x_{36});\ \overline{x} \ge 15.85\}$ 이므로 세일즈 담당자의 주장은 타당하지 않다. 한편,

$$0.05 = P\left\{\frac{\overline{X}-15}{\sigma/6} \ge \frac{15.85-15}{\sigma/6}\right\} = 1-\Phi\left(\frac{5.1}{\sigma}\right). \quad \therefore \sigma = 3.1$$

$$\beta = P\{\overline{X} < 15.85;\ \mu=16\} = P\left\{\frac{\overline{X}-16}{3.1/6} < \frac{15.85-16}{3.1/6}\right\} = 0.386.$$

2. 정리 3에 준하여

$$\frac{L(\mu=\mu_0; x_1, \cdots, x_n)}{L(\mu=\mu_1; x_1, \cdots, x_n)} = \exp\left(\frac{1}{2\sigma^2}\sum_{i=1}^{n}\left((x_i-\mu_1)^2-(x_i-\mu_0)^2\right)\right) \le k$$

$$\Leftrightarrow \frac{1}{2\sigma^2}\left(-2n\overline{x}\mu_1 + 2n\overline{x}\mu_0 + n\mu_1^2 - n\mu_0^2\right) \le \ln k$$

$$\Leftrightarrow \overline{x} \ge -\frac{\sigma^2}{n(\mu_1-\mu_0)} ln\, k + \frac{\mu_1+\mu_0}{2} =: c$$

$$\therefore C = \{(x_1, \cdots, x_n);\ \overline{x} \ge c\}$$

주어진 유의수준 α 에 대해

$$\alpha = P\{\overline{X} \geq c \ : \mu = \mu_0\} = P\left\{\frac{\overline{X} - \mu_0}{\sigma/\sqrt{n}} \geq \frac{c - \mu_0}{\sigma/\sqrt{n}}\right\} = 1 - \Phi\left(\frac{c - \mu_0}{\sigma/\sqrt{n}}\right)$$

이므로 이 식을 풀어서 c를 구하고 이를 기각역 C에 대입하면 된다.

3. 문제 2의 풀이와 같은 방법에 의해 최량 기각역 $C = \{(x_1, \cdots, x_n);\ \overline{x} \leq c\}$를 얻는다. 따라서 $\alpha = \Phi\left(\frac{c-10}{5/\sqrt{n}}\right)$ 이고 $\beta = 1 - \Phi\left(\frac{c-5}{5/\sqrt{n}}\right)$ 이므로

$$\frac{c-10}{5/\sqrt{n}} = -1.96 \ , \quad \frac{c-5}{5/\sqrt{n}} = 1.96$$

이다. 이를 연립해서 풀면 $n = 16$ 을 얻는다.

4. $$\frac{L(\lambda = 2)}{L(\lambda = 5)} = e^{3n}(2/5)^{\sum_{i=1}^{n} x_i} \leq k \Leftrightarrow \overline{x} \geq \frac{\ln k - 3n}{n \ln 2/5} =: c$$

$$\therefore C = \{(x_1, \cdots, x_n) : \overline{x} \geq c\}$$

가정에 의해 $0.064 = P\{\overline{X} \geq c \ ; \lambda = 2\} \fallingdotseq 1 - \Phi\left(\frac{c-2}{\sqrt{2}/\sqrt{n}}\right)$이다.

$$\therefore c = 2 + \frac{2.14}{\sqrt{n}}, \quad C = \left\{(x_1, \cdots, x_n) : \overline{x} \geq 2 + \frac{2.14}{\sqrt{n}}\right\},$$

$$\beta = P\left\{\overline{X} < 2 + \frac{2.14}{\sqrt{n}} \ : \lambda = 5\right\} = \Phi\left(\frac{-3\sqrt{n} + 2.14}{\sqrt{5}}\right).$$

5. $$\frac{L(p = 1/2)}{L(p = 1/3)} = 3^n 2^{-2n} 2^{\sum_{i=1}^{n} x_i} \leq k \quad \Leftrightarrow \quad \sum_{i=1}^{n} x_i \leq \frac{\ln(k 3^{-n} 2^{2n})}{\ln 2} =: c$$

$$\therefore C = \left\{(x_1, \cdots, x_n);\ \sum_{i=1}^{n} x_i \leq c\right\}$$

$$0.10 = P\left\{n\overline{X} \leq c;\ p = \frac{1}{2}\right\} = P\left\{Z \leq \frac{c - (n/2)}{(1/2)\sqrt{n}}\right\} = \Phi\left(\frac{2c - n}{\sqrt{n}}\right)$$

$$0.80 = P\left\{n\overline{X} \leq c;\ p = \frac{1}{3}\right\} = P\left\{Z \leq \frac{c - (n/3)}{\sqrt{2n}/3}\right\} = \Phi\left(\frac{3c - n}{\sqrt{2n}}\right)$$

$$\therefore \frac{2c - n}{\sqrt{n}} = -1.28 \ , \quad \frac{3c - n}{\sqrt{2n}} = 0.84$$

이를 연립해서 풀면 $n = 39$, $c = 15.36$ 을 얻는다.

연습문제 9.3

1. $\mu_1 < \mu_0$ 인 임의의 μ_1 에 대하여

$$\frac{L(\mu_0)}{L(\mu_1)} = \exp\left(\frac{1}{2\sigma^2}\left(n(\mu_1^2-\mu_0^2)-2(\mu_1-\mu_0)\sum_{i=1}^{n}x_i\right)\right) \le k$$

$$\Leftrightarrow \quad \bar{x} \le \frac{\mu_1+\mu_0}{2}-\frac{\sigma^2 \ln k}{n(\mu_1-\mu_0)}=: c$$

$$\therefore C = \{(x_1, \cdots, x_n);\ \bar{x} \le c\}, \qquad 0.05 = \Phi\left(\frac{c-\mu_0}{\sigma/\sqrt{n}}\right)$$

$$\therefore c = \mu_0 - 1.645\frac{\sigma}{\sqrt{n}}, \qquad C = \left\{(x_1, \cdots, x_n);\ \bar{x} \le \mu_0 - 1.645\frac{\sigma}{\sqrt{n}}\right\}$$

2. $\sigma_1^2 > \sigma_0^2$ 인 임의의 σ_1 에 대하여

$$\frac{L(\sigma_0)}{L(\sigma_1)} = \frac{\sigma_1}{\sigma_0}\exp\left(\left(\frac{1}{2\sigma_1^2}-\frac{1}{2\sigma_0^2}\right)\sum_{i=1}^{n}x_i^2\right) \le k$$

$$\Leftrightarrow \quad \sum_{i=1}^{n}x_i^2 \ge 2\left(\frac{\sigma_0^2\sigma_1^2}{\sigma_0^2-\sigma_1^2}\right)\ln\frac{k\sigma_0}{\sigma_1}=: c$$

$$\therefore C = \left\{(x_1, \cdots, x_n);\ \sum_{i=1}^{n}x_i^2 \ge c\right\}$$

그런데 유의수준이 α 이므로

$$\alpha = P\left\{\sum_{i=1}^{n}X_i^2 \ge c\ ;\ \sigma^2 = \sigma_0^2\right\} = 1 - P\left\{\chi^2_{(n)} \le \frac{c}{\sigma_0^2}\right\}$$

이다. 이로부터 c 를 찾아 최강력 기각역을 구한다.

연습문제 9.4

1. $X \sim N(\mu, \sigma^2)$ 일 때 밀도함수는

$$f(x;\mu)=\frac{1}{\sqrt{2\pi}\,\sigma}\exp\left(-\frac{(x-\mu)^2}{2\sigma^2}\right), \qquad -\infty<x<\infty$$

이다. 미지모수 공간 $\Theta := \{\mu : -\infty<\mu<\infty\}$의 우도함수는

$$L(\Theta)=\prod_{i=1}^{n} f(x_i;\mu)=\left(\frac{1}{2\pi\sigma^2}\right)^{\frac{n}{2}}\exp\left(-\frac{1}{2\sigma^2}\sum_{i=1}^{n}(x_i-\mu)^2\right)$$

이고 $\frac{d}{d\mu}\ln L(\Theta)=\frac{1}{\sigma^2}\sum_{i=1}^{n}(x_i-\mu)=0$ 으로부터 μ의 추정치 $\hat{\mu}=\frac{1}{n}\sum_{i=1}^{n}x_i=\overline{x}$ 를 얻는다. 따라서

$$L(\hat{\Theta})=\left(\frac{1}{2\pi\sigma^2}\right)^{\frac{n}{2}}\exp\left(-\frac{1}{2\sigma^2}\sum_{i=1}^{n}(x_i-\overline{x})^2\right).$$

또, $\Theta_0=\{\mu : \mu=\mu_0\}$ 라 두면 우도함수 $L(\Theta_0)$의 최대값은

$$L(\hat{\Theta}_0)=L(\mu_0)=\left(\frac{1}{2\pi\sigma^2}\right)^{\frac{n}{2}}\exp\left(-\frac{1}{2\sigma^2}\sum_{i=1}^{n}(x_i-\mu_0)^2\right)$$

이다. 어떤 λ_0 에 대해

$$\lambda=\frac{L(\hat{\Theta}_0)}{L(\hat{\Theta})}=\exp\left(-\frac{1}{2\sigma^2}n(\overline{x}-\mu_0)^2\right)\le\lambda_0$$

이므로

$$\left|\frac{\overline{x}-\mu_0}{\sigma/\sqrt{n}}\right|\ge\sqrt{-2\ln\lambda_0}=:c$$

을 얻는다. 따라서 우도비 검정법 정의에 의해 H_0 의 기각역은

$$C=\left\{(x_1,\cdots,x_n) : \left|\frac{\overline{x}-\mu_0}{\sigma/\sqrt{n}}\right|\ge c\right\}$$

이다. $Z=\frac{\overline{x}-\mu_0}{\sigma/\sqrt{n}}$ 이라 두면 유의수준 $\alpha=0.01$ 에 대해 $P\{|Z|\ge c\}=0.01$ 이 된다. 따라서 표준 정규분포 표에 의해 $c=1.645$ 을 얻고 그 기각역은 $C=\{|Z|\ge 1.645\}$이지만, $H_1 : \mu>\mu_0$ 에 대해서는 기각역이 $C=\{Z\ge 1.645\}$ 로 된다.

2. 미지모수 공간 $\Theta := \{\theta_2 : \theta_2>0\}$ 의 우도함수는

$$L(\Theta)=\left(\frac{1}{\theta_2}\right)^{n}\exp\left(-\frac{1}{\theta_2}\sum_{i=1}^{n}x_i\right)$$

이고 $\frac{d}{d\theta_2}\ln L(\Theta) = -\frac{n}{\theta_2}+\frac{1}{\theta_2^2}\sum_{i=1}^{n}x_i$ 으로부터 θ_2 의 추정치는 $\hat{\theta}_2=\bar{x}$ 이다. 따라서 $L(\hat{\Theta})=\frac{1}{\bar{x}^n}\exp\left(-\frac{1}{\bar{x}}\sum_{i=1}^{n}x_i\right)$이다. 한편, $\Theta_0=\{\theta_2 \ : \theta_1=\theta_2\}$ 라 두면 우도함수 $L(\Theta_0)$ 의 최대값은

$$L(\hat{\Theta}_0) = \frac{1}{\theta_1^n}\exp\left(-\frac{1}{\theta_1}\sum_{i=1}^{n}x_i\right)$$

이다. 어떤 λ_0 $(0 \le \lambda_0 \le 1)$ 에 대해서

$$\lambda=\frac{L(\hat{\Theta}_0)}{L(\hat{\Theta})}=\left(\frac{\bar{x}}{\theta_1}\right)^n\exp\left(\left(\frac{1}{\bar{x}}-\frac{1}{\theta_1}\right)\sum_{i=1}^{n}x_i\right)\le\lambda_0.$$

$$\therefore\ n\left(\ln\frac{\bar{x}}{\theta_1}-\frac{\bar{x}}{\theta_1}+1\right)\le\ln\lambda_0=:c$$

그러므로 H_0 의 기각역은 다음과 같다.

$$C=\left\{(x_1,\cdots,x_n);\ n\left(\ln\frac{\bar{x}}{\theta_1}-\frac{\bar{x}}{\theta_1}+1\right)\le c\right\}.$$

3. 예제 1에서 $T := \frac{\sqrt{n}\,\bar{X}}{\sqrt{\sum_{i=1}^{n}(X_i-\bar{X})^2/n-1}} \sim t\,(n-1)$이고 기각역은

$C=\{(X_1,\cdots,X_n);\ |T|\ge c\}$ 이다. $\alpha=P\{|T|\ \ge t_{0.025,9}\}$에 의해 $t_{0.025,9}=2.262$ 이므로 $T := \frac{\sqrt{10}\ \cdot\ 0.6}{\sqrt{3.6/9}}=3\ge 2.262$ 이다. 그러므로 H_0 를 기각한다.

4. $X\sim N(\theta,1)$ 일 때 밀도함수는

$$f(x;\theta)=\frac{1}{\sqrt{2\pi}}\exp\left(-\frac{(x-\theta)^2}{2}\right),\qquad -\infty<x<\infty$$

이다. 미지모수 공간 $\Theta := \{\theta\ ;\ -\infty<\theta<\infty\}$ 의 우도함수는

$$L(\Theta)=\prod_{i=1}^{n}f(x_i;\theta)=\left(\frac{1}{\sqrt{2\pi}}\right)^n\exp\left(-\frac{1}{2}\sum_{i=1}^{n}(x_i-\theta)^2\right)$$

이므로 $\ln L(\Theta) = -n\ln(\sqrt{2\pi})-\frac{1}{2}\sum_{i=1}^{n}(x_i-\theta)^2$으로부터

$$\frac{d}{d\theta}\ln L(\Theta) = \sum_{i=1}^{n}(x_i - \theta) = 0.$$

따라서 θ 의 추정치 $\hat{\theta} = \frac{1}{n}\sum_{i=1}^{n} x_i = \overline{x}$ 를 얻고

$$L(\hat{\Theta}) = \left(\frac{1}{\sqrt{2\pi}}\right)^n \exp\left(-\frac{1}{2}\sum_{i=1}^{n}(x_i - \overline{x})^2\right)$$

이다. $\Theta_0 = \{\theta : \theta = \theta'\}$ 라 두면 우도함수 $L(\Theta_0)$ 의 최대값은

$$L(\hat{\Theta}_0) = \left(\frac{1}{\sqrt{2\pi}}\right)^n \exp\left(-\frac{1}{2}\sum_{i=1}^{n}(x_i - \theta')^2\right)$$

이고, 어떤 λ_0 $(0 \le \lambda_0 \le 1)$ 에 대해

$$\lambda = \frac{L(\hat{\Theta}_0)}{L(\hat{\Theta})} = \exp\left(-\frac{1}{2}\sum_{i=1}^{n}\left((x_i - \theta')^2 - (x_i - \overline{x})^2\right)\right)$$

$$= \exp\left(-\frac{1}{2\sigma^2}n(\theta' - \overline{x})^2\right) \le \lambda_0$$

$$\Rightarrow \quad |\overline{x} - \theta'| \ge \frac{\sqrt{-2\ln\lambda_0}}{\sqrt{n}} =: c$$

따라서 H_0 의 기각역은 $C := \{(x_1, \cdots, x_n) : |\overline{x} - \theta'| \ge c\}$ 이다.

찾 아 보 기

♧ 국문색인

♣ 영문색인

확률 및 통계 제2판

지은이 최용갑
펴낸이 박문규
펴낸곳 경문사
펴낸날 2008년 9월 1일 1판 1쇄
2013년 9월 1일 2판 1쇄
등 록 1979년 11월 9일 제313-1979-23호
주 소 121-818, 서울특별시 마포구 와우산로 174
전 화 (02)336-2004 팩스 (02)336-5193
이메일 kyungmoon@kyungmoon.com

값 23,000원

ISBN 978-89-6105-729-5